U0362710

普通高等院校"十二五"规划教材
普通高等院校"十一五"规划教材
普通高等院校机械类精品教材

编审委员会

普通高等院校"十二五"规划教材
普通高等院校"十一五"规划教材
普通高等院校机械类精品教材

顾 问 杨叔子 李培根

液压气压传动与控制

（第二版）

主 编 冀 宏

副主编 王建森 唐铃凤

参 编 闵 为 王峥嵘

张 玮 荆宝德

主 审 杨华勇

华中科技大学出版社
http://www.hustp.com
中国·武汉

内 容 简 介

本书是根据教育部机电类专业本科教育人才培养目标和培养方案及课程教学大纲的要求编写的。全书共 12 章,第 1、2 章主要介绍液压与气压传动基本概念、液压介质和液压流体力学基础,第 3～6 章主要介绍液压泵、液压缸、液压马达、液压控制阀和液压辅件的典型结构、工作原理及性能特点,第 7 章介绍液压基本回路的分类、构成和功能,第 8 章介绍典型液压传动系统的原理、特点、分析及设计方法,第 9 章介绍液压控制系统的基本理论、液压伺服阀和液压动力机构的结构及特性、液压位置控制系统及其分析方法等,第10～12章介绍气压传动基础知识、气源装置与气动元件、气动基本回路与气动系统的组成、工作原理、分析及设计方法。

本书适用于高等院校机械类、自动化类、动力工程类等各专业,也可供从事液压气压传动与控制技术的工程技术人员参考。

图书在版编目(CIP)数据

液压气压传动与控制(第二版)/冀宏　主编.—武汉:华中科技大学出版社,2013.12(2021.7重印)
ISBN 978-7-5609-9544-1

Ⅰ.①液…　Ⅱ.①冀…　Ⅲ.①液压传动-高等学校-教材　②气压传动-高等学校-教材　Ⅳ.①TH137
TH138

中国版本图书馆 CIP 数据核字(2013)第 299900 号

液压气压传动与控制(第二版)　　　　　　　　　　　　　　　　　　　　冀　宏　主编

策划编辑:俞道凯
责任编辑:姚　幸
封面设计:李　嫚
责任校对:刘　竣
责任监印:张正林
出版发行:华中科技大学出版社(中国·武汉)　　　电话:(027)81321913
　　　　　武汉市东湖新技术开发区华工科技园　　　邮编:430223
录　　排:华中科技大学惠友文印中心
印　　刷:武汉中科兴业印务有限公司
开　　本:787mm×960mm　1/16
印　　张:24.75　插页:2
字　　数:541 千字
版　　次:2021 年 7 月第 2 版第 10 次印刷
定　　价:42.80 元

序

"爆竹一声除旧,桃符万户更新。"在新年伊始,春节伊始,"十一五规划"伊始,来为"普通高等院校机械类精品教材"这套丛书写这个"序",我感到很有意义。

近十年来,我国高等教育取得了历史性的突破,实现了跨越式的发展,毛入学率由低于10%达到了高于20%,高等教育由精英教育而跨入了大众化教育。显然,教育观念必须与时俱进而更新,教育质量观也必须与时俱进而改变,从而教育模式也必须与时俱进而多样化。

以国家需求与社会发展为导向,走多样化人才培养之路是今后高等教育教学改革的一项重要任务。在前几年,教育部高等学校机械学科教学指导委员会对全国高校机械专业提出了机械专业人才培养模式的多样化原则,各有关高校的机械专业都在积极探索适应国家需求与社会发展的办学途径,有的已制定了新的人才培养计划,有的正在考虑深刻变革的培养方案,人才培养模式已呈现百花齐放、各得其所的繁荣局面。精英教育时代规划教材、一致模式、雷同要求的一统天下的局面,显然无法适应大众化教育形势的发展。事实上,多年来许多普通院校采用规划教材就十分勉强,而又苦于无合适教材可用。

"百年大计,教育为本;教育大计,教师为本;教师大计,教学为本;教学大计,教材为本。"有好的教材,就有章可循、有规可依、有鉴可借、有道可走。师资、设备、资料(首先是教材)是高校的三大教学基本建设。

"山不在高,有仙则名。水不在深,有龙则灵。"教材不在厚薄,内容不在深浅,能切合学生培养目标,能抓住学生应掌握的要言,能做到彼此呼应、相互配套，就行，此即教材要精、课程要精，能精则名、能精则灵、能精则行。

华中科技大学出版社主动邀请了一大批专家，联合了全国几十个应用型机械专业，在全国高校机械学科教学指导委员会的指导下，保证了当前形势下机械学科教学改革的发展方向，交流了各校的教改经验与教材建设计划，确定了一批面向普通高等院校机械学科精品课程的教材编写计划。特别要提出的，教育质量观、教材质量观必须随高等教育大众化而更新。大众化、多样化决不是降低质量，而是要面向、适应与满足人才市场的多样化需求，面向、符合、激活学生个性与能力的多样化特点。"和而不同"，才能生动活泼地繁荣与发展。脱离市场实际的、脱离学生实际的一刀切的质量不仅不是"万应灵丹"，而是"千篇一律"的桎梏。正因为如此，为了真正确保高等教育大众化时代的教学质量，教育主管部门正在对高校进行教学质量评估，各高校正在积极进行教材建设，特别是精品课程、精品教材建设。也因为如此，华中科技大学出版社组织出版普通高等院校应用型机械学科的精品教材，可谓正得其时。

我感谢参与这批精品教材编写的专家们！我感谢出版这批精品教材的华中科技大学出版社的有关同志！我感谢关心、支持与帮助这批精品教材编写与出版的单位与同志们！我深信编写者与出版者一定会同使用者沟通，听取他们的意见与建议，不断提高教材的水平！

特为之序。

中国科学院院士
教育部高等学校机械学科指导委员会主任
杨叔子
2006.1

前　言

本书是根据教育部机电类专业本科教育人才培养目标和培养方案及教学大纲的最新要求,并在第一版的基础上修订、编写而成的。

流体传动与机械传动、电气传动一起组成了三大动力传动与控制技术,它们在机械工程、动力工程、自动化等领域起着基础性及关键性的作用。流体传动包括液压、气压传动与控制、液力传动,而液压、气压传动与控制是流体传动的主体部分,它是机械类、自动化类、动力类等领域复合型人才的知识结构中重要的组成部分。为了使读者能够较快地了解和掌握液压、气压传动与控制技术,本书贯彻少而精、理论联系实际的原则,将液压流体力学、液压元件、液压传动系统、液压控制系统、气压传动及控制等方面的基本和核心内容进行了有机整合。

本书所有编者均有长期从事液压、气压传动与控制方面教学和科研的经历,按照概念准确、分析透彻、结构典型、理论联系实际、体现新成果的定位和要求,对本书内容进行了选定和编写。

在汲取同类教材优点的基础上,本书具有以下几个特点。

(1) 加大了液压控制系统的内容。为了准确把握各种液压系统的特点,必须对液压传动系统与液压控制系统的结构组成、性能要求、设计原则、分析及设计方法等方面的各自特点有清晰的认识,明确"传动"与"控制"的联系和区别。

(2) 把螺纹插装阀引入教材中。螺纹插装阀以其结构紧凑、种类多样的突出优点在实际的液压系统尤其是行走机械的液压系统中获得了广泛应用,它是一种较新的阀种,应用前景广阔。

(3) 加强了变量泵方面的内容,以适应液压系统节能发展的方向。

(4) 书中所有结构图、原理图都经过反复推敲,力求做到结构合理、准确无误,体现出"没有合理结构,就没有工作原理"的理念。

参加本书编写的有:冀宏(兰州理工大学,第1、5、10章),唐铃凤(安徽工程大学,第4章),闵为(兰州理工大学,第2、9章),王峥嵘(兰州理工大学,第3、6、11章),张玮(兰州理工大学,第7章),王建森(兰州理工大学,第8章),荆宝德(浙江师范大学,第12章)。全书由冀宏任主编并统稿,王建森、唐铃凤任副主编。

兰州理工大学机械电子工程专业硕士研究生张玲珑、侯敏、梁宏喜、张立升等为本书插图的绘制做了大量工作,在此表示感谢。

本书由浙江大学杨华勇教授主审,对本书的编写提出了许多宝贵的意见。

由于编者水平有限,书中难免有疏漏及缺点,恳请读者批评指正。联系地址:兰州理工大学能源与动力工程学院(邮编730050)。

编　者

2013 年 5 月于兰州

目　　录

第1章　绪　论

任何一部机器都由原动机、传动装置、操纵或控制装置、工作机构等四部分组成。

根据机器的设计要求,工作机构的输出(如力、速度、位移等)应符合一定的规律。由于原动机(如电动机、内燃机等)的输出特性往往不能直接与机器工作任务要求的特性相适应,因此,在原动机与工作机构之间就需配备某种传动装置,以将原动机的输出量进行适当的变换和传递,使工作机构的输出特性满足机器的要求。

传动装置的类型主要有机械传动、电气传动和流体传动,以及由它们组合而成的复合传动。

流体传动是以流体(液体、气体)为工作介质来进行能量转换、传递和控制的传动形式。以液体为工作介质时称为液体传动,以气体为工作介质时则称为气压传动。

液体传动又分为性质截然不同的两种传动形式:液压传动和液力传动。液压传动的主要特点是靠密闭工作腔的容积变化进行工作的,它通过液体介质的压力能来进行能量的转换和传递。液力传动主要是通过液体介质的动能进行能量的转换和传递的。

1.1　液压传动的工作原理

液压传动的工作原理可以图 1-1 所示的手动液压千斤顶来说明。

如图所示,当向上抬起杠杆 7 时,手动液压泵的小活塞向上运动,小液压缸 1 下腔容积增大而形成局部真空,排油单向阀 2 关闭,油箱 4 的油液在大气压的作用下经吸油管顶开吸油单向阀 3 进入小液压缸下腔。当向下压杠杆时,小液压缸下腔容积减少,油液受挤压,压力升高,使吸油单向阀 3 关闭,排油单向阀 2 被顶开,油液经排油管进入大液压缸 6 的下腔,推动大活塞上移顶起重物。如此不断上下扳动杠杆,则不断有油液进入大液压缸下腔,使重物逐渐被举升。如杠杆停止动作,大液压缸下腔油液的压力将使排油单向阀 2 关闭,大活塞连同重物一起被锁定不动,停止在举升位置。若打开截止阀 5,大液压缸下腔接通油箱,大活塞及重物将在自重作用下回到初始位置,下腔油液排回油箱。

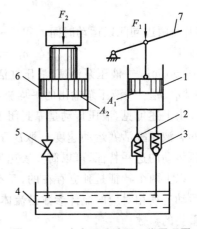

图 1-1　手动液压千斤顶工作原理图
1—小液压缸;2—排油单向阀;3—吸油单向阀;
4—油箱;5—截止阀;6—大液压缸;7—杠杆

其中，小液压缸 1 与排油单向阀 2、吸油单向阀 3 组成了一个手动液压泵，它将杠杆的机械能转换为油液的压力能输出；而大液压缸 6 又将油液的压力能转换为机械能输出。液压千斤顶通过手动液压泵和液压缸对能量形式进行了转化，实现了力和运动的传递，或者对外做功。手动液压千斤顶是一个组成简单的液压传动系统，它具有液压传动系统的共有特征。

1. 力的传递——压力取决于负载

设液压缸活塞面积为 A_2，作用在活塞上的负载力为 F_2，则 F_2 在液压缸中所产生的液体压力为 $p_2 = F_2/A_2$。根据帕斯卡原理，"在密闭容积内，施加于静止液体上的压力将以等值同时传递到液体各点"，液压泵的排油压力 p_1 应等于液压缸中液体压力，即 $p_2 = p_1 = p$，液压泵的排油压力又称系统压力。

为了克服负载力使液压缸活塞运动，作用在液压泵活塞上的作用力 F_1 应为

$$F_1 = pA_1 = F_2 \frac{A_1}{A_2} \tag{1-1}$$

式中：A_1——液压泵活塞面积。

在 A_1、A_2 一定时，系统中的液体压力 p 取决于负载力，负载力 F_2 越大，系统的液体压力 p 越大，手动液压泵上所需的作用力 F_1 也越大；反之，如果空载工作，且不计摩擦力，则液体压力 p 和作用力 F_1 都为零。液压传动的这一特征，可以简要表达为"压力取决于负载"。

2. 运动的传递——速度取决于流量

如果不考虑液体的可压缩性、漏损和缸体、管路的变形，液压泵排出的液体体积必然等于进入液压缸的液体体积。设液压泵活塞位移为 s_1，液压缸活塞位移为 s_2，则有

$$s_1 A_1 = s_2 A_2 \tag{1-2}$$

式(1-2)两边同除以运动时间 t，得

$$q_1 = v_1 A_1 = v_2 A_2 = q_2 \tag{1-3}$$

式中：v_1、v_2——液压泵活塞、液压缸活塞的平均运动速度；

q_1、q_2——液压泵输出的平均流量、输入液压缸的平均流量。

由上述可见，液压传动是靠封闭工作容积变化相等的原则实现运动（速度和位移）传递的。液压缸活塞运动速度 v 取决于进入（或排出）液压缸的流量 q，而与外负载无关。液压传动的这一特征，可以简要表达为"速度取决于流量"。

以上两个特征是独立存在的，互不影响，与外负载力相对应的流体参数是流体压力，与运动速度相对应的流体参数是流体流量。因此，压力和流量是液压传动中两个最基本、最重要的参数。

3. 液体压力能

若不考虑各种能量损失，手动液压泵的输入功率等于液压缸的输出功率，即

$$F_1 v_1 = F_2 v_2$$

或
$$P = pA_1 v_1 = pA_2 v_2 = pq \tag{1-4}$$
可见,液压传动的功率 P 可以用液体压力 p 和流量 q 的乘积来表示。

上述千斤顶的工作过程,就是将手动机械能转换为液体压力能,又将液体压力能转换为机械能输出的过程。

综上所述,可归纳出液压传动的基本特征如下。

(1)以液体为工作介质,依靠处于密封工作容积内的液体压力来传递能量。

(2)液体压力的高低取决于负载。

(3)负载运动速度的大小取决于流量。

(4)压力和流量是液压传动中最基本、最重要的两个参数。

1.2　液压传动系统的组成

图 1-2 所示为一机床工作台的液压传动系统,它由液压泵、溢流阀、节流阀、换向阀、液压缸、油箱、过滤器及连接管道等组成。

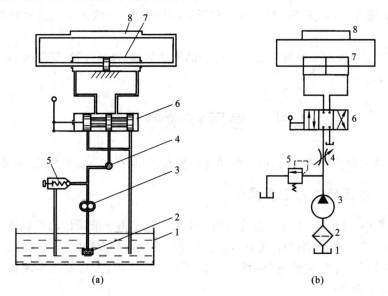

图 1-2　机床工作台液压系统工作原理

(a) 结构　　(b) 图形符号

1—油箱;2—过滤器;3—液压泵;4—节流阀;5—溢流阀;6—换向阀;7—液压缸;8—工作台

下面介绍机床工作台液压系统的工作原理。液压泵 3 由电动机带动旋转,从油箱 1 经过滤器 2 吸油,液压泵排出的压力油先经节流阀 4,再经换向阀 6(设换向阀手柄向右扳动,阀芯处于右端位置)进入液压缸 7 的左腔,液压缸 7 右腔的油液经换向阀 6 和回油管道返回油箱,液压力作用下推动活塞和工作台 8 向右运动。若换向阀阀芯处于左端位置(手柄向左扳动)时,活塞及工作台反向运动。改变节流阀 4 的开口大小,可以改变进入液压缸的液流流量大小,实现工作台运动速度的调节,多余的液压油经溢流阀 5 和溢流管道排回油箱。液压缸的工作压力由活塞运动所克服的负载决定。液压泵的工作压力由溢流阀限定,其值略高于液压缸的工作压力。由于系统的最高工作压力不会超过溢流阀的调定值,所以溢流阀还对系统起到过载保护的作用。

图 1-2(a)所示为液压系统工作原理图,其表述直观,易于理解,但绘制起来比较麻烦。图 1-2(b)所示为用液压图形符号绘制成的工作原理图,其简单明了,便于绘制。液压图形符号参见国家标准《液压气动图形符号》(GB/T 786.1—2009)。

液压传动系统由以下四部分组成。

(1) 动力元件　液压泵,其功能是将原动机输出的机械能转换成液体的压力能。

(2) 执行元件　液压缸、液压马达,其功能是将液体的压力能转换成机械能,以带动负载进行直线运动或旋转运动。

(3) 控制元件　压力、流量和方向控制阀,它们的作用是控制和调节系统中液体的压力、流量和流动方向,以保证执行元件达到所要求的输出力(或力矩)、运动速度及运动方向。

(4) 辅助元件　保证系统正常工作所需的辅助装置,包括管道、管接头、油箱、过滤器及指示仪表等。

1.3　液压技术的优缺点

液压传动系统与机械传动、电气传动等系统相比,具有如下主要的优、缺点。

1.3.1　液压传动的主要优点

(1) 体积小、自重轻,单位重量输出的功率大　这是由于液压传动可以采用很高的压力(一般已达 32 MPa,个别场合更高),因此具有体积小、自重轻的特点。在同等功率下,液压马达的外形尺寸和重量为电动机的 12 % 左右。在中、大功率及实现直线往复运动时,这一优点尤为突出。

(2) 可在大范围内实现无级调速,且调节方便　调速范围一般可达 100∶1,有时甚至高达 2 000∶1。

(3) 操纵控制方便　与电子技术结合更易于实现各种自动控制和远距离操纵。

(4) 响应频率高　因体积小、自重轻,故惯性小、响应速度快,启动、制动和换向迅速。如一个中等功率的电动机启动需要几秒钟,而液压马达只需 0.1 s。

(5) 结构简单　因执行元件的多样性(如液压缸、液压马达等)和各元件之间仅靠管路连接,使得机器的结构简化,布置灵活方便。

(6)安全及工作条件好 易于实现过载保护,安全性好;采用矿物油为工作介质,自润滑性好。

1.3.2 液压传动的主要缺点

(1)不适宜精确传动 液压传动系统中存在的泄漏和油液的压缩性,影响了传动的准确性,不易实现定比传动。

(2)环境温度影响较大 由于油液粘度随温度变化,容易引起油液性能的变化,所以液压传动不宜在温度变化范围较大的场合工作。

(3)传动效率不高 由于受液体流动阻力和泄漏的影响,所以液压传动的效率不高。

(4)对油液的清洁度要求高 液压传动系统对油液的污染比较敏感,必须有良好的防护和过滤措施。

1.4 液压传动的应用与发展

1.4.1 液压传动的应用

液压传动具有很多优点,所以在工农业生产及军工等各部门应用广泛。在机床设备上,主要是利用其可以实现无级变速、自动化程度高、能实现换向频繁的往复运动的优点,多用于进给传动装置、往复运动传动装置、辅助装夹装置等;在工程机械、压力机械上多利用其结构简单、输出功率大的特点;航空装置上采用它的原因是液压设备自重轻、体积小。表 1-1 详细列出了液压传动在各个行业中的应用。

表 1-1 液压传动在各个行业中的应用

行 业 名 称	应 用 场 合
工程机械	挖掘机、装载机、推土机、压路机等
建筑机械	打桩机、平地机等
汽车工业	自卸式汽车、平板车、高空作业车等
农业机械	联合收割机、拖拉机等
轻工、化工机械	打包机、注塑机、矫直机、橡胶硫化机、造纸机等
起重运输机械	起重机、叉车、装卸机械、液压千斤顶等
矿山机械	开采机、提升机、液压支架等
纺织机械	织布机、抛砂机、印染机等

1.4.2　液压传动的发展

液压传动相对于机械传动来说是一门较新的技术。

18世纪末，手动泵供压的水压机已经出现。到了19世纪20年代，水压机已经广为应用，成为除蒸汽机以外应用最广的机械设备，而且还发展了各种水压传动控制回路，为后续液压技术的发展奠定了基础。但水的粘度低、润滑性差，容易引起设备及管道锈蚀，这些缺点制约了水压传动技术的进一步发展。到了20世纪初，由于石油工业的兴起，出现了粘度适中、润滑性好、耐蚀性好的各种矿物油，科学家们开始研究将矿物油取代水作为液压传动的工作介质。其中具有代表意义的是：在1905年，美国人詹尼(Janney)利用矿物油作为工作介质，设计制造了第一台液压柱塞泵及由其驱动的油压传动装置，并将其应用于军舰的炮塔装置上。1922年，瑞士人托马(H.Thoma)发明了径向柱塞泵，随后斜盘式轴向柱塞泵、径向液压马达、轴向变量马达等相继出现。1936年，威克斯(Vickers)提出了先导式溢流阀，使液压传动装置、液压控制元件的性能不断提高，结构日益丰富，应用范围也越来越广泛。

第二次世界大战期间，由于军事设备的要求，将具有反应快、精度高、功率大的液压控制机构应用到了兵器上，从而推动了液压传动与控制技术的快速发展。战争结束后，液压技术迅速转向民用，在机械制造、工程机械、农业机械、汽车等行业中的应用也越来越广泛。近年来，随着电子技术、计算机技术、信息技术、自动控制技术的不断发展和进步，随着新工艺、新材料技术的不断出现，液压技术也在不断地发展创新，液压技术在工农业生产及国防工业中占有举足轻重的地位。目前，液压技术正朝着高压、高速、大功率、高效率、低噪声、节能高效、环保、小型化及轻量化等方向发展；同时，液压系统的计算机辅助测试、计算机实时控制、机电一体化技术、计算机仿真和优化设计技术、可靠性研究及污染控制等，也是当前液压技术发展和研究的一个重要方向。现代水液压技术直接以天然水（含淡水和海水）为传动介质，其优良的绿色、环保性能，成为液压领域中研究及应用的一大热点，也具有良好的发展前景。

我国液压技术的发展始于20世纪50年代，最初主要应用在机床和锻压设备上；20世纪60年代，我国从国外引进了一些液压元件生产技术，同时自行设计开发出了液压产品；20世纪80年代初期，我国又从美国、日本、德国引进了一些先进的技术和设备，使我国的液压技术水平有了很大的提高。目前，我国的液压元件已从低压到高压形成了系列产品，并开发生产出了许多新型的液压元件；在精密、重载大型设备的液压系统中，国产元件的应用也越来越多；行走机械液压系统中的专用液压元件也在大力开发。液压技术在我国经济建设和社会发展中将发挥越来越大的基础性和关键性的支撑作用。

1.5 气压传动系统的组成与特点

气压传动是以空气压缩机为动力源,以压缩空气为工作介质进行能量传递和信号传递的工程技术,是实现各种生产过程、自动控制的重要手段之一。

1.5.1 气压传动的工作原理和组成

气压传动的基本工作原理与液压传动相同。典型的气压传动系统由以下四部分构成,如图1-3所示,同时图中也列出了气动元件的分类。

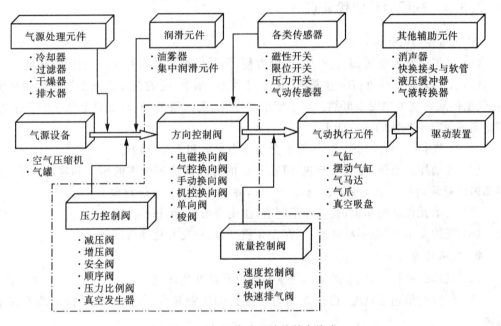

图1-3 气压传动系统的基本构成

1. 气源设备

气源设备由空气压缩机或真空泵构成,有的还配有储气罐、气源处理元件等附属设备。它将原动机提供的机械能转变为气体的压力能。气动设备较多的厂矿常将气源装置及其附件集中于一处,组成中央气压站,由中央气压站向各处用气点分送压缩空气。

2. 气动执行元件

气动执行元件起能量转换作用,把压缩空气的压力能转换成驱动装置的机械能。如气缸输出直线往复运动的机械能,摆动气缸和气动马达分别输出回转摆动和旋转的机械能。对于以真空动力为动力源的系统,采用真空吸盘以完成各种吸吊作业。

3. 气动控制元件

气动控制元件用来调节和控制压缩空气的压力、流量和流动方向，使执行元件按要求的程序和性能工作。气动控制元件种类繁多，除基本的压力控制、流量控制、方向控制三大类型阀件外，还包括各种逻辑元件、射流元件，以实现"是"、"与"、"非"等逻辑功能。

4. 气动辅助元件

气动辅助元件是提供元件内部润滑、消除排气噪声、进行元件间的连接，以及进行信号转换、显示、放大、检测等所需的各种气动元件。如油雾器、消声器、管件及管接头、气液转换器、限位开关、气动传感器等。

1.5.2　气压传动的优缺点

1. 气压传动的优点

（1）工作介质为空气，取之不尽，来源方便；用过后直接排入大气，不会污染环境。

（2）工作环境适应性好　在易燃、易爆、多尘埃、辐射、强磁、振动、冲击等恶劣的环境中，气压传动系统工作安全可靠。对于要求高净化、无污染的场合，如食品加工、印刷、精密检测等更具有独特的适应能力。

（3）空气粘度小，流动阻力小，便于介质集中供应和远距离输送。

（4）气动控制动作迅速、反应快，可在较短的时间内达到所需的压力和速度；在一定范围内的超载运行下也能保证系统安全工作，并且不易发生过热现象。

（5）气动元件结构简单，易于加工制造，使用寿命长，可靠性高。

（6）维护简单、管道不易堵塞，不存在介质变质、补充和更换等问题。

2. 气压传动的缺点

（1）气体压缩性大，气缸的运动速度易随负载的变化而变化。

（2）气缸在低速运动时，由于摩擦力占推力的比例较大，气缸的低速稳定性不如液压缸。

（3）目前，气动系统的压力级（一般小于 0.8 MPa）不高，总的输出功率不大。

（4）工作介质——空气没有润滑性，系统中必须采取措施对元件进行润滑。

（5）噪声大　尤其在超声速排气时，需要加装消声器。

1.5.3　气压传动技术的应用和发展

1. 气压传动技术的应用

随着工业机械化和自动化的发展，气动技术越来越广泛地应用于各个领域。

1）汽车制造业

现代汽车制造工厂的生产线，尤其是焊接生产线，无一例外地采用了气动技术。如：

车身在每个工位的移动；车身外壳被真空吸盘吸起和放下，在指定工位的夹紧和定位；点焊机焊头的快速接近、减速软着陆后的变压控制点焊等都采用了各种特殊功能的气缸及相应的气动控制系统。高频率的点焊、力控的准确性及完成整个工序过程的高度自动化，堪称是最有代表性的气动技术应用之一。

2）半导体电子及家电业

在电器产品的装配生产线上，在半导体芯片、印刷电路等各种电子产品的装配线上，不仅有各种大小不一、形状不同的气缸、气爪，还有许多灵巧的真空吸盘等对物品进行流畅的搬运。

3）生产自动化的实现

在缝纫机、自行车、手表、洗衣机、机床等行业的零件加工和组装线上，工件的搬运、转位、定位、夹紧、进给、装卸、装配等许多工序都使用气动技术。在木工机械、自动织布机、自动清洗机、印刷机械、塑料制品生产线等许多场合，都大量使用了气动技术。

4）包装自动化的实现

气动技术还广泛应用于化肥、化工、粮食、食品、药品等行业，实现粉状、粒状、块状物料的自动计量包装。

5）其他领域

如在车辆刹车、车门开闭、鱼雷、导弹的自动控制，以及各种气动工具等方面都有重要的应用。

2. 气压传动技术的发展趋势

近 20 年来，随着气压传动技术与电子技术的结合，气压传动技术的应用领域迅速拓宽，尤其在各种自动化生产线上得到广泛应用。电气可编程控制技术与气压传动技术相结合，使得整个系统自动化程度更高，控制方式更灵活，性能更加可靠；气动机械手、柔性自动生产线的迅速发展，对气压传动技术提出了更多更高的要求；气压传动技术从开关控制进入闭环比例、伺服控制，控制精度不断提高。

在美国、日本及欧洲的一些国家里，液压与气动元件的产值比已达 6∶4。日本 SMC、德国 FESTO、英国 NORGREN 和美国 PARKER 等是世界上最大的气动元件制造商。中国气动行业自 20 世纪 80 年代中期开始，气动元件产值大幅增长，一些气动元件的新产品陆续开发研制出来，如冷冻式干燥器、精密过滤器、不供油润滑气缸和气阀、小型气缸、低功率电磁阀、伺服气缸、滑片式气泵等，产品质量和可靠性不断提高，如气缸耐久性由 300 km 提高到 800 km，电磁阀耐久性由 300 万次提高到 500 万次。

纵观世界气动行业的发展趋势，气压传动技术的发展动向可归纳如下。

（1）机电气一体化　由"PLC＋传感器＋气动元件"组成的控制系统是自动化技术的重要方面；发展与电子技术相结合的自适应控制气动元件，使气压传动技术从"开关控制"进入到高精度的"反馈控制"；复合集成化系统不仅减少配线、配管和元件，而且拆装简单，大大提高系统的可靠性。

（2）轻量化、小型化和低功耗　采用铝合金及塑料等新型材料，并进行强度设计，重量大为减轻，如已制造出仅 4 g 重的低功率电磁阀；元件制成超薄、超短、超小型，如宽 6 mm 的电磁阀，缸径为 4 mm 的双作用气缸；电磁阀的功耗可降至 0.1 W。

（3）高质量、高精度、高速度　电磁阀的寿命达 300 万次以上，气缸的寿命达 2 000 ～ 6 000 km；定位精度达 0.5～0.1 mm；小型电磁阀的换向频率可达数十赫兹，气缸的最大速度可达 3 m/s。

（4）无供油　不供油润滑元件组成的系统不污染环境，系统简单，节省润滑油，且摩擦力稳定，成本低，寿命长，适合食品、医药、生物工程、电子、纺织、精密仪器等行业的需要。

习　　题

1-1　解释液压传动的定义，液压传动系统的共有特征有哪些？

1-2　试述液压传动系统与气压传动系统由哪些部分组成及各部分的作用。

1-3　液压传动与气压传动的主要优缺点有哪些？

第 2 章　液压流体力学基础

液压传动是以液体为工作介质进行能量传递和控制的。因此,了解液体的基本性质,掌握液体在静止和运动过程中的基本力学规律,对于正确理解液压传动的基本原理,合理设计和使用液压系统是非常重要的。

本章除了阐述液压油的基本性质和选用外,还主要阐述了静力学、动力学的三大方程及液压传动中经常碰到的流体力学问题,为本课程的后续学习打下必要的基础。

2.1　工 作 介 质

液压油是液压系统的工作介质,同时它还对液压装置及管道起到润滑、冷却和防锈蚀的作用。由于液压油的性质和质量直接影响液压系统的工作性能,因此有必要对液压油的性质进行研究,对各种液压油的选用和污染的控制进行探讨。

2.1.1　液压油的物理性质

1. 密度

均质液体中单位体积液体的质量称为密度,通常用 ρ 表示,可表示为

$$\rho = \frac{m}{V} \tag{2-1}$$

式中:m——液体的质量;

V——液体的体积。

液压油的密度随压力的增大而有所增大,随温度的升高而有所减小。但在通常使用的压力和温度范围内这种变化很小,可视为常数。一般液压油的密度为 $900\ \mathrm{kg/m^3}$。

2. 可压缩性

液体的体积随压力的增大而减小的特性称为液体的可压缩性,通常用体积压缩系数 β 来表示。其定义为单位压力变化所引起的液体体积的相对变化量

$$\beta = -\frac{1}{\Delta p}\frac{\Delta V}{V} \tag{2-2}$$

式中:Δp——压力增量;

ΔV——体积增量;

V——液体的初始体积。

由于压力增加时液体的体积减小,两者的变化方向相反,为使 β 为正值,须在式(2-2)

右边加上负号。

液体压缩系数 β 的倒数称为液体的体积弹性模量，用 K 表示，即

$$K = \frac{1}{\beta} = -\frac{\Delta p}{\Delta V}V \tag{2-3}$$

K 表示液体产生单位体积相对变化量所需要的压力增量。在实际应用中，常用体积弹性模量表示液体抵抗压缩的能力。

常温下，纯净液压油的体积弹性模量 $K = (1.4 \sim 2) \times 10^9$ Pa，数值很大，故一般可认为油液是不可压缩的。但在高压下或对系统进行动态分析时就必须考虑液体的可压缩性。各种液压油液的体积弹性模量如表 2-1 所示。

表 2-1　各种液压油液的体积弹性模量（20 ℃）

液压油种类	石油基	水-乙二醇基	乳化液型	磷酸酯型
K/Pa	$(1.4 \sim 2.0) \times 10^9$	3.15×10^9	1.95×10^9	2.65×10^9

应当指出，由于空气的可压缩性很大，因此当液压油中混有游离气泡时，K 值将大大减小，且起始压力的影响明显增大。但是混在液体内的游离气泡是不可能完全避免的，因此，一般建议石油基液压油的 K 值取为 $(0.7 \sim 1.4) \times 10^9$ Pa，且应采取措施尽量减少液压油中的游离空气含量。

3. 粘性

1）粘性的意义

流体在外力作用下流动时，液体分子间的内聚力会阻碍其分子的相对运动，即分子之间产生一种内摩擦力。这种性质称为流体的粘性。

粘性是液体的重要属性，它是液体运动中产生阻力和能量损失的原因，也是选择液压油的主要依据之一。

液体流动时，由于液体和固体壁面间的附着力及液体本身的粘性，会使液体内各液层间的速度不等。如图 2-1 所示，设两平板间充满液体，下平板固定不动，上平板以速度 u_0 向右平移。在附着力的作用下，贴近于两平面的流体必粘附于平面上，粘附在下平板表面上的液层速度为 0，粘附在上平板表面上的液层速度为 u_0，当上下两板间的距离较小时，中间各层液体的速度从上到下近似呈线性递减规律分布。其中速度较快的液层带动速度慢的，而速度慢的液层对速度快的起阻滞作用。不同速度的液层之间相对滑动必然在层与层之间产生内部摩擦力。这种摩擦力作为液体内力，总是成对出现，且大小相等、方向相反的作用在相邻两液层上。

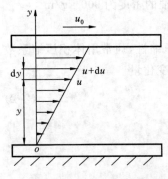

图 2-1　粘性流体内摩擦实验

实验结果表明,液体流动时相邻液层间的内摩擦力 T 与液层接触面积 A、液层间的速度梯度 $\mathrm{d}u/\mathrm{d}y$ 成正比,即

$$T = \mu A \frac{\mathrm{d}u}{\mathrm{d}y} \tag{2-4}$$

式中:μ——表征液体粘性的比例系数,称为粘度系数或动力粘度。

若以 τ 表示液层间单位面积上的内摩擦力,则

$$\tau = \mu \frac{\mathrm{d}u}{\mathrm{d}y} \tag{2-5}$$

这就是牛顿内摩擦定律。

由式(2-5)可知,在静止液体中,因速度梯度 $\mathrm{d}u/\mathrm{d}y = 0$,故内摩擦力为 0,因此液体在静止状态下是不呈现粘性的,而只是在液体具有相对运动时才体现出来。

2)粘度

粘性的大小用粘度表示,常用的粘度有三种,即动力粘度、运动粘度和相对粘度。

(1)动力粘度 μ　它是表征液体粘度的内摩擦系数,又称为绝对粘度,表示为

$$\mu = \tau \Big/ \frac{\mathrm{d}u}{\mathrm{d}y} \tag{2-6}$$

式(2-6)的物理意义是,液体在单位速度梯度下流动时单位面积上产生的内摩擦力。它之所以称为动力粘度,是因为在它的量纲中有动力学的要素(力)的缘故。

在我国法定计量单位制及 SI 制(国际单位制)中,动力粘度 μ 的单位是 Pa・s(帕・秒)或用 N・s/m^2(牛・秒/米^2)表示。

在 CGS 制(即 Centimeter-Gram-Second 制,又称厘米克秒制)中,μ 的单位为 dyn・s/cm^2(达因・秒/厘米^2),又称 P(泊)。P 的百分之一称为 cP(厘泊),其换算关系为

$$1\ \mathrm{Pa \cdot s} = 10\ \mathrm{P} = 10^3\ \mathrm{cP}$$

(2)运动粘度 ν　动力粘度 μ 与该液体密度 ρ 的比值称为运动粘度,用 ν 表示,即

$$\nu = \frac{\mu}{\rho} \tag{2-7}$$

运动粘度没有明确的物理意义,因为它的量纲中只有运动学的要素(长度和时间)的缘故,所以称为运动粘度。它是工程实际中经常用到的物理量。

在我国法定计量单位制及 SI 制中,运动粘度 ν 的单位是 m^2/s(米^2/秒)。

在 CGS 制中,ν 的单位为 cm^2/s(厘米^2/秒),通常称为 St(斯)。1 St(斯)= 100 cSt(厘斯),其换算关系为

$$1\ \mathrm{m}^2/\mathrm{s} = 10^4\ \mathrm{St} = 10^6\ \mathrm{cSt}$$

在我国,运动粘度是划分液压油牌号的依据。根据国家标准《工业液体润滑剂　ISO 粘度分类》(GB/T 3141—1994)规定,液压油的牌号是该液压油在 40 ℃时运动粘度的平均值。例如,32 号液压油是指这种油在 40 ℃时运动粘度的平均值为 32 cSt,其运动粘度

的范围为 28.8 cSt～35.2 cSt。

（3）相对粘度　相对粘度又称条件粘度。它是采用特定的粘度计在规定的条件下测量出来的液体粘度。由于测定条件不同,各国所用的相对粘度也不同,如我国、德国、俄罗斯等一些国家采用恩式粘度（°E）,美国采用国际赛氏秒（SSU）,英国采用商用雷氏秒（R）。

恩氏粘度采用恩氏粘度计测定,将 200 mL 被测液体装入恩氏粘度计中,在某一温度 $t(℃)$ 时,测出液体经容器底部直径为 $\phi2.8$ mm 的小孔流尽所需的时间 t_1,与同体积的蒸馏水在 20 ℃时流过同一小孔所需的时间 t_2（通常 $t_2=51$ s）的比值,便是被测液体在 t ℃时的恩氏粘度,用符号 $°E_t$ 表示

$$°E_t = \frac{t_1}{t_2} \qquad (2-8)$$

一般以 20 ℃、50 ℃、100 ℃作为测定恩氏粘度的标准温度,由此而得来的恩氏粘度分别用 $°E_{20}$、$°E_{50}$、$°E_{100}$ 表示。

恩氏粘度和运动粘度的换算关系式为

$$\nu = \left(7.31°E - \frac{6.31}{°E}\right) \times 10^{-6} \ \text{m}^2/\text{s} \qquad (2-9)$$

（4）调和油的粘度　选择合适粘度的液压油,对液压系统的工作性能有着十分重要的作用。有时现有的油液粘度不能满足要求,可把两种不同粘度的油液混合起来使用。混合后的油液称为调和油。调和油的粘度与这两种油所占的比例有关,一般可用下面的经验公式计算,即

$$°E = \frac{a°E_1 + b°E_2 - c(°E_1 - °E_2)}{100} \qquad (2-10)$$

式中：$°E_1$、$°E_2$——混合前两种油液的粘度,取 $°E_1 > °E_2$;

　　$°E$——混合后的调和油粘度;

　　a、b——参与调和的两种油液所占的百分数（$a+b=100$）;

　　c——实验系数,如表 2-2 所示。

表 2-2　系数 c 的数值

$a/(\%)$	10	20	30	40	50	60	70	80	90
$b/(\%)$	90	80	70	60	50	40	30	20	10
c	6.7	13.1	17.9	22.1	25.5	27.9	28.2	25	17

4. 温度对粘度的影响

温度对油液粘度影响很大,当温度升高时,液体的内聚力减小,其粘度随温度的增加而降低。油液粘度的变化直接影响液压系统的性能和泄漏量,因此希望粘度随温度的变

化越小越好。不同的油液有不同的粘度与温度变化关系,这种关系称为油液的粘-温特性。

油液的粘-温特性可用粘-温特性曲线和粘度指数Ⅵ来表示。图 2-2 所示为几种国产液压油的粘-温特性曲线。

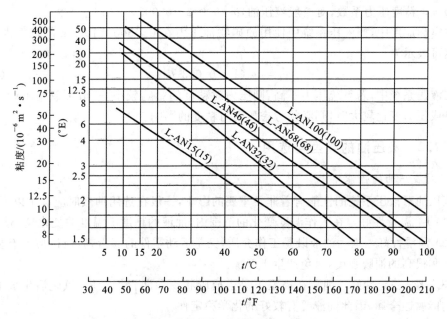

图 2-2　几种国产液压油的粘-温特性

粘度指数Ⅵ表示液压油的粘度随温度变化的程度与标准油粘度变化程度的比值的相对值(见表 2-3)。粘度指数高,表示粘-温曲线平缓,说明粘度随温度变化小,则粘温特性好。通常各种工作介质的质量指标中都给出粘度指数,一般液压油的粘度指数要求在 90 以上,优异的在 100 以上。当系统的工作温度范围较大时,应选用粘度指数高的介质。

表 2-3　几种典型工作介质的粘度指数Ⅵ

介 质 种 类	粘度指数Ⅵ	介 质 种 类	粘度指数Ⅵ
石油基液压油 L-HM	≥95	油包水乳化液 L-HFB	130～170
石油基液压油 L-HR	≥160	水-乙二醇 L-HFC	140～170
石油基液压油 L-HG	≥90	磷酸酯液 L-HFDR	-31～170

5. 压力对粘度的影响

压力对油液的粘度也有一定的影响。压力越高,分子间的距离越小,粘度则增大。不同的油液有不同的粘度与压力变化关系,这种关系称为油液的粘-压特性。

粘度随压力的变化关系为

$$\nu_p = \nu_0 e^{bp} \tag{2-11}$$

式中：ν_p——压力为 p 时的运动粘度(10^{-6} m²/s)；

$\quad\quad \nu_0$——一个大气压下的运动粘度(10^{-6} m²/s)；

$\quad\quad b$——粘度压力系数，对一般液压油，$b = 0.002 \sim 0.003$。

在实际应用中，当液压系统中使用的矿物油压力在 $0 \sim 500 \times 10^6$ Pa 的范围内时，油的粘度可表示为

$$\nu_p = \nu_0(1 + 0.003\ p) \tag{2-12}$$

在液压系统中，若系统压力不高，则压力对粘度的影响较小，一般可忽略不计。当压力较高或压力变化较大时，则必须考虑压力对粘度的影响。

2.1.2 液压油的类型与选用

1. 对液压油的性能要求

液压油对液压系统的性能有着非常重要的影响，一般在选用油液时应满足以下要求。

(1) 粘-温特性好 在工作温度变化的范围内，油液的粘度随温度的变化越小越好。

(2) 润滑性好 因为油液既是工作介质，又是运动零件的润滑剂，所以应具有良好的润滑性和很高的油膜强度，以免产生干摩擦。

(3) 化学稳定性好 油液在高温下易生成胶状物和沥青等杂质，氧化后生成的酸性化合物能腐蚀金属，因此油液要有较好的化学稳定性。

(4) 抗泡沫性好 抗乳化性好，耐蚀性好，防锈蚀性好。

(5) 对金属和密封件有良好的相容性，不含水溶性酸和碱等，可避免腐蚀零件和管道，不破坏密封件。

(6) 热膨胀系数低，比热容和传热系数高，凝固点低，闪点和燃点高。

(7) 质地纯净，杂质少。

(8) 具有良好的环保性能和经济性。

2. 液压油的种类

随着液压技术应用领域的不断扩大和对性能要求的不断提高，其工作介质的品种越来越多。一般液压介质可分为两类：一类是易燃的烃类液压油(矿物油型和合成烃型)；另一类是难燃(或抗燃)的液压油，难燃液压油包括含水型及无水型两大类，含水型如高水基液(HFA)、油包水乳化液(HFB)、水-乙二醇(HFC)，无水型合成液(HFD)如磷酸酯。但目前最广泛使用的依然是矿物型液压油。

普通液压油一般是以汽轮机油作为基础油，再加以多种添加剂配成的，其抗氧化性、抗磨性、抗泡沫性、粘-温特性均较好，广泛适用于在 $0 \sim 40$ ℃工作的中低压系统，一般机床液压系统最适宜使用这种液压油。对于高压或中高压系统，可根据其工作条件和特殊要求选用抗磨液压油、低温液压油等专用油类。

在一些高温、易燃、易爆的工作场合，为了安全起见，应该在系统中使用抗燃液压油，如磷酸酯、水-乙二醇、油包水或水包油乳化液等。

3. 液压油的选用

正确合理地选用液压油是保证液压系统高效率正常运转的前提，也是保证各液压元件的性能、延长使用寿命的关键。

液压油的粘度对液压系统的性能有很大的影响。粘度较高时油液流动所产生的阻力较大，克服阻力所消耗的功率较大，而此功率又将转化成热量，使油温上升；粘度太低时，会使泄漏量加大，使液压系统的效率下降。因此，选择液压油时应先确定适应的粘度范围，再选择合适的液压油品种。

确定液压油的粘度范围时，主要应考虑以下几方面的因素。

（1）液压系统的工作压力　工作压力较高的液压系统宜选用粘度较大的液压油，以减少泄漏。几种常用国产液压油的性能指标如表 2-4 所示。

表 2-4　几种常用国产液压油的性能指标

项　目	质　量　指　标									
品　种	普通液压油					高级抗磨液压油			低温液压油	
牌　号	32	46	68	32G	68G	HM32	HM46	HM68	22	32
40 ℃时运动粘度 /$(10^{-6}\,m^2/s)$	28.8~ 35.2	41.4~ 50.6	61.2~ 74.8	28.8~ 35.2	61.2~ 74.8	28.8~ 35.2	41.4~ 50.6	61.2~ 74.8	22	32
粘度指数	≥90					≥95			≥130	
闪点（开口）/℃	≥170					≥180		≥200	≥140	≥160
凝点/℃	≤−10					≤−15			≤−36	
氧化稳定性（酸值达 2.0 mg KOH/g）/h	≥1 000					≥1 000			≥1 000	

（2）环境温度　环境温度较高时宜选用粘度较大的液压油，因为环境温度升高时会使油液粘度下降。

（3）执行元件运动速度　当执行元件运动速度较高时宜选用粘度较小的液压油，以减小液流的功率损失，提高液压系统的效率。

（4）液压泵的类型　在液压系统所有元件中，液压泵的工作条件最为恶劣，因为泵内零件的运动速度高，承受的压力大，润滑要求苛刻，温升高，而且油液被液压泵吸入和压出时要受到剪切作用，所以一般根据液压泵的要求来确定油液的粘度。各类液压泵适用的液压油粘度范围如表 2-5 所示。

表 2-5　各类液压泵适用的液压油粘度范围

液压泵类型		环境温度 5～40 ℃ /(10^{-6} m²/s, 40 ℃)	环境温度 40～80 ℃ /(10^{-6} m²/s, 40 ℃)
叶片泵	$p<7\times10^6$ Pa	30～50	40～75
	$p\geq7\times10^6$ Pa	50～70	55～90
齿轮泵		30～70	95～165
轴向柱塞泵		40～75	70～150
径向柱塞泵		30～80	65～240

2.1.3　液压油的污染与控制

实践证明,液压油被污染是液压系统发生故障的主要原因,它严重影响液压系统的可靠性和元件的寿命。因此对液压油的合理使用和正确维护是十分重要的。

1. 污染的危害

液压系统中的污染物是指混入液压油中的各种杂物,如固体颗粒、水、空气、胶状生成物、微生物等。液压油被污染后,将对系统及元件产生以下不良后果。

(1) 固体颗粒和胶状生成物易堵塞滤油器,使液压泵吸油困难,产生噪声,同时也可能堵塞阀类元件中的小孔或缝隙,使其动作失灵。

(2) 微小固体颗粒会加速零件的磨损,影响液压元件的正常工作,同时也可能擦伤密封件,使泄漏增加。

(3) 水的侵入会加速油液的氧化,导致其变质;空气的混入会降低油液的润滑性和体积弹性模量,引起气蚀,加速液压元件的损坏,使液压系统出现振动、爬行等现象。

(4) 微生物的生成使油液变质,降低润滑性能,加速元件腐蚀。微生物对高水基液压油的危害更大。

2. 污染的原因

(1) 残留污染　主要是指液压装置在制造、存储、安装、维修过程中带入的砂粒、铁屑、焊渣、铁锈、棉纱和灰尘等污染物。

(2) 侵入物污染　主要是指周围环境中的污染物(如空气、尘埃、水等)进入系统导致的污染。

(3) 生成物污染　主要是指元件的磨损和老化而产生的金属微粒、锈斑、涂料和密封件的剥离片,以及液压油变质后产生的胶状生成物等。

3. 污染的控制

液压油污染的原因很复杂,而油液自身又在不断地产生脏物,因此要彻底消除污染是很困难的。但是为了延长液压元件的寿命,保证系统正常工作,必须将液压油的污染程度控制在一定限度之内。在生产实际中,一般采取以下几方面的措施来控制液压油的污染。

(1) 消除残留污染 严格清洗元件和系统,以清除在加工和组装过程中残留的污染物。

(2) 防止污染物从外界侵入 油箱呼吸孔上应加空气滤清器,液压油必须通过过滤器注入系统,维修拆卸元件时应在无尘区进行。

(3) 采用合适的过滤器 应根据需要,在系统的有关部位设置适当精度的过滤器,并且定期检查、清洗或更换滤芯。

(4) 控制液压油的温度 液压油的温度过高会加速油液的氧化变质,产生各种生成物而污染油液。一般液压系统的工作温度应控制在 65 ℃ 以下,机床液压系统还应更低一些。

(5) 定期检查和更换液压油 定期对系统中的油液进行抽样检查,如污染已超过标准,必须立即更换。在更换新油液前,整个系统必须先清洗一次。

2.2 液体静力学

物质世界是运动的,因此没有绝对静止的事物。液体静力学的“静”只是液体宏观质点之间没有相对运动,即达到了相对的平衡,至于液体作为一个整体则完全可以同刚体一样的运动。由于液体质点之间没有相对运动,液体内并不存在切向的剪切应力(即使液体内存在微小的剪切力,液体都会发生连续的变形,而不能保持静止状态,这是由液体的易流动性决定的),因此静止液体内只有法向的压应力,即静压力。

2.2.1 静压力及其特性

静止液体在单位面积上所受的法向力称为静压力,静压力在工程实际应用中习惯上称为压力,在物理学中则称为压强。若液体内某点处微小面积 ΔA 上作用有法向力 ΔF,则该点的静压力 p 为

$$p = \lim_{\Delta A \to 0} \frac{\Delta F}{\Delta A} \qquad (2\text{-}13)$$

若法向作用力 F 均匀的作用在面积 A 上,则静压力可表示为

$$p = \frac{F}{A} \qquad (2\text{-}14)$$

我国采用法定计量单位 Pa 来计量压力,1 Pa＝1 N/m^2。在液压技术中习惯用 MPa,1 MPa＝10^6 Pa。

液体静压力有以下两个重要特性。

(1) 液体静压力垂直于承压面,其方向和该面的内法线方向一致。这是由于液体质

点间的内聚力很小,不能承受拉力只能承受压力之故。

(2)静止液体内任一点所受到的静压力在各个方向上都相等,即静压力具有各向同性。由此可见静压力不是一个矢量,而是一个标量。

2.2.2　静压力基本方程

在重力作用下的静止液体内任一点所受的力,除重力外还有液面上作用的外加压力。如要求液面下任意深度 h 处的压力 p,可以假想从液面向下选取一个垂直小液柱作为研究对象,如图 2-3 所示,设液柱底面积为 ΔA,高为 h,液体密度为 ρ,液面压力为 p_0,由于液柱处于受力平衡状态,因此在垂直方向上存在如下关系,即

$$p\Delta A = p_0 \Delta A + \rho g h \Delta A$$

化简上式得

$$p = p_0 + \rho g h \qquad (2\text{-}15)$$

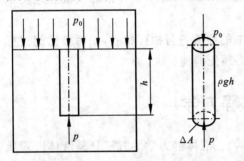

图 2-3　重力作用下的静止液体

式(2-15)即为液体的静压力基本方程式,由此基本方程式可知静止液体的压力分布有如下特征。

(1)静止液体内任一点的压力由两部分组成:一部分是液面压力 p_0,另一部分是该点以上液体自重所形成的压力 $\rho g h$,当液面上只受大气压力 p_a 作用时,则该点的压力为

$$p = p_a + \rho g h \qquad (2\text{-}16)$$

(2)静止液体内任一点压力随该点距离液面的深度呈线性规律递增。

(3)在同一液体中,离液面深度相等的各点压力相等,而压力相等的各点组成的面称为等压面。在重力作用下,静止液体内的等压面为水平面,而与大气相接触的自由表面也是等压面。

(4)对静止液体,若液面压力为 p_0,液面与基准面的距离为 h_0,液体内任一点的压力为 p,该点与基准面的距离为 h,与液面的距离为 z,则由静压力基本方程,有

$$p = p_0 + \rho g z = p_0 + \rho g (h_0 - h)$$

整理可得

$$\frac{p}{\rho} + gh = \frac{p_0}{\rho} + gh_0 = \text{const} \qquad (2\text{-}17)$$

式中: $\dfrac{p}{\rho}$——静止液体中单位质量液体的压力势能;

　　　gh——单位质量流体的位置势能。

式(2-17)的物理意义为:静止液体中任一质点具有压力势能和位置势能两种能量形式,且其总和保持不变,即能量守恒。但两种能量形式之间可以相互转换。

2.2.3　压力的表示方法

根据不同的度量基准,压力有两种表示方法:以绝对零压作为基准所表示的压力,称为绝对压力;以当地大气压为基准所表示的压力,称为相对压力。工程上所使用的压力表在大气中的读数一般为零,因此其测得的压力数值就是相对压力,故相对压力又称表压力。

当绝对压力低于大气压时,绝对压力不足于大气压的那部分压力值称为真空度。此时相对压力为负值,又称负压,即

$$真空度＝大气压力－绝对压力$$

绝对压力、相对压力与真空度之间的关系如图2-4所示。

压力的常用单位为 Pa(帕,N/m^2)、MPa(兆帕,N/mm^2),有时也使用 bar(巴)、kgf/cm^2 等。常用压力单位之间的换算关系为 $1\ MPa＝10^6\ Pa$,$1\ bar＝10^5\ Pa$,$1\ kgf/cm^2＝9.8×10^4\ Pa$。

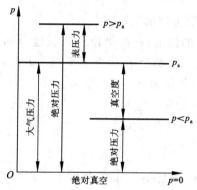

图 2-4　绝对压力、相对压力和真空度

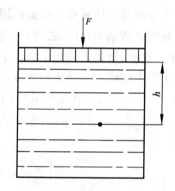

图 2-5　液体内压力计算图

例 2-1　图 2-5 所示为一充满油液的容器,已知油液密度为 $\rho＝900\ kg/m^3$,如作用在活塞上的力 $F＝1\ 000\ N$,活塞面积 $A＝1×10^{-3}\ m^2$,忽略活塞质量,试问活塞下方深度为 $h＝0.5\ m$ 处的压力等于多少?

解　活塞与液面接触处的压力为

$$p_0＝\frac{F}{A}＝\frac{1\ 000}{1×10^{-3}}\ Pa＝10^6\ Pa$$

由静压力基本方程可得深度为 h 处的液体压力为

$$p＝p_0＋\rho gh＝(10^6＋900×9.8×0.5)\ Pa$$
$$＝(1.004\ 4×10^6)\ Pa≈10^6\ Pa$$

在例 2-1 中,活塞上表面有大气压作用,但计算时作为零压来处理,因此,例 2-1 所计算的结果为该点处的相对压力。在液压技术中所提到的压力,如不特别指明,均为相对压力。

从例 2-1 可以看出,液体在受压情况下,由液体自重所形成的压力 ρgh 相对较小,可以忽略不计,并认为整个静止液体内部的压力是近乎相等的。以后在分析液压系统时,一般都采用这个结论。

2.2.4 静压力对固体壁面的作用力

液体和固体壁面相接触时，固体壁面将受到液体静压力的作用。

在液压传动中，由于不考虑液体自重所产生的压力，因此液体中各点的静压力可看作是均匀分布的。

当固体壁面为一平面时，作用在该面上的压力的方向是相互平行的，其总作用力 F 等于压力 p 与承压面积 A 的乘积，且作用方向垂直于承压表面，即

$$F = pA \tag{2-18}$$

当固体壁面为一曲面时，作用在曲面上各点处的压力方向是不平行的，因此，静压力作用在曲面某一方向 x 上的总作用力 F_x 等于压力与曲面在该方向投影面积 A_x 的乘积，即

$$F_x = pA_x \tag{2-19}$$

上述结论对于任何曲面都是适用的，下面以缸筒为例加以说明。

设液压缸两端面封闭，缸筒内充满着压力为 p 的油液，缸筒半径为 r，长度为 l，如图 2-6 所示。这时，缸筒内壁面上各点的静压力大小相等，都为 p，但并不平行。因此，为求得油液作用于缸筒右半壁面内表面在 x 方向上的总作用力 F_x，需在壁面上取一微小面积 $\mathrm{d}A = l\mathrm{d}s = lr\mathrm{d}\theta$，则油液作用在 $\mathrm{d}A$ 上的力 $\mathrm{d}F$ 的水平分量 $\mathrm{d}F_x$ 为

$$\mathrm{d}F_x = \mathrm{d}F\cos\theta = p\mathrm{d}A\cos\theta = plr\cos\mathrm{d}\theta$$

上式积分后，得

$$F_x = \int_{-\frac{\pi}{2}}^{\frac{\pi}{2}} \mathrm{d}F_x = \int_{-\frac{\pi}{2}}^{\frac{\pi}{2}} plr\cos\theta\mathrm{d}\theta = 2lrp = pA_x$$

即 F_x 等于压力 p 与缸筒右半壁面在 x 方向上投影面积 A_x 的乘积。

例 2-2 某安全阀如图 2-7 所示，阀芯为圆锥形，阀座孔径 $d = 10$ mm，阀芯最大直径 $D = 15$ mm。当油液压力 $p_1 = 8$ MPa 时，压力油克服弹簧力顶开阀芯而溢流，出油腔背压

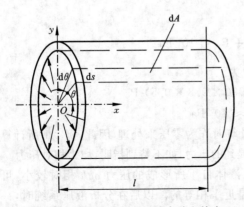

图 2-6　压力油作用在缸筒内壁上的力

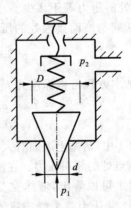

图 2-7　安全阀受力图

$p_2 = 0.4$ MPa,试求阀内弹簧的预紧力。

解　(1) 压力 p_1、p_2 向上作用在阀芯锥面上的投影面积分别为 $\frac{\pi}{4}d^2$ 和 $\frac{\pi}{4}(D^2-d^2)$,故阀芯受到的向上的作用力为

$$F_1 = \frac{\pi}{4}d^2 p_1 + \frac{\pi}{4}(D^2 - d^2)p_2$$

(2) 压力 p_2 向下作用在阀芯锥面上的投影面积为 $\frac{\pi}{4}D^2$,则阀芯受到的向下的作用力为

$$F_2 = \frac{\pi}{4}D^2 p_2$$

(3) 阀芯受力平衡方程式为

$$F_s + \frac{\pi}{4}D^2 p_2 = \frac{\pi}{4}d^2 p_1 + \frac{\pi}{4}(D^2 - d^2)p_2$$

整理后得

$$F_s = \frac{\pi}{4}d^2(p_1 - p_2) = \frac{\pi}{4} \times 0.01^2 \times (8 - 0.4) \times 10^6 \text{ N} = 597 \text{ N}$$

2.3　液体运动学和液体动力学

液体运动学主要研究液体的运动规律,液体动力学则主要研究作用于液体上的力与液体运动之间的关系。具体地说,本节主要介绍液体运动学和动力学的三个基本方程——连续性方程、伯努利方程和动量方程。这些内容是液压技术中分析问题和设计计算的理论依据。

2.3.1　基本概念

1. 理想流体、恒定流动

实际液体都具有粘性,而粘性只有在液体运动时才体现出来,因此在研究液体的运动时必须考虑粘性的影响。但在考虑液体的粘性时,使得对液体的运动规律的研究变得非常复杂,所以开始分析时可以假设液体没有粘性,然后再考虑粘性的作用并通过实验验证的办法对已得出的结果进行补充或修正。这种办法同样可以用来处理液体的可压缩性问题。

在研究流动液体时,把既无粘性又不可压缩的液体称为理想液体,而把事实上既有粘性又可压缩的液体称为实际液体。

液体流动时,如果液体中任一点处的压力、速度和密度等物理量都不随时间而变化,则液体的这种流动称为恒定流动(又称为定常流动或非时变流动);反之,只要液体中任一

点处的任一物理量随时间而变化,则此流动就称为非恒定流动(又称为非定常流动或时变流动)。图 2-8 中,图(a)所示为恒定流动,图(b)所示为非恒定流动。

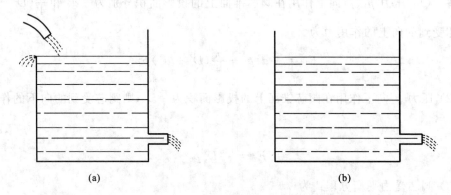

图 2-8　恒定流动和非恒定流动
（a）恒定流动　　（b）非恒定流动

恒定流动与时间无关,研究起来比较方便,非恒定流动要复杂得多。严格来讲客观存在的液体流动绝大多数是非恒定的,我们经常把那些变化不大的非恒定流动,在一定条件下简化为恒定流动,只要其结果能近似地符合实际情况即可。本节主要介绍恒定流动时的基本方程。

2. 流线、流管、流束

流线是指某一瞬时在流场中假设的一条曲线,该曲线上每一点的切线方向都与该点上的流体质点的速度方向重合。流线是某一瞬时的曲线,在不同的时刻有不同的流线。在恒定流动中,流场中各点的速度大小和方向都不随时间而变化,因此恒定流动中的流线是固定不变的(见图 2-9(a))。

在一般情况下,流场中每一个空间点上的流体质点在某一时刻的速度方向只有一个。如果流线相交和突然转折,那么交点和转折点处的流体质点将有几个不同的流动方向,这当然是不可能的。因此流线是不能突然转折和相交的,它只能是一条光滑的曲线。

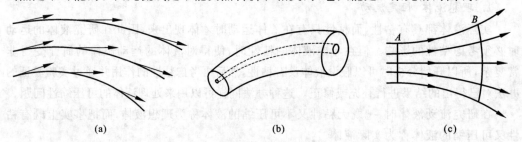

图 2-9　流线、流管、流束和通流截面
（a）流线　（b）流管和流束　（c）通流截面

在流场中,如果流线间的夹角很小及流线曲率半径很大,那么这种流动称为缓变流动。

在流场中任取一非流线的封闭曲线,从曲线上的每一点作流线而组成的管状曲面称为流管。由此可看出,流管的表面是由流线组成的,根据流线不会相交的性质,流管内外的流体质点都不能穿越流管,故流管与真实管道相似。

流管中的流体称为流束(见图2-9(b))。当流管截面无限缩小趋近于零时,则称为微小流束,微小流束截面上各点处的流速可以认为是相等的。

3. 通流截面、流量和平均流速

与流线垂直的截面称为通流截面(或过流断面,如图2-9(c)所示),它既可能是平面,也可能是曲面。在缓变流动情况下,可近似认为通流截面是一个平面。

单位时间内流过某一通流截面的液体体积称为流量(见图2-10)。流量以 q 表示,单位为 m^3/s 或 L/min。

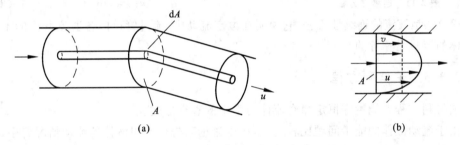

图 2-10 流量和平均流速

由于实际液体具有粘性,因此液体在管道内流动时,通流截面上各点的流速是不相等的。欲求得流经整个通流截面 A 的流量,可在通流截面 A 上取一微小截面 dA,dA 截面上的流速为 u,则通过 dA 的微小流量为

$$dq = u dA$$

流过整个通流截面 A 的流量为

$$q = \int_A u dA \tag{2-20}$$

可见,要求得 q 的值,必须先知道流速 u 在整个通流截面 A 上的分布规律。实际上这是比较困难的,因为粘性液体流速 u 在管道中的分布规律是很复杂的。所以为方便起见,在液压传动中常采用一个假想的平均流速 v 来求流量,即假设通流截面上各点的流速均匀分布,液体以此流速 v 流过通流截面的流量等于以实际流速流过该通流截面的流量,即

$$q = \int_A u dA = vA \tag{2-21}$$

由此可得出通流截面上的平均流速为

$$v = \frac{q}{A} \tag{2-22}$$

2.3.2　连续性方程

连续性方程是质量守恒定律在流体力学中的表现形式。

如图 2-11 所示，在恒定流动的流场中取一流管，在流管中任取 1、2 两个通流截面，设其面积分别为 A_1、A_2，两截面中液体的平均流速和密度分别为 v_1、ρ_1 和 v_2、ρ_2，根据质量守恒定律，在单位时间内通过截面 1 流进 1—2 段的液体质量与通过截面 2 流出该段的液体质量相等，即

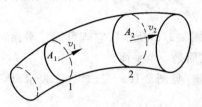

$$\rho_1 v_1 A_1 = \rho_2 v_2 A_2$$

若液体为不可压缩流体，即 $\rho_1 = \rho_2$，则得

$$v_1 A_1 = v_2 A_2 \tag{2-23}$$

由于两通流截面是任意选取的，故有

图 2-11　连续性方程

$$q = vA = \text{const} \tag{2-24}$$

式(2-24)就是液流的连续性方程，它说明在恒定流动中，流过管道内各通流截面的不可压缩液体的流量是相等的。

2.3.3　伯努利方程

伯努利方程是能量守恒定律在流体力学中的表现形式。

由于流动液体的能量问题比较复杂，所以讨论时先从理想液体的流动情况着手，然后再展开到实际液体的流动上去。

1. 理想液体微小流束的伯努利方程

因为理想液体既无粘性，又不可压缩，所以微小流束作恒定流动时没有能量损失。根据能量守恒定律，微小流束内每一截面的总能量都是相等的。

对于静止液体，单位质量液体的总能量为单位质量液体的压力势能 p/ρ 和位置势能 gz 的总和，而对于运动的液体，除上述两项外，还有单位质量的液体的动能 $u^2/2$。

在图 2-12 所示的微小流束中任取两个截面 dA_1 和 dA_2，它们距基准水平面的距离分别为 z_1 和 z_2，微元面上的压力分别为 p_1 和 p_2，速度分别为 u_1 和 u_2。根据能量守恒定律，有

$$\frac{p_1}{\rho} + gz_1 + \frac{u_1^2}{2} = \frac{p_2}{\rho} + gz_2 + \frac{u_2^2}{2} \tag{2-25}$$

因两个截面是任意选取的，故式(2-25)可写为

$$\frac{p}{\rho} + gz + \frac{u^2}{2} = \text{const} \tag{2-26}$$

以上两式就是理想液体微小流束作恒定流动时的伯努利方程。其物理意义为：理想液体作恒定流动时具有压力能、势能和动能三种形式的能量，在任一截面上这三种能量可以互

相转换,但其总和不变,即能量守恒。

2. 实际液体的伯努利方程

由于实际液体流动时需克服由粘性所产生的摩擦力,故存在能量损失。设图 2-12 中单位质量的液体从截面 1 流到截面 2 损失的能量为 h'_w,则实际液体微小流束作恒定流动时的能量方程为

$$\frac{p_1}{\rho} + gz_1 + \frac{u_1^2}{2} = \frac{p_2}{\rho} + gz_2 + \frac{u_2^2}{2} + gh'_w \tag{2-27}$$

如图 2-13 所示为一作恒定流动的实际液体,两端的通流截面积分别为 A_1、A_2,从其中任取一微小流束,两端的通流截面积分别为 $\mathrm{d}A_1$ 和 $\mathrm{d}A_2$,其微元面上相应的压力、流速、相对位置分别为 p_1、u_1、z_1 和 p_2、u_2、z_2。这一微小流束仍然适用于上述微小流束的伯努利方程。若单位时间内通过该微小流束的液体质量为 $\rho\,\mathrm{d}q(\mathrm{d}q = u_1\,\mathrm{d}A_1 = u_2\,\mathrm{d}A_2)$,则通过该微小流束两截面的能量满足如下关系,即

$$\left(\frac{p_1}{\rho} + gz_1 + \frac{u_1^2}{2}\right)\rho\,\mathrm{d}q = \left(\frac{p_2}{\rho} + gz_2 + \frac{u_2^2}{2}\right)\rho\,\mathrm{d}q + \rho g h'_w\,\mathrm{d}q \tag{2-28}$$

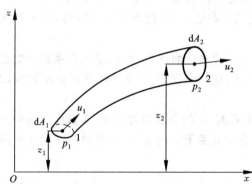

图 2-12　理想液体微小流束的伯努利方程

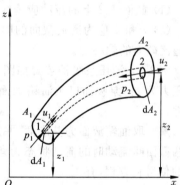

图 2-13　实际液体的伯努利方程

则实际液体流经截面 1 和截面 2 时的能量关系为

$$\int_q \left(\frac{p_1}{\rho} + gz_1 + \frac{u_1^2}{2}\right)\rho\,\mathrm{d}q = \int_q \left(\frac{p_2}{\rho} + gz_2 + \frac{u_2^2}{2}\right)\rho\,\mathrm{d}q + \int_q \rho g h'_w\,\mathrm{d}q \tag{2-29}$$

若截面 1 和截面 2 均为缓变流过流断面,且通流截面上除了重力外无其他质量力时,那么两通流截面上均满足 $gz + \dfrac{p}{\rho} = \mathrm{const}$,则式(2-29)变为

$$\left(\frac{p_1}{\rho} + gz_1\right) + \frac{1}{q}\int_q \frac{u_1^2}{2}\,\mathrm{d}q = \left(\frac{p_2}{\rho} + gz_2\right) + \frac{1}{q}\int_q \frac{u_2^2}{2}\,\mathrm{d}q + \frac{1}{q}\int_q gh'_w\,\mathrm{d}q \tag{2-30}$$

为便于计算,用平均流速代替断面上的速度分布来计算动能,由此引起的误差用动能修正系数 α 来表示,它等于单位时间内某截面处的实际动能与用平均流速计算的动能之

比,其表达式为

$$\alpha = \frac{\frac{1}{2}\int_A u^2 \rho \, \mathrm{d}q}{\frac{1}{2}\rho A v v^2} = \frac{\int_A u^3 \, \mathrm{d}A}{v^3 A} \qquad (2\text{-}31)$$

动能修正系数 α 在紊流时取 1,在层流时取 2。

此外,对液体在管道中流动时因粘性摩擦而产生的能量损失,也可用平均能量损失的概念来处理,即令

$$h_w = \frac{\int_q h'_w \, \mathrm{d}q}{q} \qquad (2\text{-}32)$$

将式(2-31)、式(2-32)代入式(2-30),可得实际液体的伯努利方程为

$$\frac{p_1}{\rho} + g z_1 + \frac{\alpha_1 v_1^2}{2} = \frac{p_2}{\rho} + g z_2 + \frac{\alpha_2 v_2^2}{2} + g h_w \qquad (2\text{-}33)$$

在利用式(2-33)时必须注意以下几个方面。

(1) 截面 1、2 上的流动应为缓变流,但两截面间的流动不必一定为缓变流。

(2) z 和 p 应为通流截面的同一点上的两个参数,为方便起见,一般将这两个参数定在通流截面的轴心处。

例 2-3　液压泵吸油装置如图 2-14 所示,设油箱液面压力为 p_a,液压泵吸油口处的绝对压力为 p_2,泵吸油口至油箱液面的高度为 h,应用伯努利方程分析液压泵正常吸油的条件。

解　取油箱液面为基准面,并定为 1—1 截面,泵的吸油口处为 2—2 截面。假设油液在两截面间流动时的流动状态为紊流,则动能修正系数 $\alpha_1 = \alpha_2 = 1$,对两截面建立实际液体的伯努利方程,有

$$\frac{p_a}{\rho} + \frac{v_1^2}{2} = \frac{p_2}{\rho} + gh + \frac{v_2^2}{2} + g h_w \qquad (2\text{-}34)$$

式中：v_1——油箱液面下降的速度,可视为零;

v_2——吸油管中油液的流速;

$g h_w$——单位质量的油液流经吸油管路时的能量损失。

将式(2-34)整理,可得泵吸油口的真空度为

$$p_a - p_2 = \rho g h + \frac{\sigma v_2^2}{2} + \rho g h_w \qquad (2\text{-}35)$$

由此可见,液压泵吸油口的真空度取决于如下三个因素：把油液提升到高度 h 时所需的压力,将静止液体加速到 v_2 时所需的压力和油液流经吸油管路的压力损失。

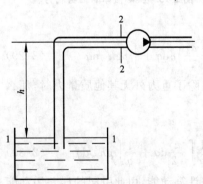

图 2-14　液压泵吸油装置

为保证液压泵正常工作,液压泵吸油口的真空度不能太大,否则溶于油液中的空气会分离析出形成气泡,产生气穴现象,从而出现振动和噪声。因此,为了使泵的正常工作不受破坏,同时又保证泵能充分吸油,可采取的措施除增大吸油管直径、缩短吸油管长度、减少局部阻力外,一般对液压泵的吸油高度 h 进行限制。若将液压泵安装在油箱液面以下,则 h 为负值,对降低液压泵吸油口的真空度更为有利。

2.3.4 动量方程

动量方程是动量定理在流体力学中的具体应用。

动量定理指出,作用在物体上全部外力的矢量和等于物体在单位时间内的动量变化量,即

$$\sum \boldsymbol{F} = \frac{\mathrm{d}\boldsymbol{I}}{\mathrm{d}t} = \frac{\mathrm{d}(m\boldsymbol{u})}{\mathrm{d}t} \qquad (2\text{-}36)$$

如图 2-15 所示为流管中的液体作恒定流动,在任一时刻取流管中通流面积 A_1 和 A_2 围起来的体积作为控制体,在此控制体中取一微小流束,其在 A_1、A_2 上的通流面积为 $\mathrm{d}A_1$、$\mathrm{d}A_2$,流速为 $\boldsymbol{u}_1$、$\boldsymbol{u}_2$,假定此控制体中的流体在 $\mathrm{d}t$ 时间后流到新的位置 $A_1'\text{-}A_2'$,由于流管中的液体作恒定流动,则在 $\mathrm{d}t$ 时间内控制体中液体的动量变化为

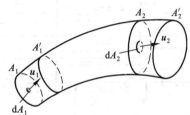

图 2-15 动量方程

$$\mathrm{d}\boldsymbol{I} = \boldsymbol{I}_{A_1'\text{-}A_2'} - \boldsymbol{I}_{A_1\text{-}A_2} = \boldsymbol{I}_{A_1'\text{-}A_2} + \boldsymbol{I}_{A_2\text{-}A_2'} - \boldsymbol{I}_{A_1\text{-}A_1'} - \boldsymbol{I}_{A_1'\text{-}A_2} = \boldsymbol{I}_{A_2\text{-}A_2'} - \boldsymbol{I}_{A_1\text{-}A_1'} \qquad (2\text{-}37)$$

而式(2-37)中 $A_2\text{-}A_2'$ 中流体的动量为

$$\boldsymbol{I}_{A_2\text{-}A_2'} = \int_{A_2} \rho \boldsymbol{u}_2 \,\mathrm{d}q_2 \,\mathrm{d}t \qquad (2\text{-}38)$$

$A_1\text{-}A_1'$ 中流体的动量为

$$\boldsymbol{I}_{A_1\text{-}A_1'} = \int_{A_1} \rho \boldsymbol{u}_1 \,\mathrm{d}q_1 \,\mathrm{d}t \qquad (2\text{-}39)$$

综合式(2-36)至式(2-39),有

$$\sum \boldsymbol{F} = \frac{\int_{A_2} \rho \boldsymbol{u}_2 \,\mathrm{d}q_2 \,\mathrm{d}t - \int_{A_1} \rho \boldsymbol{u}_1 \,\mathrm{d}q_1 \,\mathrm{d}t}{\mathrm{d}t} = \int_{A_2} \rho \boldsymbol{u}_2 \,\mathrm{d}q_2 - \int_{A_1} \rho \boldsymbol{u}_1 \,\mathrm{d}q_1 \qquad (2\text{-}40)$$

若用管内液体的平均流速 v 代替截面上的实际流速 $\boldsymbol{u}$,且不考虑液体的可压缩性,即 $q_1 = q_2 = q$,则式(2-40)经整理后有

$$\sum \boldsymbol{F} = \rho q (\beta_2 v_2 - \beta_1 v_1) \qquad (2\text{-}41)$$

式中:β——动量修正系数,等于实际动量与按平均流速计算出的动量之比,即

$$\beta = \frac{\int_A \rho u^2 \,\mathrm{d}A}{\rho A v^2} = \frac{\int_A u^2 \,\mathrm{d}A}{A v^2} \qquad (2\text{-}42)$$

β 在层流时取 4/3，在紊流时取 1。

式(2-41)为矢量方程式，在应用时可根据具体要求向指定方向投影，列出该方向上的投影方程，然后再求解。

若控制体内的液体在所讨论的方向上只有与固体壁面间的相互作用力，则这种力大小相等、方向相反。

例 2-4 图 2-16 所示为一滑阀示意图，当液流通过滑阀的全周阀口时，求液流对阀芯的轴向作用力。

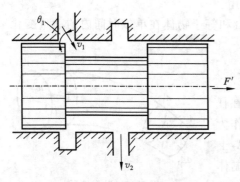

图 2-16 滑阀上的稳态液动力

解 假设水平向右为正方向，取阀进出口之间的液体为控制体积，则作用在此控制体积内液体上的力为

$$F = \rho q(\beta_2 v_2 \cos \theta_2 - \beta_1 v_1 \cos \theta_1)$$

式中：θ_1、θ_2——液流流经滑阀时进、出口流束与滑阀轴线之间的夹角，称为液流速度方向角。显然 $\theta_2 = 90°$，而根据实验可知 $\theta_1 = 69°$，假设阀中的流动为紊流，即 $\beta_1 = \beta_2 = 1$，则

$$F = -\rho q v_1 \cos 69°$$

方向向左，而根据作用力与反作用力之间的关系可知，液体作用在阀芯上的轴向作用力为

$$F' = -F = \rho q v_1 \cos 69°$$

方向向右，即这时液流有一个使阀口关闭的稳态液动力。

2.4 管路流动的压力损失

实际流体具有粘性，流动时就会出现阻力，这是客观存在的自然规律。为了克服阻力，流体流动时就会产生能量损失，即压力损失。本节的主要任务就是讨论在液压技术中，液体在管道中流动时的能量损失，即伯努利方程中的 h_w 项。

液体在管道中的流动状态直接影响液流的各种特性，所以首先介绍液体的两种流动状态。

2.4.1 流态与雷诺数

1883 年，英国物理学家雷诺(Osborne Reynolds)通过大量实验发现，液体在管道中流动时存在两种完全不同的状态，即层流和紊流，它们的阻力性质也各不相同。下面介绍雷诺所做的实验。

雷诺实验装置如图 2-17 所示，实验时保持水箱中的水位恒定和尽可能平静，然后将玻璃管中的阀 A 微微开启,使少量水流经玻璃管,即玻璃管内平均流速 v 很小,若将装有红色水容器的阀 B 也微微开启,使红色水也流入玻璃管中,这时可以看到玻璃管中有一条细直而鲜明的红色流束,而且不论红色水放在玻璃管的任何位置,它都能呈直线状,这说明管中的水流都是稳定地沿轴向运动,液体质点没有垂直于主流方向的横向运动,所以红色水和周围的液体没有混杂。对于这种流体呈平行流动或分层流动,没有流体质点的横向运动的流动称为层流。如果把阀 A 缓慢逐渐开大,管内的平均流速 v 也逐渐增大,当流速增大至某一值时,玻璃管内的流体质点不再保持稳定,开始产生横向和纵向的脉动速度,可以看到红色水开始抖动,呈现波纹状,此时的流动称为不稳定的过渡状态。继续开大阀 A,当玻璃管中的流速进一步增加到某一值时,管中流体质点的脉动加剧,红色水完全与周围液体混杂而呈现混浊状态,这表明管中的液体质点的流动为互相错杂交换的紊乱状态,这种流动称为紊流或湍流。当阀 A 的阀口开度由大逐渐关小时,此现象以相反的顺序重复出现。

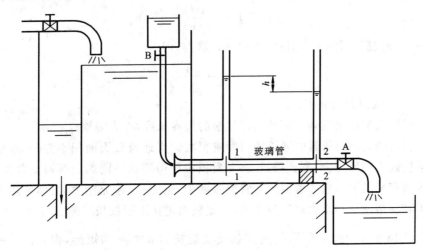

图 2-17　雷诺实验装置

雷诺实验表明,液体在圆管中的流动状态不仅与管内的平均流速 v 有关,还和管道内径 d、液体的运动粘度 ν 有关。而用来判别流动状态的是由这三个参数所组成的一个称为雷诺数 Re 的无量纲数,即

$$Re = \frac{vd}{\nu} \qquad (2\text{-}43)$$

液流由层流转变为紊流时的雷诺数称为上临界雷诺数,由紊流转变为层流时的雷诺数称为下临界雷诺数,后者的数值比前者小。实际上当雷诺数介于上临界雷诺数与下临界雷诺数之间时,流动是极不稳定的,只要存在任何微小扰动,均会使层流转化为紊流,而实际中扰动是难以避免的,所以在实际中判别流体的运动状态时均采用下临界雷诺数 Re_{cr}。

当液流的实际雷诺数小于下临界雷诺数 Re_{cr} 时为层流；反之为紊流。液压系统中管道的下临界雷诺数 Re_{cr} 通常取 2 320。液压技术中常见的下临界雷诺数 Re_{cr} 取值如表 2-6 所示。

表 2-6　液压技术中常见的下临界雷诺数

管 道 形 状	Re_{cr}	管 道 形 状	Re_{cr}
光滑的金属圆管	2 000～2 320	带环槽的同心环状缝隙	700
橡胶软管	1 600～2 000	带环槽的偏心环状缝隙	400
光滑的同心环状缝隙	1 100	圆柱形滑阀阀口	260
光滑的偏心环状缝隙	1 000	锥阀阀口	20～100

对于非圆截面的管道来说，雷诺数 Re 可用下式计算，即

$$Re = \frac{vd_H}{\nu} \tag{2-44}$$

式中：d_H——通流截面的水力直径，可由下式求得，即

$$d_H = \frac{4A}{\chi} \tag{2-45}$$

式中：A——通流截面的面积；

χ——通流截面上流体与固体壁面接触的周界长度，称为湿周。

水力直径的大小对管道的通流能力影响很大。当通流截面面积不变时，通流截面几何形状越接近于圆形，其水力直径越大（在面积相等但形状不同的所有通流截面中，圆形截面的水力直径最大），意味着液流与管壁接触少，阻力小，通流能力大，即使通流截面积小时也不容易堵塞。而水力直径越小时，通流截面越接近于细长缝隙。

如图 2-18 所示：图(a)所示的通流截面是边长为 a 和 b 的矩形，则 $d_H = \dfrac{4ab}{2(a+b)} =$

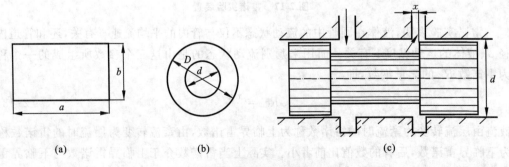

图 2-18　各种通流截面的水力直径

(a) 矩形　(b) 环形　(c) 全周滑阀阀口

$\dfrac{2ab}{a+b}$；图（b）所示的通流截面是直径为 D 和 d 的环形，则 $d_H = \dfrac{\pi(D^2-d^2)}{\pi(D+d)} = D-d$；图（c）

所示的开度为 x 的全周滑阀阀口，则 $d_H = \dfrac{4\pi x d}{2\pi d} = 2x$。

2.4.2　圆管流动的沿程压力损失

在液压系统中，压力损失会使损耗的液压能转变为热能，将导致系统的温度升高，传动效率下降。因此在设计液压系统时要尽量减少压力损失。

液体在流动时产生的压力损失可分为沿程压力损失和局部压力损失。

液体在等径直管中流动时因粘性摩擦而产生的压力损失称为沿程压力损失。液体的流动状态不同，所产生的沿程压力损失也有所不同。

1. 层流时的沿程压力损失

图 2-19 所示为液体在等径水平圆管中作恒定层流时的情况。在管内取出一段半径为 r、长度为 l，中心与管轴相重合的小圆柱体，作用在其两端上的压力为 p_1、p_2，作用在其侧面的内摩擦力为 F_f。流体在等速流动时，小圆柱体受力平衡，有

$$(p_1 - p_2)\pi r^2 = F_f \tag{2-46}$$

根据牛顿内摩擦定律，F_f 为

$$F_f = -\mu(2\pi r l)\frac{du}{dr} \tag{2-47}$$

因管中流体流速 u 随 r 增大而减小，故速度梯度 du/dr 为负值。在式（2-47）中，为使 F_f 为正值，所以加一负号。

若令 $\Delta p = p_1 - p_2$，将 F_f 代入式（2-46）中整理，可得

$$du = -\frac{\Delta p}{2\mu l} r\, dr \tag{2-48}$$

对式（2-48）积分，并利用边界条件：当 $r = R$，$u = 0$，得

$$u = \frac{\Delta p}{4\mu l}(R^2 - r^2) \tag{2-49}$$

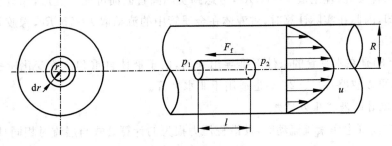

图 2-19　圆管中的层流

可见管内流速随半径按抛物线规律分布。最大流速发生在管轴 $r=0$ 处，$u_{max}=\dfrac{\Delta p}{4\mu l}R^2$；最小流速发生在管壁 $r=R$ 处，$u_{min}=0$。

在图 2-19 中的半径 r 处取出一厚 dr 的微小圆环，其面积 $dA=2\pi rdr$，通过此环形面积的流量为

$$dq=udA=2\pi ur\,dr=2\pi\frac{\Delta p}{4\mu l}(R^2-r^2)rdr$$

积分可得圆管中的流量为

$$q=\int_0^R 2\pi\frac{\Delta p}{4\mu l}(R^2-r^2)rdr=\frac{\pi R^4}{8\mu l}\Delta p=\frac{\pi d^4}{128\mu l}\Delta p \tag{2-50}$$

这就是圆管层流的流量计算公式。根据式（2-50）可知，圆管层流的通流截面上的平均流速为

$$v=\frac{q}{A}=\frac{R^2}{8\mu l}\Delta p=\frac{d^2}{32\mu l}\Delta p \tag{2-51}$$

将 v 与 v_{max} 相比较可知，平均流速为最大流速的一半。

此外，将式（2-49）和式（2-51）分别代入式（2-31）和式（2-42），可求出层流时的动能修正系数 $\alpha=2$ 和动量修正系数 $\beta=4/3$。

由式（2-51），可求出圆管层流的沿程压力损失为

$$\Delta p_\lambda=\Delta p=\frac{32\mu lv}{d^2} \tag{2-52}$$

从式（2-52）可以看出，当圆管中液流为层流时，沿程压力损失的大小与管道长度、流体粘度、平均流速（若无特别说明，流速均为平均流速，以 v 表示）成正比，而与管径的平方成反比。适当变换式（2-52），则沿程压力损失的计算公式可写为

$$\Delta p_\lambda=\frac{64v}{dv}\frac{l}{d}\frac{\rho v^2}{2}=\frac{64}{Re}\frac{l}{d}\frac{\rho v^2}{2}=\lambda\frac{l}{d}\frac{\rho v^2}{2} \tag{2-53}$$

式中：λ——沿程阻力系数。

对于圆管层流，理论值 $\lambda=64/Re$，考虑到实际圆管截面可能有变形，靠近管壁处的液层可能冷却，因此在实际计算时，对液体在金属管中的流动取 $\lambda=75/Re$，橡胶管中的流动取 $\lambda=80/Re$。

式（2-53）是在水平管的条件下推导出来的，由于液体自重和位置变化所引起的压力变化很小，可以忽略，故式（2-53）也适用于非水平管。

2. 紊流时的沿程压力损失

液体在圆管中作紊流流动时，其沿程压力损失的计算公式与层流时相同，即

$$\Delta p_\lambda=\lambda\frac{l}{d}\frac{\rho v^2}{2} \tag{2-54}$$

不过式(2-54)中的沿程阻力系数 λ 有所不同,其除与雷诺数有关外,还与管壁的粗糙度有关,即

$$\lambda = f(Re, \Delta/d)$$

式中:Δ——管壁的绝对粗糙度,它与管径 d 的比值 Δ/d 称为相对粗糙度。

管壁的绝对粗糙度 Δ 和管道的材料有关,一般可参考下列数值:钢管为 0.04 mm,铜管为 0.001 5~0.01 mm,铝管为 0.001 5~0.06 mm,橡胶软管为 0.03 mm,铸铁管为 0.25 mm。

2.4.3　管道流动的局部压力损失

流体流经管道的弯头、管接头、阀口及突然变化的截面等处时,液体流速的大小和方向将发生急剧变化,液体之间会发生碰撞、产生漩涡等,于是在管件附近的局部范围内产生能量损失,由此而造成的压力损失称为局部压力损失。

液体流经各种局部障碍装置时的流动非常复杂,影响因素较多,局部压力损失值不易从理论上进行分析计算,一般可按下式计算,即

$$\Delta p_\zeta = \zeta \frac{\rho v^2}{2} \tag{2-55}$$

式中:ζ——局部阻力系数,一般通过实验来确定。各种装置的局部障碍的 ζ 值可通过相关手册查到。

2.4.4　液压系统管路的总压力损失

液压系统的管路一般由若干段管道和一些阀、过滤器、管接头、弯头等组成,因此管路总的压力损失就等于所有直管中的沿程压力损失 Δp_λ 和所有这些元件的局部压力损失 Δp_ζ 的总和,即

$$\Delta p = \sum \Delta p_\lambda + \sum \Delta p_\zeta = \sum \lambda \frac{l}{d} \frac{\rho v^2}{2} + \sum \zeta \frac{\rho v^2}{2} \tag{2-56}$$

必须指出,式(2-56)仅在两相邻局部障碍装置之间的距离大于管道内径 10~20 倍时才是正确的。因为液体流经局部障碍装置时受到很大的干扰,要经过一段距离才能稳定下来。如果距离太短,液流还未稳定下来就要经过后一个局部障碍装置,它所受到的扰动就更为严重,这时的阻力系数就可能比正常值大好几倍。

通常情况下,液压系统的管路并不长,所以沿程压力损失比较小,而阀等元件的局部压力损失却比较大。因此管路总的压力损失一般以局部压力损失为主。

对于阀和过滤器等液压元件往往并不应用式(2-55)来计算其局部压力损失,因为液流情况比较复杂,难以计算。它们的压力损失值可以从产品样本提供的曲线中直接查到。

但是有的产品样本提供的是元件在额定流量 q_r 下的压力损失 Δp_r，当实际通过的流量 q 不等于额定流量时，可依据局部压力损失 Δp_ζ 与速度 v^2 成正比的关系，按下式计算，即

$$\Delta p_\zeta = \Delta p_r \left(\frac{q}{q_r} \right)^2 \tag{2-57}$$

2.5　孔口流动

　　在液压元件中，特别是液压阀，对液流压力、流量及方向的控制是通过一些特定的孔口来实现的。因此，孔口流动在液压传动中的应用十分广泛，研究孔口流动的流量特性及其影响因素，对于合理设计液压系统，正确分析液压元件和系统的工作性能是很有必要的。

2.5.1　薄壁小孔

　　当小孔的长度和直径之比 $l/d < 0.5$ 时，这种孔称为薄壁小孔。一般薄壁小孔的孔口边缘都做成刃口形式。

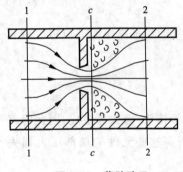

图 2-20　薄壁孔口

　　如图 2-20 所示，液流流经薄壁小孔时，由于惯性作用，流过小孔后的液流会形成一个最小收缩断面 c—c，然后再扩大，这一收缩和扩大过程便产生了局部能量损失。当管道直径与小孔直径之比 $d/d_0 \geqslant 7$ 时，液体的收缩不受孔前管道内壁的影响，这时称为完全收缩；当 $d/d_0 < 7$ 时，孔前管道内壁对流体进入小孔有导向作用，这时称为不完全收缩。

　　列出薄壁小孔前后断面 1—1 和 2—2 的伯努利方程，有

$$\frac{p_1}{\rho g} + \frac{\alpha_1 v_1^2}{2g} = \frac{p_2}{\rho g} + \frac{\alpha_2 v_2^2}{2g} + \sum h_\zeta \tag{2-58}$$

式中：$\sum h_\zeta$——液流流经小孔的局部能量损失。它包括两部分：液流流经孔口截面突然缩小时的水头损失 $h_{\zeta 1}$ 和突然扩大时的水头损失 $h_{\zeta 2}$，分别为

$$h_{\zeta 1} = \zeta \frac{v_c^2}{2g}$$

$$h_{\zeta 2} = \left(1 - \frac{A_c}{A_2} \right) \frac{v_c^2}{2g}$$

因为 $A_c \ll A_2$，所以

$$\sum h_\zeta = (1 + \zeta) \frac{v_c^2}{2g}$$

又因为 $A_1 = A_2$，所以 $v_1 = v_2$，$\alpha_1 = \alpha_2 = 1$，将这些关系式代入伯努利方程，得出

$$\frac{p_1 - p_2}{\rho g} = (1 + \zeta) \frac{v_c^2}{2g} \tag{2-59}$$

则

$$v_c = \frac{1}{\sqrt{1 + \zeta}} \sqrt{\frac{2}{\rho} (p_1 - p_2)} = C_v \sqrt{\frac{2\Delta p}{\rho}} \tag{2-60}$$

式中：C_v——小孔速度系数，$C_v = 1/\sqrt{1 + \zeta}$；

Δp——小孔前后的压差，$\Delta p = p_1 - p_2$。

经过薄壁小孔的流量为

$$q = A_c v_c = C_c C_v A_0 \sqrt{\frac{2\Delta p}{\rho}} = C_d A_0 \sqrt{\frac{2\Delta p}{\rho}} \tag{2-61}$$

式中：A_0——薄壁孔口截面积；

C_c——孔口收缩系数，$C_c = A_c/A_0$；

C_d——流量系数，$C_d = C_c \cdot C_v$。

C_c、C_v、C_d 的大小一般由实验确定，在液流完全收缩的情况下，$Re \leqslant 10^5$ 时，C_d 可由下式计算，即

$$C_d = 0.964 \, Re^{-0.05} \tag{2-62}$$

当 $Re > 10^5$ 时，流量系数 C_d 可以认为是常数，取 $0.60 \sim 0.61$，此时，孔口收缩系数 C_c 取 $0.61 \sim 0.63$，速度系数 C_v 取 $0.97 \sim 0.98$。

在液流不完全收缩时，管道内壁对薄壁孔口的出流会产生影响，流量系数 C_d 的取值可参考表 2-7。

表 2-7 不完全收缩时流量系数 C_d 的取值

A_0/A	0.1	0.2	0.3	0.4	0.5	0.6	0.7
C_d	0.602	0.615	0.634	0.661	0.696	0.742	0.804

薄壁小孔因其沿程损失非常小，通过小孔的流量与油液粘度无关，即对油温的变化不敏感，因此薄壁小孔多被用作调节流量的节流器使用，如滑阀、锥阀、喷嘴挡板阀阀口的流动都可视为薄壁孔口的流动，其流量公式都满足式(2-61)，只是流量系数 C_d 随着孔口形式的不同有较大的区别，在不同情况下的取值不同而已。

2.5.2 全周开口的滑阀阀口

如图 2-21 所示为常用的圆柱滑阀阀口，图中 A 为阀体，B 为阀芯，D 为阀芯台肩直

径,阀芯和阀体孔之间的间隙为 C_r(一般为 $0.01 \sim 0.02$ mm)。当阀口开度为 x_v(一般为 $2 \sim 4$ mm)时,阀口的通流面积为 $A_0 = \pi D \sqrt{x_v^2 + C_r^2} = W \sqrt{x_v^2 + C_r^2}$,其中 $W = \pi D$,称为面积梯度。由于 $C_r \ll x_v$,故 $A_0 = \pi D x_v$。又因为滑阀阀口亦可视为薄壁小孔,故阀口流量公式可写为

$$q = C_d \pi D x_v \sqrt{\frac{2\Delta p}{\rho}} \tag{2-63}$$

式中的流量系数 C_d 可由图 2-22 查出,查图时需先计算雷诺数 Re,即

$$Re = \frac{v d_H}{\nu} = \frac{v}{\nu} \cdot \frac{4A_0}{\chi} = \frac{2v}{\nu} \sqrt{x_v^2 + C_r^2} \tag{2-64}$$

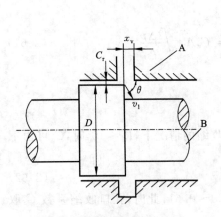

图 2-21　全周开口滑阀阀口

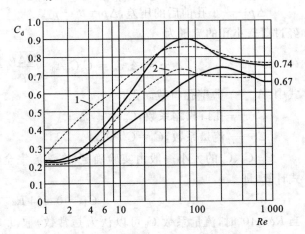

图 2-22　全周开口滑阀阀口的流量系数

图 2-22 中,虚线 1 表示 $C_r = x_v$ 时的理论曲线,虚线 2 表示 $x_v \gg C_r$ 时的理论曲线,实线则表示实验测定的结果。

当 $Re \geqslant 10^3$ 时,C_d 一般为常数,其值在 $0.67 \sim 0.74$ 之间。而当滑阀台肩有很小的倒角时,C_d 比锐边时的大,一般在 $0.8 \sim 0.9$ 之间。

2.5.3　锥阀阀口

图 2-23 所示为锥阀阀口,阀座孔直径为 d_1,阀座孔倒角长度为 l,倒角处大直径为 d_2,锥阀芯半锥角为 α,阀口开度为 x_v,则阀口通流面积为 $A_0 = \pi d_m x_v \sin\alpha$,其中 $d_m = (d_1 + d_2)/2$;阀座孔无倒角时,$d_m = d_1$。锥阀阀口可视为薄壁小孔,其流量公式为

$$q = C_d A_0 \sqrt{\frac{2\Delta p}{\rho}} = C_d \pi d_m x_v \sin\alpha \sqrt{\frac{2\Delta p}{\rho}} \tag{2-65}$$

流量系数 C_d 可由图 2-24 查出。当雷诺数较大时,C_d 变化很小,其值在 $0.77 \sim 0.82$

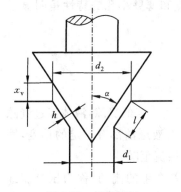

图 2-23 锥阀阀口

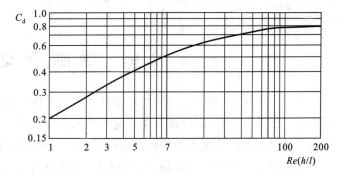

图 2-24 锥阀阀口的流量系数

之间。

2.5.4 短孔和细长孔

当孔口的长径比为 $0.5 < l/d \leqslant 4$ 时,这种孔称为短孔;当 $l/d > 4$ 时,这种孔则称为细长孔。

短孔的流量计算公式依然可用式(2-61),但其流量系数应按图 2-25 查出。从图中可看出,当雷诺数大于 2 000 时,流量系数 C_d 基本保持在 0.8 左右。

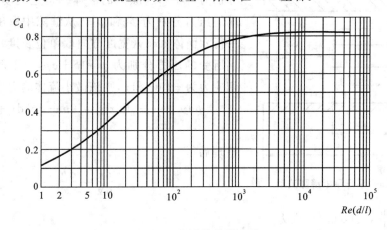

图 2-25 短孔的流量系数

油液流经细长孔时一般都处于层流状态,因此其流量公式可用液体流经圆管时的层流流量公式,即式(2-50),有

$$q = \frac{\pi d^4}{128 \mu l} \Delta p \tag{2-66}$$

从式(2-66)可看出,液体流经细长孔时的流量和孔前后压差 Δp 成正比,而和液体粘

度 μ 成反比。因此流量受液体温度变化的影响较大，这一点和薄壁小孔的特性是明显不同的。

2.6　缝隙流动

在液压元件中，构成运动副的运动件和非运动件之间存在一定的缝隙，液体流过缝隙时就会产生缝隙流动，即泄漏。由于缝隙的水力直径较小，而液压油都有一定的粘度，因此液压技术中的缝隙流动的雷诺数 Re 一般较小，往往属于层流范畴。

缝隙流动产生的原因有两种：一种是由缝隙两端的压差产生的流动，称为压差流或 Poiseuille 流，另一种是由于组成缝隙的两壁面具有相对运动而使缝隙中的油液产生的流动，称为剪切流或 Couette 流。而这两者的叠加称为 Couette-Poiseuille 流。

2.6.1　平行平板缝隙

平行平板缝隙是讨论其他形式缝隙的基础，同时在液压技术中的应用也较多，如齿轮泵、齿轮马达侧面的泄漏，齿顶间隙的泄漏等。如图2-26所示，在两块平行平板所形成的

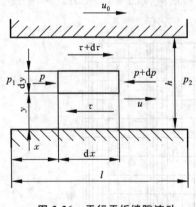

图 2-26　平行平板缝隙流动

缝隙间充满了液体，缝隙高度为 h，缝隙宽度和长度分别为 b 和 l，缝隙中的液体作恒定流动，且缝隙两端的压力分别为 p_1 和 p_2。从缝隙中取出一微小的平行六面体 $\mathrm{d}x\mathrm{d}y$（宽度方向取单位长度），其左右两端所受的压力分别为 p 和 $p+\mathrm{d}p$，上下两面所受的切应力为 $\tau+\mathrm{d}\tau$ 和 τ，则该微小流体的力平衡方程为

$$p\mathrm{d}y + (\tau + \mathrm{d}\tau)\mathrm{d}x = (p + \mathrm{d}p)\mathrm{d}y + \tau\mathrm{d}x$$

$$(2\text{-}67)$$

整理后得

$$\frac{\mathrm{d}\tau}{\mathrm{d}y} = \frac{\mathrm{d}p}{\mathrm{d}x} \qquad (2\text{-}68)$$

由于 $\tau = \mu\dfrac{\mathrm{d}u}{\mathrm{d}y}$，式(2-68)可变为

$$\frac{\mathrm{d}^2 u}{\mathrm{d}y^2} = \frac{1}{\mu}\frac{\mathrm{d}p}{\mathrm{d}x} \qquad (2\text{-}69)$$

将式(2-69)积分，可得平行平板缝隙间的速度分布为

$$u = \frac{1}{2\mu}\frac{\mathrm{d}p}{\mathrm{d}x}y^2 + C_1 y + C_2 \qquad (2\text{-}70)$$

式中：C_1、C_2——积分常数，可由边界条件求得。

1．缝隙中的流动为压差流

当缝隙中的流动为压差流时,两平行平板固定不动,此时边界条件为:$y=0$ 时,$u=0$; $y=h$ 时,$u=0$。将它们分别代入式(2-70),得

$$C_1 = -\frac{h}{2\mu}\frac{\mathrm{d}p}{\mathrm{d}x}, \quad C_2 = 0 \tag{2-71}$$

此外,在缝隙流动中,压力 p 沿 x 方向的变化率 $\mathrm{d}p/\mathrm{d}x$ 是一常数,即

$$\frac{\mathrm{d}p}{\mathrm{d}x} = \frac{p_2 - p_1}{l} = -\frac{p_1 - p_2}{l} = -\frac{\Delta p}{l} \tag{2-72}$$

将式(2-71)、式(2-72)代入式(2-70),得

$$u = \frac{\Delta p}{2\mu}(h-y)y \tag{2-73}$$

由此可得液体在固定平行平板缝隙中作压差流动时的流量为

$$q = \int_0^h ub\,\mathrm{d}y = \int_0^h \frac{\Delta p}{2\mu l}(h-y)yb\,\mathrm{d}y = \frac{bh^3}{12\mu l}\Delta p \tag{2-74}$$

从式(2-74)中可以看出,在压差作用下,流过固定平行平板缝隙的流量与缝隙厚度 h 的三次方成正比,这说明液压元件内缝隙的大小对其泄漏量的影响是很大的。

2．缝隙中的流动为剪切流

在图 2-26 中,当一平板固定、另一平板以速度 u_0 作相对运动时,紧贴于运动平板上的油液会附着在平板上并以速度 u_0 运动,紧贴于固定平板上的油液则保持静止,中间各层流体的流速呈线性分布,即流体作剪切流动。此时式(2-70)的边界条件为:$y=0$ 时,$u=0$;$y=h$ 时,$u=u_0$,且 $\mathrm{d}p=0$。将它们分别代入式(2-70),得

$$C_1 = \frac{u_0}{h}, \quad C_2 = 0 \tag{2-75}$$

则平板间的速度分布为

$$u = \frac{y}{h}u_0 \tag{2-76}$$

由此可得液体在平行平板缝隙中作剪切流动时的流量为

$$q = \int_0^h ub\,\mathrm{d}y = \int_0^h \frac{y}{h}u_0 b\,\mathrm{d}y = \frac{1}{2}u_0 bh \tag{2-77}$$

3．缝隙中的流动为剪切压差流

在一般情况下,平行平板缝隙中的流动既有剪切流动、又有压差流动,此时流过平行平板缝隙的流量为剪切流量和压差流量的代数和,即

$$q = \frac{bh^3}{12\mu l}\Delta p \pm \frac{1}{2}u_0 bh \tag{2-78}$$

式中"±"号的确定方法为:当压差流和剪切流的方向相同时取"＋"号,方向相反时取"－"号。

2.6.2　环形缝隙

液压元件的配合间隙大多数都是圆环形间隙,如柱塞泵中的柱塞与柱塞孔、滑阀中的阀芯与阀体孔、油缸中的活塞与缸筒等。理想情况下为同心环缝,实际上多为偏心环缝,下面分别加以讨论。

1. 同心环缝

图 2-27 所示为液体在同心环形缝隙中的流动。圆柱体直径为 d,缝隙大小为 h,缝隙长度为 l,如果将环形缝隙沿圆周方向展开,就相当于一个平行平板缝隙,这样只要将 $b=\pi d$ 代入式(2-78)就可得到同心环缝的流量公式,即

$$q = \frac{\pi d h^3}{12 \mu l} \Delta p \pm \frac{1}{2} \pi d u_0 h \qquad (2\text{-}79)$$

当圆柱体移动方向和压差方向相同时取正号,方向相反时取负号。若无相对运动,则 $u_0 = 0$,其流量公式为

$$q = \frac{\pi d h^3}{12 \mu l} \Delta p \qquad (2\text{-}80)$$

2. 偏心环缝

图 2-28 所示为偏心环缝。设内外圆间的偏心量为 e,在任意角度 θ 处的缝隙为 h。因缝隙很小,则可认为 $r_1 \approx r_2 \approx r = d/2$,可把微元圆弧 $\mathrm{d}b$ 所对应的环形缝隙间的流动近似地看做是平行平板缝隙间的流动。将 $b = r\mathrm{d}\theta$ 代入式(2-78)中,可得微小环缝间的流量为

$$\mathrm{d}q = \frac{r h^3}{12 \mu l} \Delta p \mathrm{d}\theta \pm \frac{1}{2} u_0 r h \,\mathrm{d}\theta \qquad (2\text{-}81)$$

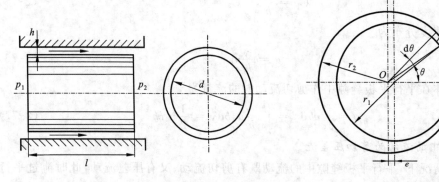

图 2-27　同心环缝　　　　　　　　　　图 2-28　偏心环缝

由图中的几何关系,有

$$h = h_0 - e\cos\theta \approx h_0(1 - \varepsilon\cos\theta) \qquad (2\text{-}82)$$

式中:h_0——内外圆同心时半径方向的缝隙值;

ε——相对偏心率，$\varepsilon = e/h_0$。

将式(2-82)代入式(2-81)并积分，可得偏心环缝的流量公式

$$q = \frac{\pi d h_0^3 \Delta p}{12\mu l}(1 + 1.5\varepsilon^2) \pm \frac{\pi d h_0 u_0}{2} \tag{2-83}$$

正负号意义同前。当内外圆之间没有轴向相对运动时，$u_0 = 0$，其流量公式为

$$q = \frac{\pi d h_0^3 \Delta p}{12\mu l}(1 + 1.5\varepsilon^2) \tag{2-84}$$

从式(2-84)可以看出，当偏心率 $\varepsilon = 0$ 时，它就是同心环缝的流量公式；当 $\varepsilon = 1$ 时，具有最大偏心量，其流量为同心环缝流量的 2.5 倍。因此，在液压元件中，为了减少缝隙泄漏量，应采取措施，尽量使其配合件处于同心状态。

2.7　液压冲击和气穴现象

在液压系统中，液压冲击和气穴现象会影响系统的工作性能和液压元件的使用寿命。因此必须了解它们的物理本质、产生的原因及危害，在设计液压系统时，应采取措施减小其危害或防止其发生。

2.7.1　液压冲击

在液压系统中，因某些原因会使液体压力在一瞬间突然升高，产生很高的压力峰值，这种现象称为液压冲击。液压冲击的峰值往往比正常工作压力高好几倍，它不仅会损坏密封装置、管道和液压元件，而且还会引起振动和噪声，有时甚至会使某些压力控制的液压元件(如压力继电器、顺序阀等)产生误动作，造成事故。

1. 管内液体速度突变引起的液压冲击

如图 2-29 所示，有一液位恒定并能保持液面压力不变的容器。容器底部有一长度为 l 的管道，在管道的输出端有一个阀，管道中的液体以速度 v 经阀流出。若将阀突然关闭，则紧靠阀的液体立即停止运动，液体的动能转变为压力能，管内压力升高 Δp，产生冲击压力，接着后面的液体依次停止运动，将动能转变为压力能，形成压力冲击波，并以速度 c 从 B 端向 A 端传播，当冲击波运动到 A 点时，管中液体压力升高，速度变为零。但由于 A 端左右两侧的压力不平衡，管中的液体开始向容器中流动，压力波又以速度 c 从 A 端向 B 端传播，在系统中形成循环往复的压力振荡。实际上由于管道变形和液体粘性损失需要消耗能量，因此振荡过程逐渐衰减，最后

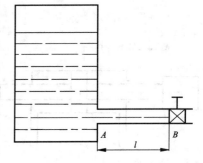

图 2-29　管道中的液压冲击

趋于稳定。

设管道中的液体密度为 ρ，管道的截面积为 A，压力波从 A 端向 B 端传播的时间为 t，则根据动量方程有

$$\Delta p A = \frac{\rho A l v}{t} \tag{2-85}$$

整理可得

$$\Delta p = \rho \frac{l}{t} v = \rho c v \tag{2-86}$$

式中：$c = l/t$——压力冲击波在管中的传播速度。

c 不仅与液体的体积弹性模量 K 有关，而且还和管道材料的弹性模量 E、管道的内径 d 及管道壁厚 δ 有关，c 值可按下式计算，即

$$c = \frac{\sqrt{\dfrac{K}{\rho}}}{\sqrt{1 + \dfrac{Kd}{E\delta}}} \tag{2-87}$$

在液压系统中，冲击波在管道油液中的传播速度 c 一般在 890～1 420 m/s 之间。

如果阀不是全部关闭，而是部分关闭，使液体的流速从 v 降到 v' 而不是降为零，则只要在式（2-86）中以 $(v-v')$ 代替 v，便可求得这种情况下的压力升高值，即

$$\Delta p = \rho c (v - v') = \rho c \Delta v \tag{2-88}$$

通常依阀的关闭时间，常把液压冲击分为以下两种。

（1）当阀关闭时间 $t < T = \dfrac{2l}{c}$ 时，称为直接液压冲击（又称完全冲击）。

（2）当阀关闭时间 $t > T = \dfrac{2l}{c}$ 时，称为间接液压冲击（又称不完全冲击）。此时压力升高值比直接冲击时的小，它可近似地按下式计算，即

$$\Delta p' = \rho c v \frac{T}{t} \tag{2-89}$$

2. 运动部件制动引起的液压冲击

如图 2-30 所示，活塞以速度 v 驱动负载向左运动，活塞和负载的总质量为 m，当突然关闭出口通道使运动部件制动时，液体被封闭在左腔中。但由于运动部件的惯性使腔内液体受压，引起液体压力急剧上升。运动部件则因受到左腔内液体压力产生的阻力而制动。

设运动部件在制动时的减速时间为 Δt，速度的减小值为 Δv，油缸左腔内液体的压力升高值为 Δp，

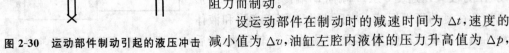

图 2-30　运动部件制动引起的液压冲击

油缸的有效工作面积为 A,则根据动量定理,有

$$\Delta p A \Delta t = m \Delta v \qquad\qquad (2\text{-}90)$$

整理可得

$$\Delta p = \frac{m \Delta v}{A \Delta t} \qquad\qquad (2\text{-}91)$$

式(2-91)忽略了阻尼、泄漏等因素,计算结果比实际的值要大些,因而是比较安全的。

不论出现上述两种液压冲击的哪种情况,知道了液压冲击的压力升高值 Δp 后,便可求出现液压冲击时管道中的最高压力,即

$$p_{\max} = p + \Delta p \qquad\qquad (2\text{-}92)$$

式中:p——正常工作压力。

3. 减少液压冲击的措施

针对上述各式中影响冲击压力 Δp 的因素,在液压系统中可采取以下措施来减小液压冲击。

(1) 延长液压阀和运动部件制动换向的时间。实践证明,运动部件制动换向的时间若能大于 0.2 s,液压冲击就大为减轻。

(2) 限制管道中液体流速和运动部件的速度。一般在液压系统中将管道流速控制在 4.5 m/s 以内,液压缸的运动速度一般不超过 10 m/min。

(3) 适当增加管道直径,不仅可以降低流速,而且可以降低液压冲击波的传播速度。尽量缩短管路长度,可以减小压力波的传播时间,使完全液压冲击转化为不完全液压冲击。

(4) 在容易发生液压冲击的部位采用橡胶软管或设置蓄能器,以吸收冲击压力,也可以在这些部位安装安全阀,以限制压力升高。

2.7.2　气穴现象

实际液体中总会不可避免地含有一定量的空气。空气可溶解在液体中,也可以气泡的形式混合在液体中。空气在液体中的溶解度与液体的绝对压力成正比。在液压系统中,当液体压力低于该温度下的空气分离压时,溶解在液体中的空气将会突然迅速地从液体中分离出来,产生大量气泡,这种现象称为气穴现象。如果液体中的压力继续下降而低于该温度下的饱和蒸气压时,液体本身迅速汽化,产生大量蒸气,这时的气穴现象就会愈加严重。

在液压系统中,气穴现象多发生在阀口和液压泵的进口处。在阀口处,由于其通流截面较小而使流速很高,根据伯努利方程,该处的压力很低,以致产生气穴。在液压泵的进口处,其绝对压力会低于大气压,如果液压泵的安装高度过大,再加上吸油口处的过滤器和管道阻力、油液粘度等因素的影响,泵进口处的真空度会很大,亦会产生气穴。

当液压系统中出现气穴现象时,大量的气泡破坏了液流的连续性,造成流量和压力的不稳定,当气泡随液流进入高压区时,周围的高压会使气泡迅速破灭,周围的流体质点迅速填充原来气泡占据的空间,使局部产生非常高的温度和冲击压力,引起振动和噪声。当附着在金属表面的气泡破灭时,局部产生的高温和冲击压力,一方面使金属表面疲劳,另一方面又使工作介质变质,对金属产生化学腐蚀作用,从而使液压元件表面受到侵蚀、剥落,甚至出现海绵状的小洞穴。这种因气穴而对金属表面产生腐蚀的现象称为气蚀。气蚀会严重损伤元件的表面,大大缩短其使用寿命,因而必须加以防范。

为减少气穴和气蚀的危害,通常采取下列措施。

(1) 减小阀孔口或缝隙前后的压差,使其压力比 $p_1/p_2 < 3.5$。

(2) 降低液压泵的吸油高度,适当加大吸油管内径,限制吸油管内液体的流速,尽量减少吸油管路中的压力损失(如及时清洗过滤器或更换滤芯等)。必要时对自吸能力较差的泵,采用辅助泵供油。

(3) 对容易产生气蚀的元件,如泵的配油盘等,要采用抗气蚀能力强的金属材料,增加元件的机械强度。

(4) 各元件的连接处要有良好的密封,防止空气进入。

习　　题

2-1　用恩氏粘度计测得某温度下密度 $\rho = 900 \ kg/m^3$ 的某种液压油 200 mL 流过的时间 $t_1 = 122 \ s$。20 ℃时 200 mL 蒸馏水流过恩氏粘度计的时间 $t_2 = 51 \ s$。问该油液在该温度下的恩氏粘度°E 为多少? 动力粘度 $\mu(Pa \cdot s)$ 为多少? 运动粘度 $\nu(mm^2/s)$ 为多少?

2-2　如题 2-2 图所示液压缸,其缸筒内径 $D = 12 \ cm$,活塞直径 $d = 11.96 \ cm$,活塞长度 $l = 14 \ cm$,若油液的粘度 $\mu = 0.065 \ Pa \cdot s$,活塞回程要求的稳定速度为 $v = 0.5 \ m/s$,试求不计油液压力时缩回活塞所需的力 F。

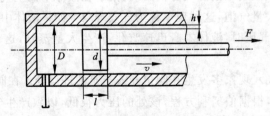

题 2-2 图

2-3 如题 2-3 图所示,直径为 d,质量为 m 的柱塞浸入充满液体的密闭容器中,在力 F 的作用下处于平衡状态。若浸入深度为 h,液体密度为 ρ,试求液体在测压管内上升的高度 x。

2-4 如题 2-4 图所示,具有一定真空度的容器用一管子倒置于一液面与大气相通的槽中,液体在管中上升的高度 $h=0.5$ m,设液体的密度 $\rho=1\ 000$ kg/m³,试求容器内的真空度。

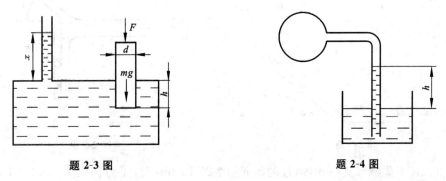

题 2-3 图　　　　　　　　　　　　题 2-4 图

2-5 如题 2-5 图所示为一种抽吸设备,水平管出口通大气,当水平管内液体流量达到某一数值时,处于面积为 A_1 处的垂直管将从油箱内抽吸液体。油箱表面为大气压力,水平管内液体(抽吸用)和被抽吸介质相同,且均为水。有关尺寸为:面积 $A_1=3.2$ cm²,$A_2=4A_1$,$h=1$ m,不计液体流动时的能量损失,问水平管内流量达到多少时才能开始抽吸。

2-6 如题 2-6 图所示,管道输送 $\rho=900$ kg/m³ 的液体,已知 $d=10$ mm,$L=20$ m,$h=15$ m,液体运动粘度 $\nu=4.5\times10^{-5}$ m²/s,点 1 处的压力为 4.5×10^5 Pa,点 2 处的压力为 2.5×10^5 Pa。假设管中液体流动状态为层流,试判断管中液流的流动方向并计算流量。

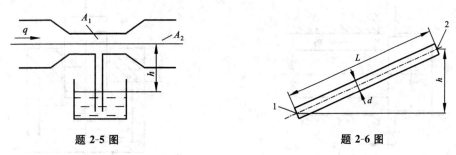

题 2-5 图　　　　　　　　　　　　题 2-6 图

2-7 如题 2-7 图所示的弯管,试利用动量方程求流动液体对弯管的作用力。设管道入口处的压力为 p_1,出口处的压力为 p_2,管道通流面积为 A,通过流量为 q,流速为 v,动量修正系数 $\beta=1$,油液密度为 ρ。

2-8　如题 2-8 图所示，将一平板插入水的自由射流之内，并垂直于射流的轴线。该平板截去射流流量的一部分 q_1，并引起射流剩余部分偏转 α 角，已知射流速度 $v=30$ m/s，全部流量 $q=30$ L/s，$q_1=12$ L/s，求 α 角及平板上的作用力 F。

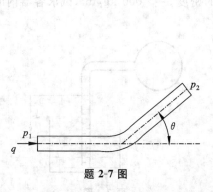

题 2-7 图

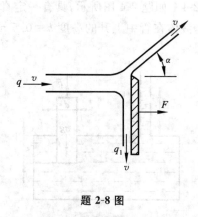

题 2-8 图

2-9　有一薄壁节流小孔，通过的流量 $q=25$ L/min 时，压力损失为 3×10^5 Pa，试求节流孔的通流面积。设流量系数 $C_d=0.61$，油液的密度 $\rho=900$ kg/m³。

2-10　圆柱形滑阀如题 2-10 图所示，已知阀芯直径 $d=2$ cm，进口压力 $p_1=9.8\times10^6$ Pa，出口压力 $p_2=9.5\times10^6$ Pa，油液密度 $\rho=900$ kg/m³，通过阀口的系数 $C_d=0.65$，阀口开度 $x=0.2$ cm，试求通过阀口的流量。

2-11　如题 2-11 图所示的柱塞直径 $d=20$ mm，在力 $F=150$ N 的作用下向下移动（不计重力），将液压缸中的油通过 $\delta=0.05$ mm 的缝隙排到大气中去。设活塞和缸筒处于同心状态，缝隙长 $L=70$ mm，油的动力粘度 $\mu=0.05$ Pa·s，试确定活塞下落 0.1 m 时所需的时间。

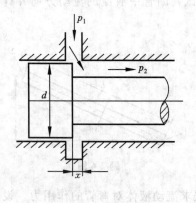

题 2-10 图

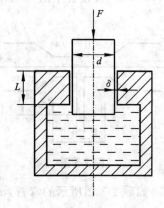

题 2-11 图

2-12 如题 2-12 图所示,直径 $D=200$ mm 的活塞在泵缸内等速地向上运动,同时油从不变液位的开敞油池被吸入泵缸。吸油管的直径 $d=50$ mm,沿程阻力系数 $\lambda=0.03$,各段长度 $L=4$ m,每个弯头的局部阻力系数 $\zeta=0.5$,突然收缩局部阻力系数 $\zeta_s=0.5$,突然扩大局部阻力系数 $\zeta_k=1$,当活塞处于高于油池液面 $h=2$ m 时,为移动活塞所需的力 $F=2\,500$ N。设油液的空气分离压为 0.1×10^5 Pa,密度 $\rho=900$ kg/m³,试确定活塞上升的速度,并求活塞以此速度运动时,能够上升到多大高度而不使活塞和油分离。

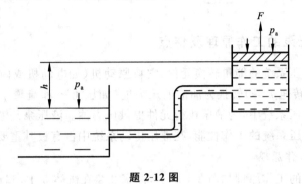

题 2-12 图

第3章　液　压　泵

3.1　液压泵概述

3.1.1　液压泵的工作原理及特点

液压泵作为液压系统的能量转换元件,它将原动机(如电动机或内燃机等)输入的机械能(如转矩 T 和转速 ω 等)转换为油液的压力能(如压力 p 和流量 q 等),以液体压力、流量的形式输入液压系统中,为液压执行元件提供压力油。液压泵是液压系统的心脏,它的性能直接影响液压系统的工作性能,在液压传动系统中占有极其重要的地位。

　　1. 液压泵的工作原理

单柱塞液压泵的工作原理如图 3-1 所示,柱塞 2 装在缸体 3 中,和单向阀 5、6 共同形成一个密封工作腔 A,柱塞在回程弹簧 4 的作用下始终压紧在偏心轮 1 上。原动机驱动偏心轮 1 旋转,使柱塞 2 作往复运动,这样 A 腔的体积便发生周期性的交替变化。当柱塞向右运动时,A 腔体积由小变大,在 A 腔中形成部分真空,油箱中的油液在大气压作用下,顶开单向阀 6 进入 A 腔(此时单向阀 5 在系统压力和弹簧力的作用下关闭),从而实现吸油,当柱塞 2 运动到最右端的极限位置时,A 腔体积增加到最大,吸油过程结束。当

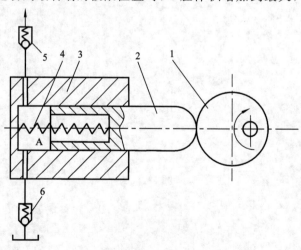

图 3-1　单柱塞液压泵工作原理图
1—偏心轮；2—柱塞；3—缸体；4—回程弹簧；5、6—单向阀

柱塞向左运动时,A 腔的体积由大变小,A 腔中的油液被压缩、压力升高,压力升高到可以顶开单向阀 5 时,将把油液经过阀 5 压入系统(此时单向阀 6 在 A 腔压力和弹簧力的作用下关闭),这一过程称为排油。这样就将原动机输入的机械能转换成液体的压力能,原动机驱动偏心轮不断旋转,柱塞不断地左右往复运动,泵就不断地完成吸油和排油过程。

设柱塞直径为 d,偏心轮的偏心距为 e,则柱塞向左运动排油时最大行程 $s=2e$,排出的油液体积 $V=\dfrac{\pi d^2}{4}s=\dfrac{\pi d^2}{2}e$。对单柱塞泵来说,$V$ 即为泵每旋转一周所排出的液体体积,将其称为泵的排量,它只与泵的几何尺寸(d 和 e)有关。

液压泵的吸油和排油过程都是依靠密封容积变化的原理来进行工作的,故又称容积泵。

构成容积泵的基本条件如下。

(1)结构上能实现具有密封性的工作腔。

(2)工作腔能周而复始地增大和减小,当它增大时与吸油口相连,当它减小时与排油口相连。

(3)吸油口与排油口不能直通。

2. 液压泵的基本性能及特点

(1)液压泵吸油的实质是油箱中的油液在大气压的作用下被压入具有一定真空度的工作腔。为防止液压泵产生气蚀现象,工作腔中的真空度应小于 0.05 MPa,因此对吸油管路的液流速度及泵的吸油高度有一定限制。

(2)液压泵的排油压力取决于排油管路中的油液流动所受的阻力和系统外负载阻力之和。总阻力越大,排油压力越高。若排油管路直接接回油箱,可认为总阻力为零,则泵的排出压力为零,泵的这一工况称为卸载。

(3)液压泵中的密闭工作腔的配合间隙存在泄漏。密闭工作腔排油时,压力油将经过配合间隙向外泄漏,使实际排出的油液体积减小,造成泵的功率损失,这种情况称为容积损失。

(4)液压泵排油的理论流量取决于泵的排量和转速,而与排油压力无关,但排油压力会影响泵的内泄漏和油液的压缩量,从而影响泵的实际输出流量。所以液压泵的实际输出流量随排油压力的升高而有所降低。

3.1.2　液压泵的主要性能参数

1. 压力

(1)工作压力 p　液压泵实际工作时的输出压力称为泵的工作压力。工作压力取决于外负载,与液压泵的流量无关。

(2)额定压力 p_s　是指液压泵在正常工作条件下,按试验标准规定的可连续运转的最高压力。

（3）最高允许压力 p_{max}　在超过额定压力的情况下，根据试验标准规定，允许液压泵短暂运行的最高压力值称为液压泵的最高允许压力。

2．排量和流量

（1）排量 V　是指液压泵每旋转一周理论上应排出的液体的体积。它是根据密闭工作腔的几何变化计算得出的，所以又称几何排量，常用单位为 cm^3/r。排量可调节的液压泵称为变量泵；排量不可调节的液压泵则称为定量泵。

（2）平均理论流量 q_t　是指在不考虑液压泵泄漏和油液压缩性的情况下，在单位时间内所排出的液体体积的平均值。它正比于泵的排量 V 和转速 n 的乘积，即

$$q_t = Vn \tag{3-1}$$

（3）实际流量 q　是指液压泵在某一具体工况下，单位时间内所排出的液体体积称为实际流量，它等于理论流量 q_t 减去泄漏流量及油液的压缩量 Δq，即

$$q = q_t - \Delta q \tag{3-2}$$

（4）瞬时理论流量 q_{sh}　是指液压泵任一瞬时的理论输出流量，瞬时理论流量具有脉动性。

（5）流量脉动　泵的瞬时流量在其平均流量附近脉动，用流量不均匀系数 δ 来评价其脉动程度的大小，即

$$\delta = \frac{q_{shmax} - q_{shmin}}{q_t} \tag{3-3}$$

式中：q_{shmax}——泵瞬时流量的最大值；

$\quad\quad q_{shmin}$——泵瞬时流量的最小值；

$\quad\quad q_t$——泵输出流量的理论平均值。

（6）额定流量 q_n　是指液压泵在正常工作条件下，按试验标准规定（如在额定压力和额定转速下）必须保证的流量。

3．功率和效率

液压泵在能量转换过程中的能量转换"流程"如图 3-2 所示。

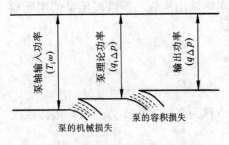

图 3-2　液压泵能量转换"流程"

（1）液压泵的输入功率 P_i　是指驱动液压泵轴的机械功率，当输入转矩为 T_i，角速度为 ω 时，有

$$P_i = T_i\omega \tag{3-4}$$

（2）液压泵的输出功率 P_o　是指液压泵输出的液压功率，其值等于在工作过程中的实际吸、排油口间的压差 Δp 和输出流量 q 的乘积，即

$$P_o = \Delta pq \tag{3-5}$$

在实际的计算中,若油箱通大气,液压泵吸、排油的压力差往往用液压泵出口压力 p 代替。

(3) 液压泵的容积损失 是指液压泵流量上的损失。液压泵的实际输出流量总是小于其理论流量,其主要原因是由于液压泵内部高压腔的泄漏、油液的压缩性、在吸油过程中由于吸油阻力太大、油液粘度大及液压泵转速过高等原因而导致油液不能全部充满密封工作腔。液压泵的容积损失用容积效率来表示,它等于液压泵的实际输出流量 q 与其理论流量 q_t 之比,即

$$\eta_{pv} = \frac{q}{q_t} = \frac{(q_t - \Delta p)}{q_t} = 1 - \frac{\Delta q}{q_t} \tag{3-6}$$

(4) 液压泵的机械损失 是指液压泵在转矩上的损失。液压泵的实际输入转矩 T_i 总是大于理论上所需要的转矩 T_t,其主要原因是由于液压泵内相对运动部件之间因机械摩擦而引起的摩擦转矩损失,以及因为液体的粘性而引起的摩擦损失。液压泵的机械损失用机械效率表示,它等于液压泵的理论转矩 T_t 与实际输入转矩 T_i 之比,设转矩损失为 ΔT,则液压泵的机械效率为

$$\eta_{pm} = \frac{T_t}{T_i} = \frac{T_t}{T_t + \Delta T} \tag{3-7}$$

(5) 液压泵的总效率 是指液压泵的实际输出功率与其输入功率的比值,即

$$\eta_p = \frac{P_o}{P_i} = \frac{\Delta p q}{T_i \omega} = \frac{\Delta p q_t \eta_{pv}}{\dfrac{T_t}{\eta_{pm}} \omega} = \eta_{pv} \eta_{pm} \tag{3-8}$$

由式(3-8)可知,液压泵的总效率等于其容积效率与机械效率的乘积。

液压泵的各参数和输出压力之间的关系如图 3-3 所示。

4. 液压泵的转速

(1) 额定转速 是指在额定压力下,能连续长时间正常运转的最高转速。

(2) 最高转速 是指在额定压力下,超过额定转速时允许短时间运行的最高转速。

(3) 最低转速 是指正常运转所允许的最低转速,主要受到最小容积效率的限制。

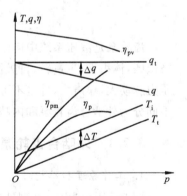

图 3-3 液压泵的特性曲线

3.1.3 液压泵的分类

液压泵的种类较多,常用的泵有齿轮泵、叶片泵、柱塞泵、螺杆泵等。其中:齿轮泵分为外啮合齿轮泵和内啮合齿轮泵;叶片泵分为单作用叶片泵、双作用叶片泵和凸轮转子叶

片泵；柱塞泵分为轴向柱塞泵和径向柱塞泵；螺杆泵分为单螺杆泵、双螺杆泵和三螺杆泵。

　　液压泵按排量能否改变分为定量泵和变量泵，排量可改变的为变量泵，其中变量泵可以是单作用叶片泵、径向柱塞泵和轴向柱塞泵；排量不能改变的为定量泵，如齿轮泵、双作用叶片泵和螺杆泵都是定量泵。

　　液压泵按进、出油口的方向是否可变，分为单向泵和双向泵。单向泵的泵轴只能单向旋转，进、出油口不能变换；双向泵的泵轴可双向旋转，进、出油口可互换。

3.1.4　液压泵的图形符号

　　液压泵的图形符号如图 3-4 所示。

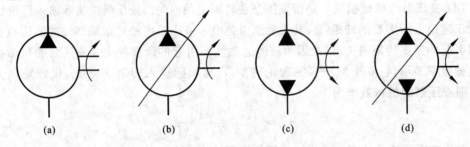

图 3-4　液压泵的图形符号

（a）单向定量液压泵　（b）单向变量液压泵　（c）双向定量液压泵　（d）双向变量液压泵

3.2　齿　轮　泵

　　齿轮泵是液压系统中广泛使用的一种液压泵，其主要优点是结构简单，制造方便，价格低廉，体积小，重量轻，自吸性能好，对油液污染不敏感，工作可靠；其主要缺点是流量和压力脉动大，噪声大，排量不可调。齿轮泵是利用齿轮啮合原理来工作的，根据啮合形式不同分为外啮合齿轮泵和内啮合齿轮泵。

3.2.1　外啮合齿轮泵

1. 工作原理和结构

　　图 3-5 所示为 CB-B 型外啮合齿轮泵的结构，它是三片式结构，三片是指前泵盖 4、后泵盖 11 和泵体 8，泵体 8 内装有一对几何参数相同、宽度和泵体接近而又互相啮合的齿轮 3、9，两齿轮分别用轴承支承在前、后泵盖中。工作时，一对相互啮合的齿把由前、后泵盖，泵体和齿轮包围的密闭容腔分成两部分，即吸油腔和排油腔。当原动机通过主动齿轮和从动齿轮按图示箭头方向旋转时，齿轮泵左侧（吸油腔）轮齿脱开啮合，齿轮的轮齿退出齿间，使密封容积增大，形成局部真空，油箱中的油液在外界大气压的作用下，经过吸油管

路、吸油腔进入齿间;随着齿轮的旋转,吸入齿间的油液被带到另一侧,和排油腔接通。这时轮齿进入啮合,使密封容积逐渐减小,齿间部分的油液被挤出,完成齿轮泵的压油过程。齿轮啮合时,齿向接触线把吸油腔和排油腔分开,起隔离吸、排油腔的作用。齿轮泵的主、从动齿轮不断旋转,不断完成吸、排油过程。泄漏油通过泄油孔和吸油腔相通,并同时把低压油引到滑动轴承处,以保证滑动轴承的良好润滑。

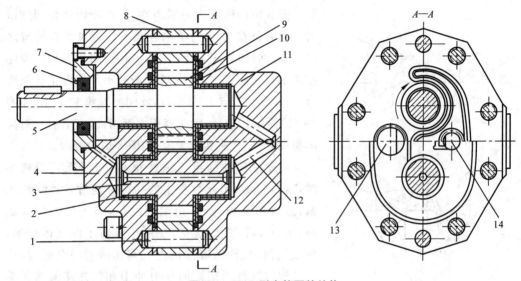

图 3-5　CB-B 型齿轮泵的结构

1—定位销;2—滑动轴承;3—从动齿轮;4—前泵盖;5—传动轴;6—轴封;7—压环;

8—泵体;9—主动齿轮;10—挠性侧板;11—后泵盖;12—泄油孔;13—吸油口;14—排油口

2. 齿轮泵的排量

齿轮泵理论排量的推导较为复杂,本书中不进行推导,其理论排量的估算公式为

$$对 z = 13 \sim 19, \quad V = 6.66 \, zm^2 B \tag{3-9}$$

$$对 z = 6 \sim 12, \quad V = 7 \, zm^2 B \tag{3-10}$$

式中:z——齿轮的齿数;

　　m——模数;

　　B——齿轮宽度。

3. 齿轮泵的结构特点

1) 困油现象与卸荷措施

为保证齿轮泵的轮齿平稳地啮合运转,必须使齿轮啮合的重叠系数 ε 略大于 1,即在前一对齿尚未脱离啮合之前,后一对齿进入啮合。当两对齿同时啮合时,由于齿轮的端面间隙很小,因此这两对齿之间的油液与泵的吸、排油腔均不相通,形成一个封闭容积。当

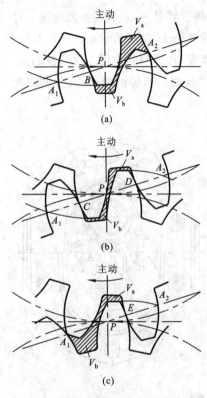

图 3-6　齿轮泵困油现象产生原理

齿轮转动时,此封闭容积会发生变化,使其中的液体受压缩或膨胀,造成封闭容积内液体的压力发生急剧变化。这种现象称为齿轮泵的困油现象。

图 3-6 所示为齿轮泵困油现象产生原理。图中 A_1A_2 为啮合线长度。$BA_2 = CD = A_1E = t_j$ 为齿轮基节。图 3-6(a)所示为一对齿在 A_2 点开始啮合,此时,前一对齿仍在 B 点处于啮合状态。两对啮合的齿之间形成的封闭容积 $V = V_a + V_b$,称为闭死容积。齿轮按图示方向旋转时,容积 V 逐渐减小。当齿轮转至啮合点 C、D 与节点 P 对称时,此闭死容积 V 最小,如图 3-6(b)所示。随后,闭死容积逐渐增大,直至前一对齿即将脱开时,V 达到最大值,如图 3-6(c)所示。

由于液压油的可压缩性很小,当闭死容积减小时,压力骤增,闭死容积中的高压油通过各种缝隙泄漏,造成功率损失,并使油液发热;当闭死容积增加时,压力骤降,形成真空,使溶于液体中的气体析出,形成气泡,气泡随着油液进入高压区时便会破裂,产生气蚀。这种周期性的压力冲击和气蚀使泵的各零件受到很大的冲击载荷,引起噪声和振动。所以,困油现象对齿轮泵的正常工作十分有害。

为了消除困油现象,在 CB-B 型齿轮泵的泵盖上铣出两个困油卸荷槽,其几何关系如图 3-7 所示。卸荷槽的位置应该使密闭容腔体积由大变小时,能通过卸荷槽与压油腔相通;而当密闭容腔体积由小变大时,能通过另一卸荷槽与吸油腔相通。两卸荷槽间的距离为 a,其确定原则是必须保证在任何时候都不能使压油腔和吸油腔互通。

2) 泄漏与间隙补偿措施

在液压泵中,运动件和固定件之间是靠微小间隙来密封的,在形成齿轮泵密闭容积的零件中,齿轮为运动件,泵体和前、后泵盖为固定件。为了保证齿轮能灵活地转动,在齿轮端面和泵盖之间(端面间隙),以及齿顶和泵体的内表面之间(径向间隙)应有适当间隙,此外,还存在轮齿啮合处的啮合间隙(齿侧间隙)。因为泵的吸、排油腔存在压力差,因此必然在间隙中形成缝隙流动,产生泄漏。齿轮泵排油腔的压力油可通过三条途径泄漏到吸油腔去:一是通

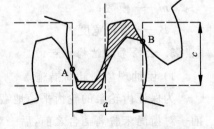

图 3-7　齿轮泵的困油卸荷槽

过齿侧间隙;二是通过径向间隙;三是通过端面间隙。在这三类间隙泄漏中,端面间隙的泄漏量最大(占总泄漏量的 70%～80%),是压力油的主要泄漏途径。泵的排油压力越高,由端面间隙泄漏的液压油就愈多。为了实现齿轮泵的高压化,提高齿轮泵的压力和容积效率,需要从结构上采取措施,对端面间隙进行自动补偿。目前最常用的是采用挠性侧板或浮动轴套对端面间隙进行补偿。挠性侧板补偿结构如图 3-5 所示,把泵的出口压力油引到挠性侧板 10 的背面,靠侧板自身的变形来补偿端面间隙。侧板的厚度较薄,内侧面要具有较高的耐磨性,常采用在表面烧结 0.5～0.7 mm 厚的磷青铜或锡青铜的工艺来提高挠性侧板的耐磨性。

　　3) 液压径向力及平衡措施

　　当齿轮泵工作时,在齿轮和轴承上承受径向液压力的作用。如图 3-8 所示,泵的下侧为吸油腔,上侧为排油腔。在排油腔内液压力作用于齿轮上,另外,沿着齿顶的泄漏油具有大小不等的压力,也作用在齿轮上,这就使得齿轮和轴承受到径向不平衡力的作用。排油腔油液的压力越高,径向不平衡力就越大,其结果不仅加速了轴承的磨损,降低了轴承的寿命,甚至使轴变形,造成齿顶和泵体内壁的摩擦(扫膛现象)。为了解决径向力不平衡问题,在有些齿轮泵上,采用开压力平衡槽 A 和 B 的办法来消除径向不平衡力,如图 3-9 所示,但这将带来泄漏增大,容积效率降低等问题。CB-B 型齿轮泵采用缩小压油腔,以减少液压力对齿顶部分的作用面积来减小径向不平衡力,所以泵的排油口直径比吸油口直径要小(见图 3-5)。

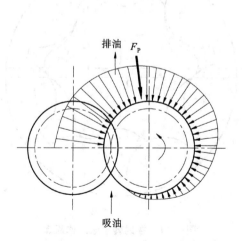

图 3-8　齿轮泵的径向不平衡力

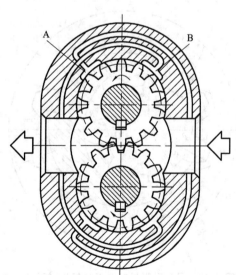

图 3-9　径向力平衡措施

3.2.2　内啮合齿轮泵

内啮合齿轮泵有两种形式：带月牙形隔板（填隙片）的渐开线内啮合齿轮泵和摆线转子内啮合齿轮泵。

1. 月牙形隔板式内啮合齿轮泵

图 3-10 所示为月牙形隔板式内啮合齿轮泵的工作原理，相互啮合的小齿轮 1 和内齿轮 2 与侧板所围成的密闭容积被轮齿啮合线和月牙板分隔成两部分。当传动轴带动小齿轮按图示方向旋转时，内齿轮同向旋转，图中上半部轮齿脱开啮合，所在的密闭容积增大，为吸油腔；下半部轮齿进入啮合，所在的密闭容积减小，为排油腔。

月牙形隔板式内啮合齿轮泵的最大优点是：流量脉动比外啮合齿轮泵小，噪声低。当采用轴向和径向间隙补偿措施后，泵的额定压力可达 30 MPa，容积效率和总效率均较高。

2. 摆线转子泵

图 3-11 所示为摆线转子泵的工作原理，它是由配流盘（前、后盖）、外转子（从动轮）和偏心安置在泵体内的内转子（主动轮）等组成。内、外转子相差一齿，图中内转子为 6 齿，外转子为 7 齿，由于内、外转子是多齿啮合，这就形成了若干密封工作腔。当内转子围绕中心 O_1 旋转时，带动外转子绕中心 O_2 作同向旋转。这时，由内转子齿顶 A_1 和外转子齿谷

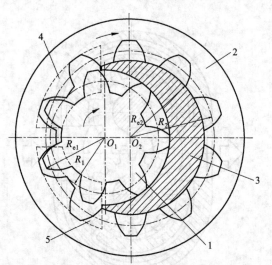

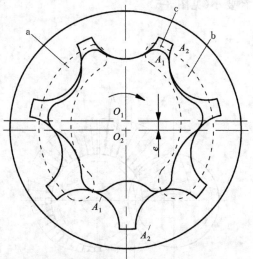

图 3-10　月牙形隔板式内啮合齿轮泵工作原理　　　　　图 3-11　摆线转子泵工作原理

1—小齿轮（主动齿轮）；2—内齿轮（从动齿轮）；

3—月牙形隔板；4—吸油腔；5—排油腔

A_2 间形成的密封容腔 c，随着转子的转动，c 腔容积逐渐扩大，于是就形成局部真空，油液从吸油窗口 b 被吸入 c 腔，至 A_1'、A_2' 位置时密封容积最大，这时吸油完毕。当转子继续旋转时，充满油液的密封容积便逐渐减小，油液受挤压，于是通过排油窗口 a 将油排出，至内转子的另一齿顶全部和外转子的齿谷 A_2 啮合时，压油完毕。内转子每转一周，由内转子齿顶和外转子齿谷所构成的每个密封容积，完成吸、排油各一次，当内转子连续转动时，即完成了液压泵的吸排油过程。这种内啮合齿轮泵的外转子齿形是圆弧，内转子齿形为短幅外摆线的等距线，故称为内啮合摆线齿轮泵，也称转子泵。这种泵具有结构紧凑、体积小、零件少等优点，转速可高达 10 000 r/min，运动平稳，噪声低，容积效率较高等；其缺点是流量脉动大，转子的制造工艺复杂等。

3.3 叶 片 泵

  叶片泵具有流量均匀、运转平稳、噪声低、体积小、质量小等优点。在机床、工程机械、船舶、压铸及冶金设备中得到广泛的应用。中低压叶片泵的工作压力一般为 7 MPa，中高压叶片泵的最高工作压力可达 28 MPa，转速一般为 600~2 500 r/min。叶片泵与齿轮泵相比，存在结构复杂、吸油特性较差、对油液的污染比较敏感等缺点。

  根据密封工作容积在转子旋转一周中吸、排油次数的不同，叶片泵分为单作用叶片泵（完成一次吸、排油）和双作用叶片泵（完成两次吸、排油）两种。单作用叶片泵常为变量泵，双作用叶片泵常为定量泵。

3.3.1 单作用叶片泵

1. 单作用叶片泵的工作原理

  单作用叶片泵的工作原理如图 3-12 所示，单作用叶片泵由转子 1、定子 2、叶片 3、配流盘和端盖（图中未示出）等组成。定子内表面为圆形，定子和转子间存在偏心距 e。叶片装在转子槽中，并可在槽内沿径向灵活滑动。当转子旋转时，在离心力和叶片根部压力油的作用下，使叶片紧贴在定子内表面上，这样在定子、转子、相邻叶片和两侧配流盘间就形成若干个密封的工作腔，当转子按图示的方向旋转时，图 3-12 中右部的叶片逐渐伸出，叶片间的工作容积逐渐增大，从吸油窗口吸油；叶片随转子旋转到图示的左部时，叶片被定子内表面逐渐压进槽内，工作容积逐渐缩小，将油液从排油口压出。在吸油窗口和排油窗口之间，有一段封油区，把吸油腔和排油腔隔开，这种叶片泵转子每转一周，每个工作腔完成一次吸油和排油，因此称为单作用叶片泵。转子不停地旋转，泵就不断地吸油和排油。

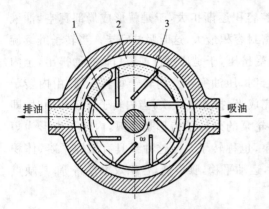

图 3-12 单作用叶片泵的工作原理

1—转子；2—定子；3—叶片

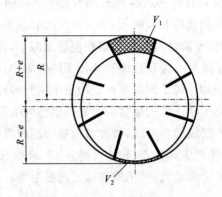

图 3-13 单作用叶片泵排量计算简图

2. 单作用叶片泵的排量

单作用叶片泵的排量为各工作腔在主轴旋转一周时所排出的液体体积的总和。如图 3-13 所示，两个相邻叶片形成的一个工作腔旋转一周排出的油液体积 ΔV 近似等于扇形体积 V_1 和 V_2 之差，即

$$\Delta V = V_1 - V_2 = \frac{1}{2}B\beta\left[(R+e)^2 - (R-e)^2\right] = \frac{4\pi}{z}RBe \qquad (3-11)$$

式中：R——定子的内径；

e——转子与定子之间的偏心距；

B——定子的宽度；

β——相邻两个叶片间的夹角，$\beta = 2\pi/z$；

z——叶片的个数。

因此，单作用叶片泵的排量为

$$V = z \cdot \Delta V = 4\pi RBe \qquad (3-12)$$

式(3-12)并未考虑叶片的厚度及叶片的倾角对单作用叶片泵排量的影响。实际上叶片在槽中伸出和缩进时，叶片槽底部也有吸油和压油过程，一般在单作用叶片泵中，排油腔和吸油腔处的叶片的底部是分别和排油腔及吸油腔相通的，因而叶片槽底部的吸油和压油恰好补偿了叶片厚度及倾角所占据体积而引起的排量的减小，这就是在式(3-12)中不考虑叶片厚度和倾角影响的原因。

3. 单作用叶片泵的结构特点

(1) 改变定子和转子之间的偏心距便可改变排量。偏心反向时，吸、排油方向也改变。

(2) 处在排油腔的叶片的顶部和根部同时受到压力油的作用，为了使叶片顶部可靠地和定子内表面相接触，处于排油腔一侧的叶片底部要通过特殊的沟槽和排油腔相通，使得作用在叶片根部的压力略大于作用在顶部的压力,以保证叶片和定子内表面可靠地接触。

(3) 由于转子受到不平衡的径向液压力作用,所以这种泵一般不宜用于高压的场合。

4. 限压式变量叶片泵

单作用叶片泵中最常用的是限压式变量叶片泵,限压式变量叶片泵能借助输出压力的大小自动改变偏心距 e 的大小来改变泵的排量。当泵的输出压力低于泵的调定压力时,定子和转子间的偏心距 e 最大,泵的排量最大;泵的输出压力达到调定压力时,随着压力增加,泵的排量线性地减小,其工作原理如图 3-14 所示。在泵未启动时,定子 2 在调压弹簧 8 的作用下,紧靠活塞 4,并使活塞 4 靠在流量调节螺钉 5 上。这时,定子和转子有一偏心量 e_0,调节流量调节螺钉 5 的位置,便可改变 e_0。当泵的出口压力 p 较低,作用在活塞 4 上的液压力及定子上的液压力在水平方向的分力(F_s)之和小于定子左端受到的弹簧力,即 $pA+F_s<k_s x_0$(A 为活塞的面积,k_s 为调压弹簧的刚度,x_0 为弹簧的预压缩量)时,定子相对于转子的偏心量最大,排量最大;随着外负载的增大,液压泵的出口压力 p 也随之提高,当压力升至与弹簧力相平衡的控制压力 p_B 时,有 $p_B A+F_s=k_s x_0$;当压力进一步升高,使 $pA+F_s>k_s x_0$ 时,若不考虑定子移动时的摩擦力,液压作用力就要克服调压弹簧力而推动定子向左移动,泵的偏心量 e 减小,泵的输出流量也减小。p_B 称为泵的限定压力,即泵处于最大流量时所能达到的最高压力。

限压式变量叶片泵在工作过程中,当工作压力 p 小于预先调定的压力 p_B 时,液压作用力不能克服弹簧的预紧力,这时定子的偏心距保持最大,因此泵的输出流量 q_A 不变,但由于供油压力增大时,泵的泄漏流量也增加,所以泵的实际输出流量 q 也略有减少,如图 3-15 所示的限压式变量叶片泵的特性曲线中的 AB 段所示。

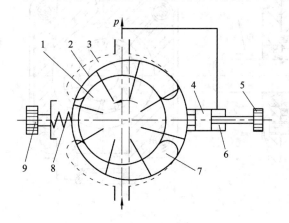

图 3-14　限压式变量叶片泵的工作原理

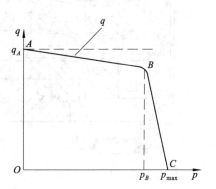

图 3-15　限压式变量叶片泵的特性曲线

1—转子;2—定子;3—吸油窗口;4—活塞;5—流量调节螺钉;

6—活塞腔;7—排油窗口;8—调压弹簧;9—调压螺钉

　　调节流量调节螺钉 5（见图 3-14）可调节最大偏心量 e_0，从而改变泵的最大输出流量 q_A，特性曲线 AB 段上下平移，当泵的供油压力 p 超过预先调定的压力 p_B 时，液压作用力大于弹簧的预紧力，此时弹簧受压缩，定子向偏心量减小的方向移动，使泵的输出流量减小，压力愈高，弹簧压缩量愈大，偏心量愈小，输出流量愈小，其变化规律如特性曲线 BC 段所示。

　　调节调压弹簧 8 可改变限定压力 p_B 的大小，这使特性曲线 BC 段左右平移；而改变调压弹簧的刚度时，可以改变 BC 段的斜率，弹簧越"软"（k_s 值越小），BC 段越陡，p_{max} 值越小；反之，弹簧越"硬"（k_s 值越大），BC 段越平坦，p_{max} 值亦越大。当定子和转子之间的偏心量为零时，系统压力达到最大值，该压力称为截止压力。实际上，由于泵存在泄漏，当偏心量尚未达到零时，泵的输出流量已为零了。

3.3.2　双作用叶片泵

1. 工作原理

　　图 3-16 所示为双作用叶片泵的结构，主要零件包括传动轴 10，转子 11，定子 4，左、右配流盘 3、5，叶片 12，泵体 1 和泵盖 6 等。转子和定子中心重合，定子内表面曲线由两段大半径圆弧 R、两段小半径圆弧 r 和四段过渡曲线组成。图 3-17 所示为双作用叶片泵的工作原理，当叶片随转子转动时，叶片在离心力和叶片底部压力油的作用下，在转子槽内

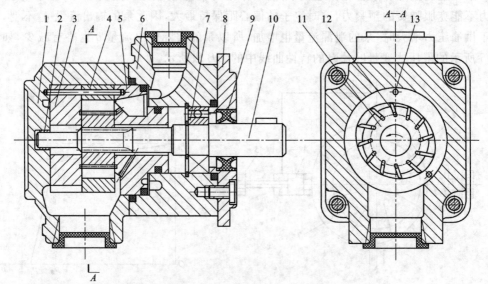

图 3-16　双作用叶片泵的结构

1—泵体；2、7—轴承；3、5—左、右配流盘；4—定子；6—泵盖；
8—端盖；9—防尘圈；10—传动轴；11—转子；12—叶片；13—定位销

作径向运动,叶片头部紧贴在定子内表面,由相邻叶片、定子内表面、转子外表面和两侧配流盘形成若干个工作腔。当转子按图示方向旋转时,处在小圆弧段的工作腔经过渡曲线运动到大圆弧的过程中,叶片在转子槽中向外伸出,工作腔的容积增大,吸入油液;在从大圆弧段经过渡曲线运动到小圆弧段的过程中,叶片被定子内壁逐渐压进转子槽内,工作腔容积变小,将油液从排油口压出,因而,当转子每转一周,每个密封容腔要完成两次吸油和排油,所

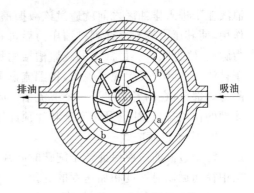

图 3-17　双作用叶片泵的工作原理

以称为双作用叶片泵。这种叶片泵由于有两个吸油窗口 a 和两个排油窗口 b,并且各自的中心夹角是对称的,所以作用在转子上的液压力相平衡,因此双作用叶片泵又称为平衡式叶片泵。

双作用叶片泵的排量为

$$V = 2\pi B(R^2 - r^2) - \frac{2zBs(R-r)}{\cos\theta} \tag{3-13}$$

式中:θ——叶片槽与径向间的夹角;

　　　s——叶片厚度。

式(3-13)中减去的一项是考虑到叶片厚度对排量的影响。在排油区,叶片两端均为高压油,它的运动不产生吸排油作用;在吸油区,叶片向外伸出,叶片底部的高压油要用来推动叶片向外伸出,要消耗一部分高压油,所以泵的排量中要减去这一部分油液的体积。

2. 双作用叶片泵的结构特点

1)配流盘

双作用叶片泵的配流盘如图 3-18 所示,吸油窗口和排油窗口之间为封油区,为保证吸油腔和排油腔可靠隔开,通常应使封油区对应的中心角 β 稍大于或等于两个叶片之间的夹角。当叶片间的工作腔从吸油区过渡到封油区(大半径圆弧处)时,其油液压力基本上与吸油压力相同,但当转子再继续旋转一个微小角度时,使该密封腔突然与排油腔相通,使其中油液压力突然升高,油液的体积突然被压缩,排油腔中的高压油瞬间倒流进该腔,产生很大的压力冲击,引起液压泵的压力脉动和噪声。为此在定子过渡曲线变化角 α 的范围内设置有预升压闭死角 $\Delta\varphi$,同时在配流盘的排油窗口端部开有减振槽,使两叶片之间的封闭

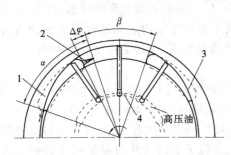

图 3-18　双作用叶片泵的配流盘

1—排油窗口;2—减振槽;3—吸油窗口;4—节流槽

油液在未进入排油区之前就通过该减振槽与排油腔的压力油相通,和机械闭死压缩共同作用,使其压力逐渐上升到排油压力后再和排油腔接通,减小配流时的压力冲击,减缓压力脉动,降低噪声。最常用的减振槽结构是截面形状为三角形的三角槽。另外,为防止处于排油区的叶片发生脱空现象,将配流盘上用于把叶片底部和输出压力沟通的环形槽分隔为两部分,在两者之间开一个节流槽。叶片作向心运动时,其底部所排出的油液通过节流槽的作用排出,油压可略高于叶片顶部压力,有利于防止叶片的脱空。

2) 定子过渡曲线

定子过渡曲线应保证转子旋转时叶片可靠地贴紧在定子内表面上,保证叶片在转子槽中径向运动时速度和加速度的变化尽可能小,不应发生突变,以免产生冲击和噪声。

过渡曲线的种类较多,特点也各不相同,目前,叶片泵中常采用"等加速-等减速"曲线,以小半径圆弧和过渡曲线的交点为起点,这种曲线的矢径方程和速度及加速度方程为

当 $0 \leqslant \varphi \leqslant \dfrac{\alpha}{2}$ 时,有

$$
\begin{cases}
\rho = r + \dfrac{2(R-r)}{\alpha^2}\varphi^2 \\[2mm]
v = \dfrac{4\omega(R-r)}{\alpha^2}\varphi \\[2mm]
a = \dfrac{4\omega^2(R-r)}{\alpha^2}
\end{cases}
\tag{3-14}
$$

当 $\dfrac{\alpha}{2} \leqslant \varphi \leqslant \alpha$ 时,有

$$
\begin{cases}
\rho = R - \dfrac{2(R-r)}{\alpha^2}(\alpha-\varphi)^2 \\[2mm]
v = \dfrac{4\omega(R-r)}{\alpha^2}(\alpha-\varphi) \\[2mm]
a = -\dfrac{4\omega^2(R-r)}{\alpha^2}
\end{cases}
\tag{3-15}
$$

由式(3-14)和式(3-15)可知,当 $0 < \varphi < \alpha/2$ 时,叶片的径向加速度为等加速,当 $\alpha/2 < \varphi < \alpha$ 时为等减速。由于叶片的速度变化均匀,故不会对定子内表面产生很大的冲击,但是,在 $\varphi = 0°$、$\varphi = \alpha/2$ 和 $\varphi = \alpha$ 处,叶片的径向加速度仍有突变,还会产生一些冲击。

3) 叶片槽的倾角

传统的观点认为,叶片槽设置倾角能改善处于排油区叶片的受力,避免叶片在叶片槽中滑动困难甚至卡死,保证叶片和定子内表面的可靠接触,一般取叶片槽的倾角 $\theta = 10° \sim 14°$。研究和实践表明,当叶片槽的倾角 $\theta = 0°$ 时,叶片的受力状况更好;同时,叶片槽的加工工艺也得到简化。所以,现在越来越多的叶片泵转子上的叶片槽都采用了径向布置。有些厂家生产的双作用叶片泵因采用传统工艺,继续保留了叶片槽的倾角 $\theta = 13°$。

3. 双作用叶片泵的高压化

双作用叶片泵转子上受到的径向力基本上是平衡的,因此工作压力的提高不会受到轴承径向负载能力的限制;叶片泵采用浮动配流盘对端面间隙进行补偿后,泵在高压下也能保持较高的容积效率。叶片泵工作压力提高的主要限制条件是叶片对定子内表面的压紧力,由于一般双作用叶片泵的叶片底部通压力油,就使得处于吸油区的叶片顶部和底部的液压作用力不平衡,叶片顶部以很大的压紧力作用在定子的内表面上,使磨损加剧,影响叶片泵的使用寿命,限制了双作用叶片泵工作压力的提高。为了解决定子和叶片的磨损问题,要采取措施减小处于吸油区内叶片对定子内表面的压紧力,常用的措施如下。

(1) 减小通往吸油区叶片根部的油液压力　采取这种措施的前提是叶片槽根部分别通油,即排油区的叶片槽根部通排油腔,吸油区的叶片槽根部与排油腔之间串联一减压阀或阻尼槽,使排油腔的压力油经减压后再与叶片槽根部相通。这样在泵的出口压力提高后,作用在吸油区叶片上的液压力并不随着增大,使叶片经过吸油腔时,叶片压向定子内表面的作用力不致过大。

(2) 减小吸油区叶片根部的有效作用面积　图 3-19 所示为子、母叶片结构简图,在转子槽中装有子叶片和母叶片,子、母叶片能自由地相对滑动。为了使母叶片和定子的接触压力适当,需正确选择子叶片与母叶片的宽度尺寸比。转子上的压力平衡孔使母叶片的头部和底部压力相等,泵的排油压力经过配流盘通到子、母叶片之间的中间压力腔。

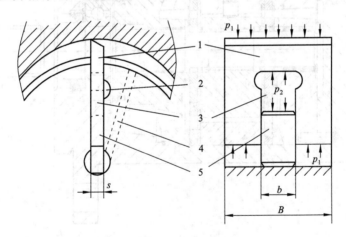

图 3-19　子、母叶片结构简图

1—母叶片；2—压力油道；3—中间压力腔；4—压力平衡孔；5—子叶片

由图 3-19 可知,母叶片作用在定子上的力为

$$F = bs(p_2 - p_1)$$

式中：b——子叶片宽度；

　　　s——叶片厚度。

在吸油区，$p_1 = 0$，则 $F = bsp_2$；在排油区，$p_1 = p_2$，则 $F = 0$。

在排油区 $F = 0$，母叶片仅靠离心力克服惯性力与定子接触。为防止母叶片脱空，在连通中间压力腔与排油腔的油道上设置适当的节流槽（见图3-18），使母叶片在排油区向内收回时，中间腔的油液压力略高于作用在母叶片头部的压力，保证母叶片在排油区时与定子可靠接触。

图3-20所示为 VQ 系列高压子、母叶片泵的典型结构。叶片为子、母叶片结构，以减小母叶片与定子内表面的摩擦力；同时，在配流盘与转子、定子之间增加了挠性侧板，泵出口高压油被引到挠性侧板后的 a 腔，使挠性侧板对转子的液压压紧力大于挠性侧板受到的液压反推力，使得挠性侧板产生一定的弹性变形并贴向转子端面，从而对转子和挠性侧板之间的端面配合间隙进行自动补偿，始终保持较小的端面间隙，以减小泄漏，提高泵的容积效率。

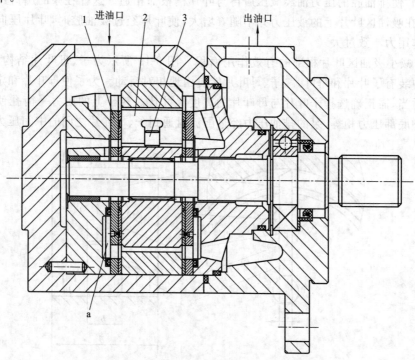

图3-20　VQ系列高压子、母叶片泵的结构
1—挠性侧板；2—母叶片；3—子叶片

除了子、母叶片结构外，类似的叶片结构还有阶梯叶片式结构和柱销式叶片结构等，其工作原理和子、母叶片结构的工作原理相同。

以上几种结构都致力于减小处于吸油区叶片和定子的接触应力，从而减小叶片和定子的磨损，延长寿命。随着叶片泵工作压力的提高，同时还必须加强转子的强度，以防断裂。因此,高压叶片泵一般采用 10 个或 12 个叶片,以增大转子叶片槽根部强度。为了增大泵的排量,通常用增大叶片宽度而不是用减小定子曲线小圆弧半径或增加大圆弧半径的办法,以便不至于过分削弱转子叶片槽根部的强度或恶化此处受力情况。

3.4　柱　塞　泵

　　柱塞泵是靠柱塞在缸体中作往复运动,致使密封容积变化来实现吸油与排油的液压泵。与齿轮泵和叶片泵相比,柱塞泵具有压力高、结构紧凑、效率高、排量调节方便等优点。柱塞泵按柱塞在缸体内的排列方式不同,可分为径向柱塞泵和轴向柱塞泵两大类。

3.4.1　径向柱塞泵

1. 径向柱塞泵的工作原理

　　径向柱塞泵的工作原理如图 3-21 所示,柱塞 1 为径向排列,装在缸体 2 中,缸体由原动机带动连同柱塞 1 一起旋转,缸体 2 一般称为转子,柱塞 1 在离心力的(或在低压油)作用下抵紧定子 4 的内壁,当转子按图示方向旋转时,由于定子和转子之间有偏心距 e,柱塞绕经上半周时向外伸出,柱塞底部的工作腔容积逐渐增大,形成部分真空,因此便经过衬套 3(衬套 3 是压紧在转子内,并和转子一起旋转)上的油孔从配流轴 5 和吸油口 b 吸油;当柱塞转到下半周时,定子内壁将柱塞向里推,柱塞底部的容积逐渐减小,向配流轴的排油口 c 排油,当转子旋转一周时,每个柱塞底部的工作腔完成一次吸、排油,转子连续运

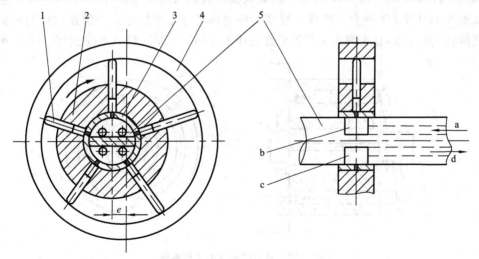

图 3-21　径向柱塞泵的工作原理

1—柱塞;2—缸体;3—衬套;4—定子;5—配流轴

转，即完成吸、排油工作。改变偏心距的大小和方向，就可以改变泵的排量大小和输出流量的方向。配流轴固定不动，油液从配流轴上半部的两个油孔 a 流入，从下半部的两个油孔 d 排出，为了进行配流，在配流轴和衬套 3 接触的一段处加工出上下两个缺口，形成吸油口 b 和排油口 c，留下的部分形成封油区。封油区的宽度应能封住衬套上的吸、排油孔，以防吸油口和排油口相连通，但尺寸也不能太大，以免产生困油现象。

2. 径向柱塞泵的排量

当转子和定子之间的偏心距为 e 时，柱塞在缸体孔中的行程为 $2e$，设柱塞个数为 z，直径为 d 时，泵的排量为

$$V = \frac{\pi}{4}d^2 2ez = \frac{\pi}{2}d^2 ez \tag{3-16}$$

3. 径向柱塞泵的特点

径向柱塞泵的优点是加工工艺性好（主要配合表面均为圆柱形），加工方便；其缺点是配流轴受到径向不平衡液压力的作用，易于磨损，配流孔受配流轴尺寸的限制，使得泵的自吸能力变差。

3.4.2 轴向柱塞泵

1. 轴向柱塞泵的工作原理

轴向柱塞泵是柱塞中心线和缸体中心线平行的一种泵。轴向柱塞泵有两种结构形式：斜盘式和斜轴式。图 3-22 所示为斜盘式轴向柱塞泵的工作原理，这种泵主要由缸体 1、配流盘 4、柱塞 2 和斜盘 6 组成。柱塞沿圆周均匀分布在缸体内。斜盘轴线相对缸体轴线倾斜一个角度，柱塞靠机械装置或在低压油作用下压紧在斜盘上（图中为弹簧），配流

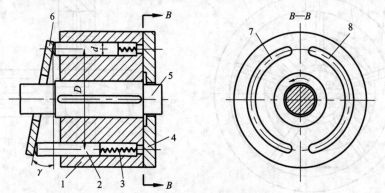

图 3-22　轴向柱塞泵的工作原理

1—缸体；2—柱塞；3—弹簧；4—配流盘；5—传动轴；
6—斜盘；7—吸油窗口；8—排油窗口

盘4和斜盘6固定不动,当原动机通过传动轴带动缸体转动时,由于斜盘的作用,迫使柱塞在缸体内作往复运动,并通过配流盘的配流窗口进行吸油和排油。如图3-22中所示的旋转方向,当缸体转角在 $\pi/2 \sim 3\pi/2$ 范围内,柱塞向外伸出,柱塞底部的工作腔容积增大,通过配流盘的吸油窗口吸油;在 $3\pi/2 \sim 2\pi$ 范围内,柱塞被斜盘推入缸体,使工作腔容积减小,通过配流盘的排油窗口排油。缸体每旋转一周,每个柱塞各完成一次吸、排油,如改变斜盘倾角 γ,就能改变柱塞行程的大小,即改变液压泵的排量;改变斜盘倾角的方向,就能改变吸油和排油的方向,即成为双向变量泵。

如图3-22所示,当柱塞的直径为 d,柱塞分布圆直径为 D,斜盘倾角为 γ 时,柱塞的行程为 $s = D\tan\gamma$,所以当柱塞数为 z 时,轴向柱塞泵的排量为

$$V = \frac{\pi d^2}{4} Dz \tan \gamma \tag{3-17}$$

2. 斜盘式轴向柱塞泵

斜盘式轴向柱塞泵的传动轴中心线与缸体中心线重合,如图3-23所示为CY型轴向

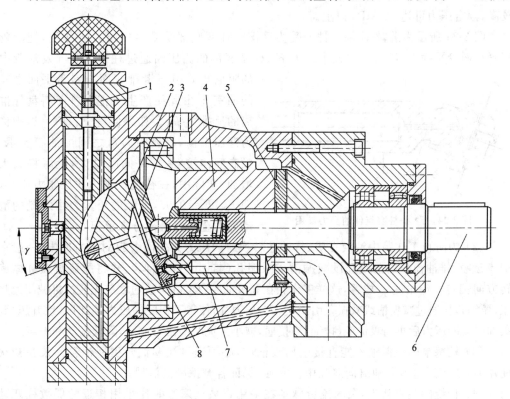

图 3-23 CY 型轴向柱塞泵的结构
1—变量机构;2—斜盘;3—回程盘;4—缸体;5—配流盘;6—传动轴;7—柱塞;8—滑靴

柱塞泵的结构。安放在缸体 4 中的柱塞 7 通过滑靴 8 与斜盘 2 相接触。传动轴中的弹簧通过回程盘 3 使滑靴紧贴斜盘。当传动轴 6 带动缸体转动时，弹簧产生回程力，使柱塞外伸，完成吸油过程。此后，斜盘将柱塞往缸孔里推，完成排油过程。柱塞和缸孔组成的工作容腔中的油液，通过配流盘 5 分别与泵的吸、排油腔相通。变量机构 1 用来改变斜盘的倾角并最终改变泵的排量。

（1）轴向柱塞泵具有三对关键摩擦副：柱塞与缸体柱塞孔、缸体与配流盘、滑靴与斜盘平面。这三对摩擦副保证了工作腔的容积变化和高低压区的密封与隔离。三对摩擦副的配合零件之间具有较高的相对运动速度和较大的接触比压，使摩擦副保持良好的密封性和较小的摩擦磨损，是柱塞泵结构及其设计的关键。三对摩擦副中，柱塞与缸体的柱塞孔属于轴孔配合，配合间隙及加工精度易于保证，为了减小磨损，一般采用钢-铜材料配对；缸体与配流盘、滑靴与斜盘平面之间属于平面密封，常采用静压支承原理进行设计，一般采用剩余压紧力法，即使得摩擦副之间的压紧力略大于反推力，保证摩擦副之间具有较小的接触比压，并在间隙磨损后可以自动补偿。因此轴向柱塞泵的容积效率和机械效率较高，额定压力可达 32 MPa 以上。

图 3-24 所示为滑靴-柱塞组件的受力简图。柱塞底部受泵出口压力 p 作用，把滑靴压紧在斜盘平面上，压紧力的大小设为 F_t；柱塞底部的高压油通过柱塞内孔 a 及滑靴中的阻尼孔 b 引至滑靴底面与斜盘平面之间的油室 c，由此便产生了把滑靴向斜盘外推离的反推力 F_N。如果使得 $F_N/F_t=1$，则称为静压平衡，滑靴与斜盘之间由油膜支承，没有固体接触，如果间隙过大，泄漏将大大增加；实际中，往往使反推力比压紧力略小，即 $F_N/F_t=0.95$，剩余的压紧力由滑靴的滑动面的金属接触部分来承担。

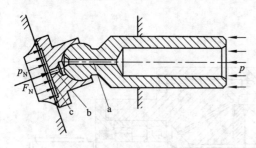

图 3-24 滑靴-柱塞组件的受力简图

（2）为防止工作腔中油液在吸、排油腔转换时因压力突变而引起的压力冲击，一般在配流盘吸、排油窗口的前端开设减振槽或减振孔（与图 3-18 相似），并将配流盘顺缸体旋转方向偏转一定角度 φ_0 放置，这样工作腔在和吸油腔（排油腔）接通之前先通过机械闭死膨胀（压缩），再通过减振槽或减振孔引出（引入）压力油，使得工作腔的压力预卸压（预升压）到吸油（排油）压力后再与吸油腔（排油腔）接通，减小配流时的压力冲击，降低振动和噪声。

（3）柱塞泵的泄漏油不能直接引回吸油腔，必须通过泄漏油管引回油箱。泵在初次使用时，必须通过泄漏油口向泵腔中注满油，保证各摩擦副的润滑。

（4）传统的观点认为，泵的流量脉动在采用奇数柱塞数时比采用相近的偶数柱塞数时要小，但后来的研究表明，影响泵流量脉动的主要因素是预升压过程中的流量损失（"液流倒灌"），而不是柱塞的奇偶数。现有的产品沿袭了传统工艺和结构，仍然采用了奇数柱塞结构。

　　3. 斜轴式轴向柱塞泵

　　斜轴式轴向柱塞泵的缸体轴线与传动轴轴线倾斜一角度,图 3-25 所示为无铰式轴向柱塞泵的工作原理。当传动轴转动时,连杆推动柱塞在缸孔中作往复运动。同时,连杆的侧面带动柱塞连同缸体一起旋转,取消了万向铰。由于结构简单,这种泵目前使用比较广泛。

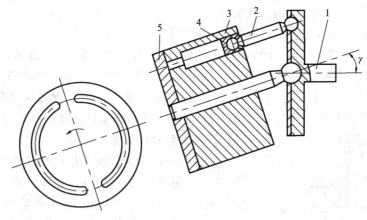

图 3-25　无铰式轴向柱塞泵的工作原理
1—传动轴；2—连杆；3—缸体；4—柱塞；5—配流盘

　　从图 3-25 中可以看到,只要设计得当,可以使连杆的轴线与缸孔的轴线间的夹角做得很小。因而柱塞上的径向作用力以及缸体上的径向作用力都大为减小,这对于改善柱塞与缸体间的磨损及减小缸体的倾覆力矩都有很大好处。因为径向力小,传动轴和缸体轴线之间的夹角 γ 可以取得很大(一般 γ_{max} 可达 25°,个别可达 40°),因而泵的排量增加。而斜盘式轴向柱塞泵的斜盘倾角受径向力的限制,一般不超过 20°。与斜盘泵相比,斜轴泵适用于大排量场合(排量范围为 50～1 000 cm^3/r,个别可达 2 800 cm^3/r)。

　　斜轴泵的总效率略高于斜盘泵。但斜轴泵的体积较大,流量的调节靠摆动缸体使缸体轴线与传动轴轴线间的夹角发生变化来实现,运动部分的惯量大、动态响应慢。斜轴泵的传动轴要承受相当大的轴向力和径向力,轴承部位的结构复杂,故要选用强度较大的轴承。

3.5　液压泵的调节

　　一些液压泵能做成变排量形式,如单作用叶片泵和轴向柱塞泵能容易地实现排量调节,因而可在泵转速不变的情况下实现流量调节,以适应液压系统对流量的要求。采用变量泵调节液压系统的流量具有节能的效果,使用也越来越广泛,同时变量形式的发展也越来越迅速。

3.5.1 变量调节原理及分类

任何变量泵的理论排量都可写成

$$q = Af(x)$$

式中：A——泵的有关结构参数，其值固定不变；

x——调节参数，其值可在一定范围内变化。

对单作用叶片泵，x 是定子环对转子的偏心距；对轴向柱塞泵，x 是斜盘式轴向柱塞泵的斜盘倾角或斜轴式轴向柱塞泵的传动轴对缸体中心线的倾角。当调节参数变化时，泵的排量可以从最大正值变到零（单向变量泵）或从最大正值变到最大负值（双向变量泵）。排量为负值的意义对泵来说，是在转向不变时吸、排油口互换。

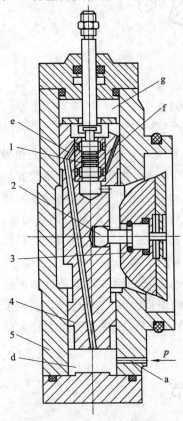

图 3-26 伺服变量机构

1—阀芯；2—球铰；3—斜盘；

4—活塞；5—壳体

1. 变量机构的分类

实现液压泵调节参数变化的机构称为变量机构。当泵在一定输出压力下工作时，要有足够的力来推动变量机构动作。这个力可由外部能源供给，也可以由泵本身的液压力产生。前者称为外控式，后者称为内控式。外控式变量泵通常由一套独立的控制油源提供推动变量机构的液压力。控制油源不受泵本身负载和压力波动的影响，故比较稳定，且可实现双向变量。内控式变量泵不需要任何附加泵源，但不能实现双向变量。

根据变量机构操纵力的形式不同，外控式可分为手动、机动、电动、液控和电液控制等形式。手动变量机构最简单，但必须由人力克服变量机构运动的种种阻力，手的操纵力比较大，通常只能在停机或工作压力较低的情况下才能实现变量。为了在泵的运行中进行排量调节，可采用手动伺服控制，用手操纵伺服阀，通过液压放大，由变量活塞带动变量机构动作。控制手柄的一定位置对应泵的一定排量。变量机构也可由其他机构带动（机动控制）或由控制电动机控制（电控）。

2. 伺服变量机构示例

图 3-26 所示为斜盘式轴向柱塞泵的伺服变量机构，以此机构代替图 3-23 所示轴向柱塞泵中的手动变量机构，就成为手动伺服变量泵。其工作原理为：泵输出的压力油经通道 a 进入变量机构壳体的下腔 d，液压

力作用在变量活塞 4 的下端。当与伺服阀阀芯 1 相连接的拉杆不动时（图示状态），变量活塞 4 的上腔 g 处于封闭状态，变量活塞不动，斜盘 3 在某一相应的位置上。当拉杆向下移动时，推动阀芯 1 一起向下移动，d 腔的压力油经通道 e 进入上腔 g，g 腔压力升高。由于变量活塞上端的有效面积大于下端的有效面积，向下的液压力大于向上的液压力，故变量活塞 4 向下移动，直到将通道 e 的油口封闭为止，变量活塞的移动量等于拉杆的位移量。当变量活塞向下移动时，通过球铰带动斜盘 3 转动，斜盘倾角增加，泵的排量和输出流量随之增加；当拉杆带动伺服阀阀芯向上运动时，阀芯将通道 f 打开，上腔 g 通过卸压通道接通油箱而降压，变量活塞向上移动，直到阀芯将卸压通道关闭为止。它的移动量也等于拉杆的移动量。这时斜盘也被带动作相应的转动，使倾角减小，泵的排量和流量也随之减小。由上述可知，伺服变量机构是通过操作液压伺服阀动作，利用泵输出的压力油推动变量活塞来实现变量的。故操作拉杆的力很小，控制灵敏。拉杆可用手动方式或机械方式操作。

　　为了适应各种液压系统对变量泵的要求，变量泵可以做成使其输出量（如压力、流量、功率等）按一定规律变化的形式，如恒压控制变量泵、恒流控制变量泵、恒功率控制变量泵等。

3.5.2　恒压控制变量泵

1. 恒压控制变量泵的工作原理

恒压控制变量泵（简称恒压泵）可向系统提供一个恒压源。图 3-27 所示为恒压控制

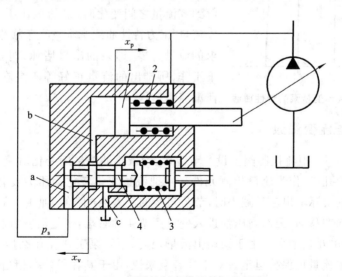

图 3-27　恒压控制变量泵的工作原理

1—变量活塞；2—复位弹簧；3—调压弹簧；4—控制滑阀；a、b、c—油孔

变量泵的工作原理。当变量活塞1向右运动时，变量泵符号中带箭头的斜线受变量活塞的推动变得更陡，表示泵的排量减少。图示的泵属于内控式。如果液压系统为阻力负载，泵的输出流量增大，会引起系统压力 p 升高，此时，控制滑阀4端部的液压力大于调压弹簧3的弹簧力而使阀芯右移，压力油进入变量活塞的左端，使变量缸左腔压力升高。变量活塞的右端始终通压力油。变量活塞两端承压面积差产生的液压推力推动泵的变量机构，使变量泵的排量减小，因而输出流量减小，泵的工作压力也随之降低。当滑阀左端面上的液压力刚好等于调压弹簧的预紧力时，滑阀关闭，变量活塞停止运动，变量过程结束，泵的工作压力稳定在调定值。同理，如果系统压力下降，变量机构使泵的输出流量增加，工作压力回升到调定值。调节调压弹簧的预紧力，即可调节泵的工作压力。如果弹簧由比例电磁铁代替，控制阀变为电液比例阀，原理上可组成电液比例恒压控制变量泵。泵的工作压力与比例电磁铁的输入控制电流成正比。

2. 恒压变量泵的工作特性

恒压控制变量泵的特性曲线如图3-28所示，其恒压误差一般在调定工作压力的2%～3%。从图3-27中可看到，泵在低压工作时，调压弹簧力使控制滑阀处于最左端。变量

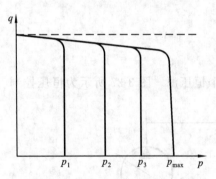

图 3-28　恒压控制变量泵的特性曲线

活塞左端通油箱，变量活塞也处于最左端。因而，泵处于最大排量工况。随着泵的工作压力升高，泄漏量增大，因而泵的输出流量略有减小，特性曲线向下倾斜。当泵的工作压力达到由调压弹簧调定的压力（如 p_1）时，控制阀动作，使系统所要求的流量在最大值到零流量之间变化时，泵的工作压力基本不变，所以流量-压力特性曲线基本垂直于横坐标。当系统要求的流量为零（即泵的出口堵死）时，泵在很小排量下工作，所排出的流量正好等于泵在调定压力时的泄漏流量。

3.5.3　恒流变量泵

如图 3-29 所示，恒流控制阀上设一节流口（为减小油液粘度变化对流量特性的影响，通常采用薄刃形孔口）作为流量检测元件。它把流量变化转化为压力变化以控制阀芯1的位置。当泵的实际输出流量减小时，节流口2的压差 Δp 降低，弹簧3的弹簧力大于液压力而使阀芯向左移动，因而高压油进入变量活塞4的右端，变量活塞右腔压力升高使变量活塞左移，泵的排量增大。由于采用恒流量控制，不管泵工作在什么压力下（即容积效率不同），其输出流量可保持恒定。对于柱塞泵来说，由于其容积效率相当高，当转速恒定时，在一定精度范围内，定排量即有恒流量的作用。对于驱动泵的原动机转速变化相当大的场合（如内燃机驱动），恒流变量泵能在一定转速变化范围内保持输出流量基本恒定。

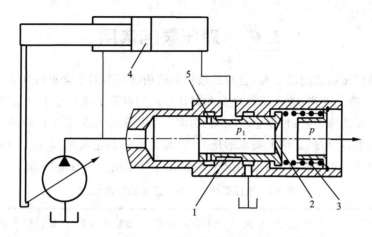

图 3-29 恒流控制机构

1—阀芯；2—节流口；3—弹簧；4—变量活塞；5—高压油口

3.5.4 功率匹配变量泵

近年来,较大功率的变量泵发展为功率匹配的控制方式,使变量泵的工作压力及输出流量同时与系统的需求相适应,以提高系统的效率。

图 3-30 所示为功率匹配控制方式的一种方案。它由功率匹配阀 1、比例阀 2 和梭阀 3 组成。梭阀的作用是使变量活塞向左或向右运动时通向功率匹配阀的控制油压始终为负载压力 p_L。假如比例阀的阀口压降调定为 Δp_0,则当功率匹配阀处于平衡状态时,泵的工作压力 p_s 等于负载压力 p_L 与比例阀阀口压降 Δp_0 之和。当负载压力发生变化时,泵的工作压力有相应变化,但始终与负载需要相匹配,不产生很大的压力损失。比例阀的阀口压降由功率匹配阀弹簧的预紧力设定。如比例阀的压降大于调定的 Δp_0 值,这意味着通过比例阀的流量过大,则功率匹配阀阀芯受力不平衡而左移,操纵变量活塞使泵的排量减小。最后,比例阀的压降回复到 Δp_0,通过比例阀的流量回复到调定值。改变比例阀的工作电流以控制其阀口开度,即能控制泵的输出流量以满足系统需要。这种控制方式不产生溢流,泵的输出压力及流量始终与液压系统的要求相匹配,因而系统效率很高,能量损失及系统发热均很小。对于大功率系统来说,这种控制方式是很有利的。

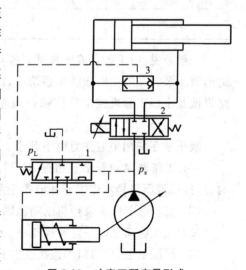

图 3-30 功率匹配变量形式

1—功率匹配阀；2—比例阀；3—梭阀

3.6　液压泵的选用

　　液压泵是液压系统的动力源,合理的选择和使用液压泵对于降低液压系统的能耗,提高系统的效率,降低噪声,改善工作性能和保证系统的可靠工作都是十分重要的。

　　选择液压泵的原则是:根据主机工况、功率大小和系统对泵工作性能的要求,首先确定液压泵的类型,然后按系统所要求的压力、流量大小来确定泵的额定压力和排量,从而选择其规格型号。表 3-1 列出了液压系统中常用液压泵的主要性能特点。

表 3-1　液压系统中常用液压泵的性能比较

性　能	外啮合齿轮泵	双作用叶片泵	变量叶片泵	轴向柱塞泵	螺杆泵
输出压力	低压	中压	中压	高压	低压
排量调节	不能	不能	能	能	不能
效率	低	较高	较高	高	较高
输出流量脉动	很大	很小	一般	一般	最小
自吸特性	好	较差	较差	差	好
对油液污染的敏感性	不敏感	较敏感	较敏感	很敏感	不敏感
噪声	大	小	较大	大	最小

　　一般来说,由于各类液压泵具有各自突出的特点,因此应根据不同的使用场合选择合适的液压泵。一般在机床液压系统中,往往选用双作用叶片泵和限压式变量叶片泵;在筑路机械及小型工程机械中往往选择齿轮泵;在负载大、功率大的场合往往选择轴向柱塞泵。

　　液压泵在使用中应注意以下几点。

　　(1) 工作油温一般不宜超过 60 ℃,粘度要求在 10～100 cSt 之间;选择油液的牌号时,应按照液压泵样本中推荐油液类型及粘度值的范围进行选取。

　　(2) 安装时要保证泵轴与原动机轴之间的同轴度,不同轴度不得大于 0.1 mm。

　　(3) 泵在启动之前一定要检查进、出油口及泵的旋转方向是否合适。

　　(4) 液压泵进、出油口的连接法兰或管接头处要保证严格密封,防止漏气。

　　(5) 为消除泵的振动对管路和系统的影响,泵的吸油和排油管路应尽量用软管连接。

　　(6) 泵的排油管路上最好装上单向阀,防止油液倒流使泵反转,避免其遭到损坏。

习　题

3-1　液压泵正常工作需具备的基本条件是什么？液压传动系统中常用的液压泵有哪些？

3-2　什么叫液压泵的工作压力、最高压力和额定压力？三者有何关系？

3-3　什么叫液压泵的排量、理论流量、实际流量和额定流量,流量脉动对系统性能有何影响,用什么来衡量流量脉动的大小？

3-4　液压泵工作时的能量损失有哪些？用什么来衡量其大小？

3-5　某液压泵排量 V 为 70 ml/r,转速 n 为 1 460 r/min,机械效率和容积效率均为 0.9,若其出口压力表读数为 10 MPa,试求其输出功率、输入功率及输入扭矩？

3-6　齿轮泵的径向力不平衡是怎样产生的？会带来什么后果？消除径向力不平衡的措施有哪些？

3-7　何谓齿轮泵的困油现象？它是怎样形成的？有何危害？如何消除？

3-8　分析限压式变量叶片泵的压力-流量曲线,并说明改变 AB 段的上下位置、BC 段的斜率和拐点 B 的位置的方法？

3-9　双作用叶片泵高压化过程中面临的主要问题是什么？解决的措施有哪些？

3-10　叶片泵配流盘的配流窗口的一侧或两侧开有三角槽,其作用是什么？

3-11　简述斜盘式轴向柱塞泵的特点和工作原理,并写出其几何排量计算公式。

3-12　简述斜盘式轴向柱塞泵的关键摩擦副的结构及特点。

第4章 液压执行元件

液压执行元件有各种液压缸和液压马达。它们都是将液体的压力能转换成机械能并将其输出的装置。液压缸主要是输出直线运动和力(其中,摆动液压缸输出往复摆动运动和扭矩),液压马达则是输出连续旋转运动和转矩。

4.1 液 压 缸

4.1.1 液压缸的分类和特点

液压缸的结构简单,工作可靠,与杠杆、连杆、齿轮齿条、棘轮棘爪、凸轮等机构配合使用能实现多种机械运动,或者与其他传动形式组合满足各种要求,因此在液压传动系统中得到了广泛的应用。液压缸有多种形式,按照其结构特点的不同可分为活塞式、柱塞式和摆动式三大类;按照其作用方式又可分为单作用和双作用两种。单作用缸只能使活塞(或柱塞)作单方向运动,即液体只是通向缸的一腔;而反方向运动则必须依靠外力(如弹簧力或自重等)来实现;双作用缸在两个方向上的运动都由液体的推动来实现。表4-1所示为按液压缸结构形式和作用分类的名称、符号和说明。

表4-1 液压缸的分类表

分 类	名 称	符 号	说 明
单作用液压缸	单活塞杆液压缸		活塞仅单向液压驱动,返回行程是利用自重、弹簧或负载将活塞推回
	双活塞杆液压缸		活塞的两侧都装有活塞杆,但只向活塞一侧供给压力油,返回行程通常利用弹簧、重力或外力
	柱塞式液压缸		柱塞仅单向液压驱动,返回行程通常是利用自重、弹簧或负载将柱塞推回
	伸缩液压缸		柱塞为多段套筒形式,它以短缸获得长行程,用压力油从大到小逐节推出,后一级缸筒是前一级液压杆,靠外力由小到大逐节缩回

续表

分　类	名　　称	符　号	说　　明
双作用液压缸	单活塞杆液压缸	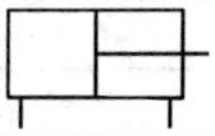	单边有活塞杆,双向液压驱动,双向推力和速度不等
	双活塞杆液压缸	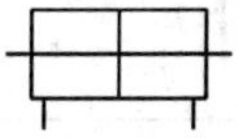	双边有活塞杆,双向液压驱动,可实现等速往复运动,两边推力也相等
	伸缩液压缸	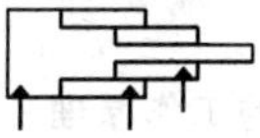	套筒活塞可双向液压驱动,伸出由大到小逐节推出,由小到大逐节缩回
组合液压缸	弹簧复位液压缸	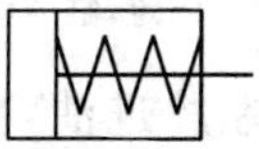	单向液压驱动,由弹簧复位
	增压缸(增压器)	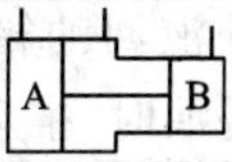	由大、小两油缸串联而成,由低压大缸 A 驱动,使小缸 B 获得高压油源
	齿条传动液压缸	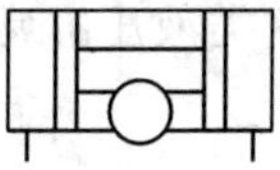	活塞的往复运动由装在一起的齿条驱动齿轮获得的往复回转运动而形成

下面分别介绍各类液压缸。

1. 双活塞杆式液压缸

活塞缸是液压传动中常用的执行元件,按固定方式可分为缸筒固定和活塞杆固定两种,按缸杆数目可分为双杆和单杆两种结构形式。

如图 4-1 所示为双活塞杆式液压缸的工作原理,活塞两侧都有活塞杆伸出。当两活塞杆直径相同,供油压力和流量不变时,活塞式液压缸在两个方向上的运动速度和推力都相等,可以认为两边运动参数对称,即

$$v = \frac{q}{A} = \frac{4q\eta_v}{\pi(D^2 - d^2)} \tag{4-1}$$

$$F = \frac{\pi}{4}(D^2 - d^2)(p_1 - p_2)\eta_m \tag{4-2}$$

式中:v——液压缸的运动速度;

　　　F——液压缸的推力;

　　　η_v、η_m——液压缸的容积效率、机械效率;

　　　q——液压缸的流量;

　　　p_1、p_2——液压缸进油压力、回油压力;

　　　D、d——缸筒直径、活塞杆直径;

　　　A——液压缸的有效工作面积。

这种液压缸常用于要求往返运动速度相同的场合。

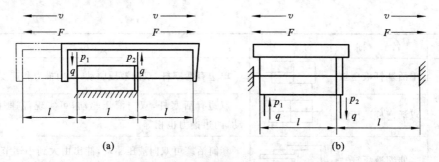

图 4-1 双活塞杆液压缸的工作原理

(a)缸体固定,活塞杆移动 (b)活塞杆固定,缸体移动

图 4-1(a)所示为缸体固定式结构,当液压缸的左腔进油,推动活塞向右移动,右腔活塞杆向外伸出,左腔活塞杆向内缩进,液压缸右腔油液回油箱;反之,活塞反向运动。图 4-2(b)所示为活塞杆固定式结构,当液压缸的左腔进油时,推动缸体向左移动,右腔回油;反之,当液压缸的右腔进油时,缸体则向右运动。这类液压缸常用于中、小型设备中。

2. 单活塞杆式液压缸

图 4-2 所示为双作用单活塞杆液压缸,活塞杆只从液压缸的一端伸出,液压缸的活塞在两腔有效作用面积不相等,当向液压缸两腔分别供油,且压力和流量都不变时,活塞在两个力方向上的运动速度和推力都不相等,即运动具有不对称性。

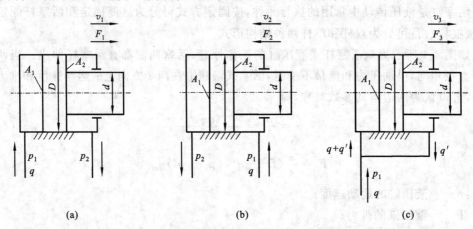

图 4-2 单活塞杆液压缸

(a) 无杆腔进油 (b) 有杆腔进油 (c) 差动连接

(1)当无杆腔进油,有杆腔回油时。

如图 4-2(a)所示,活塞的运动速度 v_1 和推力 F_1 分别为

$$v_1 = \frac{q}{A_1}\eta_v = \frac{4q\eta_v}{\pi D^2} \tag{4-3}$$

$$F_1 = (p_1 A_1 - p_2 A_2)\eta_\mathrm{m} = \frac{\pi}{4}\big[D^2 p_1 - (D^2 - d^2)p_2\big]\eta_\mathrm{m} \tag{4-4}$$

（2）当有杆腔进油，无杆腔回油时。

如图 4-2(b)所示，活塞的运动速度 v_2 和推力 F_2 分别为

$$v_2 = \frac{q}{A_2}\eta_\mathrm{v} = \frac{4q\eta_\mathrm{v}}{\pi(D^2 - d^2)} \tag{4-5}$$

$$F_2 = (p_1 A_2 - p_2 A_1)\eta_\mathrm{m} = \frac{\pi}{4}\big[(D^2 - d^2)p_1 - D^2 p_2\big]\eta_\mathrm{m} \tag{4-6}$$

比较式(4-3)、式(4-4)、式(4-5)和式(4-6)，可以看出：$v_2 > v_1$，$F_1 > F_2$。液压缸往复运动时的速度比为

$$\lambda_v = \frac{v_2}{v_1} = \frac{1}{1 - (d/D)^2} \tag{4-7}$$

式(4-7)表明，活塞杆直径越小，速度比越接近 1，液压缸在两个方向上的速度差就越小。

（3）液压缸差动连接时。

如图 4-2(c)所示，单杆活塞缸在其左、右两腔都接通高压油时称为"差动连接"。差动连接是在不增加液压泵容量和功率的条件下，实现快速运动的有效办法。差动连接缸左、右两腔的油液压力相同，但是由于左腔（无杆腔）的有效面积大于右腔（有杆腔）的有效面积，故活塞向右运动，同时使右腔中排出的油液（流量为 q'）也进入左腔，加大了流入左腔的流量（$q+q'$），从而也加快了活塞移动的速度。实际上活塞在运动时，由于差动连接时两腔间的管路中有压力损失，所以右腔中油液的压力稍大于左腔油液压力，而这个差值一般都较小，可以忽略不计。

在差动连接时，活塞推力 F_3 和运动速度 v_3 分别为

$$F_3 = p_1(A_1 - A_2)\eta_\mathrm{m} = \frac{\pi}{4}d^2 p_1 \eta_\mathrm{m} \tag{4-8}$$

$$v_3 = \frac{q\eta_\mathrm{v} + q'}{A_1} = \frac{q\eta_\mathrm{v} + \frac{\pi}{4}(D^2 - d^2)v_3}{\frac{\pi}{4}D^2}$$

整理得
$$v_3 = \frac{4q\eta_\mathrm{v}}{\pi d^2} \tag{4-9}$$

由式(4-4)、式(4-9)可知，差动连接时液压缸的推力比非差动连接（$p_2 = 0$）时小，速度比非差动连接时大。利用这一点，可使在不加大油源流量的情况下得到较快的运动速度，这种连接方式被广泛应用于组合机床的液压动力系统和其他机械设备的快速运动中（比如快进推力小，速度快）。如果要求机床往返速度相等时，则由式(4-5)和式(4-9)可得

$$\frac{4q}{\pi(D^2 - d^2)} = \frac{4q}{\pi d^2}$$

即
$$D=\sqrt{2}d \qquad (4\text{-}10)$$

将单杆活塞缸实现差动连接，由式（4-10）可知，为保证"快速接近"与"快速退回"速度相等，可使液压缸有杆腔有效面积等于液压缸无杆腔有效面积的一半（或 $d=0.7D$）。当对"快速接近"与"快速退回"的速度不作要求时，可按实际需要的速度比来确定 d 与 D。

3. 柱塞缸

活塞缸的内腔因有活塞及密封件频繁往复运动，要求其内孔形状和尺寸精度很高，并且要求表面光滑。这种要求对于大型的或超长行程的液压缸有时不易实现，在这种情况下可以采用柱塞缸。如图4-3(a)所示，柱塞缸由缸筒、柱塞、导套、密封圈和压盖等零件组成，它只能实现一个方向的液压驱动，反向运动要靠外力。若需要实现双向运动，则必须成对使用，如图4-3(b)所示。这种液压缸中的柱塞和缸筒不接触，运动时由缸盖上的导向套来导向，因此缸筒的内壁不需精加工，它特别适用于行程较长的场合。

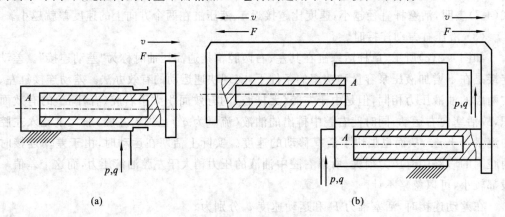

(a)　　　　　　　　　　(b)

图 4-3　柱塞缸

(a) 单向运动　(b) 双向运动

柱塞缸输出的推力和速度各为

$$F = pA = \frac{p\pi d^2}{4} \qquad (4\text{-}11)$$

$$v = \frac{q}{A} = \frac{4q}{\pi d^2} \qquad (4\text{-}12)$$

4. 其他液压缸

（1）增压液压缸　增压液压缸又称增压器，它利用活塞和柱塞有效面积的不同使液压系统中的局部区域获得高压。它有单作用和双作用两种形式，单作用增压缸的工作原理如图4-4(a)所示，当输入活塞缸的液体压力为 p_1，活塞直径为 D，柱塞直径为 d 时，柱塞缸中输出的液体压力为高压，其值为

$$p_2 = p_1 \frac{D^2}{d^2} = Kp_1 \tag{4-13}$$

式中：$K = D^2/d^2$——增压比，它代表其增压程度。

显然增压能力是在降低有效能量的基础上得到的，也就是说增压缸仅仅是增大输出的压力，并不能增大输出的能量。

单作用增压缸在柱塞运动到终点时，不能再输出高压液体，需要将活塞退回到左端位置，再向右运行时才又输出高压液体。为了克服这一缺点，可采用双作用增压缸，如图4-4(b)所示，由两个高压端连续向系统供油。

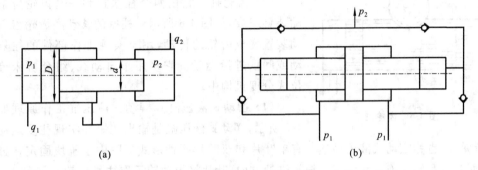

图 4-4　增压缸
(a) 单作用　(b) 双作用

（2）伸缩缸　伸缩缸由两个或多个活塞缸套装而成，前一级活塞缸的活塞杆是后一级活塞缸的缸筒，伸出时可获得很长的工作行程，缩回时可保持很小的结构尺寸。伸缩缸被广泛用于起重运输车、工程机械和农业机械上。

伸缩缸可以是如图 4-5(a)所示的单作用式，也可以是如图 4-5(b)所示的双作用式，前者靠外力回程，后者靠液压回程。

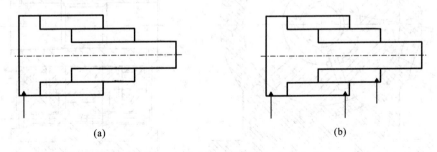

图 4-5　伸缩缸
(a) 单作用　(b) 双作用

伸缩缸的外伸动作是逐级进行的。伸缩式液压缸中活塞伸出的顺序是从大到小，而空载缩回的顺序则一般是从小到大。

首先是最大直径的缸筒以最低的油液压力开始外伸,当到达行程终点后,稍小直径的缸筒开始外伸,直径最小的末级最后伸出。随着工作级数变大,外伸缸筒直径越来越小,工作油液压力随之升高,工作速度变快。其值分别为

$$F_i = p_1 \frac{\pi}{4} D_i^2 \qquad\qquad (4\text{-}14)$$

$$v_i = \frac{4q}{\pi D_i^2} \qquad\qquad (4\text{-}15)$$

式中：i——第 i 级活塞缸。

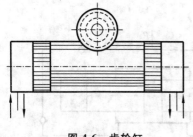

图 4-6　齿轮缸

（3）齿轮缸　它由两个柱塞缸和一套齿轮齿条传动装置组成,如图 4-6 所示。柱塞的移动经齿轮齿条传动装置变成齿轮的传动,用于实现工作部件的往复摆动或间歇进给运动。它多用于自动线、组合机床等转位或分度机构中。

（4）摆动式液压缸　摆动式液压缸工作原理如图 4-7 所示,摆动式液压缸是输出扭矩并实现往复运动的执行元件,也称摆动式液压马达。有单叶片和双叶片两种形式。图中定子块固定在缸体上,而叶片和转子连接在一起。根据进油方向,叶片将带动转子作往复摆动。如图 4-8 所示,输入液压油的流量 q 和摆动轴输出的角速度 ω 之间的关系为

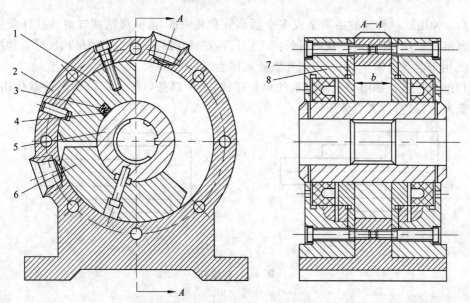

图 4-7　摆动式液压缸的工作原理

1—定子块；2—缸体；3—弹簧；4—密封镶条；5—转子；6—叶片；7—支承盘；8—盖板

$$q = \frac{\pi}{4}(D^2 - d^2)bn = \frac{b}{8}(D^2 - d^2)\omega \qquad (4\text{-}16)$$

所以输出角速度为

$$\omega = \frac{8q}{(D^2 - d^2)b} \qquad (4\text{-}17)$$

输出扭矩为

$$M = b\int_r^R (p_1 - p_2)r\mathrm{d}r = \frac{b}{8}(D^2 - d^2)(p_1 - p_2) \qquad (4\text{-}18)$$

式中：n——摆动轴的转速，$n = \omega/(2\pi)$；

　　　b——叶片宽度；

　　　p_1、p_2——进口、出口压力；

　　　D、d——缸筒内径、转子轴内径，如图 4-8 所示。

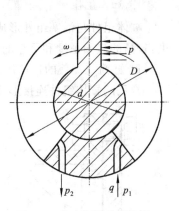

图 4-8　单叶片摆动式液压缸各参数的含义

4.1.2　液压缸的典型结构和组成

　　液压缸通常由后端盖、缸筒、活塞杆、活塞组件、前端盖等主要部分组成。为防止油液向液压缸外泄漏或由高压腔向低压腔泄漏，在缸筒与端盖、活塞与活塞杆、活塞与缸筒、活塞杆与前端盖之间均设置有密封装置；在前端盖外侧，还装有防尘装置；为避免活塞快速退回到行程终端时撞击缸盖，液压缸端部还设置缓冲装置；有时还需设置排气装置。

　　图 4-9 所示为双作用单活塞杆液压缸的结构，该液压缸主要由缸底 1、缸筒 6、缸盖 10、活塞 4、活塞杆 7 和导向套 8 等组成；缸筒一端与缸底焊接，另一端与缸盖采用螺纹连接。活塞与活塞杆采用卡键连接，为了保证液压缸的可靠密封，在相应部位设置了密封圈 3、5、9、11 和防尘圈 12。现对液压缸的结构具体分析如下。

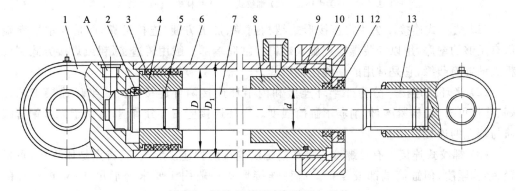

图 4-9　双作用单活塞杆液压缸结构

1—缸底；2—卡键；3、5、9、11—密封圈；4—活塞；6—缸筒；
7—活塞杆；8—导向套；10—缸盖；12—防尘圈；13—耳轴

1. 缸体组件

缸体组件与活塞组件形成的密封容腔承受油压作用,因此,缸体组件要具有足够的强度,较高的表面精度和可靠的密封性。

1) 缸筒与端盖的连接形式

常见的缸体组件连接形式如图 4-10 所示。

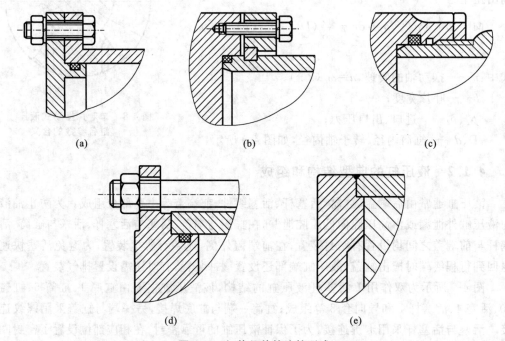

图 4-10　缸体组件的连接形式
(a) 法兰式　(b) 半环式　(c) 螺纹式　(d) 拉杆式　(e) 焊接式

(1) 法兰式连接　法兰式连接形式结构简单、加工方便、连接可靠,但是要求缸筒端部有足够的壁厚,用以安装螺栓或旋入螺钉。缸筒端部一般用铸造、镦粗或焊接方式制成粗大的缸筒凸缘,它是常用的一种连接形式。

(2) 半环式连接　分为外半环连接和内半环连接两种连接形式。半环连接工艺性好、连接可靠、结构紧凑,但削弱了缸筒强度。半环连接应用十分普遍,常用于无缝钢管缸筒与端盖的连接。

(3) 螺纹式连接　有外螺纹连接和内螺纹连接两种连接形式,其特点是体积小、重量轻、结构紧凑,但缸筒端部较复杂。这种连接形式一般用于要求外形尺寸小、重量轻的场合。

(4) 拉杆式连接　拉杆式连接形式结构简单、工艺性好、通用性强,但端盖的体积和重量较大,拉杆受力后会拉伸变长,影响密封效果。只适用于长度不大的中、低压液压缸。

（5）焊接式连接　焊接式连接形式强度高、制造简单,但焊接时易引起缸筒变形。

2）缸筒、端盖和导向套的基本要求

缸筒是液压缸的主体,其内孔一般采用镗削、铰孔、滚压或珩磨等精密加工工艺制造,要求表面粗糙度 $Ra0.1\sim0.4\ \mu m$,使活塞及其密封件、支承件能顺利滑动,从而保证密封效果,减少磨损;缸筒要承受很大的液压力,因此,应具有足够的强度和刚度。端盖装在缸筒两端,与缸筒形成封闭油腔,同样承受很大的液压力,因此,端盖及其连接件都应有足够的强度。设计时既要考虑强度,又要选择工艺性较好的结构形式。

导向套对活塞杆或柱塞起导向和支承作用,有些液压缸不设导向套但磨损后必须更换端盖。缸筒、端盖和导向套的材料选择和技术要求可参考相应的液压工程手册。

3）活塞组件

活塞组件由活塞、活塞杆和连接件等组成。随液压缸的工作压力、安装方式和工作条件的不同,活塞组件有多种结构形式。

（1）活塞与活塞杆的连接形式　如图 4-11 所示,活塞与活塞杆的连接最常用的有螺纹连接和半环连接形式,此外还有整体式连接结构、焊接式连接结构、柱销式连接结构等。

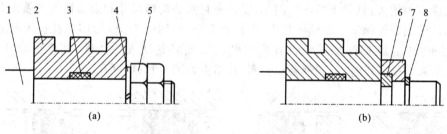

图 4-11　活塞与活塞杆的连接形式

（a）螺纹式连接　（b）半环式连接

1—活塞杆；2—活塞；3—密封圈；4—弹簧圈；5—螺母；6—卡键；7—套环；8—弹簧卡圈

螺纹式连接如图 4-11(a)所示,其结构简单,装拆方便,但一般需要有螺母防松装置;半环式连接如图 4-11(b)所示,连接强度高。但结构复杂、装拆不便。半环连接多用于高压和振动较大的场合。整体式连接和焊接式连接结构简单,轴向尺寸紧凑,但损坏后需整体更换,对活塞与活塞杆面积比值较小、行程较短或尺寸不大的液压缸,其活塞与活塞杆可采用整体或焊接式连接结构;柱销式连接结构加工容易、装配简单,但承载能力小,且须有必要的防止脱落措施,在轻载情况下可采用柱销式连接结构。

（2）密封装置　前面已经提到密封装置在液压缸中的作用是防泄漏和防污染,对提高液压系统的使用寿命有很重要的影响。此外,由于密封件的标准化和系列化对活塞的结构及尺寸也起着决定性的作用,所以密封件的选用是很关键的。下面对密封件的基本要求和几种常用的密封件作一简要的介绍。

选用密封件的基本要求是:具有良好的密封性能,且其密封性能可随着压力的增加而自动提高，并在磨损后具有一定的自动补偿能力；摩擦阻力要小；耐油、耐蚀；磨损小，使用寿命长；制造、拆卸简便，价廉等。密封接触面长，对于摩擦阻力大的密封圈，其体积也要大，它主要用于大直径、高压、高速柱塞或活塞和低速运动活塞杆的密封。其工作温度在 $-40 \sim 80$ ℃之间。速度使用范围：密封圈用丁酯橡胶时，活塞运动速度为 $0.02 \sim 0.03$ m/s；密封圈用织物橡胶时速度为 $0.005 \sim 0.5$ m/s。

常用的密封件有 O 形密封圈、V 形密封圈和 Y 形密封圈。

① O 形密封圈　O 形密封圈的截面为圆形，主要用于静密封。O 形密封圈安装方便，价格便宜，可在 $-40 \sim 120$ ℃的温度范围内工作，但与唇形密封圈相比，运动阻力较大，作运动密封时容易产生扭转，故一般不单独用于油缸运动密封（可与其他密封件组合使用）。

O 形密封圈的工作原理如图 4-12(a) 所示，O 形圈装入密封槽后，其截面受到压缩后变形。在无液体压力时，靠 O 形圈的弹性对接触面产生预接触压力，实现初始密封，当密封腔充入压力油后，在液压力的作用下，O 形圈挤向槽一侧，密封面上的接触压力上升，提高了密封效果。任何形状的密封圈在安装时，必须保证适当的预压缩量，过小不能密封，过大则摩擦力增大，且易于损坏。因此，安装密封圈的沟槽尺寸和表面精度必须按有关手册给出的数据严格保证。在动密封中，当压力大于 10 MPa 时，O 形圈会被挤入间隙中而损坏，为此需在 O 形圈低压侧设置聚四氟乙烯或尼龙制成的挡圈，其厚度为 $1.25 \sim 2.5$ mm，双向受高压时，两侧都要加挡圈，其结构如图 4-12(b) 所示。

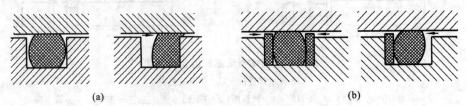

(a)　　　　　　　　　　　　　　　　　　　　　　(b)

图 4-12　O 形密封圈的工作原理

(a) 普通型　(b) 有挡板型

② V 形密封圈　V 形密封圈的截面为 V 形，如图 4-13 所示。V 形密封装置是由压环、V 形圈和支承环组成。当工作压力高于 10 MPa 时，可增加 V 形圈的数量，提高密封效果。安装时，V 形圈的开口应面向压力高的一侧。

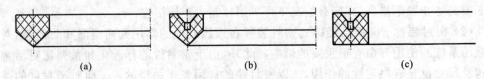

(a)　　　　　　　　　　(b)　　　　　　　　　　(c)

图 4-13　V 形密封圈

(a) 压环　(b) V 形圈　(c) 支承环

V 形密封圈密封性能良好、耐高压、寿命长,通过调节压紧力,可获得最佳的密封效果。但 V 形密封装置的摩擦阻力及结构尺寸较大,主要用于活塞杆的往复运动密封,它适宜在工作压力 $p>50$ MPa,温度$-40\sim80$ ℃的条件下工作。

③ Y 形密封圈　Y 形密封圈因其截面形状为 Y 形得名,与 V 形密封圈一样,属于一种较好的唇形密封圈。如图 4-14(a)所示,它是利用唇边对配合表面的过盈量来实现密封的。工作时,在压力油作用下,两唇张开(唇口端对着压力高的一侧),分别紧贴被密封的表面,进行密封。由此可知,此类密封圈的密封能力可随压力的增加而提高,并在磨损后有一定的自动补偿能力。Y 形密封圈用丁酯橡胶制成,内、外唇对称,两个唇口都能起密封作用,因此对孔和轴的密封都适用。但当压力变化较大,运动速度较高时,为防止密封圈发生翻转现象,应加用金属制成的支承环,如图 4-14(b)、(c)所示。Y 形密封圈密封性能良好,摩擦力小,稳定性好,适用于工作压力 $p<20$ MPa,工作温度为$-30\sim100$ ℃,使用速度小于 0.5 m/s 的场合。除了 Y 形密封装置外,还有一些其他形式的密封装置,在液压设计手册中均有介绍,这里就不一一列举了。另外,关于密封装置的尺寸、材料等内容,也可查阅相应的液压设计手册。

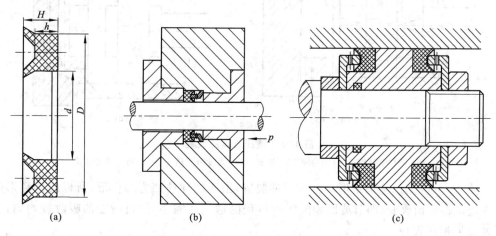

图 4-14　Y 形密封装置

(a) Y 形密封圈　(b) 加金属支承 1　(c) 加金属支承 2

2. 缓冲装置

当液压缸所驱动负载的质量较大、速度较高时,一般应在液压缸中设计缓冲装置,必要时还需在液压传动系统中设缓冲回路,以免在行程终端发生过大的机械碰撞,导致液压缸损坏。缓冲的原理是当活塞或缸筒接近行程终端时,在排油腔内增大回油阻力,从而降低缸的运动速度,避免活塞与缸盖相撞,液压缸中常用的缓冲装置如图 4-15 所示。

如图 4-15(a)所示为圆柱形环隙式缓冲装置,当缓冲柱塞进入缸盖上的内孔时,缸盖和缓冲活塞间形成缓冲油腔,被封闭油液只能从环形间隙 δ 排出,产生缓冲压力,从而实现减速缓冲。这种缓冲装置在缓冲过程中，由于其节流面积不变，故缓冲开始时，产生的缓冲制动力很大，但很快就降低了。因此其缓冲效果较差，但这种装置结构简单，便于设计和降低制造成本，所以在一般系列化的成品液压缸中多采用这种缓冲装置。

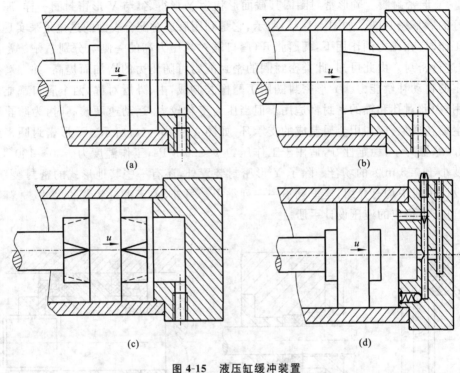

图 4-15　液压缸缓冲装置
(a) 圆柱形环隙式　(b) 圆锥形环隙式　(c) 可变节流槽式　(d) 可调节流孔式

　　图 4-15(b)所示为圆锥形环隙式缓冲装置，由于缓冲柱塞为圆锥形，所以缓冲环形间隙 δ 随位移量而改变，即节流面积随缓冲行程的增大而缩小，使机械能的吸收较均匀，其缓冲效果相对较好。

　　图 4-15(c)所示为可变节流槽式缓冲装置，在缓冲柱塞上开有由浅入深的三角节流槽，节流面积随着缓冲行程的增大而逐渐减小，缓冲压力变化平缓。

　　图 4-15(d)所示为可调节流孔式缓冲装置，在缓冲过程中，缓冲腔油液经小孔节流排出，调节节流孔的大小，可控制缓冲腔内缓冲压力的大小，以适应液压缸不同的负载和速度工况对缓冲的要求，同时当活塞反向运动时，高压油从单向阀进入液压缸内，活塞也不会因推力不足而产生启动缓慢或困难等现象。

　　3. 排气装置

　　液压传动系统往往会混入空气，使系统工作不稳定，产生振动、爬行或前冲等现象，严重时会使系统不能正常工作,因此设计液压缸时必须考虑空气的排除。对于要求不高的液压缸,往往不设计专门的排气装置,而是将油口布置在缸筒端的最高处。这样也能使空气随油液排往油箱,再从油箱排出。对于速度稳定性要求较高的液压缸和大型液压缸,常在液压缸的最高处设置专门的排气装置,如排气塞、排气阀等。图 4-16 所示为排气塞结构。当松开排气塞螺钉后,在低压情况下,液压缸往复运动几次,带有气泡的油液就会排出,空气排完后拧紧螺钉,液压缸便可正常工作。

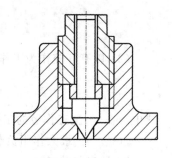

图 4-16　排气塞结构

4.2　液压缸的设计和计算

　　液压缸和主机工作机构有直接的联系,对于不同的机种和机构,液压缸具有不同的用途和工作要求。因此,在设计液压缸之前,必须对整个液压系统进行工况分析,绘制负载图,选定系统的工作压力(详见第 8 章),然后根据使用要求选择结构类型,按负载情况、运动要求、最大行程等确定液压缸的主要尺寸,进行强度、稳定性和缓冲验算,最后再进行结构设计。

4.2.1　液压缸的设计内容和步骤

　　(1) 选择液压缸的类型和各部分结构形式。
　　(2) 确定液压缸的工作参数和结构尺寸。
　　(3) 结构强度、刚度的计算和校核。
　　(4) 导向、密封、防尘、排气和缓冲等装置的设计。
　　(5) 绘制装配图、零件图,编写设计说明书。
　　下面只着重介绍几项设计工作。
　　液压缸的结构尺寸主要有三个:缸筒内径 D、活塞杆外径 d 和缸筒长度 L。

　　1. 缸筒内径 D
　　液压缸的缸筒内径 D 是根据负载的大小来选定工作压力或往返运动速度比,求得液压缸的有效工作面积,从而得到缸筒内径 D,再从国家标准《液压气动系统及元件　缸内径及活塞杆外径》(GB/T 2348—1993)中选取相近的标准值作为所设计的缸筒内径。

　　根据负载和工作压力的大小确定 D。
　　(1) 以无杆腔作为工作腔时,有

$$D = \sqrt{\frac{4F_{\max}}{\pi p_1}} \qquad (4\text{-}19)$$

（2）以有杆腔作为工作腔时，有

$$D = \sqrt{\frac{4F_{\max}}{\pi p_1} + d^2} \qquad (4\text{-}20)$$

式中：p_1——缸工作腔的工作压力，根据负载的大小来确定；

$F_{\max}$——最大作用负载。

2. 活塞杆外径 d

活塞杆外径 d 通常先从满足速度或速度比的要求来选择，然后再校核其结构强度和稳定性。若速度比为 λ_v，则该处应有一个带根号的式子，即

$$d = D\sqrt{\frac{\lambda_v - 1}{\lambda_v}} \qquad (4\text{-}21)$$

也可根据活塞杆受力状况来确定，一般为受拉力作用时，$d = (0.3\sim0.5)D$。

受压力作用时：

$p_1 < 5$ MPa 时，　$d = (0.5\sim0.55)D$；

5 MPa $< p_1 <$ 7 MPa 时，　$d = (0.6\sim0.7)D$；

$p_1 > 7$ MPa 时，　$d = 0.7D$。

推荐液压缸速度比的值如表 4-2 所示。

表 4-2　液压缸往复速度比的推荐值

液压缸工作压力 p/MPa	≤10	10~20	>20
往复速度比 λ_v	1.33	1.46~2	2

同理，活塞杆直径 d 也应圆整为标准值。

3. 缸筒长度 L

缸筒长度 L 由最大工作行程长度加上各种结构需要来确定，即

$$L = S + B + A + M + C$$

式中：S——活塞的最大工作行程；

B——活塞宽度，一般为 $(0.6\sim1)D$；

A——活塞杆导向长度，取 $(0.6\sim1.5)D$；

M——活塞杆密封长度，由密封方式决定；

C——其他长度。

一般缸筒的长度最好不超过内径的 20 倍。

另外，液压缸的结构尺寸还有最小导向长度 H。

当活塞杆全部外伸时，从活塞支承面中点到导向套滑动面中点的距离称为最小导向

长度 H,如图 4-17 所示。如果导向长度过小,将使液压缸的初始挠度(间隙引起的挠度)增大,影响液压缸的稳定性,因此设计时必须保证有一最小导向长度。

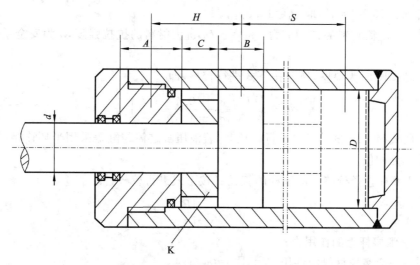

图 4-17　油缸的导向长度(K 为隔套)

对于一般的液压缸,其最小导向长度应满足

$$H \geqslant \frac{S}{20} + \frac{D}{2} \qquad (4-22)$$

式中:S——液压缸最大工作行程(m);

D——缸筒内径(m)。

一般导向套滑动面的长度 A 在 $D < 80$ mm 时,取 $A = (0.6 \sim 1.0)D$,在 $D > 80$ mm 时,取 $A = (0.6 \sim 1.0)d$;活塞的宽度 B 则取 $B = (0.6 \sim 1.0)D$。为保证最小导向长度,过分增大 A 和 B 都是不适宜的,最好在导向套与活塞之间装一隔套 K,隔套宽度 C 由所需的最小导向长度决定,即

$$C = H - \frac{A + B}{2} \qquad (4-23)$$

采用隔套不仅能保证最小导向长度,还可以改善导向套及活塞的通用性。

4. 强度校核

对液压缸的缸筒壁厚 δ、活塞杆直径 d 和缸盖固定螺栓的直径,在高压系统中必须进行强度校核。

(1)缸筒壁厚校核　缸筒壁厚校核时分薄壁和厚壁两种情况,当 $D/\delta \geqslant 10$ 时称为薄壁,壁厚按式(4-24)进行校核,即

$$\delta \geqslant \frac{p_t D}{2[\sigma]} \qquad (4-24)$$

式中：D——缸筒内径；

　　p_t——缸筒试验压力（最高工作压力），当缸的额定压力 $p_n \leqslant 16$ MPa 时，取 $p_t = 1.5p_n$；当 $p_n > 16$ MPa 时，取 $p_t = 1.25p_n$；

　　$[\sigma]$——缸筒材料的许用应力，$[\sigma] = \sigma_b/n$，σ_b 为材料的抗拉强度，n 为安全系数，一般取 $n=5$。

当 $D/\delta < 10$ 时为厚壁，壁厚按下式进行校核，即

$$\delta \geqslant \frac{D}{2}\left(\sqrt{\frac{[\sigma]+0.4p_t}{[\sigma]-1.3p_t}}-1\right) \tag{4-25}$$

在使用式(4-24)、式(4-25)进行校核时，若液压缸缸筒与缸盖采用半环连接，δ 应取缸筒壁厚最小处的值。

（2）活塞杆直径校核　活塞杆的直径 d 按下式进行校核，即

$$d \geqslant \sqrt{\frac{4F}{\pi[\sigma]}} \tag{4-26}$$

式中：F——活塞杆上的作用力；

　　$[\sigma]$——活塞杆材料的许用应力，$[\sigma] = \sigma_b/1.4$。

（3）液压缸盖固定螺栓直径校核　液压缸盖固定螺栓直径按下式计算，即

$$d \geqslant \sqrt{\frac{5.2kF}{\pi Z[\sigma]}} \tag{4-27}$$

式中：F——液压缸负载；

　　Z——固定螺栓个数；

　　k——螺纹拧紧系数，$k=1.12\sim1.5$；

　　$[\sigma] = \sigma_s/(1.2\sim2.5)$，$\sigma_s$ 为材料的屈服强度。

5. 液压缸稳定性校核

受轴向压缩负载时，活塞杆直径 d 一般不小于其长度 L 的 1/15。当 $L/d \geqslant 15$ 时，须进行稳定性校核，应使活塞杆承受的力 F 不能超过使它保持稳定工作所允许的临界负载 F_k，以免发生纵向弯曲，破坏液压缸的正常工作。F_k 的值与活塞杆材料性质、截面形状、直径和长度以及缸的安装方式等因素有关，验算可按材料力学有关公式进行。

4.2.2　缓冲计算

液压缸的缓冲计算主要是估计缓冲时缸中出现的最大冲击压力，以便用来校核缸筒强度、制动距离是否符合要求。缓冲计算中如发现工作腔中的液压能和工作部件的动能不能全部被缓冲腔所吸收时，制动中就可能产生活塞和缸盖相碰现象。

液压缸在缓冲时，缓冲腔内产生的液压能 E_1 和工作部件产生的机械能 E_2 分别为

$$E_1 = p_c A_c L_c \tag{4-28}$$

$$E_2 = p_p A_p L_c + \frac{1}{2} m v_0^2 - F_f L_c \qquad (4\text{-}29)$$

式中：p_c——缓冲腔中的平均缓冲压力；

p_p——高压腔中的油液压力；

A_c、A_p——缓冲腔、高压腔的有效工作面积；

L_c——缓冲行程长度；

m——工作部件质量；

v_0——工作部件运动速度；

F_f——摩擦力。

式(4-29)中等号右边第一项为高压腔中的液压能，第二项为工作部件的动能，第三项为摩擦能。当 $E_1 = E_2$ 时，工作部件的机械能全部被缓冲腔液体所吸收，由式(4-28)、式(4-29)，得

$$p_c = \frac{E_2}{A_c L_c} \qquad (4\text{-}30)$$

如缓冲装置为节流口可调式缓冲装置，在缓冲过程中的缓冲压力逐渐降低，假定缓冲压力线性地降低，则最大缓冲压力即冲击压力为

$$p_{cmax} = p_c + \frac{m v_0^2}{2 A_c L_c} \qquad (4\text{-}31)$$

如缓冲装置为节流口变化式缓冲装置，则由于缓冲压力 p_c 始终不变，最大缓冲压力的值按式(4-30)计算。

4.2.3　液压缸设计中应注意的问题

液压缸的设计和使用正确与否，直接影响它的性能和是否容易发生故障。在这方面，经常碰到的是液压缸安装不当、活塞杆承受偏载、液压缸或活塞杆下垂及活塞杆的压杆失稳等问题。所以，在设计液压缸时，必须注意以下几个方面。

(1) 尽量使液压缸的活塞杆在受拉状态下承受最大负载，或在受压状态下具有良好的稳定性。

(2) 考虑液压缸行程终了处的制动问题和液压缸的排气问题。缸内若无缓冲装置和排气装置，系统中则须有相应的措施，否则会引起液压系统产生振动冲击，使系统损坏或降低系统使用寿命。但是并非所有的液压缸都要考虑这些问题。

(3) 正确确定液压缸的安装、固定方式。如承受弯曲的活塞杆不能用螺纹连接，要用止口连接；液压缸不能在两端用键或销定位，只能在一端定位，为的是不致阻碍它在受热时的膨胀；冲击载荷使活塞杆受缩，定位件须设置在活塞杆端，如为拉伸则设置在缸盖端。

(4) 液压缸各部分的结构需根据推荐的结构形式和设计标准进行设计，尽可能做到

结构简单、紧凑、加工、装配和维修方便。

（5）在保证能满足运动行程和负载力的条件下，应尽可能地缩小液压缸的轮廓尺寸。

（6）要保证密封可靠，防尘良好。液压缸可靠地密封是其正常工作的重要因素。如泄漏严重，不仅降低液压缸的工作效率，甚至会使其不能正常工作（如满足不了负载力和运动速度要求等）。良好的防尘措施有助于提高液压缸的工作寿命。

（7）当液压缸很长时，应防止活塞杆由于自重产生过大的下垂，避免局部磨损加剧。

（8）液压缸结构设计完后，应对液压缸的强度、稳定性进行验算。有关验算校核的方法可参见材料力学的有关公式。

总之，液压缸的设计内容不是一成不变的，根据具体的情况有些设计内容可不做或少做，也可增加一些新的内容。设计时可能要经过多次反复修改，才能得到正确、合理的设计结果。在设计液压缸时，正确选择液压缸的类型是所有设计计算的前提。在选择液压缸的类型时，要从机器设备的动作特点、行程长短、运动性能等要求出发，同时还要考虑主机的结构特征给液压缸提供的安装空间和具体位置，如：机器的往复直线运动直接采用液压缸来实现是最简单又方便的；对于要求往返运动速度一致的场合，可采用双活塞杆式液压缸；若有快速返回的要求，则宜用单活塞杆式液压缸，并可考虑用差动连接；行程较长时，可采用柱塞缸，以减少加工的困难；行程较长但负载不大时，也可考虑采用一些传动装置来扩大行程；往复摆动运动时，既可用摆动式液压缸，也可用直线式液压缸加连杆机构或齿轮-齿条机构来实现。

4.3　液压马达

4.3.1　液压马达的特点及分类

从能量转换的观点来看，液压泵与液压马达是可逆工作的液压元件。向任何一种液压泵输入工作液体，都可使其变成液压马达工况；反之，当液压马达的主轴由外力矩驱动旋转时，也可变为液压泵工况。因为它们具有同样的基本结构要素——密闭而又可以周期变化的容积。

但是，由于液压马达和液压泵的工作条件不同，对它们的性能要求也不一样，所以同类型的液压马达和液压泵之间，仍存在许多差别，列举如下。

（1）液压马达一般需要实现正、反转，所以在内部结构上应具有对称性；而液压泵一般是单方向旋转的，没有这一要求。

（2）为了减小吸油阻力，一般液压泵的吸油口比出油口的尺寸大；而液压马达低压腔的压力稍高于大气压力，所以没有上述要求。

（3）液压马达要求能在很宽的转速范围内正常工作，因此，应采用滚动轴承或静压滑动轴承。因为当马达速度很低时，若采用动压轴承，就不易形成润滑油膜。

（4）叶片泵依靠叶片跟转子一起高速旋转而产生的离心力使叶片始终贴紧定子的内表面，起封油作用，形成工作容积；若将其当液压马达用，则必须在液压马达的叶片根部装上弹簧，以保证叶片始终贴紧定子内表面，以便液压马达能正常启动。

（5）液压泵在结构上需保证具有自吸能力，而液压马达则没有这一要求。

（6）液压马达必须具有较大的启动扭矩。所谓启动扭矩，是指马达由静止状态启动时，马达轴上所能输出的扭矩，该扭矩通常大于在同一工作压差时处于运行状态下的扭矩，所以，为了使启动扭矩尽可能接近工作状态下的扭矩，要求马达扭矩的脉动小，内部摩擦小。

液压马达按其额定转速可分为高速和低速两大类，额定转速高于 500 r/min 的属于高速液压马达，高速液压马达速度快、转矩小。额定转速低于 500 r/min 的属于低速液压马达。低速液压马达速度慢、转矩大。高速液压马达的基本形式有齿轮式、螺杆式、叶片式和轴向柱塞式等。它们的主要特点是转速较高、转动惯量小，便于启动和制动，调速和换向的灵敏度高。通常高速液压马达的输出转矩不大（仅几十牛·米到几百牛·米），所以称为高速小转矩液压马达。低速液压马达的基本形式是径向柱塞式，例如单作用曲轴连杆式、液压平衡式和多作用内曲线式等。此外在轴向柱塞式、叶片式和齿轮式中也有低速的结构形式。低速液压马达的主要特点是排量大、体积大、转速低（有时可达每分钟几转甚至零点几转），因此可直接与工作机构连接，不需要减速装置，使传动机构大为简化，通常低速液压马达输出转矩较大（可达几千牛·米到几万牛·米），所以称为低速大转矩液压马达。

液压马达按其结构类型可以分为齿轮式、叶片式、柱塞式和其他形式。

4.3.2 液压马达的性能参数

1. 工作压力和额定压力

液压马达入口油液的实际压力称为液压马达的工作压力，其大小取决于液压马达的负载。液压马达入口压力和出口压力的差值称为液压马达的压差。

液压马达在正常工作条件下，按试验标准规定可连续正常运转的最高压力称为液压马达的额定压力。

2. 流量和排量

液压马达入口处的流量称为液压马达的实际流量 q_m；液压马达密封腔容积变化所需要的流量称为液压马达的理论流量 q_{mt}；实际流量和理论流量之差即为液压马达的泄漏量

Δq_m，即 $\Delta q_m = q_m - q_{mt}$，液压马达的实际流量总是大于它的理论流量。

液压马达的排量 V 是指在没有泄漏的情况下，马达轴每转一周，由其密封容腔几何尺寸变化所计算得到的排出液体体积。

3. 容积效率和转速

液压马达的理论流量 q_{mt} 与实际流量 q_m 之比为液压马达的容积效率 η_{mv}，即

$$\eta_{mv} = \frac{q_{mt}}{q_m} = 1 - \frac{\Delta q_m}{q_m} \qquad (4-32)$$

液压马达的输出转速等于理论流量 q_{mt} 与排量 V 的比值，即

$$n = \frac{q_{mt}}{V} = \frac{q_m}{V} \eta_{mv} \qquad (4-33)$$

4. 转矩和机械效率

液压马达的输出转矩称为实际输出转矩 T_m，由于液压马达中存在机械摩擦，使液压马达的实际输出转矩 T_m 总是小于理论转矩 T_{mt}，若液压马达的转矩损失为 T_{mf}，则

$$T_{mf} = T_{mt} - T_m$$

液压马达的实际输出转矩 T_m 与理论转矩之比称为液压马达的机械效率 η_{mm}，即

$$\eta_{mm} = \frac{T_m}{T_{mt}} = 1 - \frac{T_{mf}}{T_{mt}} \qquad (4-34)$$

设液压马达的进出口压力差为 Δp，排量为 V，则马达的理论输出转矩与泵有相同的表达形式，即

$$T_{mt} = \frac{\Delta p V}{2\pi} \qquad (4-35)$$

马达的实际输出转矩为

$$T_m = \frac{\Delta p V}{2\pi} \eta_{mm} \qquad (4-36)$$

液压马达的启动机械效率是表示其启动性能的指标。在同样的压力下，液压马达由静止到开始转动的启动状态的输出转矩要比运转中的转矩大，这给液压马达带载启动造成了困难，所以启动性能对液压马达是非常重要的，启动机械效率正好能反映其启动性能的高低。启动转矩降低的原因，一方面是在静止状态下的摩擦因数最大，在摩擦表面出现相对滑动后摩擦因数才明显减小，另一个最主要的方面是因为液压马达静止状态润滑油膜被挤掉，基本上变成了干摩擦，一旦液压马达开始运动，随着润滑油膜的建立，摩擦阻力立即下降，并随滑动速度增大和油膜变厚而减小。

实际工作中都希望启动性能好一些，即希望启动转矩和启动机械效率大一些。现将不同结构形式的液压马达的启动时的机械效率 η_{m0} 的大致数值列入表 4-3 中。

由表 4-3 可知，多作用内曲线马达的启动性能最好，轴向柱塞马达、曲轴连杆马达和静压平衡马达居中，叶片马达较差，而齿轮马达最差。

表 4-3　液压马达的启动机械效率

液压马达的结构形式		启动时的机械效率 η_{m0}
齿轮马达	老结构	0.60～0.80
	新结构	0.85～0.88
叶片马达	高速小扭矩型	0.75～0.85
轴向柱塞马达	滑履式	0.80～0.90
	非滑履式	0.82～0.92
曲轴连杆马达	老结构	0.80～0.85
	新结构	0.83～0.90
静压平衡马达	老结构	0.80～0.85
	新结构	0.83～0.90
多作用内曲线马达	由横梁的滑动摩擦副传递切向力	0.90～0.94
	传递切向力的部位具有滚动副	0.95～0.98

5. 功率和总效率

液压马达的输入功率 P_{mt} 为

$$P_{mt} = \Delta p q_m \qquad (4\text{-}37)$$

液压马达的输出功率 P_{mo} 为

$$P_{mo} = 2\pi n T_m \qquad (4\text{-}38)$$

液压马达的总效率等于马达的输出功率 P_{mo} 与输入功率 P_{mt} 之比,即

$$\eta_m = \frac{P_{mo}}{P_{mt}} = \frac{2\pi n T_m}{\Delta p q_m} = \eta_{mv}\eta_{mm} \qquad (4\text{-}39)$$

由式(4-39)可见,液压马达的总效率形式上等同于液压泵的总效率,都等于机械效率与容积效率的乘积。图4-18所示为液压马达的特性曲线。

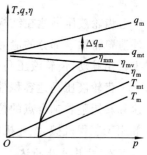

图 4-18　液压马达特性

4.3.3　高速液压马达工作原理

1. 齿轮液压马达

外啮合齿轮液压马达工作原理如图 4-19 所示,图中 Ⅰ 为转矩输出齿轮,Ⅱ 为空转齿轮,啮合点 C 至两齿轮中心的距离分别为 R_{c1} 和 R_{c2},当高压油 p_g 进入马达的高压腔时,处于高压腔内的所有齿轮都受到压力油的作用,由于 $R_{e1} > R_{c1}$,$R_{e2} > R_{c2}$,所以相互啮合的

两个齿面只有一部分处于高压腔。这样两个齿轮处于高压腔的两个齿面所受到的切向液压力，对各齿轮轴的力矩是不平衡的。两个齿轮各自受到不平衡的切向液压力，分别形成了力矩 T_1'、T_2'；同理，处于低压腔的各齿面所受到的低压液压力也是不平衡的，对两齿轮轴分别形成了反方向的力矩 T_1'' 和 T_2''。此时齿轮 I 上的不平衡力矩 $T_1 = T_1' - T_1''$，齿轮 II 上的不平衡力矩为 $T_2 = T_2' - T_2''$。所以在马达输出轴上产生了总转矩 $T = T_1 + T_2(R_1/R_2)$（式中 R_1、R_2 为齿轮 I、II 的节圆直径），从而克服负载力矩，按图中箭头所示方向旋转。随着齿轮的旋转，高压腔油液被带到低压腔排出。齿轮液压马达的排量公式同齿轮泵。

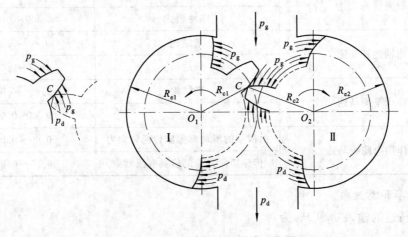

图 4-19　外啮合齿轮液压马达工作原理

　　齿轮液压马达在结构上为了适应正反转要求，其进出油口相等、具有对称性，有单独外泄口将轴承部分的泄漏油引出壳体外；为了减少启动摩擦力矩，采用滚动轴承；为了减少转矩脉动，齿轮液压马达的齿数比泵的齿数要多。

　　齿轮液压马达容积效率较低，输入油压力不能过高，不能产生较大转矩，并且瞬间转速和转矩随着啮合点的位置变化而变化，因此齿轮液压马达仅适合高速小转矩的场合，一般用于工程机械、农业机械及对转矩均匀性要求不高的机械设备上。

　　2. 叶片液压马达

　　图 4-20 所示为双作用式叶片液压马达工作原理。处于工作区段（即圆弧区段）的叶片 1 和叶片 3 都作用有液压推力，但因叶片 3 的承压面积及其合力中心的半径都比叶片 1 大，故产生的转矩方向如图中箭头所示，同时叶片 7 和 5 也产生相同的驱动转矩。处于高压窗口上的叶片 2 和 6，因其两侧作用的液压力相同，故合转矩为零。高压区叶片底部、顶部都作用有高压油（其合力比底部略小），压力基本平衡，故高压区由压紧力产生的转矩可以忽略。而低压区的这一转矩不能忽略，其方向与工作叶片 3 的转矩方向相反，马达在此转矩差的驱动下克服摩擦及轴上的负载转矩而转动。

叶片液压马达的排量公式与双作用叶片泵排量公式相同,但公式中叶片槽相对于径向倾斜角 $\theta = 0$。

为了适应马达正反转要求,叶片液压马达的叶片为径向放置;为了使叶片底部始终通入高压油,在高、低油腔通入叶片底部的通路上装有梭阀;为了保证叶片液压马达在压力油通入后,高、低压不致串通(否则不能正常启动),在叶片底部设置了预紧弹簧——燕式弹簧。

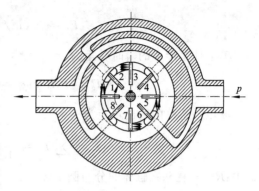

图 4-20　叶片液压马达的工作原理

叶片液压马达结构紧凑、转动惯量小、反应灵敏,能适应较高频率的换向;但泄漏较大,低速时不够稳定。它适用于转动惯量小、转速高、机械性能要求不很严格的场合。

3. 轴向柱塞液压马达

轴向柱塞液压马达的工作原理如图 4-21 所示。当压力油输入液压马达时,处于压力腔的柱塞 2 被顶出,压在斜盘 1 上。设斜盘 1 作用在柱塞 2 上的反力为 F_N,F_N 可分解为轴向分力 F_a 和垂直于轴向的分力 F_r。其中,轴向分力 F_a 和作用在柱塞后端的液压力相平衡,垂直于轴向的分力 F_r 使缸体 3 产生转矩。当液压马达的进、出油口互换时,马达将反向转动,当改变液压马达斜盘倾角时,液压马达的排量便随之改变,从而可以调节输出转速或转矩。

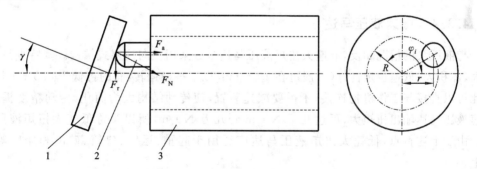

图 4-21　轴向柱塞液压马达的工作原理

1—斜盘；2—柱塞；3—缸体

从图 4-21 可以看出,当压力油输入液压马达后,所产生的轴向分力 F_a 为

$$F_a = \frac{\pi}{4} d^2 p \qquad\qquad (4\text{-}40)$$

使缸体 3 产生转矩的垂直分力为

$$F_r = F_a \tan\gamma = \frac{\pi}{4} d^2 p \tan\gamma \tag{4-41}$$

单个柱塞产生的瞬时转矩为

$$T_i = F_r R \sin\varphi_i = \frac{\pi}{4} d^2 p R \tan\gamma \sin\varphi_i \tag{4-42}$$

液压马达总的输出转矩为

$$T = \sum_{i=1}^{n} T_i = \frac{\pi}{4} d^2 p R \tan\gamma \sum_{i=1}^{n} \sin\varphi_i \tag{4-43}$$

式中：R——柱塞在缸体的分布圆半径；

$\quad d$——柱塞直径；

$\quad \varphi_i$——柱塞的方位角；

$\quad n$——高压区内的柱塞数。

从式(4-43)可以看出，液压马达总的输出转矩等于处在液压马达高压区内各柱塞瞬时转矩的总和。由于柱塞的瞬时方位角呈周期性变化，液压马达总的输出转矩也周期性变化，所以液压马达输出的转矩是脉动的。通常只计算液压马达的平均转矩。

轴向柱塞液压马达与轴向柱塞液压泵在原理上是互逆的，但也有一部分轴向柱塞液压泵为防止柱塞腔在高低压转换时产生压力冲击，采用了非对称配油盘，以及为提高泵的吸油能力而使泵的吸油口尺寸大于排油口尺寸。这些结构形式的泵就不适合作为液压马达使用。因为液压马达的转向经常要求实现正、反转，内部结构要求对称。

轴向柱塞液压马达的排量公式与轴向柱塞液压泵的排量公式完全相同。

4.3.4 低速液压马达

与液压泵的情况相反，低速大扭矩液压马达多数采用径向柱塞式结构。其特点是：排量大、体积大、低速稳定性好（一般可在 10 r/min 以下平稳运转，有的可低于 0.5 r/min），因此可以直接与工作机构连接，不需要减速装置，使传动结构大为简化，传动精度提高。低速液压马达输出扭矩大，可达几千 N·m 到几万 N·m，所以又称低速大扭矩液压马达。由于上述特点，低速大扭矩液压马达广泛用于起重、运输、建筑、矿山和船舶等机械上。

低速液压马达按其每转作用次数，可分单作用式和多作用式。若液压马达每旋转一周，柱塞作一次往复运动，则称为单作用式；若马达每旋转一周，柱塞作多次往复运动，则称为多作用式。低速液压马达的基本形式有三种：曲柄连杆型液压马达，静力平衡液压马达和多作用内曲线液压马达。

1. 曲柄连杆型液压马达

曲柄连杆型液压马达应用较早，典型代表为英国斯达发(Staffa)液压马达。我国的同类型号为 JMZ 型,其额定压力 16 MPa,最高压力 21 MPa,理论排量最大可达 6.14 L/r。
图 4-22 所示为曲柄连杆型径向柱塞液压马达的工作原理。

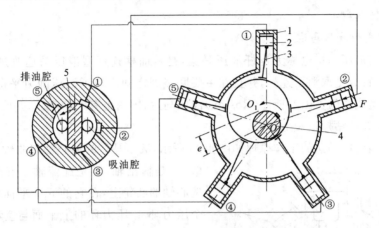

图 4-22　曲柄连杆型液压马达工作原理
1—壳体;2—活塞;3—连杆;4—曲轴;5—配流轴

在壳体 1 的圆周放射状均匀布置了 5 个缸体,形成星形壳体。缸体内装有活塞 2,活塞 2 与连杆 3 通过球铰连接,连杆大端做成鞍形圆柱瓦面,紧贴在曲轴 4 的偏心圆上,其圆心为 O_1,它与曲轴旋转中心 O 的偏心距 $OO_1=e$,液压马达的配流轴 5 与曲轴 4 通过十字键连接在一起,随曲轴一起转动,液压马达的压力油经过配流轴通道,由配流轴分配到对应的活塞油缸。在图中,油缸的①、②、③腔通压力油,活塞受到压力油的作用;其余的活塞油缸则与排油窗口接通;根据曲柄连杆机构运动原理,受油压作用的柱塞通过连杆对偏心圆中心 O_1 作用一个力 F,推动曲轴绕旋转中心 O 转动,对外输出转速和扭矩。如果进、排油口对换,则液压马达反向旋转。随着驱动轴、配流轴转动,配流状态交替变化。在曲轴旋转过程中,位于高压侧的油缸容积逐渐增大,而位于低压侧的油缸的容积则逐渐缩小,因此,在工作时,高压油不断进入液压马达,然后由低压腔不断排出。

总之,由于配流轴过渡密封间隔的方位和曲轴的偏心方向一致,并且同时旋转,所以配流轴颈的进油窗口始终对着偏心线 OO_1 的一边的两只或三只油缸,吸油窗对着偏心线 OO_1 另一边的其余油缸,总的输出扭矩是叠加所有柱塞对曲轴中心所产生的扭矩,该扭矩使得旋转运动得以持续下去。

以上讨论的是壳体固定、轴旋转的情况。如果将轴固定,进、排油直接通到配流轴中,就能达到外壳旋转的目的,构成了所谓的"车轮"液压马达。

曲柄连杆型液压马达的排量 V 为

$$V = \frac{\pi d^2 ez}{2} \tag{4-44}$$

式中：d——柱塞直径；

　　　e——曲轴偏心距；

　　　z——柱塞数。

2. 静力平衡液压马达

静力平衡液压马达也称无连杆液压马达，是从曲柄连杆型液压马达改进、发展而来的，它的主要特点是取消了连杆，并且在主要摩擦副之间实现了油压静力平衡，改善了工作性能。典型代表为英国罗斯通(Roston)液压马达，国内也有不少产品，并已经在船舶机械、挖掘机及石油钻探机械上使用。

静力平衡液压马达的工作原理如图 4-23 所示，液压马达的偏心轴与曲轴的形式相类

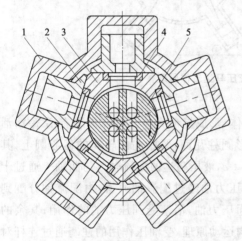

似，既是输出轴，又是配流轴。五星轮 3 套在偏心轴的凸轮上，在它的 5 个平面中各嵌装一个压力环 4，压力环的上平面与空心柱塞 2 的底面接触，柱塞中间装有弹簧，以防止液压马达启动或空载运转时柱塞底面与压力环脱开。高压油经配流轴中心孔道通到曲轴的偏心配流部分，然后经五星轮中的径向孔、压力环、柱塞底部的贯通孔进入油缸的工作腔内，在图示位置时，配流轴上方的 3 个油缸通高压油，下方的 2 个油缸通低压油。

图 4-23　静力平衡液压马达工作原理

1—壳体；2—柱塞；3—五星轮；

4—压力环；5—配流轴

在这种结构中，五星轮取代了曲柄连杆型液压马达中的连杆，压力油经过配流轴和五星轮再到空心柱塞中去，液压马达的柱塞与压力环、五星轮与曲轴之间可以大致做到静压平衡，在工作过程中，这些零件又要起密封和传力作用。由于这种液压马达是通过油压直接作用于偏心轴而产生输出扭矩的，因此称为静力平衡液压马达。实际上，只有当五星轮上液压力达到完全平衡，使得五星轮处于"悬浮"状态时，液压马达的扭矩才是完全由液压力直接产生的；否则，五星轮与配流轴之间仍然有机械接触的作用力及相应的摩擦力矩存在。

3. 多作用内曲线液压马达

多作用内曲线液压马达的结构形式很多，就使用方式而言，有轴转、壳转与直接装在车轮轮毂中的车轮式液压马达等形式。从内部的结构来看，根据不同的传力方式，柱塞部件的结构可有多种形式，但液压马达的主要工作过程是相同的。现以图 4-24 所示的结构

为例来说明其基本工作原理。

多作用内曲线液压马达由定子1（凸轮环）、转子2、配流轴4与柱塞5等主要部件组成。定子1的内壁有若干段均布的、形状完全相同的曲面组成，每一相同形状的曲面又可分为对称的两边，其中允许柱塞副向外伸的一边称为进油工作段，与它对称的另一边称为排油工作段，每个柱塞在液压马达每转中往复的次数就等于定子曲面数 x，将 x 称为该液压马达的作用次数。在转子的径向有 z 个均匀分布的柱塞缸孔，每个缸孔的底部都有一配流窗口，并与它的中心配流轴4相配合的配流孔相通。配流轴4中间有进油和回油的孔道，它的配流窗口的位置与导轨曲面

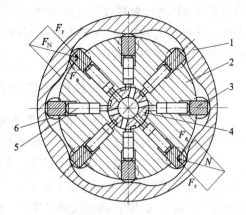

图4-24　多作用内曲线液压马达工作原理
1—凸轮环；2—转子；3—横梁；
4—配流轴；5—柱塞；6—滚轮

的进油工作段和回油工作段的位置相对应，所以在配流轴圆周上有 $2x$ 个均布配流窗口。柱塞5沿转子2上的柱塞缸孔作往复运动，作用在柱塞上的液压力经滚轮传递到定子的曲面上。

来自液压泵的高压油首先进入配流轴，经配流轴窗口进入处于工作段的各柱塞缸孔中，使相应的柱塞组的滚轮顶在定子曲面上。在接触处，定子曲面给柱塞组一反力 F_N，这反力 F_N 作用在定子曲面与滚轮接触处的公法面上，此法向反力 F_N 可分解为径向力 F_r 和圆周力 F_a。F_r 与柱塞底面的液压力及柱塞组的离心力等相平衡，而 F_a 所产生的驱动力矩则克服负载力矩使转子2旋转。柱塞所作的运动为复合运动，即随转子2旋转的同时在转子的柱塞缸孔内作往复运动，定子和配流轴是不转的。对应于定子曲面回油区段的柱塞作相反方向运动，通过配流轴回油，当柱塞5经定子曲面工作段过渡到回油段的瞬间，供油和回油通道被闭死。若将液压马达的进出油方向对调，液压马达将反转；若将驱动轴固定，则定子、配流轴和壳体将旋转，通常称为壳转工况，变为"车轮"液压马达。

多作用内曲线马达的排量为

$$V = \frac{\pi d^2}{4} sxyz \tag{4-45}$$

式中：d、s——柱塞直径、行程；

　　　x——作用次数；

　　　y——柱塞排数；

　　　z——每排柱塞数。

多作用内曲线液压马达在柱塞数 z 与作用次数 x 之间存在一个大于 1 小于 z 的最大公约数 m 时，通过合理设计导轨曲面，可使径向力平衡，理论输出转矩均匀无脉动。同时液压马达的启动转矩大，并能在低速下稳定地运转，故普遍应用于工程、建筑、起重运输、煤矿、船舶、农业等机械中。

4.3.5　液压马达的性能比较及其选用

选择液压马达时，应根据液压系统所确定的压力、排量、设备结构尺寸、使用要求、工作环境等合理选择液压马达的具体类型和规格。

若工作机构速度高、负载小，宜选用齿轮液压马达或叶片液压马达；速度平稳性要求高时，选用双作用叶片液压马达；当负载较大时，则宜选用轴向柱塞液压马达。若工作机构速度低、负载大，则有两种选择方案：一种是用高速小扭矩液压马达，配合减速装置来驱动工作机构；一种是选用低速大扭矩液压马达，直接驱动工作机构。到底选用哪种方案，要经过技术经济比较才能确定。常用液压马达的性能比较如表 4-4 所示，供选用时参考。

表 4-4　常用液压马达的性能比较

类　型	压力	排量	转速	扭矩	性能及适用工况
齿轮液压马达	中低	小	高	小	结构简单、价格低、抗污染性好、效率低，适用于负载扭矩不大、速度平稳性要求不高、噪声限制不大及环境粉尘较大的场合
叶片液压马达	中	小	高	小	结构简单、噪声和流量脉动小，适用于负载扭矩不大、速度平稳性和噪声要求较高的场合
轴向柱塞液压马达	高	小	高	较大	结构复杂、价格高、抗污染性差，但效率高、可变流量，适用于高速运转、负载较大、速度平稳性要求较高的场合
曲柄连杆式径向柱塞液压马达	高	大	低	大	结构复杂、价格高、低速稳定性和启动性能较差，适用于负载扭矩大、速度低（5～10 r/min）、对运动平稳性要求不高的场合
静力平衡液压马达	高	大	低	大	结构复杂、价格高，但尺寸比曲柄连杆式径向柱塞液压马达小，适用于负载扭矩大、速度低（5～10 r/min）、对运动平稳性要求不高的场合
内曲线径向柱塞液压马达	高	大	低	大	结构复杂、价格高、径向尺寸较大，但低速稳定性和启动性能好，适用于负载扭矩大、速度低（0～40 r/min）、对运动平稳性要求高的场合，可直接驱动工作机构

习 题

4-1 已知单杆液压缸缸筒直径 $D=50$ mm,活塞杆直径 $d=35$ mm,液压泵供油流量为 $q=10$ L/min,试求:(1)液压缸差动连接时的运动速度;(2)若缸在差动阶段所能克服的外负载 $F=1\,000$ N,缸内油液压力有多大(不计管内压力损失)?

$$\left(提示:v=\frac{q}{\pi(D^2-d^2)/4};F=\frac{\pi}{4}(D^2-d^2)p\right)$$

4-2 一柱塞缸的柱塞固定,缸筒运动,压力油从空心柱塞中通入,压力为 $p=10$ MPa,流量为 $q=25$ L/min,缸筒直径为 $D=100$ mm,柱塞外径为 $d=80$ mm,柱塞内孔直径为 $d_0=30$ mm,试求柱塞缸所产生的推力和运动速度。

4-3 液压缸为什么要设置缓冲装置?应如何设置?

4-4 液压缸为什么要设置排气装置?

第5章 液压控制阀

在液压系统中,液压控制阀(简称液压阀)用来对液流的流动方向、压力的高低和流量的大小进行预期的调节和控制,以满足执行元件能按照负载的要求进行工作。因此,液压控制阀是直接影响液压系统工作过程和工作特性的重要元件。

5.1 概　述

5.1.1 液压阀概述

1. 液压控制阀的分类

(1) 按功能　可分为:方向控制阀、压力控制阀和流量控制阀三大类。实际应用中还有组合阀结构,如单向顺序阀、单向节流阀、电磁溢流阀等可实现两种以上的控制功能。

(2) 按控制方式　可分为:定值或开关型液压阀、比例控制阀、伺服控制阀等。

(3) 按操纵方式　可分为:手动、机动、电磁、液压操纵等多种形式,并且可以组合成机液、电液等操纵方式。

(4) 按安装形式　可分为:管式、板式、叠加式和插装式等。

(5) 按阀口结构形式　可分为:滑阀(又可分为全周阀口、节流槽阀口)、锥阀、球阀等。

2. 液压控制阀的基本共同点

尽管液压控制阀的种类和规格繁多,但各类液压控制阀之间均保持着以下一些基本共同点。

(1) 在结构上,所有液压控制阀都是由阀体、阀芯和驱动阀芯动作的部件组成的。

(2) 在工作原理上,液压控制阀都是通过改变阀芯与阀体的相对位置来调节阀口的通断及开口的大小,实现压力、流量和流动方向的控制。液压控制阀工作时,所有阀的阀口大小、进出口间的压差及通过阀的流量之间的关系都符合孔口流量公式,只是具体参数不同。

3. 液压控制阀的基本参数

(1) 公称通径　公称通径是指液压控制阀的主油口(进、出油口)的名义尺寸,它是液压控制阀的一个特征尺寸,用以表征阀的通流能力大小。一定的公称通径对应一定的额定流量。

(2) 额定压力　额定压力是指液压控制阀长期工作所允许的最高压力。对压力控制阀来说,实际最高压力有时还与阀的调压范围有关;对于换向阀来说,实际最高压力还可能受其功率极限的限制。

4.液压阀的图形符号

液压阀的图形符号是用简略图形表示的,能直观表达出液压阀的功能和结构特征。严格按国家标准《液压气动图形符号》(GB/T 786.1—2009)的规定画出的图形符号,是分析、绘制液压系统的基本单元。每种液压元件都有各自明确的图形符号。本章中与阀的结构图并列绘出其图形符号,以便对应学习。一般液压系统图均由元件图形符号组成,个别的可以用结构原理图表示。

5.1.2 液动力

稳态液动力和瞬态液动力对阀芯的操纵、阀的性能及阀的结构设计有比较重要的影响。

稳态液动力是指在阀口开度一定的稳定流动下,液流流过阀口时,因流体动量变化而作用在阀芯上的附加作用力(参见第2章的动量方程)。液动力的本质就是液流使得阀芯壁面的压力分布相对于无流动时发生了变化,从而出现的附加力,图5-1(a)所示为滑阀的压力分布,阀口处液流速度高,其附近压力较低,因此对于具有完整阀腔的滑阀,不论液流方向如何,阀芯受到的稳态液动力的方向始终是使阀口趋于关闭,它相当于一个回复力,它对滑阀的工作稳定性具有有利的影响。

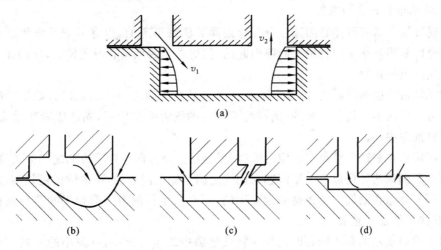

图5-1 滑阀稳态液动力的补偿

(a)滑阀的压力分布 (b)特种形状的阀腔 (c)阀套上开斜孔 (d)液流产生压降

在高压大流量的情况下,稳态液动力将会很大,使阀芯的操纵成为突出的问题。这时必须采取措施补偿或消除这个力。图5-1(b)所示为采用特种形状的阀腔;图5-1(c)所示为在阀套上开斜孔,它们都是使流出和流入阀腔的液体动量互相抵消,从而减小轴向液动力；图 5-1(d)所示为增大阀芯颈部尺寸，使液流流过阀腔时有较大的压降，在阀芯两端面上产生液压力，用以抵消轴向液动力。用一系列呈螺旋排列的小孔作为阀口也可减少滑阀液动力。从动量定理或控制内部流场出发，可以针对具体的阀结构采取具体的液动力补偿方法，以提高阀的性能。

瞬态液动力数值一般很小，在响应非常快的阀（如伺服阀）中才予以考虑。

5.1.3　液压卡紧

液压卡紧是一种特殊的流体力学现象，对液压阀性能的影响较大。

液压阀的运动副中有很多环形缝隙，如滑阀阀芯与阀体之间的缝隙等，这些缝隙一般都充满油液。正常情况下，移动阀芯时所需的力只需克服粘性摩擦力，数值不大。电磁换向阀是利用电磁铁来推动阀芯实现换向的液压阀，其电磁力一般仅 30～50 N，使用效果很好，得到大量的应用。由于电磁换向阀可很方便地实现与 PLC、单片机及工业控制计算机的接口，使液压系统成为一种理想的计算机控制对象。

但是，有时情况会变得很糟，特别是在中、高压系统中，当阀芯停止移动一段时间后，这个阻力可以增大到数百牛顿，阀芯仅依靠电磁力根本无法被推动，就像卡住一样，系统因而无法完成预定的动作。导致这种情况出现的原因，是阀的配合间隙中出现了"液压卡紧"。

1. 液压卡紧产生的原因

出现液压卡紧有可能是因油温升高导致阀芯膨胀引起的，也有可能是异物进入配合面或配合面划伤破坏了配合副的间隙引起的，但更常见的是阀芯严重偏心，使阀体之间形成了直接的机械接触。

除了制造方面的问题之外，径向不平衡力也是造成阀芯偏心的原因。如果缝隙中的液体压力在周向不是均匀分布的，则在此不均匀的压力的作用下，阀芯或者将贴靠阀体，或者将被推向中心。

滑阀阀芯在制造中难免有一定的锥度，根据压力差方向与锥度方向之间的关系，可以分为顺锥和倒锥两种情形。如果阀芯与阀孔之间是完全同心的，不论顺锥还是倒锥，其缝隙中的压力分布在圆周方向将是完全对称的，不会产生径向力。但如果阀芯与阀孔不同心，情况就变得复杂起来。

图 5-2(a)所示的是不同心时的顺锥及其缝隙中的压力分布，缝隙小的一侧（上面）压力降低得比较慢，而缝隙大的一侧（下面）压力降低得较快。两处径向力存在一定的差值，这个径向不平衡力将使阀芯偏心减小，使阀芯返回中心，因此，不会产生液压卡紧。

图 5-2(b)所示的是不同心时的倒锥及其缝隙中的压力分布，缝隙小的一侧（上面）压力降低得比较快，而缝隙大的一侧（下面）压力降低得慢一些。两处径向力存在一定的差值，这个径向不平衡力将使阀芯偏心加大，把阀芯压向阀孔的内壁，使得阀芯难以移动。

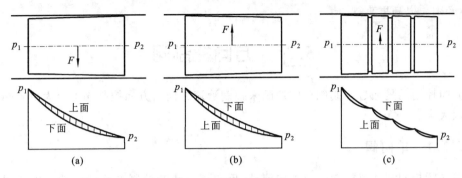

图 5-2　缝隙中的压力分布

(a) 顺锥形缝隙　(b) 倒锥形缝隙　(c) 均压槽的作用

倒锥是一种不稳定状态,偏心越大,径向不平衡力就越大,反过来进一步加大偏心,形成恶性循环,最终使阀芯贴靠阀孔,造成液压卡紧。

尽管顺锥有利于减小偏心,但制造中很难保证阀芯处的缝隙一定是顺锥,特别是在缝隙两端压力差方向会改变时更是如此。

图 5-2(c)所示的是阀芯开均压槽后的压力分布,在阀芯上开设均压槽可以使圆周上不同的压力区互相沟通,使得压力分布均匀,能显著减小阀芯受到的液压卡紧力。

2. 减小液压卡紧力的措施

为了减小液压卡紧力,可以采取下述一些措施。

(1) 提高阀的加工和装配精度,避免出现偏心。阀芯的圆度和圆柱度误差不得大于 $0.003 \sim 0.005$ mm,阀芯的表面粗糙度 Ra 值不大于 0.2 μm,阀孔的 Ra 值不大于 0.4 μm。

(2) 在阀芯台肩上开出平衡径向力的均压槽。均压槽可使同一圆周上各处的压力油互相沟通,减小径向不平衡力。

(3) 使阀芯或阀套在轴向或圆周方向上产生高频小振幅的振动或摆动。

(4) 精细过滤油液。

液压元件中普遍采用的均压槽结构可以有效地防止或减轻倒锥导致的液压卡紧的影响。均压槽是在阀芯上沿轴向分布的一系列环形浅槽,其作用是通过槽的沟通使缝隙相应截面处周向的压力趋于一致。这样,相当于把一个大的倒锥,分割成了若干个小的倒锥,这些小倒锥所产生的径向不平衡力已经降低到了微乎其微的程度。

一般的,均压槽的尺寸是:宽 $0.3 \sim 0.5$ mm,深 $0.5 \sim 0.8$ mm,槽距 $1 \sim 5$ mm。

阀芯表面粗糙度过大,或者小的污染物进入缝隙中,也会产生类似的液压卡紧现象。因此,除采用开均压槽的方法来控制液压卡紧外,必须从制造、抗污染等多方面入手,才能取得好的效果。

在换向阀、压力阀及液压泵等中,均存在液压卡紧现象,这是液压元件中的一个共性问题,必须予以高度重视。

<h1 style="text-align:center">5.2　方向控制阀</h1>

　　方向控制阀是通过控制阀口的通断来控制液流方向。方向控制阀可分为单向阀和换向阀两大类。

5.2.1　单向阀

　　单向阀控制液体只能向一个方向流动、反向截止或有控制的反向流动。单向阀按其功能分为单向阀、液控单向阀、双向液压锁、梭阀等。

　　液压系统中常用的单向阀有单向阀和液控单向阀两种。

　　1. 单向阀

　　单向阀的作用是使油液只能沿一个方向流动,而反向截止。图 5-3(a)所示为一种管式单向阀的结构。压力油从阀体 1 左端的油口 P_1 流入时,克服弹簧 3 作用在阀芯 2 上的力,使阀芯向右移动,打开阀口,并通过阀芯 2 上的径向孔 a、轴向孔 b 从阀体右端的油口 P_2 流出。但是压力油从阀体右端的油口 P_2 流入时,它和弹簧力一起使阀芯锥面压紧在阀座上,使阀口关闭,油液无法通过。图 5-3(b)所示为单向阀的图形符号。

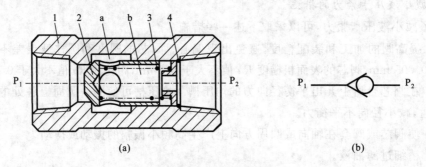

(a)　　　　　　　　　　　　　　　　　　(b)

图 5-3　单向阀

(a) 单向阀的结构　(b) 单向阀的图形符号

1—阀体；2—阀芯；3—弹簧；4—卡环

　　2. 液控单向阀

　　图 5-4(a)所示为液控单向阀的结构。当控制口 K 处无压力油通入时,它的工作机制和普通单向阀一样;压力油只能从油口 P_1 流向油口 P_2,不能反向流动。当控制口 K 有压力油时,因控制活塞 1 右侧 a 腔通泄油口,活塞 1 右移,推动顶杆 2 顶开阀芯 3,使油口 P_1 和 P_2 接通,油液就可在两个方向自由通流。图 5-4(b)所示为液控单向阀的图形符号。

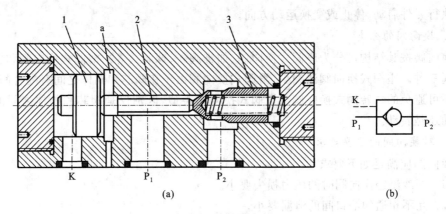

图 5-4　液控单向阀

（a）液控单向阀的结构　（b）液控单向阀的图形符号

1—活塞；2—顶杆；3—阀芯

3. 双向液压锁

如图 5-5 所示，使两个液控单向阀共用一个阀体 1 和一个控制活塞 2，而顶杆 3 分别置于控制活塞两端，这样就成为双向液压锁。当 P_1 腔通压力油时，一方面油液通过左阀到 P_2 腔；另一方面使右阀顶开，保持 P_4 与 P_3 腔畅通。同样当 P_3 腔通压力油时，一方面油液通过右阀到 P_4 腔；另一方面使左阀顶开，保持 P_2 与 P_1 腔通畅。而当 P_1 和 P_3 腔都不通压力油时，P_2 和 P_4 腔封闭，执行元件被双向锁住，故又称为双向液压锁。

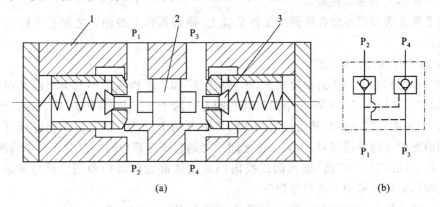

图 5-5　双向液压锁

（a）双向液压锁的结构　（b）双向液压锁的图形符号

1—阀体；2—控制活塞；3—顶杆

5.2.2　换向阀

换向阀利用阀芯相对于阀体的运动，使油路接通、关断，或者变换液流的方向，从而使液压执行元件启动、停止或变换运动方向。

1. 换向阀的分类

换向阀按其结构可分为座阀式换向阀（如锥阀式、球阀式等）、滑阀式换向阀和转阀式换向阀三种。座阀式换向阀泄漏少，滑阀式换向阀由于在阀芯和阀体之间有配合间隙，泄漏是不可避免的。转阀式换向阀与滑阀式换向阀类似，区别仅是阀芯和阀体之间的动作是移动还是转动。

2. 对换向阀的主要要求

换向阀应满足如下要求。

（1）油液流经换向阀时的压力损失要小。

（2）互不相通的油口间的泄漏要小。

（3）换向要平稳、迅速，且可靠。

3. 滑阀式换向阀

滑阀式换向阀是借助于滑阀阀芯在阀体内的轴向位置变化，使与阀体相连的各通道实现接通或断开来改变液体流动方向的阀。主要由阀体、阀芯，以及操纵和定位机构组成。滑阀式换向阀有许多优点，如结构简单、操纵力小和控制功能多样等，滑阀式换向阀在液压系统中应用非常广泛。

1）滑阀式换向阀的结构主体

滑阀式换向阀的结构主体是阀芯和阀体。阀体内孔有多个沉割槽，每个槽通过相应的孔道与阀体上的油口相通。

阀芯移动后可以停留在不同的工作位置上，使得阀体上的油口之间有不同的连通关系（见表 5-1）。

2）换向阀的"位"和"通"

"位"和"通"是换向阀的重要概念，不同的"位"和"通"构成了不同类型的换向阀。通常所说的"二位阀"、"三位阀"是指换向阀的阀芯有两个或三个不同的工作位置。所谓"二通阀"、"三通阀"、"四通阀"是指换向阀的阀体上有两个、三个、四个各不相通且可与系统中不同油管相连的油道接口，不同油道之间只能通过阀芯移位时阀口的开关来沟通。

几种不同的"位"和"通"的滑阀式换向阀的主体部分的结构和图形符号如表 5-1 所示。换向阀图形符号的含义总结如下。

（1）用方框表示阀的工作位置，有几个方框就表示有几"位"。

（2）方框内的箭头表示油路处于接通状态，但箭头方向不一定表示液流的实际方向。

（3）方框内符号"⊥"或"⊤"表示该通路不通。

（4）一个方框外部连接的接口数有几个，就表示几"通"。

（5）一般情况，阀与系统供油路连接的进油口用字母 P 表示，阀与系统回油路连接的回油口用字母 T 表示；阀与执行元件连接的油口用字母 A、B 等表示。有时在图形符号上用字母 L 表示泄油口。

(6) 换向阀都有两个或两个以上的工作位置,其中一个为常态位,即阀芯未受到操纵力作用时所处的位置。图形符号中的中位是三位阀的常态位。利用弹簧复位的二位阀则以靠近弹簧的方框内的通路状态为其常态位。绘制系统图时,油路一般应连接在换向阀的常态位上。

(7) 换向阀职能符号左位(右位)表示阀芯向右(左)移动,左位(右位)工作,阀内部油路的导通状况由职能符号左位(右位)描述。

3) 滑阀的操纵方式

常见的滑阀操纵方式符号如图 5-6 所示。

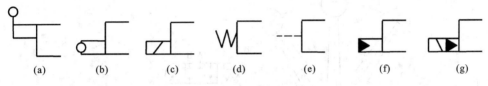

图 5-6　滑阀操纵方式

(a) 手动控制　(b) 机动控制　(c) 电磁控制　(d) 弹簧控制　(e) 液动控制　(f) 液压先导控制　(g) 电-液控制

4) 换向阀的结构

在液压传动系统中广泛采用的是滑阀式换向阀,这里主要介绍这种换向阀的几种典型结构。

(1) 手动换向阀　图 5-7 所示为自动复位式手动换向阀的结构。放开手柄、阀芯在弹簧的作用下自动回复中位,该阀适用于动作频繁、工作持续时间短的场合,常用于工程机械的液压传动系统。

如果将该阀阀芯右端弹簧的部位改为可自动定位的结构形式,即成为可在三个位置定位的手动换向阀,图 5-7(a)所示为钢球定位结构及自动定位式手动换向阀图形符号。图 5-7(b)所示为弹簧自动复位结构。

(2) 机动换向阀　机动换向阀又称行程阀,它主要用来控制机械运动部件的行程,它是借助于安装在工作台上的挡铁或凸轮来迫使阀芯移动,从而控制油液的流动方向,机动换向阀通常是二位的,有二通、三通、四通和五通几种,其中二位二通机动阀又分常闭和常开两种。图 5-8(a)所示为滚轮式二位三通常闭式机动换向阀,在图示位置阀芯 2 被弹簧 1 压向上端,油口 P 和 A 通,B 口关闭。当挡铁 5 或凸轮压住滚轮 4,使阀芯 2 移动到下端时,使油口 P 和 A 断开,P 和 B 接通,A 口关闭。图 5-8(b)所示为其图形符号。

(3) 电磁换向阀　电磁换向阀是利用电磁铁的通电吸合与断电释放来直接推动阀芯,从而控制液流方向。它有利于电-液结合,操作方便,应用很广。它是电气系统与液压系统之间的信号转换元件。

电磁铁按使用电源的不同,可分为交流和直流两种。按电磁铁工作腔是否有油液又可分为"干式"和"湿式"两种。交流电磁铁启动力较大,不需要专门的电源,吸合、释放快,动作

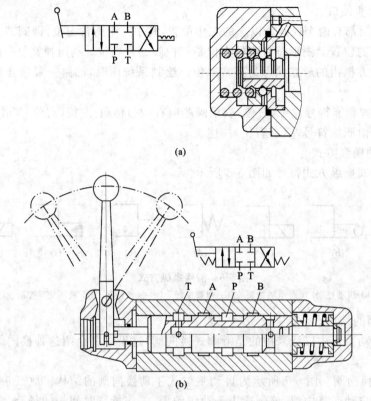

图 5-7　三位四通手动换向阀的结构及图形符号

（a）钢球定位结构　　（b）弹簧自动复位结构

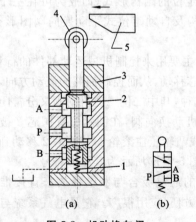

图 5-8　机动换向阀

（a）机动换向阀的结构　　（b）机动换向阀的图形符号
1—弹簧；2—阀芯；3—阀盖；4—滚轮；5—挡铁

时间为 0.01～0.03 s,其缺点是若电源电压下降 15% 以上,则电磁铁吸力明显减小,若衔铁不动作,干式电磁铁会在 10～15 min 后烧坏线圈(湿式电磁铁为 1～1.5 h),且冲击及噪声较大、寿命低,因而在实际使用中交流电磁铁允许的切换频率一般为 10 次/min,不得超过 30 次/min。直流电磁铁工作较可靠,吸合、释放动作时间为 0.05～0.08 s,允许使用的切换频率较高,一般可达 120 次/min,最高可达 300 次/min,且冲击小、体积小、寿命长。但须配专门的直流电源,成本较高。此外,还有一种整体电磁铁,其电磁铁是直流的,但电磁铁本身带有整流器,通入的交流电经整流后再供给直流电磁铁。目前,国外新发展了一种油浸式电磁铁,不但衔铁,而且激磁线圈也都浸在油液中工作,它具有寿命更长,工作更平稳、可靠等特点,但由于造价较高,故应用面不广。

图 5-9(a)所示为三位四通电磁换向阀的结构。在图示位置,电磁铁不带电,阀芯在其两端弹簧力作用下保持在中位,各油口互不相通;当左边的电磁铁通电吸合时,衔铁推杆把阀芯推向右端,这时油口 P 和 B 接通、A 与 T 接通。当左边的电磁铁断电时,阀芯在其右端的弹簧作用下复位。图 5-9(b)所示为其图形符号。

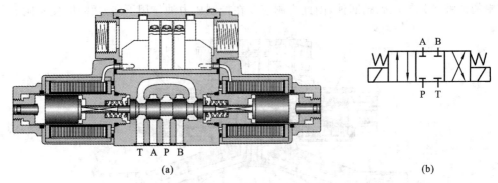

(a)　　　　　　　　　　　　　　　　　　(b)

图 5-9　三位四通电磁换向阀

(a) 三位四通电磁换向阀的结构　　(b) 三位四通电磁换向阀的图形符号

(4) 液动换向阀　液动换向阀是利用控制油路的压力油来改变阀芯位置的换向阀,图 5-10 所示为三位四通液动换向阀的结构和图形符号。阀芯是由其两端密封腔中油液的压差来推动的,当控制油路的压力油从阀右边的控制油口 K_2 进入滑阀右腔时,K_1 接通回油,阀芯向左移动,使压力油口 P 与 B 相通,A 与 T 相通;当 K_1 接通压力油,K_2 接通回油时,阀芯向右移动,使得 P 与 A 相通,B 与 T 相通;当 K_1、K_2 都通回油时,阀芯在两端弹簧和定位套作用下回到中间位置。

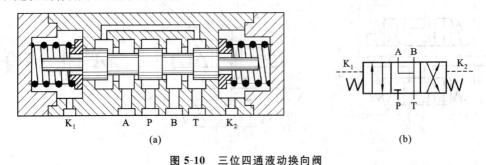

(a)　　　　　　　　　　　　　　　　　　(b)

图 5-10　三位四通液动换向阀

(a) 三位四通液动换向阀的结构　　(b) 三位四通液动换向阀的图形符号

(5) 电-液换向阀　在大流量液压系统中,当通过阀的流量较大时,作用在滑阀上的液动力和摩擦力较大,且阀芯本身体积较大、惯性大,此时电磁换向阀的电磁铁推力相对太小,需要用电-液换向阀来代替电磁换向阀。电-液换向阀是由电磁滑阀和液动滑阀组合而成。电磁滑阀起先导作用，它可以改变控制液流的方向，从而改变液动滑阀阀芯的位置。由于操纵液动滑阀的液压推力可以很大，所以主阀芯的尺寸可以做得很大，允许有较大的油液流量通过。这样用较小的电磁铁就能控制较大的液流。

图 5-11 所示为弹簧对中型三位四通电-液换向阀的结构和图形符号。如图 5-11(a)所示，当先导电磁阀的电磁铁 3 通电后使电磁阀阀芯 4 向右边位置移动，来自主阀 P 口或外接油口的控制压力油经先导电磁阀进入主阀芯 6 的右端容腔，同时主阀芯 6 的左端容腔中的油液经先导电磁阀回油，因此主阀芯 6 在控制压力油作用下向左移动，使主阀 P 与

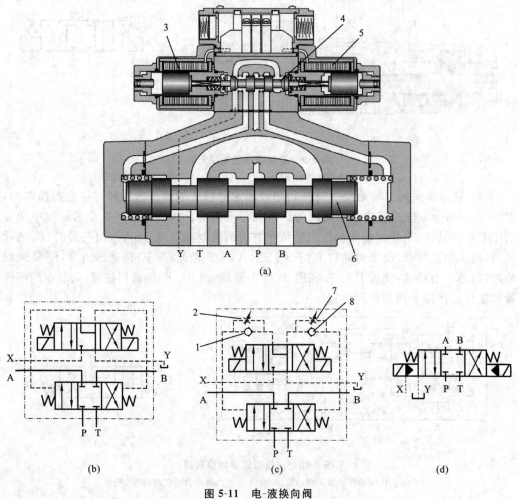

图 5-11　电-液换向阀

(a) 电-液换向阀的结构　　(b) 电-液换向阀的图形符号

(c) 带阻尼器的电液换向阀的图形符号　(d) 简化的图形符号

1、8—单向阀；2、7—节流阀；3、5—电磁铁；4—电磁阀阀芯；6—主阀芯

A、B 与 T 的油路相通；反之，由先导电磁阀右边的电磁铁 5 通电，可使 P 与 B、A 与 T 的油路相通；当先导电磁阀的两个电磁铁均不带电时，先导电磁阀阀芯 4 在其对中弹簧作用下回到中位，此时来自主阀 P 口或外接油口的控制压力油不再进入主阀芯的左、右两容腔，主阀阀芯左右两腔的油液通过先导电磁阀中间位置回油。主阀阀芯在两端对中弹簧的预压紧力的作用下，依靠弹簧挡圈定位，准确地回复到中位，此时主阀的 P、A、B 和 T 油口均不通。

如图 5-11(c)中所示，在电磁阀至主阀芯两端容腔的油路上还增加了单向阀 1 和节流阀 2、单向阀 8 和节流阀 7，它们组合在一起成为单向阻尼器，控制主阀芯的换向速度，使得主油路换向平稳。如电磁铁 3 带电，电磁阀左位工作，控制油经单向阀 1 进入主阀芯的左端容腔，主阀芯的右端容腔只能通过节流阀 7 回油，调节节流阀 7 的开度，就可以调节主阀芯的运动阻力，从而控制主阀芯的换向时间。

图 5-11(d)所示为电-液换向阀的简化符号。

电液换向阀的控制油路的形式有四种：外供外排式，控制压力油从外控口 X 引入，从外排口 Y 排出；内供外排式，X 与 P 口接通；外供内排式，Y 与 T 口接通；内供内排式，控制压力油从 P 口引入，回油接通 T 口。

5）换向阀的中位机能分析

三位滑阀在中位时，各通道的连接状态称为滑阀的中位机能，不同的滑阀中位机能可满足系统的不同要求，其左位和右位各油口的连通关系一般均为直通或交叉相通。表5-1中列出了三位四通阀的 13 种中位机能，给出了每种机能的代号、图形符号、结构原理及其特点。不同中位机能的阀，其阀体通用，仅阀芯台肩结构、轴向尺寸及阀芯内部通孔情况有区别。

表 5-1　滑阀式换向阀的中位机能

机能代号	符号	结构原理图	机能特点
O	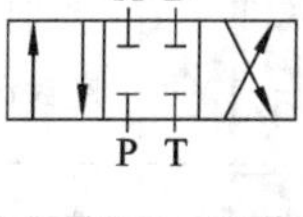	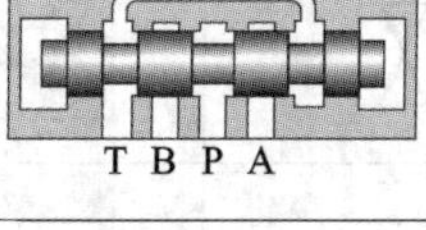	四个油口全封闭，液压泵不卸荷，液压缸锁闭，换向冲击大
H	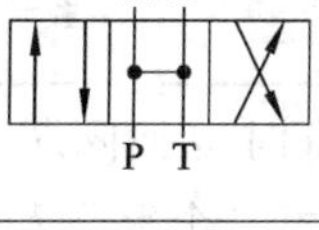	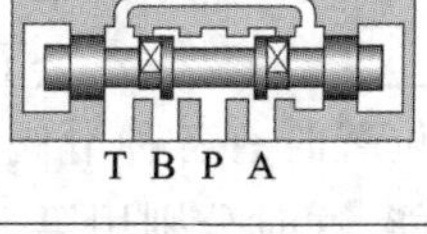	四个油口互通，液压泵卸荷，液压缸浮动，换向冲击小
Y	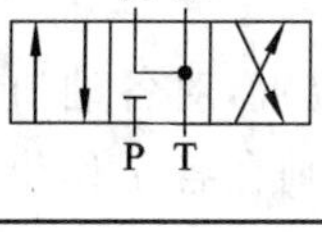	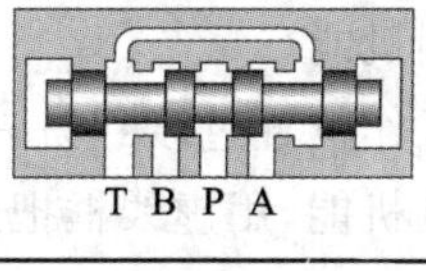	油口 A、B、T 互通，液压泵不卸荷，液压缸浮动

续表

机能代号	符　号	结构原理图	机能特点
YX			油口 A、B 与 T 小开口互通，液压泵不卸荷，液压缸可浮动
K			液压泵卸荷，液压缸 A 腔通油箱
M			液压泵卸荷，液压缸锁闭，换向过渡机能为 O 型
M			液压泵卸荷，液压缸锁闭，换向过渡机能为 H 型
X			液压泵低压运行，液压缸可浮动
OZC			液压泵卸荷，液压缸锁闭，左位时 P 通 A、B 封闭，右位时 P 通 B、A 封闭
P			常用于差动回路或液压对中式主阀的导阀
J			液压泵不卸荷，液压缸 B 腔通油箱
C			液压泵不卸荷，液压缸 B 腔封闭
N			液压泵不卸荷，液压缸 A 腔通油箱

　　三位换向阀除了在中间位置时有各种滑阀机能外，有时也把阀芯在其一端位置时的油口连通状况设计成特殊机能，这时分别用第一个字母、第二个字母和第三个字母分别表示在中位、右位和左位的滑阀机能。

　　另外，当换向阀从一个工作位置过渡到另一个工作位置，对各油口间的通断关系也有要求时，还规定和设计了过渡机能，用虚线框把过渡机能画在各工作位置通路符号之间。

在分析和选择阀的中位机能时,通常需要考虑以下几点。

(1) 系统保压　当 P 口被堵塞,系统保压,液压泵能用于多缸系统。当 P 口不太通畅地与 T 口接通时(如 X 型),系统能保持一定的压力供控制油路使用。

(2) 系统卸荷　P 口通畅地与 T 口接通时,系统卸荷。

(3) 启动平稳性　阀在中位时,液压缸某腔如通油箱,则启动时该腔内因无油液起缓冲作用,启动不太平稳。

(4) 液压缸"浮动"和在任意位置上的停止　阀在中位,当 A、B 两口互通时,卧式液压缸呈"浮动"状态,可利用其他机构移动工作台,调整其位置。当 A、B 两口堵塞或与 P 口连接(在非差动情况下),则可使液压缸在任意位置处停下来。

三位五通换向阀的机能与上述相仿。

6) 主要性能要求

换向阀的主要性能以电磁阀的项目为最多,它主要包括以下几个方面。

(1) 工作可靠性　工作可靠性是指电磁铁通电后能否可靠地换向,而断电后能否可靠地复位。工作可靠性主要取决于设计和制造,和使用也有关系。液动力和液压卡紧力的大小对工作可靠性影响很大,而这两个力是与通过阀的流量和压力有关。所以电磁阀也只有在一定的流量和压力范围内才能正常工作。这个工作范围的极限称为换向界限,如图 5-12(a)所示。

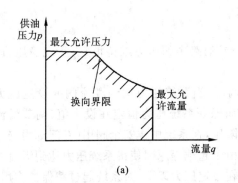
(a)

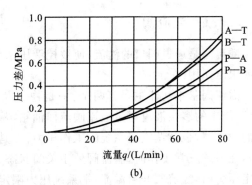
(b)

图 5-12　电磁阀的换向界限

(a) 换向界限　(b) 压力损失

(2) 压力损失　由于电磁阀的阀口开度较小,故油液流过阀口时产生较大的压力损失。图 5-12(b)所示为某电磁阀的压力损失曲线。一般来说,阀体铸造流道中的压力损失比机械加工流道中的损失小。

(3) 内泄漏量　在各个不同的工作位置,在规定的工作压力下,从高压腔漏到低压腔的泄漏量为内泄漏量。过大的内泄漏量不仅会降低系统的效率,引起过热,而且还会影响执行机构的正常工作,要求内泄漏量越少越好。

（4）换向和复位时间　换向时间是指从电磁铁通电到阀芯换向终止的时间；复位时间是指从电磁铁断电到阀芯回到初始位置的时间。减小换向和复位时间可提高机构的工作效率，但会引起液压冲击。交流电磁阀的换向时间一般为 0.03～0.05 s，其换向冲击较大；而直流电磁阀的换向时间为 0.1～0.3 s，换向冲击较小。通常复位时间比换向时间稍长。

（5）换向频率　换向频率是指在单位时间内阀所允许的换向次数。目前单电磁铁的电磁阀的换向频率一般为 60 次/min。

（6）使用寿命　使用寿命是指使用到电磁阀某一零件损坏，不能进行正常的换向或复位动作，或使用到电磁阀的主要性能指标超过规定指标时所经历的换向次数。

电磁阀的使用寿命主要决定于电磁铁。湿式电磁铁的寿命比干式的长，直流电磁铁的寿命比交流的长。

5.3　压力控制阀

在液压传动系统中，控制油液压力高低或利用压力实现某些动作的液压阀统称为压力控制阀，简称压力阀。压力阀按其功能可分为溢流阀、减压阀、顺序阀和压力继电器等。这类阀的共同点都是利用作用在阀芯上的液压力和弹簧力相平衡的原理进行工作。

5.3.1　溢流阀

溢流阀是通过阀口的溢流，使被控液压系统或油路中的压力维持恒定，实现稳压、调压或限压作用。

溢流阀基本功能主要有两个：一是稳压及调压，当系统压力达到溢流阀的设定压力时，系统中的多余液流通过溢流阀流回油箱，从而保证系统压力恒定在设定值，调节溢流阀的设定值，也就调定了系统的工作压力；二是限压，在系统中作安全阀用（专门称为安全阀），在系统正常工作时，溢流阀处于关闭状态，由于超载等原因使得系统压力达到溢流阀设定压力时，溢流阀开启溢流，把系统压力限定在设定压力以下，对系统起过载保护作用。

对溢流阀的主要要求是：调压范围大，调压偏差小，压力波动幅度小，动作灵敏，过流能力大，噪声小。

溢流阀有直动式溢流阀和先导式溢流阀两种。

1. 直动式溢流阀

图 5-13 所示为两种直动式溢流阀的结构简图，均为锥阀结构。如图 5-13（a）所示，进油口 P 接系统压力油，回油口 T 接油箱。当系统中的油液压力较低时，阀芯 2 被调压弹簧 3 紧压在阀体 1 的孔口上，阀口关闭；当进口压力升高到能克服弹簧力时，便推开阀芯 2 使阀口打开，油液就由进油口 P 经阀口流入阀腔，再从回油口 T 流回油箱，进口压力也

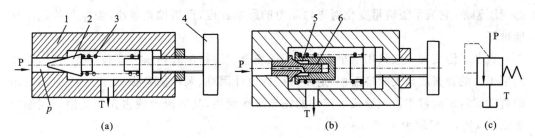

图 5-13   直动式溢流阀的结构及图形符号
1—阀体；2—阀芯；3—调压弹簧；4—调节手轮；5—环形腔；6—导向活塞

就不会继续升高。当通过溢流阀的流量变化时,阀口开度即弹簧压缩量也随之改变。但在弹簧压缩量变化甚小的情况下,可以认为阀芯在液压力和弹簧力作用下保持平衡,溢流阀的进口压力基本保持为定值。拧动调节手轮 4 改变弹簧预压缩量,便可调整溢流阀的溢流压力。

当溢流阀稳定工作时,作用在阀芯上的力处于平衡状态。如图 5-13(a)所示,忽略液动力、重力等,并假设阀腔的回油压力为零,则阀芯的力平衡方程为

$$pA = F_s \tag{5-1}$$

式中:p——进口压力;

A——阀芯左端的承压面积;

F_s——弹簧力,$F_s = K(x + x_0)$。

所以

$$p = \frac{K(x_0 + x)}{A} \tag{5-2}$$

式中:K——弹簧的刚度;

x_0——弹簧的预压缩量;

x——阀口开度。

可见直动式溢流阀的进口压力由弹簧力所限定,由于 $x \ll x_0$,因此溢流阀的进口压力基本上保持不变。实际上,当弹簧调整好后,溢流阀在溢流过程中,由于溢流的流量存在变化,阀口开度 x 也有变化,因此弹簧力和稳态液动力都有变动,进口压力会发生微小的变化。

当溢流阀刚开始溢流时($x = 0$),此时进口压力称为溢流阀的开启压力 p_k,即

$$p_k = \frac{Kx_0}{A} \tag{5-3}$$

当溢流量增加时,阀口开度加大,进口压力亦有所增大。当溢流阀通过额定流量时,此时进口压力 p_n 称为溢流阀的调定压力或全流压力。全流压力与开启压力之差称为静

态调压偏差,它表示溢流量变化对进口压力的影响程度,调压偏差越小,溢流阀的稳压性能越好。

直动式溢流阀一般只用于小流量或低压场合。因控制较高压力或较大流量时,需要刚度很大的弹簧或较大阀口面积,这使得结构设计困难、调压偏差很大。图 5-13(a)所示的直动式溢流阀常作为先导式溢流阀的先导级阀使用,其溢流量约占先导式溢流阀额定流量的 1%,一般取为 1～2 L/min。

直动式溢流阀结构简单、响应快速,对定压精度没有严格要求的安全阀,也常采用直动式结构。目前,也出现了一些流量较大、高压的直动式溢流阀。如图 5-13(b)所示的溢流阀,其最高控制压力 21 MPa,最大流量 16 L/min。其结构特点如下:承压面为环形面积,增大了阀口的面积梯度,阀口过流能力增大;阀芯有导向活塞,消除了阀芯的侧向振动,使得阀芯在调节过程中运动平稳。图 5-13(c)所示的图形符号为溢流阀的一般符号或直动式溢流阀的符号。

2. 先导式溢流阀

先导式溢流阀常见结构如图 5-14 和图 5-15 所示,它们是由先导阀和主阀两部分组成。先导阀为锥阀,实际上是一个直动式溢流阀,主阀也是锥阀。其中,图 5-14 所示的先导式溢流阀为三级同心式结构,即主阀芯与阀体孔有三处同心,图示位置主阀芯及先导锥阀均被弹簧压靠在阀座上,阀口处于关闭状态。主阀进口 P 接系统压力油,出口 T 接油

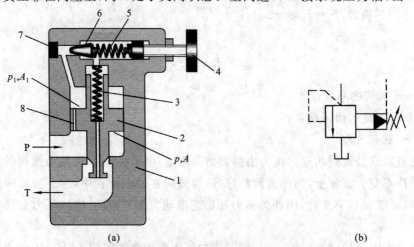

(a)　　　　　　　　　　　　　　　　　　　　(b)

图 5-14　先导式溢流阀的结构及图形符号

(a) 先导式溢流阀的结构　(b) 先导式溢流阀的图形符号

1—阀体;2—主阀芯;3—主阀弹簧;4—调节手轮;5—导阀弹簧;

6—先导锥阀;7—螺堵(遥控口);8—阻尼孔

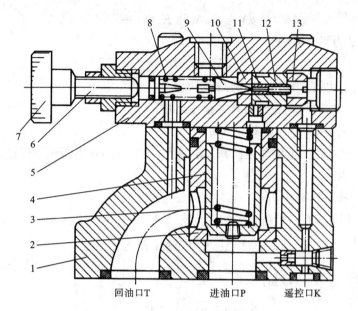

图 5-15 二级同心先导式溢流阀的结构

1—阀体；2—主阀套；3—弹簧；4—主阀芯；5—先导阀阀体；6—调节螺钉；7—调节手轮；
8—弹簧；9—先导阀阀芯；10—先导阀阀座；11—柱塞；12—导套；13—消振垫

箱。压力油从主阀芯 2 的下腔,经主阀芯 2 上的阻尼孔 8 进入主阀芯的上腔和先导锥阀 6 的前腔。当系统压力 p 小于先导阀设定的压力时,先导阀口关闭,阀内无油液流动,主阀芯上下腔油压相同、承压面积相等,故主阀芯被弹簧压在阀座上,主阀口亦关闭;当系统压力 p 达到(或略大于)先导阀设定的压力时,先导阀口打开,主阀上腔的油液从导阀阀口、导阀弹簧腔、主阀弹簧腔、主阀芯的中心孔、出油口 T 回油箱,油液流过阻尼孔 8 产生压力损失,使主阀芯两端形成了压力差,主阀芯在此压差作用下克服主阀弹簧力向上移动,主阀口开启并溢流,从而维持系统压力基本不变。通过调节手轮,可以设定系统压力。

　　先导式溢流阀的阀体上有一个遥控口 7,当将此口通过二位二通阀接通油箱时,主阀芯上端的弹簧腔压力接近于零,主阀芯在很小的压力下便可移动到上端,阀口开至最大,这时系统的油液在很低的压力下通过主阀口流回油箱,实现卸荷作用。如果将遥控口接到另一个远程调压阀上(其结构和溢流阀的先导阀一样),并使远程调压阀的调定压力小于先导阀的调定压力,则主阀芯上端的压力就由远程调压阀来决定。使用远程调压阀后便可对系统的溢流压力实行远程调节。

　　忽略主阀芯和导阀芯上受到的稳态液动力、摩擦力、重力等,先导式溢流阀的静态特性可由如下方程描述。

　　主阀芯的力平衡方程为

$$pA = p_1 A_1 + K_1 (y_0 + y) \qquad (5\text{-}4)$$

先导阀芯的力平衡方程为

$$p_1 A_x = K_2 (x_0 + x) \qquad (5\text{-}5)$$

式中：K_1、K_2——主阀弹簧、先导阀弹簧刚度；

　　　y_0、x_0——主阀弹簧、先导阀弹簧预压缩量；

　　　y、x——主阀和先导阀的阀口开度；

　　　A_1、A——主阀上、下腔作用面积，A_1/A＝1.03～1.05（小面积差保证阀口的可靠关闭）；

　　　A_x——导阀承压面积。

把式(5-5)代入式(5-4)，可得

$$p = \frac{A_1 K_2 (x_0 + x)}{A A_x} + \frac{K_1 (y_0 + y)}{A} \qquad (5\text{-}6)$$

为分析明晰，取 $A_1/A = 1$，则有

$$p = \frac{K_2 x_0 \left(1 + \dfrac{x}{x_0}\right)}{A_x} + \frac{K_1 y_0 \left(1 + \dfrac{y}{y_0}\right)}{A} \qquad (5\text{-}7)$$

通常，导阀开度很小，约在 0.05 mm 附近，主阀开度约在 0.5 mm 以内，即有 $x \ll x_0$，$y \ll y_0$，由式(5-7)可以看出，溢流阀稳态工作时，其进口压力完全由导阀弹簧力、导阀承压面积、主阀弹簧力和主阀承压面积等参数所设定，并使得进口压力维持在设定值而基本不变。通过调节手轮，可以设定先导阀弹簧预压缩量 x_0，从而设定新的进口压力。

实际中，溢流阀的溢流量随着系统工况的变化而变化，随着溢流量增大，阀口开度会有相应的增大，同时阀芯受到的液动力、摩擦力也会发生一定的变化，使得溢流阀的进口压力会有所升高，即也存在调压偏差问题，但先导式溢流阀的调压偏差要小很多。

先导油路中的溢流量很小，溢流主要发生在主阀阀口。在式(5-7)中，有 $A_x \ll A$、$K_2 > K_1$、$K_1 y_0 < K_2 x_0$，所以主阀的阀口开度 y 的变化对进口压力的影响很小，即溢流量发生较大变化时，进口压力基本保持不变，这就是先导式溢流阀调压偏差小的原因。

图 5-15 所示为二级同心先导式溢流阀的结构，工作原理与三级同心先导式溢流阀相同，其主阀芯与主阀套内圆孔、阀套座孔二处同心。与三级同心先导式溢流阀不同的是固定阻尼孔没有设在阀芯上，而是在阀体的先导油路中设置了单独的阻尼器。实际溢流阀结构中，在其先导油路上多处设置了阻尼孔，通过阻尼孔的串、并联，提高溢流阀的工作稳定性。

3．溢流阀的基本性能

(1) 调压范围　在规定的范围内调节时，阀的输出压力能平稳的升、降，无压力突跳

或迟滞现象。

(2) 压力-流量特性 在溢流阀调压弹簧的预压缩量调定后,溢流阀的进口压力(即系统压力)即被设定,进口压力将被限定和维持在设定值,理想情况是希望进口压力被精确的控制在设定值,不随溢流量的变化而变动。但实际上,随着溢流量的增加,溢流阀的进口压力会略有升高,溢流阀进口压力随流量变化而波动的特性称为压力-流量特性或启闭特性,它可用来评价溢流阀的定压精度。图 5-16 所示为溢流阀的启闭特性曲线,即通过溢流阀的流量逐渐增大再逐渐减小,反映出溢流阀进口压力的变化情况。由于阀芯受到摩擦力的影响,使得阀的开启和闭合过程的特性曲线不重合。

压力差值 $|p_n - p_k|$ 小,即稳态调压偏差小,说明阀的定压性能好,溢流阀的 p_k/p_n 应大于 0.85。由图 5-16 可知,先导式溢流阀定压精度明显优于直动式溢流阀。

(3) 压力损失与卸载压力 当调压弹簧预压缩量等于零,阀通过额定流量时,溢流阀进口压力称为压力损失;当先导式溢流阀的遥控口直接接通油箱,主阀上腔压力为零,流经阀的流量为额定流量时,溢流阀的进口压力称为卸载压力。这两种工况,溢流阀进口压力因只需克服主阀复位弹簧力和液动力,其值很小,一般小于 0.5 MPa。

(4) 压力超调量和过渡时间 当溢流阀在溢流量发生由零至额定流量的阶跃变化时,它的进口压力,也就是它所控制的系统压力,会有如图 5-17 所示的动态过渡过程。此曲线的试验测定过程是:将处于卸荷状态下的溢流阀突然加载(一般是由小流量电磁阀切断通油箱的遥控口),阀的进口压力迅速升高至最大峰值,然后振荡衰减至稳定的调定值,再使溢流阀在稳态溢流时开始卸荷。经此压力变化循环过程后,可以得出以下动态特性指标。

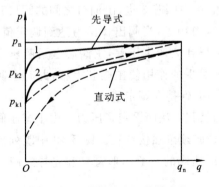

图 5-16　溢流阀的启闭特性曲线

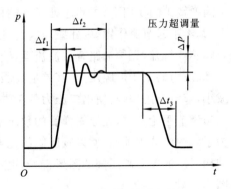

图 5-17　溢流阀的动态特性

① 压力超调量 最大峰值压力与调定压力之差 Δp 称为压力超调量。压力超调量越小,表明阀的稳定性越好。

② 过渡时间 是指溢流阀从压力开始升高到稳定在调定值所需的时间,用符号 Δt_2

表示。过渡时间越短,表明阀的灵敏度越高。

还应指出,试验获得的响应特性实际上是阀与试验系统的综合性能。阀的动态响应过渡过程曲线与阀的试验系统有密切关系,尤其是管道液容对试验结果有明显影响。

5.3.2　减压阀

减压阀是使出口压力(其值低于进口压力)保持恒定的压力控制阀,当液压系统的某一部分的压力要求稳定在比供油压力低的某个压力上时,一般常用减压阀来实现。它在系统的夹紧回路、控制回路及润滑系统中应用较多。

减压阀有多种不同的类型,常说的减压阀是指定值减压阀,它可以保持出口压力恒定。此外,还有保证进出口压力差不变的定差减压阀、保证进出口压力成比例的定比减压阀。

对减压阀的主要要求是:出口压力维持恒定,不受进口压力和流量变化的影响。

定值减压阀也有直动式和先导式两种结构。

1. 先导式减压阀

图 5-18 所示为一种先导式减压阀,由于阀体中复合了一个单向阀,所以是单向减压阀。它是由先导阀和主阀两部分组成,同先导式溢流阀相类似,先导阀也是一个小规格的直动式溢流阀,主阀为滑阀结构。与溢流阀不同,先导式减压阀的控制压力引自出口,主阀口常开。图中 P_1 为进油口,P_2 为出油口,出口压力油通过主阀芯 3 下端油孔、主阀芯 3 内的阻尼孔 2 进入主阀芯的上腔和先导阀前腔。当减压阀出口压力小于调定压力时,先导阀芯 8 在调压弹簧 7 作用下压紧在导阀座上,导阀口关闭,主阀芯 3 上下腔压力相等,在主阀弹簧 1 的作用下,主阀芯处于下端位置,此时,主阀芯 3 进、出油口之间的阀口开度最大,基本不起节流作用,因此减压阀的进、出口压力相等;当阀出口压力达到调定值时,先导阀芯 8 打开,先导油路有液流流动,液流经阻尼孔 2 产生压差,主阀芯上下腔压力不等,下腔压力略大于上腔压力,其差值克服主阀弹簧 1 的作用使主阀芯上移,此时主阀阀口减小,节流作用增强,使出口压力低于进口压力,并保持在调定值上。

当调节手轮 6 时,先导阀弹簧的预压缩量受到调节,从而设定了压力。由于减压阀出口为系统内的分支油路,所以减压阀的先导阀弹簧腔须单独接油箱。图 5-18 中既列出了与结构对应的单向减压阀的图形符号,也列出了减压阀的一般图形符号和先导式减压阀的图形符号。

对于图 5-18 所示的单向减压阀,从 P_1 向 P_2 流动时为减压阀工作、单向阀关闭;从 P_2 向 P_1 流动时,单向阀打开,由于单向阀阀口阻力小,液流基本上都从单向阀流出。

先导式减压阀与先导式溢流阀从结构和工作原理上有很多相似之处,但也存在如下不同之处。

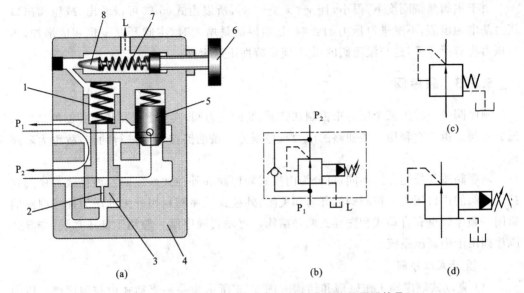

图 5-18 先导式减压阀(含有单向阀)的结构及图形符号

(a) 先导式减压阀(含有单向阀)的结构 (b) 单向减压阀图形符号

(c) 减压阀图形符号 (d) 先导式减压阀图形符号

1—主阀弹簧；2—阻尼孔；3—主阀芯；4—阀体；5—单向阀；

6—手轮；7—调压弹簧；8—先导阀芯

(1) 减压阀保持出口压力基本不变；而溢流阀则保持进口压力基本不变。

(2) 不工作时(或原始状态)，减压阀的主阀口常开；而溢流阀主阀口常闭。

(3) 减压阀的导阀弹簧腔需通过泄油口单独外接油箱；而溢流阀的导阀弹簧腔和泄漏油可通过阀体上的孔道和出油口相通，不必单独外接油箱。

2. 减压阀的性能

与先导式溢流阀的分析方法相似，对先导式减压阀的主阀芯和先导阀芯进行力平衡分析，忽略重力、摩擦力和稳态液动力，可以得出

$$p_2 = \frac{K_2(x_0 + x)}{A_x} + \frac{K_1(y_0 + y_{max} - y)}{A} \tag{5-8}$$

式中：K_1、K_2——主阀弹簧、先导阀弹簧刚度；

y_0、x_0——主阀弹簧、先导阀弹簧预压缩量；

y_{max}——主阀阀口的最大开口量；

y、x——主阀、先导阀的阀口开度；

A、A_x——主阀芯的承压面积、导阀承压面积；

p_2——减压阀出口压力。

由于主阀弹簧刚度 K_1 很小，且 $x \ll x_0$，$y \ll y_0$，所以由式(5-8)可以看出，减压阀出口压力基本为恒值，不受进口压力的影响；且当溢流量增大时，主阀开度 y 也相应增加，出口压力将有所降低，这与溢流阀的压力-流量特性正好相反。

5.3.3 顺序阀

顺序阀是一种用某个压力来控制油路通、断的压力阀，实质上是用压力控制的二位二通方向阀。由于它利用一条油路的压力来控制另一条油路按顺序进行动作，故称为顺序阀。

顺序阀按其控制方式不同，可分为内控式顺序阀和外控式顺序阀。内控式顺序阀直接利用阀的进口压力油控制阀的开启和关闭；外控式顺序阀利用外来的压力油控制阀的启闭。顺序阀也有直动式和先导式两种结构。直动式顺序阀一般用于低压系统，先导式顺序阀用于中高压系统。

1. 直动式顺序阀

(1) 直动式顺序阀工作原理和结构　图 5-19 所示为一种直动式内控顺序阀。压力油由进油口 P_1 经阀体 4 和下盖 7 的孔道至控制活塞 6 的下方，使阀芯 5 受到一个向上的推力。当进口油压较低时，阀芯在弹簧 2 的作用下处于下端位置，这时进、出油口不通。当进口油压增大到预调的数值时，阀芯底部受到的推力大于弹簧力，阀芯上移，进出油口连通，压力油就从顺序阀流过。顺序阀的开启压力可以用调压螺钉 1 来调节。在此阀中，控制活塞的直径很小，因而阀芯受到的向上推力不大，所用的平衡弹簧就不需太硬，这

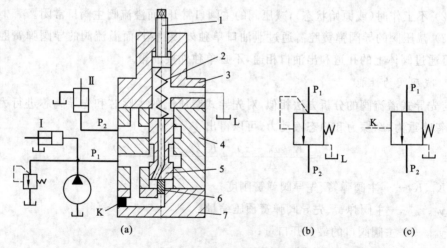

图 5-19　直动式内控顺序阀的结构及图形符号

(a) 直动式内控顺序阀的结构　(b) 内控外泄式顺序阀图形符号　(c) 外控内泄式顺序阀图形符号

1—调压螺钉；2—弹簧；3—阀盖；4—阀体；5—阀芯；6—控制活塞；7—下盖

样可以使阀控制较高的压力。顺序阀是一种利用压力的高低控制油路通断的"压控开关",严格地说,顺序阀是一个二位二通液动换向阀。图 5-19(b)、图 5-19(c)所示分别为不同控制方式的直动式顺序阀的图形符号。

(2) 直动式顺序阀的性能   顺序阀在结构上与溢流阀十分相似,但在性能和功能上有很大区别。主要有:溢流阀出口接油箱,而顺序阀出口接下一级液压回路;溢流阀采取内泄,顺序阀一般为外泄;溢流阀主阀芯遮盖量小(锥阀无遮盖量),顺序阀主阀芯遮盖量大;溢流阀溢流时阀口开度很小,主阀口处节流作用强,顺序阀打开时阀芯处于全开口状态,阀口基本不起节流作用。

2. 先导式顺序阀

图 5-20(a)所示为先导式顺序阀的结构及图形符号,它是由主阀与先导阀两部分组成的。压力油从进油口 P_1 进入,经阀体、下盖中的孔道进入主阀芯的下端,经主阀芯中的阻尼孔进入到主阀芯的上腔和先导阀的前腔。当系统压力未达到设定值时,先导阀关闭,主阀芯上下两端的压力相等,主阀弹簧将主阀芯推向下端,顺序阀的阀口关闭;当压力达到调定值时,先导阀开启溢流,压力油经主阀芯中的阻尼孔时形成节流,在阻尼孔两端形成压差,此压力差克服主阀弹簧力,使主阀芯抬起,主阀口开启,进油口 P_1 与出油口 P_2 接通。

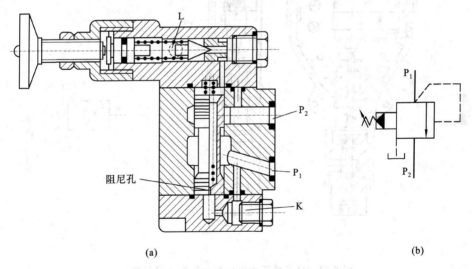

(a)   (b)

图 5-20   先导式顺序阀的结构及图形符号

(a) 先导式顺序阀的结构   (b) 先导式顺序阀的图形符号

导阀的弹簧腔通过外泄口 L 直接接回油箱。图 5-20 所示的先导式顺序阀为内控式,即控制油来自阀的进油口;如果把下盖绕主阀芯轴线转动 90°,把另外油路的压力油与外控口 K 接通,就变为了外控式顺序阀。图 5-20(b)所示为先导式顺序阀的图形符号。

5.3.4　压力继电器

1. 压力继电器的工作原理、结构及性能

压力继电器是利用液体压力来启闭电气触点的液压-电气转换元件,它在油液压力达到其设定压力时,发出电信号,控制电气元件动作,实现泵的加载或卸荷、执行元件的顺序动作或系统的安全保护和连锁等其他功能。任何压力继电器都由压力-位移转换装置和微动开关两部分组成。按压力-位移转换的结构分,有柱塞式、弹簧管式、膜片式和波纹管式四类,其中以柱塞式最常用。

图 5-21(a)所示为柱塞式压力继电器的结构原理。压力油从油口 P 通入,作用在柱塞 1 的底部,若其压力达到弹簧的调定值时,便克服弹簧力和柱塞表面摩擦力推动柱塞上升,通过顶杆 2 触动微动开关 4 发出电信号。图 5-21(b)所示为压力继电器的图形符号。

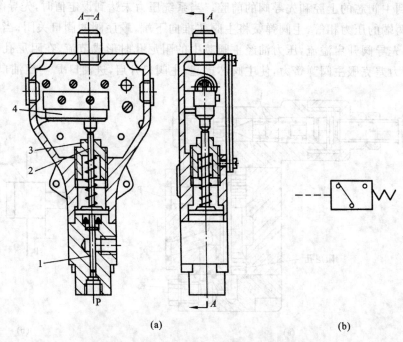

(a)　　　　　　　　　　　　　　　(b)

图 5-21　柱塞式压力继电器的结构及图形符号

(a) 柱塞式压力继电器的结构　　(b) 压力继电器的图形符号

1—柱塞；2—顶杆；3—调节螺钉；4—微动开关

2. 压力继电器的性能参数

(1) 调压范围　是指能发出电信号的最低工作压力和最高工作压力的范围。

(2) 灵敏度和通断调节区间　压力升高继电器接通电信号的压力(称开启压力)和压

力下降继电器复位切断电信号的压力(称闭合压力)之差为压力继电器的灵敏度。为避免压力波动时继电器时通时断,要求开启压力和闭合压力间有一可调节的差值范围,这个差值范围称为通断调节区间。

(3) 重复精度　在一定的设定压力下,多次升压(或降压)过程中,开启压力和闭合压力本身的差值称为重复精度。

(4) 升压或降压动作时间　压力由卸荷压力升到设定压力,微动开关触头闭合发出电信号的时间称为升压动作时间;反之称为降压动作时间。

5.4　流量控制阀

流量控制阀是通过改变节流口面积,从而改变通过阀的流量的液压阀。在液压系统中,流量阀的作用是对执行元件的运动速度进行控制。常见的流量控制阀有节流阀、调速阀、溢流节流阀、分流集流阀等。

对流量控制阀的主要要求如下。

(1) 具有较大的流量调节范围,且流量调节要均匀。

(2) 当阀节流口一定,进出口压力差发生变化时,通过阀的流量变化要小,以保证负载运动速度平稳。

(3) 油温变化对通过阀的流量影响要小。

(4) 阀全开时,液流通过阀的压力损失要小,一般为 0.2~0.3 MPa。

(5) 当阀口关闭时,阀的泄漏量要小。

5.4.1　节流阀

1. 节流阀的工作原理和结构

图 5-22(a)所示为一种节流阀的结构,这种节流阀的节流阀口为轴向三角槽式。油液从进油口 P_1 流入,经孔道 a 和阀芯 2 左端的三角槽进入孔道 b,再从出油口 P_2 流出。调节手柄 4 就能通过推杆 3 使阀芯 2 做轴向移动,改变节流口的通流面积,从而调节通过节流阀的流量。阀芯 2 在弹簧 1 的作用下始终贴紧在推杆 3 上。图 5-22(b)所示为节流阀的图形符号。

2. 节流阀的性能

1) 节流口的流量特性

液体流经节流口时,通过节流口的流量受到相关的多种因素的影响。节流口属于液体流动中的局部阻力。表达节流口的流量特性的方程为

$$q = KA (\Delta p)^m \tag{5-9}$$

式中:K——与节流口的形状、油的粘度、液流状态有关的系数;

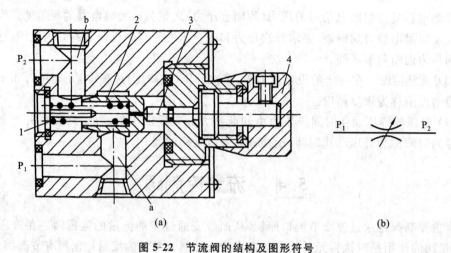

图 5-22　节流阀的结构及图形符号

（a）节流阀的结构　（b）节流阀的图形符号

1—弹簧；2—阀芯；3—推杆；4—调节手柄；a、b—孔道

A——节流口的通流面积；

Δp——节流口前后压差；

m——指数，主要由节流口的形状来决定，$0.5 \leqslant m \leqslant 1$。

2）影响流量稳定性的因素

（1）压力对流量稳定性的影响　当节流阀的通流面积调整好以后，由于负载的变化，引起节流口前后的压差变化，使流量也发生变化。由式（5-9）和图 5-23 可看出，节流口的 m 越大，Δp 的变化对流量的影响也越大，因此节流口制成薄壁孔（$m = 0.5$）比制成细长孔（$m = 1$）好。

（2）温度对流量稳定性的影响　油温的变化导致油液粘度变化，从而对流量产生影响，这在细长孔式节流口上的表现是十分明显的。对薄壁孔式节流口来说，当雷诺数 Re 大于临界值时，流量系数 C_d 不受油温影响；但当压力差小，通流面积小时，流量系数 C_d 与 Re 有关，流量要受到油温变化的影响。总之，薄壁孔受温度的影响小。

（3）阻塞对流量稳定性的影响　流量小时，流量稳定性与油液的性质和节流口的结构都有关。表面上看只要把节流口关得足够小，便能得到任意小的流量。但是油中不可避免有杂质，节流口开得太小就容易被杂质堵住，使通过节流口的流量不稳定。产生堵塞的主要原因如下。

① 油液中的机械杂质或因氧化析出的胶质、沥青、炭渣等污物堆积在节流缝隙处。

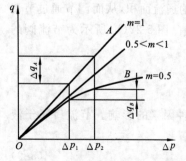

图 5-23　节流口的流量特性曲线

② 由于油液老化或受到挤压后产生带电的极化分子,而节流缝隙的金属表面上存在电位差,故极化分子被吸附到缝隙表面,形成牢固的边界吸附层,因而影响了节流缝隙的大小。以上堆积、吸附物增长到一定厚度时,会被液流冲刷掉,随后又重新附在阀口上。这样周而复始,就形成流量的脉动。

③ 阀口压差较大时容易产生阻塞现象。

减轻阻塞现象的措施如下。

① 采用大水力半径的薄刃式节流口。一般,通流面积越大、节流通道越短及水力半径越大时,节流口越不易阻塞。

② 适当选择节流口前后的压差。一般取 $\Delta p = 0.2 \sim 0.3$ MPa。因为压差太大,能量损失大,将会引起流体通过节流口时的温度升高,从而加剧油液氧化变质而析出各种杂质,造成阻塞;此外,当流量相同时,压差大的节流口所对应的开口量小,也易引起阻塞;若压差太小,则又会使节流口的刚度降低,造成流量的不稳定。

③ 精密过滤并定期更换油液。在节流阀前设置单独的精滤装置。为了除去铁屑和磨料,可采用磁性过滤器。

④ 构成节流口各零件的材料应尽量选用电位差较小的金属,以减小吸附层的厚度;选用抗氧化稳定性好的油液、并控制油液温度的升高,以防止油液过快地氧化和极化,都有助于缓解阻塞的产生。

3) 节流口的形状

当节流口的通流面积小到一定程度时,在所有因素都不变的情况下,通过节流口的流量会出现周期性的脉动,甚至造成断流,这就是节流口的阻塞现象。节流口的阻塞会使液压系统中执行元件的速度不均匀,或出现“爬行”现象。因此每个节流阀都有一个能正常工作的最小流量限制,称为节流阀的最小稳定流量。

常见节流口的形式如图 5-24 所示。

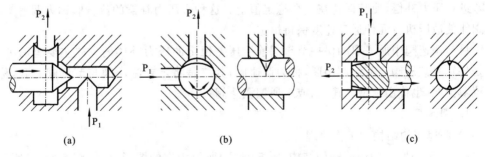

图 5-24　几种常见的节流口形式

(a) 针阀式　(b) 偏心槽式　(c) 轴向三角槽式

图 5-24(a)所示为针阀式节流口,其节流口的截面形式为环形缝隙。当改变阀芯轴向位置时,通流面积发生改变。此节流口的特点是:结构简单,易于制造,但水力半径小,流量稳定性差。适用于对节流性能要求不高的系统。

图 5-24(b)所示为偏心槽式节流口,在阀芯上开有偏心槽,其截面为三角槽,转动阀芯,可改变通流面积。这种节流口的水力半径较针阀式节流口大,流量稳定性较好,但在阀芯上有径向不平衡力,使阀芯转动费力,一般用于低压系统。

图 5-24(c)所示为轴向三角槽式节流口,在阀芯断面轴向开有两个轴向三角槽,当轴向移动阀芯时,三角槽与阀体间形成的节流口面积发生变化。这种节流口的工艺性好,径向力平衡,水力半径较大,调节方便,广泛应用于各种流量阀中。

流量调节范围是指通过阀的最大流量和最小流量之比,一般在 50 以上。有些阀也采用最大流量与最小流量的实际值来表征阀的流量调节范围。流量调节范围是流量控制阀的主要性能参数之一。

节流阀的流量调节仅靠一个节流口来调节,其流量的稳定性受压差和温度的影响较大。

4) 节流阀的最小稳定流量

节流阀正常工作(指无断流且流量变化不大于 10%)的最小流量限制值称为节流阀的最小稳定流量。节流阀的最小稳定流量与节流孔的形状有很大关系。目前轴向三角槽式节流口的最小稳定流量为 $30\sim50$ mL/min,薄壁孔式节流口则可达 $10\sim15$ mL/min(因流道短和水力半径大,减小了污染物附着的可能性)。

5.4.2 调速阀

从阀口流量公式可知,通过节流阀的流量受其进出口压差变化的影响。在液压系统中,执行元件的负载常常变化,从而引起系统压力变化,进而使节流阀进出口的压差也发生变化,而执行元件的运动速度与通过节流阀的流量有关。因此,负载变化,其运动速度也相应发生变化。为了使流经节流阀的流量不受负载变化的影响,必须对节流阀前后的压差进行压力补偿,使其保持在一个稳定值上。这种带压力补偿的流量阀称为调速阀,调速阀能使液压执行元件运动速度保持恒定。

目前调速阀中所采取的保持节流阀前后压差恒定的压力补偿的方式主要有两种:其一是将定差减压阀与节流阀串联,称为调速阀;其二是将定差溢流阀与节流阀并联,称为溢流节流阀(也称溢流型调速阀、或三通型调速阀)。

1. 调速阀

1) 调速阀的结构和工作原理

图 5-25(a)所示为调速阀的结构,图 5-25(b)所示为它的图形符号,图 5-25(c)所示为它的简化图形符号。在实际液压系统中,调速阀进口压力 p_1 由液压系统中的溢流阀调定,基本上保持恒定。调速阀出口处的压力 p_3 由负载决定。所以当负载增加时,调速阀

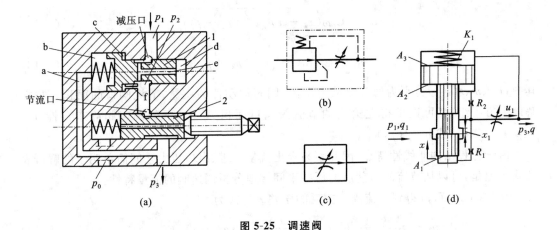

图 5-25　调速阀

（a）调速阀的结构　（b）调速阀的图形符号

（c）调速阀的简化图形符号　（d）调速阀的计算原理示意图

1—减压阀阀芯；2—节流阀阀芯

进出口压差 p_1-p_3 将减小。如在液压系统中使用的是节流阀，则由于压差的变动，影响通过节流阀的流量，从而影响执行元件的运动速度，其运动速度很难保持恒定。

调速阀是在节流阀的前面串联了一个定差减压阀，利用减压阀阀芯的自动调节作用，使节流阀前后压差 $\Delta p = p_2 - p_3$ 基本上保持不变。

减压阀阀芯 1 左端的油腔 b 通过孔道 a 和节流阀出油口相通，压力为 p_3，而其环形腔 c 和其右端的油腔 d，通过孔道 f 和 e 与节流阀阀芯 2 上端的油腔相通，即节流口的进口压力为 p_2。当负载变大时，p_3 升高，作用在减压阀阀芯 1 左端的液压力增加，阀芯右移，减压阀的开口加大，压降减小，因而使 p_2 也升高，结果使节流阀阀口前后的压差 $\Delta p = p_2 - p_3$ 基本保持不变。反之亦然。这样就使通过调速阀的流量恒定不变，不受负载变化的影响。

2）调速阀的静态性能

调速阀具有保持流量稳定的功能，主要是因为定差减压阀使得节流阀口前后的压差近似不变，从而使流量近似恒定。

图 5-25（d）所示为调速阀计算原理示意图，A_1、A_2、A_3 为阀芯的承压面积；K_1 为弹簧刚度，其预压缩量为 x_0；x_1 为阀芯处于最下端位置时的阀口开度。设阀芯向上运动为正方向。列出的调速阀静态特性方程组（包括力平衡方程、连续性方程和阀口流量表达式）为

$$A_3 p_2 - A_3 p_3 = K_1(x_0 + x) - K_s(x_1 - x)(p_1 - p_2) \tag{5-10}$$

$$q_1 = q_D = q \tag{5-11}$$

$$q_1 = C_d\omega(x_1 - x)\sqrt{\frac{2}{\rho}(p_1 - p_2)} \tag{5-12}$$

$$q_D = C_d A_D(y)\sqrt{\frac{2}{\rho}(p_2 - p_3)} \tag{5-13}$$

其中，K_s、m、$A_D(y)$分别为稳态液动力系数、阀芯运动件的质量、节流阀口的面积。联立解以上方程组，就可以求得在给定的节流阀阀口面积 $A_D(y)$下的调速阀静态特性 $q= f(p_1)|_{p_3=定值}$，或 $q=f(p_3)|_{p_1=定值}$。

由于方程组的非线性特点，因此不易求出流量与进、出口压力之间简单明了的解析表达式。但是，可以从节流阀口前后的压差来间接地分析调速阀的流量特性。

从式(5-10)可以得到节流阀口前后的压差表达式为

$$p_2 - p_3 = \frac{1}{A_3}\left[K_1 x_0\left(1 + \frac{x}{x_0}\right) - K_s(x_1 - x)(p_1 - p_2)\right] \tag{5-14}$$

方括号中的第一项是弹簧力，第二项是液动力。实际上，由于液动力数值较小，$x \ll x_0$，所以节流口前后压差基本上保持不变。

显然，只有当在任何工况下的弹簧力与液动力之差保持恒定时，才可能使节流阀的工作压差不变，从而保证调速阀的输出流量不受压力波动的影响。这是一个难以实现的苛刻条件，因为压力波动时，定差减压阀的阀口压差必然随之改变，所以液动力和阀芯的开启高度都发生变化，而且它们的变化规律不同，变化量就不可能同步。

从式(5-14)可见，为了尽可能减小压差 $\Delta p = p_2 - p_3$ 的变动，设计时应将弹簧的预压缩量 x_0 加大，增加阀芯的工作面积 A_3，减小液动力的影响。

基于以上原因，调速阀中的定差减压阀常采用类似图 5-25(d)所示的阶梯状阀芯。这样一方面可以增大阀芯的工作面积，减小压力波动；另一方面也可增加开环增益，提高阀的灵敏度。

由于调速阀的压力补偿功能，压力变化时的流量变动量一般小于 $10\% q_{max}$，性能良好的调速阀在工作压力为 31.5 MPa 的范围内可以使流量变动量不大于$\pm(2\sim4)\%$。

从图 5-25(d)所示调速阀的工作原理可知，当液流反向流动时，有 $p_3 > p_2$，所以定差减压阀的阀芯始终在最下端的阀口全开位置。这时减压阀失去作用而使调速阀成为单一的节流阀。在正向工作的条件下，也只有当阀的进、出口压差超过设计规定的最小值时，定差减压阀才起定压作用。否则也会由于减压阀阀口全开而丧失压力补偿的功能。

图 5-26 所示为节流阀与调速阀的静态特性曲线，即阀进出口压差 Δp 与通过阀的流量 q 之间关系的曲线。由图可知，在压差较小时，调速阀的特性与节流阀相同，此时，由于压差较小，调速阀中的减压阀芯将处于全开口位置，减压阀失去压力补偿的调节作用，调速阀与节流阀的这部分曲线重合；当阀两端压差大于某一值时，减压阀芯处于工作状态，通过调速阀的流量就不受阀进出口压差的影响，而通过节流阀的流量仍然随压差的变化

而改变。$\Delta p_{\min}$ 是调速阀的最小稳定工作压差,一般为 $0.5\sim1$ MPa。

2. 溢流节流阀

1) 溢流节流阀的工作原理和结构

溢流节流阀也是一种压力补偿型节流阀,它是节流阀与定差溢流阀并联而成的组合阀,它也能补偿因负载变化而引起的流量变化。图 5-27 (a)所示为其结构简图。与调速阀不同,用于实现压力补偿的定差溢流阀 1 的进口与节流阀 2 的进口并联,节流阀的出口接执行元件,定差溢流阀的出口接回油箱。节流阀的前、后压力 p_1、

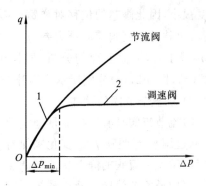

图 5-26　节流阀与调速阀的
静态特性曲线

1—无压力补偿;2—有压力补偿

p_2 经阀体内部通道反馈作用在差压式溢流阀的阀芯两端。溢流阀阀芯受力平衡时,压力差 (p_1-p_2) 被弹簧力确定,保持基本不变,因此流经节流阀的流量基本不变。

图 5-27 中的安全阀 3 的进口与节流阀 2 的出口并联,用于限制节流阀的进口压力 p_2 的最大值,对系统起安全保护作用,溢流节流阀正常工作时,安全阀处于关闭状态。

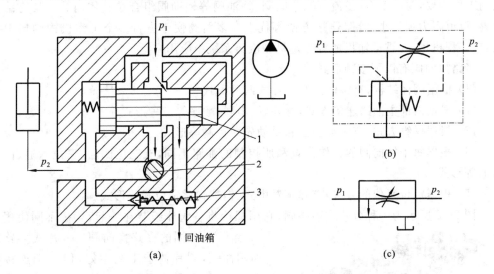

图 5-27　溢流节流阀的结构及图形符号

（a）溢流节流阀的结构　（b）溢流节流阀的图形符号　（c）溢流节流阀的简化图形符号

1—定差溢流阀;2—节流阀;3—安全阀

若因负载变化引起节流阀出口压力 p_2 增大,流量相应减小,定差溢流阀芯弹簧端的液压力将随之增大,阀芯原有的受力平衡被破坏,阀芯向阀口减小的方向移动,溢流阀口减小,使得溢流量减小,使得进口压力 p_1 增大,阀芯受力重新平衡。因定差溢流阀的弹簧

刚度很小，因此阀芯的位移对弹簧力影响不大，即阀芯在新的位置平衡后，阀芯两端的压力差，也就是节流阀前后压力差（$p_1 - p_2$）保持基本不变。在负载变化引起节流阀出口压力 p_2 减小时，类似上面的分析，同样可保证节流阀前后压力差（$p_1 - p_2$）基本不变。图 5-27(b)、图 5-27(c)分别所示为溢流节流阀的图形符号、简化图形符号。

2）溢流节流阀的性能

溢流节流阀具有保持流量稳定的功能，主要是因为具有流量补偿作用的溢流阀起作用，通过调整 p_1 跟随 p_2 的变化来保持节流口前后的压差近似不变，从而使流量保持近似恒定。溢流节流阀的静态特性与调速阀相同。

使用溢流节流阀的液压系统，其泵的出口压力能适应负载压力的变化，其大小只比负载压力高出一个数值较小的常数（定差溢流阀的弹簧力与阀芯面积的比值），因此系统具有较好的节能效果。

5.5　多路换向阀

多路换向阀简称多路阀，是有两个以上的换向阀为主体的组合阀。根据不同液压系统的工作需要，常将安全(溢流)阀、单向阀、补油阀等辅助阀组合在阀体内。它具有结构紧凑、流道阻力损失小、管路连接方便等优点。多路阀便于进行多个工作机构的集中控制，在工程机械、起重运输机械等行走机械液压系统中应用广泛。

多路换向阀有以下多种形式。

(1) 根据阀体结构，有整体式和分片式两种形式。

(2) 根据内部主油路连接方式，有并联、串联、顺序等三种形式。

(3) 根据操纵方式，有手动控制和手动先导控制等形式。

(4) 根据每个换向阀的工作位置和所控制的油路不同，有三位四通、三位六通、四位六通等形式。

(5) 根据定位复位的方式，有弹簧对中式、钢球弹跳定位式等形式。

图 5-28 所示为一种分片式多路阀，它用螺栓将各阀体组装在一起，可按不同使用要求，组装成不同的多路换向阀。分片式多路阀通用性强，阀片铸造工艺性好，但由于连接面多，出现外渗漏的可能性也较大。整体式多路阀是将各换向阀及辅助阀装在同一个阀体内，结构紧凑，但阀体内部流道复杂，阀体铸造技术要求高。

图 5-29 所示分别为并联、串联、顺序式多路阀的图形符号，图中各包含了三个手动换向

图 5-28　分片式多路阀

阀。并联式多路阀的主泵同时向多路阀控制的各个执行元件(如液压缸、液压马达)供油,各换向阀进口压力等于主泵的供油压力。几个阀同时操作来完成复合动作时,负载小的执行元件先动作,并且,复合操作时各执行机构的流量之和等于泵的总流量。所以复合操作时的动作速度比单独动作时的速度低。

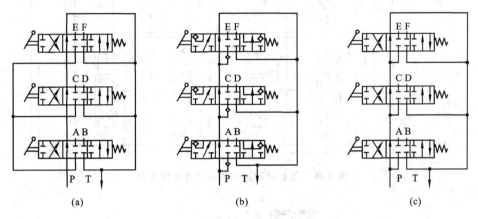

图 5-29　多路阀的油路连接方式

(a) 并联式　(b) 串联式　(c) 顺序式

　　串联式多路阀的主泵依次向多路阀控制的各个执行元件供油。只要压力足够,就可以实现多个动作的复合操纵,每个执行元件只占用主泵的部分供油压力,因此这种形式适合于高压系统。

　　顺序式多路阀的主泵按顺序单独向每一个执行元件供油,因此只能按多路阀中的换向阀排列次序单独动作。操作前一个阀时,后面的阀被切断油路,从而可以避免各执行元件的动作干扰,具有互锁功能,可防止误操作。

　　图 5-30 所示为一种并联式多路换向阀,它包含了四个三位六通手动换向阀、五个过载补油阀(溢流阀与单向阀并联)、一个溢流阀、五个单向阀,阀芯为弹簧自动复位式。液压泵出口连接溢流阀,对液压泵形成直接保护,并通过四个单向阀分别与各联手动换向阀的供油口相通,单向阀保护液压泵免受液压执行元件带来的可能的冲击;当各联换向阀处于中位时,液压泵输出流量通过各联换向阀的中位油路直接回油,使液压泵处于低压卸荷状态;各联换向阀的输出油口通常装有过载补油阀,以减小执行元件的振动。

　　图 5-31 所示为多路阀中一个阀片的剖视图。换向阀为滑阀结构,阀芯凸肩上开设有节流槽,使得阀芯开启和关闭过程中,阀口面积变化比较平缓,以减小阀口突然开启或关闭而出现的液压冲击现象。阀体两边的流道接回油口,中间的流道接供油口,回油与供油流道之间两个流道的出口与执行元件相连接。

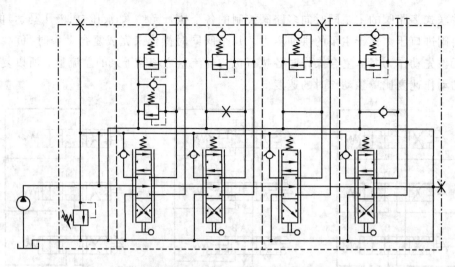

图 5-30　带有辅助阀的并联式多路换向阀

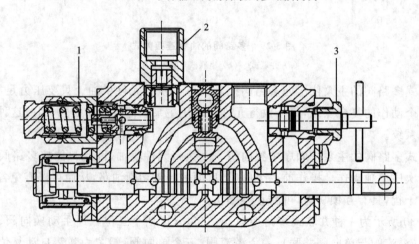

图 5-31　多路阀中的一个阀片的剖视图

1—油口溢流阀；2—油口节流阀；3—单作用/双作用变换器

5.6　插　装　阀

插装阀（cartridge valve）是一种结构紧凑、集成化的液压阀。从安装方式上可分为滑入式（slip-in）和螺旋式（screw-in）两类。滑入式即通常所称的二通插装阀或逻辑元件，它一般都需要附加先导控制阀才能工作。螺旋式就是螺纹插装阀，它一般都能独立完成一个或多个液压功能，如溢流阀、电磁方向阀、流量控制阀、平衡阀等。

5.6.1　二通插装阀

二通插装阀是将基本组件插入阀体孔内,配以盖板、先导阀而构成的一种液压阀。因插装阀基本组件只有两个油口,因此被称为二通插装阀或盖板型插装阀,简称插装阀。

与普通液压阀相比,二通插装阀具有多项显著优点:结构紧凑,管路连接简化;通流能力大,特别适用于大流量场合;密封性好,泄漏小;灵敏度高,响应快速;抗污染能力强等。而且插装式元件已标准化,便于组合成多种功能的复合阀,因此在高压、大流量液压系统中应用广泛。

1. 插装阀的基本结构与工作原理

1) 插装阀的基本结构

插装阀由插装件、先导元件、控制盖板和插装块体等四部分组成,其中插装件由阀芯、阀套、弹簧和密封件组成,如图 5-32 所示。

插装件(又称主阀组件)是插装阀的主阀级,将其插装在液压集成块中,通过它的开启、关闭或开启量的大小等状态来控制液流的通断或控制流量、压力的大小。

先导元件是插装阀的控制级,插装件的工作状态由先导元件控制。常见的先导元件包括:①电磁换向阀(如电磁滑阀、电磁球阀);②单向元件、梭阀元件和液控单向元件;③先导压力控制元件;④阻尼塞;⑤缓冲阀;⑥单向节流阀;⑦行程调节器;⑧微流量调节器。先导元件常常以板式连接、叠加式连接的方式安装在盖板上,或插装在控制盖板中。

控制盖板不仅起到盖住和固定插装件的作用,还起到连接插装件与先导元件的作用,此外,它本身还具有各种控制机能,与先导元件一起共同构成插装阀的先导级。

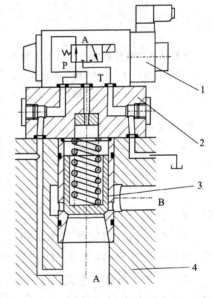

图 5-32　插装阀的组成
1—先导元件;2—控制盖板;
3—插装件;4—插装块体

在插装块体上加工有插装件和控制盖板等的连接孔口和各种流道。插装阀一般没有独立的阀体,在一个阀块(也称液压集成块)中往往插装有多个插装件,通过块体内部流道互相连接构成液压系统的油路。

2) 插装阀的工作原理

图 5-33 所示的插装阀插装件由阀芯、阀套、弹簧和密封件组成。图中 A、B 为主油路接口,X 为控制油腔,三者的油压分别为 p_A、p_B 和 p_X,各油腔的有效作用面积分别为 A_A、

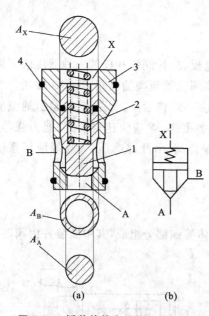

图 5-33　插装件基本结构及图形符号

（a）插装件的结构　（b）插装件的图形符号

1—阀芯；2—弹簧；3—阀套；4—密封件

A_B 和 A_X，由图可见，有

$$A_X = A_A + A_B \qquad (5\text{-}15)$$

面积比为

$$\alpha_{AX} = \frac{A_A}{A_X} \qquad (5\text{-}16)$$

根据用途不同，面积比 α_{AX} 有 $\alpha_{AX} < 1$ 和 $\alpha_{AX} = 1$ 两种情况。

插装阀的工作状态是由作用在阀芯上的合力的大小和方向来决定的。当不计阀芯自重和摩擦阻力时，阀芯所受的合力 $\sum F$ 为

$$\sum F = p_X A_X - p_A A_A - p_B A_B + F_1 + F_2 \qquad (5\text{-}17)$$

式中：F_1——弹簧力；

$\qquad F_2$——阀芯所受的稳态液动力。

由式（5-17）可见，当 $\sum F > 0$ 时，即

$$p_X > \frac{p_A A_A + p_B A_B - F_1 - F_2}{A_X} \qquad (5\text{-}18)$$

时，阀口关闭；

当 $\sum F < 0$ 时，即

$$p_X < \frac{p_A A_A + p_B A_B - F_1 - F_2}{A_X} \qquad (5\text{-}19)$$

时，阀口开启。

由此可见，插装阀的工作原理是依靠控制腔（X 腔）的压力大小来启闭阀口的。控制腔压力满足式（5-18）时，阀口关闭；控制腔压力满足式（5-19）时，阀口开启。

2. 插装件的结构形式

插装件主要有方向阀插装件、方向节流阀插装件和压力控制插装件，这些插装件的结构形式与各种先导元件可组合成方向、流量和压力控制阀及复合阀。

图 5-32 所示为插装件的基本结构形式。在此基础上，根据不同的使用条件，插入元件的结构形式和结构参数还可做许多相应的变化。例如在结构上有：滑阀形式的，常开式的，阀芯上带节流槽的，阀套与阀芯滑动配合面上带密封圈的等。在结构参数上可具有不同的面积比 α_{AX}、不同的开启压力和不同的锥角等。

1）方向阀插装件

方向阀插装件的结构形式如图 5-32 所示，其特征是具有较大的面积比，一般为

1∶1.1左右。由于B腔作用面积很小,B→A流动时的开启压力很高,所以通常只允许用于工作流向A→B的单向流动。如将面积比改为1∶2或1∶5,使B腔作用面积加大,B→A流动时的开启压力也相应下降了,这种面积比的插装件允许用于工作流向为A→B和B→A的双向流动。

2)方向节流阀插装件

方向节流阀插装件的结构形式如图5-34所示,其特征是阀芯头部带有一个节流塞,或称缓冲凸头。图中节流塞为带三角槽的圆柱形,也有带圆锥形的形式,面积比一般为1∶2或1∶1.5。

该插装件一般用在要求换向无冲击或者要求用作节流元件实现流量控制的场合。

3)压力控制插装件

压力控制插装件的结构形式如图5-35所示。

图5-35(a)所示插装件的特征是具有的面积比为1∶1,阀芯上无节流塞。这种形式的插装件主要用来组成溢流阀、顺序阀、卸荷阀及电磁溢流阀等压力控制阀。

图5-35(b)所示插装件的特征是具有较大的面积比,一般为1∶1.05～1∶1.1。阀芯上带有阻尼螺塞,沟通了A腔与X腔,组成先导压力阀时不需再设置阻尼螺塞,使用比较方便。A腔通过X腔与B腔之间有泄漏。该插装件主要用来组成各种压力控制阀,也常用来实现二位二通开关功能。

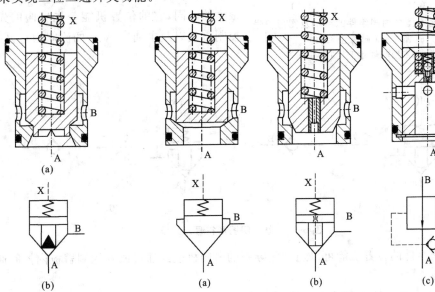

图 5-34 方向节流阀插装件
        及图形符号
     (a) 结构   (b) 图形符号

图 5-35 压力控制插装件
   (a) 压力阀插装件及图形符号(面积比为1∶1)
   (b) 压力阀插装件及图形符号(面积比为1∶1.05～1∶1.1)
   (c) 减压阀插装件及图形符号

图 5-35(c)所示为减压阀插装件,其特征是采用了滑阀式结构,面积比为 1∶1,常开型。减压工作时液流方向为 B→A。阀芯中还有一个单向元件,允许 A→X 的单向流动,可保持插装件的常开状态,还可防止 A 腔压力超过 X 腔压力,使减压阀失控。该插装件的主要用途是构成减压阀。用螺塞代替单向元件后,经常在二通流量阀中作差压阀使用。

3. 插装阀组件

1）方向控制阀

如图 5-36 所示的基本型单向阀组件是典型的控制盖板加方向阀插装件。在控制盖板内含控制通道 h,内设一节流螺塞 f,以调节油液的液阻值。控制通道可单独接外控压力油,也可直接与主油口 A 或 B 相通,控制通道与 A 或 B 相通的图形符号如图 5-37 所示。

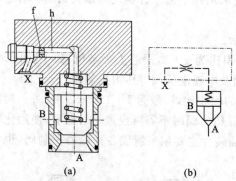

图 5-36 基本型单向阀组件的结构及图形符号

（a）基本型单向阀组件结构

（b）基本型单向阀组件图形符号

图 5-38 所示的方向控制组件是由二位四通换向阀与控制盖板、方向阀插装元件组成。与传统方向控制阀相比,其位置机能有很大的不同,它的位置机能与先导阀的先导控制方式以及主油口 A、B 的流向均有关系。

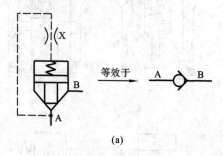
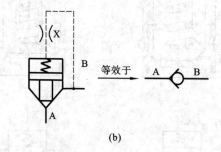

图 5-37 单向阀图形符号及功能

方向阀组件的位置机能可以通过先导阀的滑阀机能或通过改变控制盖板内控制通道的布置来改变。

图 5-39(a)所示为外控式方向控制组件,图 5-39(b)所示为通过改变控制盖板的通道来改变位置机能的内控式方向控制组件。

图 5-40 所示为用一个二位四通电磁先导阀对四个方向阀插装件进行控制,组成了一个四通阀,该四通阀等效于一个二位四通电-液换向阀。

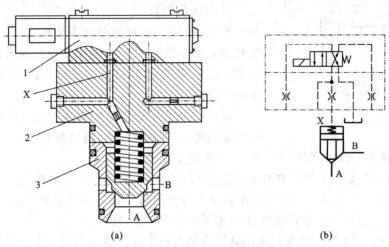

图 5-38 带先导电磁阀的方向控制组件及图形符号

（a）带先导电磁阀的方向控制组件的结构 （b）带先导电磁阀的方向控制组件的图形符号

1—先导元件；2—控制盖板；3—插入元件

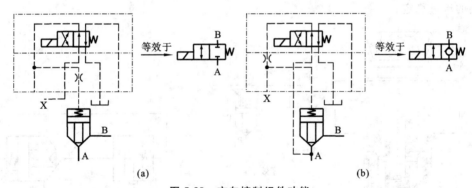

图 5-39 方向控制组件功能

（a）外控式方向控制组件 （b）控制盖板的通道改变后的方向控制组件

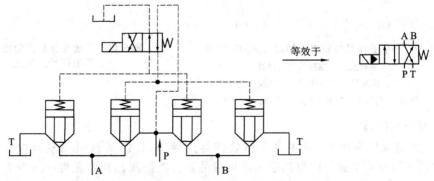

图 5-40 一个先导阀与四个方向阀插装件组成的四通阀及功能

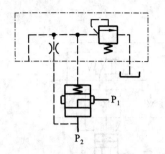

图 5-41　减压控制组件图形符号

2）压力控制阀

插装阀的压力控制组件有溢流控制组件、顺序控制组件和减压控制组件三类，其中溢流控制组件和顺序控制组件的结构、工作原理与二节同心式溢流阀相似，在此不作介绍。

图 5-41 所示图形符号的减压控制组件由滑阀式减压阀插装件、先导调压元件、控制盖板组成。

3）流量控制阀

插装阀的流量控制组件有节流式流量控制组件（节流阀）、二通型流量控制组件（调速阀）等。如图 5-42 所示的节流式流量控制组件是用行程调节器来限制阀芯行程，以控制阀口开度而达到控制流量的目的，其阀芯尾部带有节流口。

如图 5-43 所示的二通型流量控制组件是由一个定差减压阀与一个节流阀串联组成的，该组件有一个输入口 P_1 和一个输出口 P_2，所以称为二通型。其作用是当节流阀的阀口开度调定后，由定差减压阀保持节流阀口两端的压差为一定值，当负载变化时，节流阀输出的流量稳定。

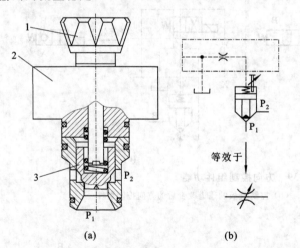

等效于

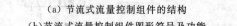

(a)　　　　　　　　　　(b)

图 5-42　节流式流量控制组件的结构及图形符号

（a）节流式流量控制组件的结构

（b）节流式流量控制组件图形符号及功能

1—行程调节器；2—控制盖板；3—节流阀插装件

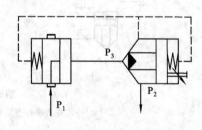

图 5-43　二通型流量控制组件的图形符号及功能

4）复合控制阀

在大流量液压系统中，可用多个插装件与先导阀、控制盖板组成复合控制阀。图 5-44(a)所示为由 5 个插装件与其他元件组成的复合控制阀。其中元件 1、3 为方向阀插装件，阀口的开启和关闭用于连通或切断油口 P 与 B、A 与 T；元件 2 为流量阀插装件，用于接通或切断油口P与A,阀口的开口大小可通过行程调节器调节;元件4、5为压力插装件,元件4与压力先导阀组成背压阀,元件5与先导阀组成电磁溢流阀。复合控制阀的等效液压系统如图5-44(b)所示。

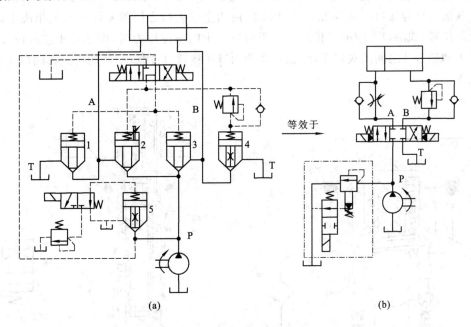

等效于

(a)　　　　　　　　　　　　　　　　　　(b)

图5-44　复合控制阀的结构及其等效液压系统

(a) 复合控制阀的结构　　(b) 等效液压系统

1、3—方向阀插装件；2—流量阀插装件；4、5—压力阀插装件

5.6.2　螺纹插装阀

螺纹插装阀与二通插装阀不同,它是直接通过插件上的螺纹与集成块连接。它具有独立的控制功能,主油口有二通、三通、四通、五通等。由于其结构非常紧凑,连接、安装方便,特别适用于行走机械的液压系统。受连接螺纹强度和紧固扭矩的限制,螺纹插装阀的直径一般小于48 mm,相当于二通插装阀通径16、25,一般用于中小流量的液压系统中。

1. 方向控制阀

图5-45所示为螺纹插装式单向阀,通过螺纹2安装在阀块的对应阀孔中,当流动方向为从油口A至油口B时,单向阀开启、导通;反向流动时,单向阀关闭、截止。

图5-46所示为螺纹插装式两位四通电磁换向阀,阀芯为空心的滑阀结构,阀芯1上端通过T形槽与电磁铁衔铁2相连。当电磁铁不带电时,阀芯1在复位弹簧3作用下处于最下端位置,使得P→A,B→T;当电磁铁得电时,衔铁在电磁吸力作用下克服复位弹簧

力向上运动,使得与之相连的阀芯处于最上端位置,从而使得 P→B,A→T。

图 5-47 所示为螺纹插装式梭阀,通过阀套上设置的三处密封把三个油口 1、2、3 隔开。梭阀是一个逻辑或门元件,其输出口与输入口中的压力较大者相通,其应用相当广泛。其输入口为油口 1、3,输出口为油口 2,由两个输入口之间的相对压力大小决定阀芯所处的位置,如油口 3 中的液体压力大于油口 1 中的液体压力时,阀芯处于左端位置,把油口 1 和油口 2 之间的阀口关闭,油口 2 和油口 3 接通,梭阀输出口的压力与油口 3 的压力相等。

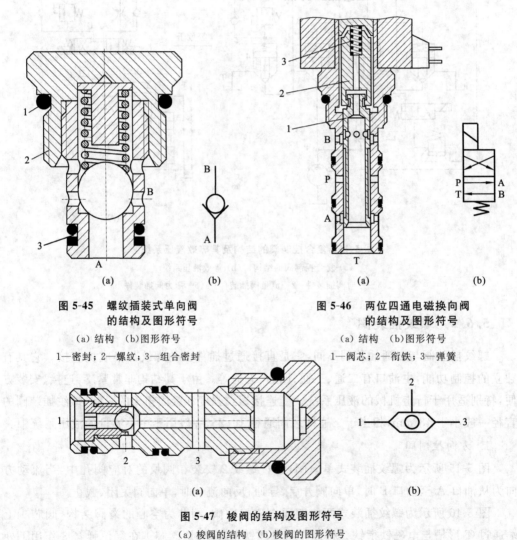

图 5-45 螺纹插装式单向阀
的结构及图形符号

(a) 结构 (b)图形符号

1—密封;2—螺纹;3—组合密封

图 5-46 两位四通电磁换向阀
的结构及图形符号

(a) 结构 (b)图形符号

1—阀芯;2—衔铁;3—弹簧

图 5-47 梭阀的结构及图形符号

(a) 梭阀的结构 (b) 梭阀的图形符号

1、2、3—油口

2．压力控制阀

图5-48所示为一种螺纹插装式的先导式溢流阀，主要由主阀芯、主阀弹簧、先导阀芯、调压弹簧、阀套等组成。主阀芯为滑阀结构，其上有阻尼孔，先导阀芯为球阀结构。

与普通溢流阀的工作原理相同，进口油液由主阀芯的下腔经阻尼孔进入主阀芯的上腔，并作用于先导阀芯，当油液的压力略大于调压弹簧所设定的压力值时，先导阀的阀口开启，油液从先导阀口流回油箱，由于先导油路中的油液流动使得阻尼孔两端产生压差，在此压差作用下主阀开启溢流，从而使得进口压力基本不变。

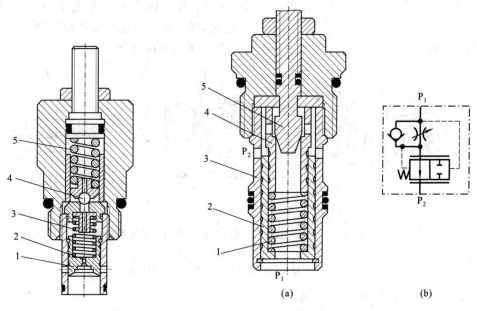

图5-48　螺纹插装式先导式溢流阀的结构
1—主阀芯；2—阻尼孔；3—主阀弹簧；
4—先导阀芯；5—调压弹簧

图5-49　螺纹插装式二通流量控制阀的结构及图形符号
（a）二通流量控制阀的结构　（b）二通流量控制阀的图形符号
1—弹簧；2—调节阀套；3—阀套；4—节流阀座；5—节流阀芯

3．流量控制阀

图5-49所示为一种螺纹插装式的二通流量控制阀，它主要由节流阀芯5、节流阀座4、调节阀套2、弹簧1等组成，有两个油口，即油口 P_1 和油口 P_2。弹簧1的两端分别作用在节流阀座4和调节阀套2上。初始状态时，节流阀座处于最上端的位置，调节阀套处于最下端的位置。当节流阀芯向上移动时，节流阀芯与节流阀座之间形成了一个可调节的节流口，油口 P_1 的液流向油口 P_2 流动过程中，液流先通过节流口，后通过调节阀套上端与阀套径向小孔间的节流窗孔至油口 P_2，节流窗孔就是一个压差补偿阀口，节流阀套上端作用的是节流口的出口压力和弹簧力，节流阀座下端作用的是节流口的进口压力。与二通调速阀原理相同，节流阀套在节流口两端压差力的自动调节作用下，可保证节流口两端

的压差基本不变。在油液由 $P_1 \rightarrow P_2$ 时，流量仅仅取决于节流口面积大小，流量不随负载压力的变化而变化。当油液反方向流动（$P_2 \rightarrow P_1$）时，节流阀座在压差力作用下克服弹簧力被下压，与节流阀芯之间的阀口大开，相当于单向阀的正向开启状态。

图 5-50 所示为一种螺纹插装式的三通流量控制阀，它有 P、A、T 三个主油口，阀芯右端装有节流孔板，其上有节流孔 4，阀芯左端设有阻尼孔 2。其工作原理与溢流型调速阀的工作原理相同。在节流孔 4 的面积和弹簧 1 的预紧力为一定的情况下，三通流量控制阀可以保证油口 A 的流量一定，且不随负载压力的变化而变化。节流孔 4 的进口压力作用在阀芯 3 右端，节流孔出口压力经阻尼孔 2 后作用在阀芯 3 左端；稳态时，节流孔 4 两端的压力差与弹簧力平衡。当负载压力变化时，阀芯在节流孔两端压差和弹簧力作用下进行自动调节，使得油口 A 的流量不随负载压力的变化而变化。

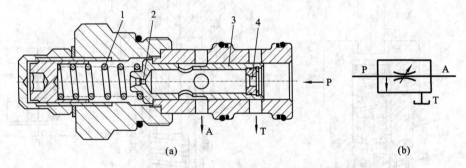

(a)　　　　　　　　　　　　(b)

图 5-50　螺纹插装式三通流量控制阀的结构及图形符号

（a）结构　（b）图形符号

1—弹簧；2—阻尼孔；3—阀芯；4—节流孔

4. 螺纹插装阀的主要应用

（1）若干螺纹插装阀装入一个阀块，阀块成为包含有几个阀的管式元件。

（2）装在液压马达、液压泵、液压缸的缸体上，成为它们的控制阀。

（3）作为叠加阀阀体中的阀组件。

（4）作为二通插装阀的先导控制阀。

（5）可将液压系统或其中部分回路全部集成在一个螺纹插装阀集成块上。

5.7　叠加阀

叠加阀是在板式阀集成化基础上发展起来一种新型元件。每个叠加阀不仅具有单个阀的功能，而且还起到油路通道的作用。叠加阀的上下两面都是平面，便于叠加安装。由叠加阀组成的液压系统，只要将相应的叠加阀叠合在底板与标准板式换向阀之间，用螺钉结合即成。一般来说，同一通径系列叠加阀的油口和螺钉孔的位置、大小及数量都与相匹配的标准换向阀相同。

叠加阀现有 6 mm、10 mm、16 mm、20 mm、32 mm 等 5 个通径系列，额定压力为 20 MPa，额定流量为 10～200 L/min。

图 5-51 所示为叠加阀及组成的液压系统。换向阀在最上面，与执行元件连接的底板在最下面，而叠加阀则安装在换向阀与底板之间，底板上有进、回油口及与执行元件连接的接口。一个叠加阀组一般控制一个执行元件。如液压系统中有几个元件需要集中控制，可将几个叠加阀组竖立并排安装在底板上。

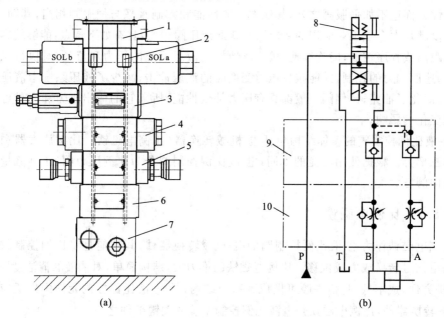

图 5-51　叠加阀的结构及其系统

(a) 叠加阀结构　(b) 叠加阀液压系统

1—电磁换向阀；2—连接螺钉；3—压力阀；4—单向阀；5—节流阀；6—油路连接板；7—底板；
8—三位四通电磁换向阀（Y型机能）；9—双向液压锁；10—单向节流阀

由叠加阀组成的液压系统结构紧凑、配置灵活，系统的设计、制造周期短，系统更改时增添元件方便快捷。

5.8　电-液比例控制阀

电-液比例控制阀是介于普通液压阀和电-液伺服阀之间的一种液压阀，简称比例阀。它可以接受电信号的指令，连续地控制液压系统的压力、流量等参数，使之与输入电信号成比例的变化。

比例阀的发展经历了两条途径。一条途径是将比例电磁铁代替普通液压阀的开关型电磁铁或调节手柄,液压阀部分的结构原理和设计准则上没有变化。这种比例阀工作频宽小、稳态滞环大,只能用于开环系统。随着比例阀设计原理进一步完善,又采用了压力、流量、位移负反馈和动压反馈及电校正等手段,使阀的稳态精度、动态响应和稳定性都有了进一步提高,这条途径是比例阀发展的主流。另一条途径是在电-液伺服阀的基础上,简化结构、降低制造精度要求而发展起来的。

比例阀与伺服阀相比,其优点是耐油液污染能力强,价格较低。除了在控制精度和响应快速性方面还不如伺服阀之外,其他方面的性能和控制水平与伺服阀相当,其动、静态性能可以满足大多数工业应用的要求。与普通液压阀相比,具有如下特点:能够较容易地实现远距离或程序控制;能连续地、按比例地控制液压系统的压力和流量,对执行元件实现位置、速度和力的控制,并能减少压力变换时的液压冲击;减少了液压系统中液压元件的数量,简化了油路;比例阀一般都具有压力补偿性能,所以它的输出压力和流量可以不受负载变化的影响。

电-液比例控制阀的整体结构包括电-机械转换器(比例电磁铁)、比例放大器和液压阀本体三部分。根据使用功能的不同,电-液比例控制阀分为比例压力阀、比例流量阀和比例方向阀三大类。

5.8.1　比例电磁铁

比例电磁铁作为电-液比例控制阀的电-机械转换器件,其功能是将比例控制放大器输出的电信号转换成力或位移。比例电磁铁的推力大,结构简单,对油液的清洁度要求不高,维护方便,成本低,且衔铁腔可做成耐高压结构,是电-液比例控制元件中广泛应用的电-机械转换器件,比例电磁铁是电液比例控制系统的关键部件之一。

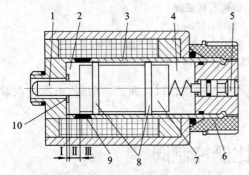

图 5-52　线圈可拆卸式比例电磁铁的结构
1—推杆;2—工作气隙;3—导套;4—非工作气隙;
5—应急手动推杆;6—橡胶螺母;7—衔铁;
8—轴承环;9—隔磁环;10—限位片

图 5-52 所示为比例电磁铁的典型结构,主要由衔铁、导套、推杆、线圈、壳体等组成。导套前后两段由导磁材料制成,中间用一段非导磁材料(隔磁环)焊接,把导套焊接成整体。导套具有足够的耐压强度,可承受35 MPa 静压力。隔磁环的端面形状及隔磁环的相对位置决定了比例电磁铁稳态控制特性曲线的形状。导套与壳体之间配置同心螺线管式线圈。衔铁前端装有推杆,用以输出力或位移;后端装有由弹簧和调节螺钉(或应急手动推杆)组成的调零机构。

当通入比例电磁铁控制线圈一定电流时,由于导套中隔磁环的作用,在线圈电流控制磁势作用下,形成两条磁路,使得在一定范围的工作气隙中的电磁铁吸力保持不变,如图 5-53 所示,在其工作行程范围内具有基本水平的位移-力特性(如图 5-53 中的区域Ⅱ),只有当气隙接近零的非工作区段Ⅰ中,输出力才急剧上升。一定的控制电流对应比例电磁铁一定的输出力,即输出力与输入电流成比例。

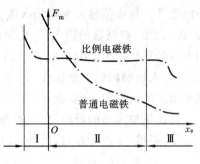

图 5-53　比例电磁铁与普通电磁铁吸力特性的比较

5.8.2　比例放大器

比例放大器是电-液比例阀、电-液比例泵的控制和驱动装置,它能够根据比例阀和比例泵的控制需要对控制电信号进行处理、运算和功率放大。尽管各种不同比例放大器的具体电路结构不同,但其基本电路框图结构是相似的。

图 5-54 所示为一种用于三位四通比例节流阀的比例放大器的基本电路框图,点画线内的区域为比例放大器的内部电路框图。指令信号为正、负 10 V 或正、负 20 mA 范围内

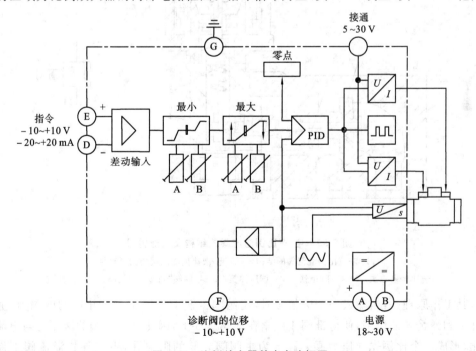

图 5-54　比例放大器基本电路框图

的电信号。指令信号经差动输入放大、斜坡调节、信号幅值最小限定、信号幅值最大限定后,送入 PID 控制器的输入端,比例阀内阀芯的位移信号经位移传感器(U/s)变换为相应的电信号后反馈至 PID 控制器的输入端。PID 控制器的输出信号经功率放大后,变换为电流,送入比例阀的电磁铁线圈。在控制电流上可叠加小幅值的颤振信号,使得阀芯处于微小幅度的运动状态,以减小阀芯的摩擦阻力,提高阀的响应速度或减少滞环。

在比例放大器的面板上,一般都设有一组可调电位器,通过调节电位器,可以设定信号幅度、斜坡、零点等参数;另外,还设置了一些监测或诊断阀状态的接口。

5.8.3 电-液比例溢流阀

电-液比例溢流阀的结构及图形符号如图 5-55 所示,它由比例电磁铁和先导式溢流阀组成,由比例电磁铁代替了普通溢流阀上调压弹簧的调节手轮。

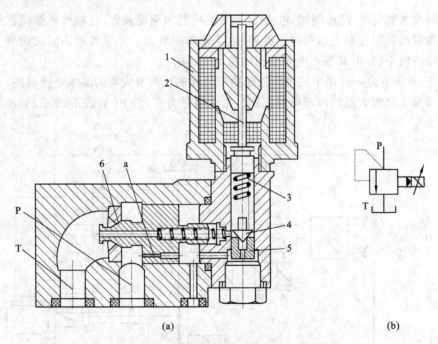

图 5-55 电-液比例溢流阀的结构及图形符号

(a) 电-液比例溢流阀的结构 (b) 电-液比例溢流阀的图形符号

1—比例电磁铁;2—推杆(衔铁);3—调压弹簧;4—导阀阀芯;5—导阀座;6—主阀阀芯

其工作原理是:当输入一个电信号时,比例电磁铁 1 便产生一个相应的电磁力,通过推杆 2 和弹簧 3 的作用,使得锥阀 4 压紧在导阀座 5 上,因此打开锥阀的液压力与电流成正比,形成一个比例先导压力阀。孔 a 为主阀阀芯 6 的阻尼孔,由先导式溢流阀工作原理,对溢流阀阀芯 6 上的受力分析可知,电-液比例溢流阀进口压力的高低与输入信号电流的大小成正比,即进口压力受输入电磁铁的电流控制。通过调节电信号,很容易实现比例溢流阀进口压力的连续变化。

5.8.4　比例流量阀

1. 比例调速阀

图 5-56 所示为电-液比例调速阀的结构及图形符号,它用比例电磁铁取代了调速阀的手调机构,以输入电信号来改变节流阀的阀口开度,从而调节液压系统的流量。图中节流阀阀芯 3 与比例电磁铁 1 的推杆 2 相连。当有电信号输入时,节流阀阀芯 3 在比例电磁铁 1 的电磁推力作用下,通过推杆 2 与阀芯左端的弹簧 5 相平衡,对应一定的节流口开度。输入不同信号电流,便有不同的节流口开度。由于定差减压阀 4 保证节流阀进、出口压力差不变,所以通过对应节流口开度的流量也恒定不变。若输入的信号电流是连续按比例,或按一定程序改变,比例调速阀所控制的流量也相应地发生变化,以实现对执行元件的速度调节。

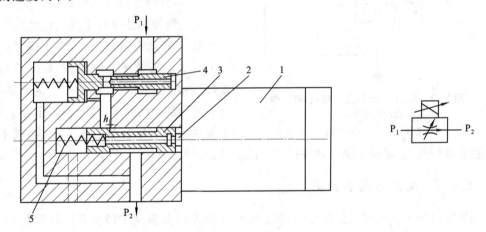

图 5-56　电-液比例调速阀的结构及图形符号

1—比例电磁铁;2—推杆;3—节流阀阀芯;4—定差减压阀;5—弹簧

2. 位移-力反馈型二级电-液比例节流阀

位移-力反馈型二级电-液比例节流阀的原理如图 5-57 所示。固定液阻 R_0 与先导阀口组成了 B 型液压半桥,先导阀芯与主阀芯之间由反馈弹簧 K_f 耦合。当阀的输入电信号为零时,先导阀芯在反馈弹簧压缩力的作用下,处于图示位置,即先导控制阀口为负开口,控制油不流动,主阀上腔的压力 p_c 与进口压力 p_s 相等,由于弹簧力和主阀芯上下面积差的原因,主阀口处于可靠关闭状态。

当输入足够大的电信号时,电磁力克服反馈弹簧 K_f 的预压缩力,推动先导阀芯下移 x_{v1},先导阀口打开,控制油经过固定液阻 R_0→先导阀口→主阀出口 B。控制油沿流动方

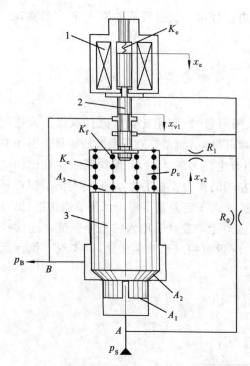

**图 5-57　位移-力反馈型二级电-液比例
节流阀的原理**

1—比例电磁铁；2—先导阀芯；3—主阀芯

向存在压力损失，故主阀上腔的控制压力 p_c 低于进口压力 p_s，在压差 $p_s - p_c$ 的作用下，主阀芯产生位移 x_{v2}，主阀口开启。与此同时，主阀芯位移经过反馈弹簧 K_f 转化为反馈力，作用在先导阀芯上，当反馈弹簧的反馈力与输入电磁力达到平衡时，先导阀芯便稳定在某个平衡点上，从而实现输入电信号对主阀芯位移的比例控制。

由于采用了主阀芯位移-力反馈的闭环控制原理，使主阀芯上的液动力和摩擦力干扰受到抑制，故它的稳态控制性能较好。但先导阀芯和衔铁上的摩擦力仍在闭环之外，故这种干扰没有受到抑制。

在先导控制油路与主阀上腔之间设置的液阻 R_1 起动态阻尼作用，当主阀芯运动产生的动态流量经过液阻 R_1 形成动态压差，此动态压差作用在先导阀芯的两端，调整了先导阀口的开度，改变控制压力 p_c，对主阀的运动产生动态阻尼作用，构成了级间速度-动压反馈，增强了阀口调节过程中的运动稳定性。

5.8.5　比例方向节流阀

图 5-58 所示为一种三位四通先导型电-液比例方向节流阀的结构及图形符号，它主要由比例电磁铁 2、先导阀 3、主阀 4 等组成，比例放大器 1 直接与电磁铁和阀体连接在一起，其中主阀与比例放大器之间还设有主阀芯位移传感器 5，通过比例放大器构成了对主阀开口量的闭环控制。整个比例方向节流阀的结构特征充分体现了机-电-液-控制集成一体的液压元件发展方向，一体化设计简化了比例阀与系统的连接，使用方便。

先导阀 3 和主阀 4 均为三位四通滑阀结构，在对中弹簧作用下处于中位。先导阀芯两端各有一个比例电磁铁，先导阀的两个输出油口分别与主阀芯的左右两腔相连，同时先导阀的输出油口又分别引至先导阀芯的两端。忽略滑阀液动力，稳态时先导阀两个输出油口的压力差取决于比例电磁铁输出力的大小，即先导阀输出压力差与控制电流成正比。先导阀输出的压力差使得主阀向一侧运动，当主阀所受压差力与主阀弹簧力相平衡时，主阀芯就处于某个稳定位置，主阀就具有相应的阀口开度。同时，主阀芯位移通过位移传感

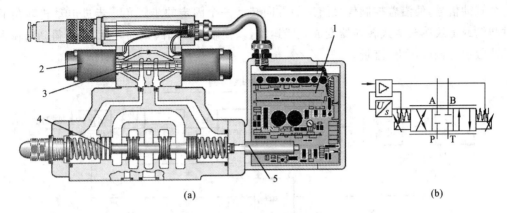

图 5-58　电-液比例方向节流阀的结构及图形符号

（a）电-液比例方向节流阀的结构　（b）三位四通电-液比例方向节流阀的图形符号

1—比例放大器；2—比例电磁铁；3—先导阀；4—主阀；5—位移传感器

器转换为电信号,反馈至控制器的输入端,构成了对主阀芯位移的闭环控制。

5.9　电-液数字控制阀

用数字信号直接控制阀口的开启和关闭,从而控制液流的压力、流量和方向的阀称为电-液数字阀,简称数字阀。数字阀可直接与计算机接口,不需 D/A 转换,在计算机实时控制的电-液系统中,已部分取代伺服阀或比例阀。由于数字阀和比例阀的结构大体相同,且与普通液压阀相似,故制造成本比电-液伺服阀低得多;数字阀在油液的清洁度要求方面比比例阀更低,操作维护更简单;数字阀由脉冲频率或宽度调节控制,输出量准确、可靠,抗干扰能力强;滞环小,重复精度高,可得到较高的开环控制精度,因而得到了较快的发展。

5.9.1　电-液数字阀的工作原理与组成

现有的电-液数字阀主要有增量式数字阀和高速开关数字阀两大类。

增量式数字阀采用由脉冲数字阀调制演变而成的增量控制方式,以步进电动机作为电-机械转换器,驱动液压阀芯工作。图 5-59 所示为增量式数字阀组成结构。微机的输出脉冲序列经驱动电源放大,作用于步进电动机。步进电动机是一个数字元件,根据增量控制方式工作。增量控制方式是由脉冲数字调制法演变而成的一种数字控制方法,是在脉冲数字信号的基础上,使每个采样周期的步数在前一采样周期的步数上增加或减少一些步数,而达到需要的幅值,步进电动机转角与输入的脉冲数成正比,步进电动机每得到一个脉冲信号,便沿着控制信号给定的方向转动一个固定的步距角。步进电动机转角通过凸轮或螺纹等机械式转换器变成直线运动,以控制液压阀阀口的开度,从而得到与输入脉冲数成比例的压力、流量。

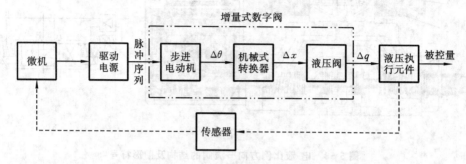

图 5-59　增量式数字阀组成结构

高速开关式数字阀的控制方式多为脉宽调制式(PWM),即控制液压阀的信号是一系列幅值相等,而在每一周期内宽度不同的脉冲信号。图 5-60 所示为高速开关式数字阀组成结构。微机输出的数字信号通过脉宽调制放大器调制放大,作用于电-机械转换器,电-机械转换器驱动液压阀工作。由于作用于阀上的信号是一系列脉冲,所以液压阀也只有与之相对应的快速切换的开和关两种状态,而以开启时间的长短来控制流量或压力。高速开关式数字阀中的液压阀结构与其他阀不同,它是一个高速切换的开关,只有全开、全闭两种工作状态;电/机转换器以电磁式为主,主要是力矩电动机和各种电磁铁。

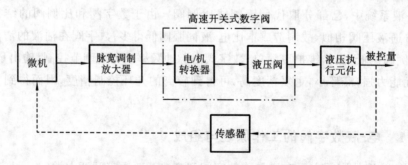

图 5-60　高速开关式数字阀组成结构

5.9.2　电-液数字阀的典型结构

1. 增量式数字流量阀

图 5-61 所示为直接驱动增量式数字流量阀的结构及图形符号。图中步进电动机 1 的转动通过滚珠丝杠 2 转化为轴向位移,带动节流阀阀芯 3 移动,控制阀口的开度,从而实现流量调节。该阀的液压阀口由相对运动的阀芯 3 和阀套 4 组成,阀套上有两个通流

孔口,左边一个为全周开口,右边为非全周开口,阀芯移动时先打开右边的节流口,得到较小的控制流量;阀芯继续移动,则打开左边阀口,流量增大,这种设计使阀的控制流量可达 3 600 L/min。阀的液流流入方向为轴向,流出方向与轴线垂直,这样可抵消一部分稳态液动力,并使结构较紧凑。连杆 5 的热膨胀可起温度补偿作用,减小温度变化对流量的影响。阀上装有单独的零位移传感器 6,在每个控制周期终了,阀芯由零位移传感器检测并控制回零位,以保证每个工作周期有相同的起始位置,提高了阀的重复精度。

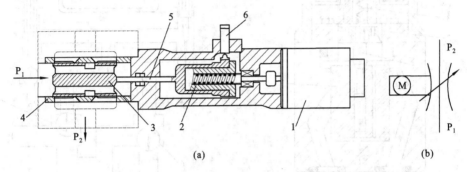

图 5-61　直接驱动增量式数字流量阀的结构及图形符号
(a) 直接驱动增量式数字流量阀的结构　(b) 直接驱动增量式数字流量阀的图形符号
1—步进电动机;2—滚珠丝杠;3—节流阀阀芯;4—阀套;5—连杆;6—零位移传感器

2. 高速开关式数字阀

高速开关式数字阀有二位二通和二位三通两种,两者又各有常开和常闭两类。为了减少泄漏和提高压力,其阀芯一般采用球阀或锥阀结构,但也有采用喷嘴挡板阀的结构形式。以下介绍两种高速开关式数字阀。

1) 二位二通电磁锥阀型高速开关式数字阀

如图 5-62 所示为二位二通电磁锥阀型高速开关式数字阀的结构,当线圈 4 通电时,衔铁 2 上移,使与其连接的锥阀芯 1 开启,压力油从 P 口经阀体流入 A 口。为防止开启过程中,阀芯受到的稳态液动力影响开启速度,阀芯及阀套结构设计上对稳态液动力进行了补偿,以减小稳态液动力。断电时,弹簧 3 使锥阀快速关闭。

该阀的行程为 0.3 mm,动作时间为 3 ms,控制电流为 0.7 A,额定流量为 12 L/min。

2) 力矩电动机-球阀型二位三通高速开关式数字阀

如图 5-63 所示为力矩电动机-球阀型二位三通高速开关式数字阀的结构示意,高速开关式数字阀的驱动部分为力矩电动机,根据线圈通电方向不同,衔铁 2 顺时针或者逆时针方向摆动,输出力矩和转角。

液压部分有两组球阀,分为二级。若脉冲信号使力矩电动机顺时针偏转,即衔铁顺时针偏转,先导级球阀 4 向下运动,关闭压力油口 P,L_2 腔与回油腔 T 接通,球阀 5 在液压力作用下向上运动,工作腔 A 与 P 相通。与此同时,球阀 7 受 P 口压力作用处于上位,L_1 腔

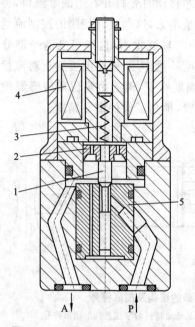

图 5-62　二位二通电磁锥阀型高速
　　　　开关式数字阀的结构

1—锥阀芯；2—衔铁；3—弹簧；

4—线圈；5—阀套

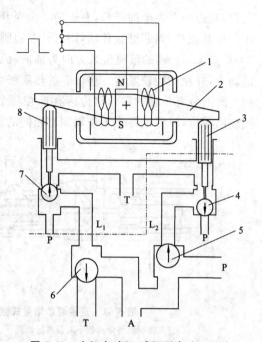

图 5-63　力矩电动机-球阀型高速开关式
　　　　数字阀的结构示意

1—线圈；2—衔铁；3、8—推杆；

4、7—先导级球阀；5、6—功率级球阀

与 P 腔相通,球阀 6 向下关闭,断开 P 腔与 T 腔的通路;反之,如力矩电动机逆时针偏转时,情况正好相反,工作腔 A 则与 T 相通。这种阀的额定流量仅 1.2 L/min,工作压力可达 20 MPa,最短切换时间为 0.8 ms。

习　题

5-1　液压控制阀在液压系统中的作用是什么？其如何分类？

5-2　何谓换向阀的"位"和"通"和"中位机能"？换向阀的操作方式分为哪几种？

5-3　试简述二级同心先导式溢流阀的工作原理,并说明溢流阀在液压系统中的基本功用。

5-4　分别画出先导式溢流阀、先导式减压阀和先导式顺序阀的职能符号,并说明它们在工作原理和结构上有何不同？

5-5　分别画出调速阀和溢流节流阀的职能符号,并说明它们在工作原理和结构上有何不同?

5-6　节流阀的阀口为何通常采用薄壁孔口的形式?

5-7　简述二通插装阀的分类、基本结构及其优点,简述螺纹插装阀的结构特点。

5-8　一夹紧回路,如题 5-8 图所示,若溢流阀的调定压力为 $p_1 = 5$ MPa,减压阀的调定压力为 $p_2 = 2.5$ MPa,试分析活塞快速运动时,A、B 两点的压力各为多少? 减压阀阀芯处于什么状态? 工件夹紧后,A、B 两点的压力各为多少? 减压阀阀芯又处于什么状态? 此时减压阀阀口有无流量通过? 为什么?

(提示:活塞快速运动时,A 点压力略大于 B 点压力,B 点压力小于 2.5 MPa,减压阀阀芯处于全开状态;工件加紧后,A 点压力为 5 MPa,B 点压力为 2.5 MPa,减压阀阀口处于关闭状态,无流量通过)

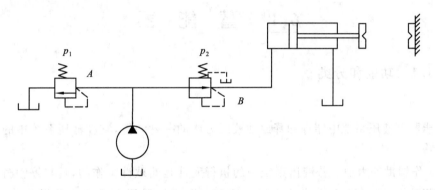

题 5-8 图

5-9　有一滑阀式直动型溢流阀,已知阀芯直径 $D = 20$ mm,调压弹簧刚度 $K = 80$ N/mm,预压缩量 $x_0 = 7$ mm,阀口密封长度 $L = 2$ mm,阀口流量系数 $C_d = 0.8$,油液密度 $\rho = 900$ kg/m³,忽略作用在阀芯上的稳态液动力。求阀的进口压力 $p = 2.5$ MPa 时阀的开口大小及通流量。

(提示:由 $p \dfrac{\pi D^2}{4} = K(x_0 + L + x)$ 可求出阀的开口大小,再由 $q = C_d \pi D x \sqrt{\dfrac{2}{\rho} \Delta p}$ 求出流量)

第6章 液压辅件

液压系统中的辅助装置包括蓄能器、过滤器、油箱、热交换器、管件、密封件等。从液压传动的工作原理来看,这些元件是起辅助作用的,但从保证液压系统有效的传递力和运动,以及提高液压系统的工作性能来看,它们却是非常重要的。实践证明,液压辅件的合理设计与选用在很大程度上影响系统的动态性能、工作稳定性、工作寿命、噪声和效率,必须予以重视。在液压辅件中,油箱和集成块需要根据系统要求自行设计,其他辅助装置则做成标准件,供使用时选用。

6.1 蓄能器

6.1.1 功能和分类

1. 功用

蓄能器是液压系统中储存和释放油液压力能的一种装置,它在液压系统中的功能如下。

(1) 作辅助动力源 若液压系统中的执行元件是间歇性工作的,且与停顿时间相比工作时间较短,或者液压系统的执行元件在一个工作循环内运动速度相差较大(见图6-1),为节省液压系统的动力消耗,可在系统中设置蓄能器作为辅助动力源。在液压系统不需大量油液时,可以把液压泵输出的多余压力油液储存在蓄能器内,到需要时再由蓄能器和液压泵快速供给液压系统。这样就可使液压系统选用较小排量的液压泵,其输出流量等于循环周期内执行元件需要的平均流量 q_m 即可,以减小功率消耗,降低系统温升。

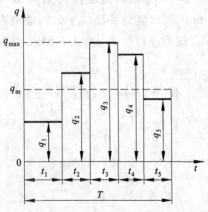

图 6-1 液压系统中的流量供应情况,T 为循环周期

(2) 补偿泄漏、维持系统压力 若液压系统的执行元件在一定时间内需要输出较大的力,而输出速度为零,此时为节约能量,液压泵停止向液压系统供油,由蓄能器把储存的压力油液供给系统,补偿系统泄漏使系统在一段时间内维持压力,维持执行元件的输出力恒定。

（3）作为紧急动力源　为避免发生安全事故，一些液压系统要求在液压泵发生故障或失去动力时，执行元件应能继续完成必要的动作，以紧急避险，保证安全。为此可在系统中设置适当容量的蓄能器作为紧急动力源。

（4）吸收脉动、降低噪声　在液压系统中，液压泵的输出瞬时流量存在脉动，将导致系统的压力脉动，从而产生振动和噪声。此时可在液压泵的出口附近安装蓄能器吸收脉动、降低噪声，减小因振动对仪表和管接头等元件的损害。

（5）吸收液压冲击　由于换向阀的突然换向、液压泵的突然停转、执行元件运动的突然停止或紧急制动等原因，液压系统管路内的液体压力会发生急剧变化，产生液压冲击。这类液压冲击大多发生在瞬间，系统的安全阀来不及开启，因此常造成系统中的仪表、密封损坏或管道破裂。若在冲击源的前端管路上安装蓄能器，则可以吸收或缓和这种压力冲击。

2．分类及特征

蓄能器主要有重力式、弹簧式和充气式三大类，充气式又包括气瓶式、活塞式和皮囊式三种。常见蓄能器的结构简图、工作原理及特征如表 6-1 所示。

表 6-1　常用蓄能器的种类及特征

种　类	结 构 简 图	工 作 原 理	特　征
重力 加载式 （重力式）	重锤 缸体 柱塞	利用重锤的重力加载，以位能的形式存储能量。产生的压力取决于重锤的自重和柱塞的直径	结构简单；输出能量时压力恒定；体积大，运动惯量大，反应不灵敏；密封处易漏油；存在摩擦损失，一般用于固定设备做储能用
弹簧 加载式 （弹簧式）	弹簧 活塞 液腔 缸体	利用弹簧的压缩储存能量，产生的压力取决于弹簧的刚度和压缩量	结构简单、容量小；低压（<1.2 MPa），使用寿命取决于弹簧的寿命，输出能量时压力随之减小，用于储能及缓冲

续表

种　类	结构简图	工作原理	特　征
活塞式 （隔离式）	气腔 活塞 液腔	浮动活塞不仅将气、液隔开，而且将液体的压力能转化成气体的压力能储存	结构简单，寿命长，最高工作压力为 20 MPa；最大容量为 100 L。液-气隔离，活塞惯性大，有摩擦损失，反应灵敏性差，用于储能，不适于吸收脉动和压力冲击
皮囊式 （隔离式）	充气阀 壳体 皮囊 进油阀 阀体总成　放气塞	安装在均质无缝钢瓶内的皮囊将液、气隔离，液体的压力能经皮囊转换为气体的压力能储存	气-液可靠隔离、密封好、无泄漏；皮囊惯性小、反应灵敏；结构紧凑、自重轻；最高工作压力为 32 MPa；最大气体容量为 150 L。可用于储能、吸收脉动和压力冲击

6.1.2　蓄能器的容量

蓄能器容量的大小和它的用途有关。下面以皮囊式蓄能器为例进行说明。

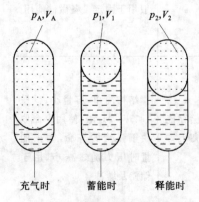

p_A, V_A　p_1, V_1　p_2, V_2

充气时　　蓄能时　　释能时

图 6-2　皮囊式蓄能器储存和释放能量的工作过程

1. 蓄能器用于储存和释放压力能

如图 6-2 所示，蓄能器的容积 V_A（皮囊充气后的体积）是由其充气压力 p_A、工作中要求输出的油液体积 V_w、系统最高工作压力 p_1 和最低工作压力 p_2 决定的。由气体玻意耳定律，有

$$p_A V_A^n = p_1 V_1^n = p_2 V_2^n = \text{const} \qquad (6-1)$$

式中：V_1、V_2——气体在最高、最低压力下的体积；

　　　n——指数。

n 的值由气体工作条件决定：当蓄能器用来补偿泄漏、保持压力时，它释放能量的速度缓慢，可认为气体在等温条件下工作，$n=1$；当蓄能器用来大量提供油液时，它释放能量的速度很快，可认为气体在绝热条件下工作，$n=1.4$。

由于 $V_w=V_1-V_2$，因此由式(6-1)，可得

$$V_A = \frac{V_w\,(1/p_A)^{\frac{1}{n}}}{(1/p_2)^{\frac{1}{n}}-(1/p_1)^{\frac{1}{n}}} \tag{6-2}$$

p_A 值理论上可与 p_2 相等，但为了保证系统压力为 p_2 时蓄能器还有能力补偿泄漏，宜使 $p_A<p_2$，一般对折合型皮囊取 $p_A=(0.8\sim0.85)p_2$，波纹型皮囊取 $p_A=(0.6\sim0.65)p_2$。此外，如能使皮囊工作时的容腔在其充气容腔 1/3 至 2/3 的区段内变化，就可使它更为经久耐用。

2. 蓄能器用于吸收液压冲击

蓄能器的容积 V_A 可以近似地由其充气压力 p_A、系统中允许的最高工作压力 p_1 和瞬时吸收的液体动能来确定。例如，当用蓄能器吸收管道突然关闭时的液体动能 $\rho Alv^2/2$ 时，由于气体在绝热过程中压缩所吸收的能量为

$$\int_{V_A}^{V_1} p\,\mathrm{d}V = \int_{V_A}^{V_1} p_A\,(V_A/V)^{1.4}\,\mathrm{d}V = -\frac{p_AV_A}{0.4}\big[(p_1/p_A)^{0.286}-1\big]$$

假定液体动能全部被蓄能器吸收，则可得

$$V_A = \frac{\rho Alv^2}{2}\Big(\frac{0.4}{p_A}\Big)\Big[\frac{1}{(p_1/p_A)^{0.286}-1}\Big] \tag{6-3}$$

式(6-3)未考虑油液压缩性和管道弹性，式(6-3)p_A 的值常取系统工作压力的 90%。蓄能器用于吸收液压泵压力脉动时，它的容积与蓄能器动态性能及相应管路的动态性能有关。

6.1.3　蓄能器的使用和安装

蓄能器在液压回路中的安放位置随其功用不同而不同，吸收液压冲击或压力脉动时宜放在冲击源或脉动源附近；补油保压时尽可能接近执行元件。

蓄能器使用时须注意如下几个方面。

(1) 充气式蓄能器中应使用惰性气体(一般为氮气)，允许工作压力视蓄能器结构形式而定，例如，皮囊式为 3.5～32 MPa。

(2) 不同的蓄能器各有其适用的工作范围，例如，皮囊式蓄能器的皮囊强度不高，不能承受很大的压力波动，且只能在 −20～70 ℃ 的范围内工作。

(3) 皮囊式蓄能器应垂直安装，油口向下。

(4) 蓄能器与管路系统之间应安装截止阀，供充气、检修时使用。蓄能器与液压泵之间应安装单向阀，防止液压泵停止时蓄能器内储存的压力油液倒流回液压泵。

6.2 过 滤 器

6.2.1 液压油的污染与防护

液压油是否清洁,不仅影响液压系统的工作性能和液压元件的使用寿命,而且直接关系液压系统是否能正常工作。实践表明,液压系统 75 ％以上的故障与液压油受到污染有关,因此控制液压油的污染十分重要。

1. 液压油污染的原因

液压油受到污染的原因有以下几个方面。

（1）液压系统的管道及液压元件内的型砂、切屑、磨料、焊渣、锈片、灰尘等污垢在系统使用前冲洗时未清理干净,在液压系统工作时,这些污垢就进入到液压油里。

（2）外界的灰尘、砂粒等,在液压系统工作过程中随着往复伸缩的活塞杆,流回油箱的泄漏油等进入液压油里。另外在检修时,稍不注意也会使灰尘、棉绒等进入液压油里。

（3）液压系统本身也不断地产生污垢,而直接进入液压油里,如金属和密封材料的磨损颗粒,过滤材料脱落的颗粒或纤维及油液因温度升高氧化变质而生成的胶状物等。

2. 液压油污染的危害

液压油污染严重时,直接影响液压系统的工作性能,使液压系统经常发生故障,液压元件寿命缩短。造成这些危害的原因主要是污垢中的颗粒。对于液压元件来说,由于这些固体颗粒进入到元件里,会使元件的滑动部分磨损加剧,并可能堵塞液压元件里的节流孔、阻尼孔,或使阀芯卡死,从而造成液压系统的故障。水分和空气的混入使液压油的润滑能力降低并使它加速氧化变质,产生气蚀,使液压元件加速腐蚀,导致液压系统出现振动、爬行等。

3. 防止污染的措施

造成液压油污染的原因多而复杂,液压油自身又在不断地产生脏物,因此要彻底解决液压油的污染问题是很困难的。为了延长液压元件的寿命,保证液压系统可靠地工作,将液压油的污染度控制在某一限度以内是较为切实可行的办法。对液压油的污染控制主要是从两个方面着手:一是防止污染物侵入液压系统;二是把已经侵入的污染物从系统中清除出去。污染控制要贯穿于整个液压装置的设计、制造、安装、使用、维护和修理等各个阶段。

为防止油液污染,在实际工作中应采取如下措施。

（1）使液压油在使用前保持清洁 液压油在运输和保管过程中都会受到外界污染,新买来的液压油看上去很清洁,其实很"脏",必须将其静放数天后经过滤加入液压系统中使用。

（2）使液压系统在装配后、运转前保持清洁　液压元件在加工和装配过程中必须清洗干净,液压系统在装配后、运转前应彻底进行清洗,最好用液压系统工作中使用的油液清洗,清洗时油箱除通气孔(加防尘罩)外必须全部密封,密封件上不允许有飞边、毛刺。

（3）使液压油在工作中保持清洁　液压油在工作过程中会受到环境污染,因此应尽量防止工作中空气和水分的侵入,为完全消除水、气和污染物的侵入,应采用密封油箱,通气孔上加空气滤清器,防止尘土、磨料和冷却液侵入,并经常检查并定期更换密封件。

（4）采用合适的过滤器　这是控制液压油污染的重要手段。应根据设备的要求,在液压系统中选用不同的过滤方式,不同的精度和不同结构的过滤器,并要定期清洗过滤器和油箱。

（5）定期更换液压油　更换新油前,油箱必须先清洗一次,液压系统较脏时,可用煤油清洗,排尽后再注入新油。

（6）控制液压油的工作温度　液压油的工作温度过高对液压装置不利,液压油本身也会加速变质,产生各种生成物,缩短它的使用寿命。一般液压系统的工作温度最好控制在 65 ℃以下,机床液压系统则应控制在 55 ℃以下。

6.2.2　过滤器的功能和类型

1. 过滤器的功能

过滤器的功能是过滤混在液压油液中的杂质,降低液压系统中油液的污染程度,保证液压系统正常工作。

2. 过滤器的类型

按滤芯材料的过滤原理来分,有表面型过滤器、深度型过滤器和吸附型过滤器三种。

（1）表面型过滤器　整个过滤作用是由一个几何面来实现的。滤下的杂质被截留在滤芯元件靠油液上游的一面。在这里,滤芯材料具有均匀的标定小孔,可以滤除比小孔尺寸大的杂质。由于过滤下来的杂质积聚在滤芯表面上,因此滤芯很容易被阻塞。线隙式滤芯属于这种类型。

（2）深度型过滤器　这种滤芯材料为多孔可透性材料,内部具有曲折迂回的通道。大于表面孔径的杂质直接被截留在外表面,较小的污染杂质进入滤材内部,撞到通道壁上,由于吸附作用而得到滤除。滤材内部曲折的通道也有利于杂质的沉积。纸心、毛毡、烧结金属、陶瓷和各种纤维制品等制成的滤芯属于这种类型。

（3）吸附型过滤器　这种滤芯材料把油液中的有关杂质吸附在其表面上。

常见的过滤器类型及其特点如表 6-2 所示。

表 6-2　常见的过滤器及其特点

类　型	名称及结构简图	特　　点
表面型		1. 过滤精度与铜丝网层数及网孔大小有关。在压力管路上常用 100、150、200 目（每英寸长度上孔数）的铜丝网，在液压泵吸油管路上常采用 20～40 目铜丝网。 2. 压力损失不超过 0.04 MPa。 3. 结构简单，通流能力大，清洗方便，但过滤精度低
		1. 滤芯由绕在芯架上的一层金属线组成，依靠线间微小间隙来挡住油液中杂质的通过。 2. 压力损失为 0.03～0.06 MPa。 3. 结构简单，通流能力大，过滤精度高，但滤芯材料强度低，不易清洗。 4. 用于低压管道中，当用在液压泵吸油管上时，它的流量规格宜选得比泵大
深度型		1. 结构与线隙式相同，但滤芯为平纹或波纹的酚醛树脂或木浆微孔滤纸制成的纸芯。为了增大过滤面积，纸芯常制成折叠形。 2. 压力损失为 0.01～0.04 MPa。 3. 过滤精度高，堵塞后无法清洗，必须更换纸芯。 4. 通常用于精过滤
		1. 滤芯由金属粉末烧结而成，利用金属颗粒间的微孔来挡住油中杂质通过。改变金属粉末的颗粒大小，就可以制出不同过滤精度的滤芯。 2. 压力损失为 0.03～0.2 MPa。 3. 过滤精度高，滤芯能承受高压，但金属颗粒易脱落，堵塞后不易清洗，适用于精过滤
吸附型	磁性滤油器	1. 滤芯由永久磁铁制成，能吸住油液中的铁屑、铁粉和带磁性的磨料。 2. 常与其他形式滤芯合起来制成复合式滤油器。 3. 对加工钢铁件的机床液压系统特别适用

6.2.3　过滤器的主要性能指标

1. 过滤精度

过滤精度表示过滤器对各种不同尺寸的污染颗粒的滤除能力,用绝对过滤精度、过滤比和过滤效率等指标来评定。

绝对过滤精度是指通过滤芯的最大坚硬球状颗粒的尺寸(y),它反映了过滤材料中最大通孔尺寸,以 μm 表示。它可以用试验的方法进行测定。

过滤比(β_x)是指过滤器上游油液单位容积中大于某给定尺寸的颗粒数与下游油液单位容积中大于同一尺寸的颗粒数之比,即对于某一尺寸 x 的颗粒来说,其过滤比 β_x 的表达式为:

$$\beta_x = \frac{N_u}{N_d} \tag{6-4}$$

式中:N_u——上游油液中大于某一尺寸 x 的颗粒浓度;

　　　N_d——下游油液中大于同一尺寸 x 的颗粒浓度。

从式(6-4)可看出,β_x 愈大,过滤精度愈高。当过滤比的数值达到 75 时,y 即被认为是滤油器的绝对过滤精度。过滤比能确切地反映过滤器对不同尺寸颗粒污染物的过滤能力,它已被国际标准化组织采纳作为评定过滤器过滤精度的性能指标。一般要求液压系统的过滤精度要小于运动副间隙的一半。此外,压力越高,对过滤精度要求越高。其推荐值如表 6-3 所示。

过滤效率 E_c 可以通过下式由过滤比 β_x 直接换算出来,即

$$E_c = \frac{N_u - N_d}{N_u} = 1 - \frac{1}{\beta_x} \tag{6-5}$$

表 6-3　过滤精度推荐值

系 统 类 别	润 滑 系 统	传 动 系 统			伺 服 系 统
工作压力/MPa	0~2.5	≤14	14<p<21	≥21	21
过滤精度/μm	100	25~50	25	10	5

2. 压降特性

液压回路中的过滤器对油液流动来说是一种阻力,因而油液通过滤芯时必然要出现压力降。一般来说,在滤芯尺寸和流量一定的情况下,滤芯的过滤精度越高,压力降越大;在流量一定的情况下,滤芯的有效过滤面积越大,压力降越小;油液的粘度越大,流经滤芯的压力降也越大。

滤芯所允许的最大压力降应以不致使滤芯元件发生结构性破坏为原则。在高压系统中,滤芯在稳定状态下工作时承受到的仅仅是它那里的压力降,这就是为什么纸质滤芯亦

能在高压系统中使用的道理。油液流经滤芯时的压力降,大部分是通过试验或经验公式来确定的。

3. 纳垢容量

这是指过滤器在压力降达到其规定限值之前可以滤除并容纳的污染物数量,这项性能指标可以用多次通过性试验来确定。过滤器的纳垢容量越大,使用寿命越长,所以它是反映过滤器寿命的重要指标。一般来说,滤芯尺寸越大,即过滤面积越大,纳垢容量就越大。增大过滤面积,可以使纳垢容量至少成比例地增加。

过滤器过滤面积 A 的表达式为

$$A = \frac{q\mu}{a\Delta p} \tag{6-6}$$

式中:q——过滤器的额定流量(L/min);

　　　μ——油液的动力粘度(Pa·s);

　　　Δp——压力降(Pa);

　　　a——过滤器单位面积通过能力(L/cm²),由实验确定。在 20 ℃时,对特种滤网,a =0.003~0.006;纸质滤芯,a=0.035;线隙式滤芯,a=10;一般网式滤芯,a=2。式(6-6)清楚地说明了过滤面积与油液的流量、粘度、压降和滤芯形式的关系。

6.2.4　选用和安装

1. 过滤器的选用

过滤器按其过滤精度(滤去杂质的颗粒大小)的不同,有粗过滤器、普通过滤器、精密过滤器和特精过滤器四种,它们分别能滤去大于 100 μm、10~100 μm、5~10 μm 和 1~5 μm 的杂质。

选用过滤器时,要考虑下列几点。

(1) 过滤精度应满足预定要求。

(2) 能在较长时间内保持足够的通流能力。

(3) 滤芯具有足够的强度,不因液压力的作用而损坏。

(4) 滤芯抗腐蚀性能好,能在规定的温度下持久地工作。

(5) 滤芯清洗或更换方便。

因此,过滤器应根据液压系统的技术要求,按过滤精度、通流能力、工作压力、油液粘度、工作温度等条件来选择。

2. 过滤器的安装

过滤器在液压系统中的安装位置(见图 6-3(a))通常有以下几种。其图形符号见图 6-3(b)。

(1) 安装在泵的吸油口处　泵的吸油回路上一般都安装有表面型过滤器,目的是滤去较大的杂质微粒,保护液压泵。过滤器的过滤能力应为泵流量的两倍以上,压力损失小于 0.02 MPa。

(2) 安装在泵的出口油路上　此处安装过滤器的目的是用来滤除可能侵入阀类等元件中的污染物。其过滤精度应为 10～15 μm,且能承受油路上的工作压力和冲击压力,压力降应小于 0.35 MPa。同时应安装安全阀,以防过滤器堵塞。

(3) 安装在液压系统的回油路上　这种安装方式起间接过滤作用。一般与过滤器并联安装一单向阀,当过滤器堵塞达到一定压力降时,单向阀打开。

(4) 安装在液压系统分支油路上。

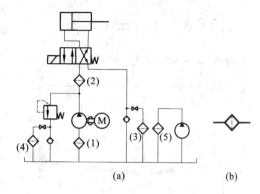

图 6-3　液压系统中过滤器安装位置图及过滤器符号

(a) 过滤器在液压系统中的位置

(b) 过滤器图形符号

(5) 单独过滤系统　大型液压系统可专设一液压泵和过滤器组成独立过滤回路。

液压系统中除了整个系统所需的过滤器外,还常常在一些重要元件(如伺服阀、精密节流阀等)的前面单独安装一个专用的精过滤器,确保它们的正常工作。

6.3　油　箱

6.3.1　油箱的功能和结构

1. 功能

油箱的功能主要是储存液压系统需要的油液,散发油液中热量,分离混在油液中的气体,沉淀油液中污物等。另外对中小型液压系统,油箱的顶板也可作为泵装置和其他一些元件的安装面,以使液压系统结构紧凑。

2. 结构

液压系统中的油箱有总体式和分离式两种。总体式油箱利用主机的内腔作为油箱,这种油箱结构紧凑,各处泄漏油易于回收,但增加了设计和制造的复杂性,维修不便,散热条件不好,且会使主机产生热变形。分离式油箱单独设置,与主机分开,减少了油箱发热和液压源振动对主机工作精度的影响,因此得到了普遍的应用,特别在精密机械上。对一些小型的液压设备,为了节省安装空间,常将液压泵-电动机装置及安装液压阀的集成块安装在油箱的顶部组成一体,称为液压站。

分离式油箱的典型结构如图 6-4 所示。油箱内部用隔板 6、8 将吸油管 1 与回油管 3

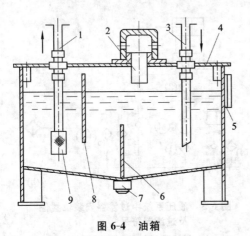

图 6-4　油箱

1—吸油管；2—空气滤清器；3—回油管；4—盖板；
5—液位液温计；6、8—隔板；7—放油塞；9—过滤器

隔开。顶部、侧部和底部分别装有空气滤清器 2、液位液温计 5 和排放污油的放油塞 7。安装液压泵及其驱动电动机的安装板 4 则固定在油箱顶面上。

此外，还有充气式的闭式油箱，它与图 6-4 所示油箱的不同之处在于整个油箱是封闭的，其顶部有一充气管，可向油箱中送入压力为 0.05～0.15 MPa 经过滤的压缩空气。空气直接与油液接触，或被输入到蓄能器式的皮囊内，不与油液接触。这种油箱的优点是改善了液压泵的吸油条件，但它要求液压系统中的回油管、泄油管承受背压。油箱本身还须配置安全阀、电接点压力表等元件，以

稳定充气压力，因此它只在特殊场合下使用。

6.3.2　设计油箱时的注意事项

1. 油箱的有效容积

油箱的有效容积（油面高度为油箱高度 80% 时的容积）应根据液压系统发热、散热平衡的原则来计算，这项计算在液压系统负载较大和长期连续工作时是必不可少的。但对于一般情况来说，油箱的有效容积可以按液压泵的额定流量 q_p(L/min) 估计出来。例如，适用于机床或其他一些固定式机械的估算式为

$$V = \xi q_p \tag{6-7}$$

式中：V——油箱的有效容积(L)；

ξ——与系统压力有关的经验数字，低压系统 $\xi=2\sim4$，中压系统 $\xi=5\sim7$，高压系统 $\xi=10\sim12$。

2. 吸油管和回油管的设置

吸油管和回油管应尽量相距远些，两管之间要用隔板隔开，以增加油液循环距离，使油液有足够的时间分离气泡，沉淀杂质，散发热量。隔板高度最好为箱内油面高度的3/4。吸油管入口处要装粗滤油器，滤油器与回油管管端在油面处于最低位置时仍应淹没在油中。防止吸油时吸入空气或回油冲入油箱时搅动油面而混入气泡。回油管管端宜斜切45°角，以增大出油口截面积，减慢出油口处液流速度；此外，应使回油管斜切口面对箱壁，以利油液散热。泄油管管端亦可斜切并面向箱壁，但不可没入油中。管端与箱底、箱壁间距离均不宜小于管径的 3 倍。粗滤油器距箱底不应小于 20 mm。

3. 防止油液污染及措施

为了防止油液污染,油箱上各盖板、管口处都要妥善密封;注油器上要加滤油网;为防止油箱出现负压而设置的通气孔上必须安装空气滤清器,空气滤清器的通气流量至少应为液压泵额定流量的 2 倍;油箱内回油集中部分及清污口附近宜装设一些磁性块,以去除油液中的铁屑和带磁性的颗粒。

4. 油箱及附件设置位置

为了易于散热和便于对油箱进行搬移及维护保养,按国家标准《液压系统通用技术条件》(GB/T 3766—2001)规定,箱底离地至少应在 150 mm 以上;箱底应适当倾斜,在最低部位处设置放油螺塞或放油阀,以便排放污油;按照上述规定,箱体上注油口旁边必须设置液位计;滤油器的安装位置应便于装拆;油箱中如要安装热交换器,必须考虑好它的安装位置,以及测温、控制等措施。

5. 油箱的结构

分离式油箱一般用 2.5~4 mm 钢板焊成,箱壁越薄,散热越快,有资料建议:100 L 容量的油箱箱壁厚度取 1.5 mm,400 L 以下的取 3 mm,400 L 以上的取 6 mm,箱底厚度大于箱壁,箱盖厚度应为箱壁的 4 倍。大尺寸油箱要加焊角板、筋条,以增加刚度。当液压泵及其驱动电机和其他液压件都要装在油箱上时,油箱顶盖要相应加厚。

6.4 集 成 块

在液压系统的设计中,当液压控制阀采用板式连接时,集中安装各个阀的阀块称为集成块。这种集成安装方式的优点是:结构紧凑,占地面积小,便于装卸和维修,便于对阀进行操作和管理,简化管路的连接,提高液压系统的效率。集成块在液压系统中得到了广泛的应用。

6.4.1 集成块的结构及特点

集成块是一个正六面连接体,使用时将板式阀用螺钉固定在集成块的侧面上,块与阀之间、块与块之间接合面上的各油口用 O 形密封圈密封,通过在集成块内打孔来沟通各阀间相应的油口,以组成液压回路。根据各种液压系统的不同要求,选择若干集成了各种阀的集成块组叠加在一起,即可构成整个集成块式液压回路。

集成块具有如下一些特点。

1. 可简化设计工作

可用标准元件按典型动作组成单元回路块,选取适当的回路块叠加成一体,即可构成所需液压控制装置,故可简化设计工作。

2. 设计灵活、更改方便

因整个液压系统由具有不同功能的单元回路块组成，当需要更改液压系统、增减元件时，只需更换或增减单元回路块即可实现，所以设计时灵活性大、更改方便。

3. 易于加工、专业化程度高

集成块的加工主要有 6 个平面及各种孔道，因集成块的尺寸比较小，因此平面和孔道的加工比较容易，便于组织专业化生产和降低成本。

4. 结构紧凑、装配维护方便

由于液压系统的多数油路等效为集成块内的通油孔道，所以大大减少了整个液压装置的管路和管接头数量，使得整个液压控制装置结构紧凑，占地面积小，外形整齐美观，便于装配维护，液压系统运行时泄漏量少，稳定性好。

5. 液压系统运行效率较高

由于实现各控制阀之间油路联系的孔道直径较大且长度短，所以系统运行时，压力损失小，发热少，效率较高。

6.4.2　集成块的设计

1. 集成块的设计原则

液压集成块的油路应符合液压系统原理是设计的首要原则。设计集成块前，先要确定哪一部分油路可以集成。每个块体上包括的元件数量应适中，元件太多阀块体积大，设计、加工困难；元件太少，集成意义不大，造成材料浪费。

在集成块的设计中，油路应尽量简洁，尽量减少深孔、斜孔和工艺孔。集成块中的孔的直径要和流量相匹配，进、出油口的方向和位置应与系统的总体布置及管道连接形式相匹配，并考虑安装操作的工艺性。对于工作中需要调节的元件，设计安装位置时要考虑其操作和观察的方便，如溢流阀、调速阀等可调元件应设置在调节手柄便于操作的位置；需要经常检修的元件及关键元件如比例阀、伺服阀等应处于集成块的上方或外侧，以便于拆装；集成块上要设置一定数量的测压点以便于调试；对于大一些的集成块，还要设置起吊螺钉孔。

2. 孔道直径及通油孔间的壁厚

集成块上的孔道很多，归纳起来可分为三类：第一类是通油孔道，包括贯通集成块上下面的公用孔道，安装液压阀的表面上直接与液压阀的油口相通的孔道，安装管接头的孔道和沟通各阀油口间的中间孔道即工艺孔等 4 种；第二类是连接孔，其中包括固定液压阀用的定位销钉孔、螺栓孔和固定集成块的螺栓孔；第三类是自重在 30 kg 以上的集成块上设置的起吊螺栓孔。

1）确定通油孔道的直径

（1）与阀的油口相通孔道的直径应与液压阀的油口直径相同。

（2）与管接头相连接的孔道，其直径一般应按通过的流量和允许流速，用公式（6-8）计算，但孔口须按管接头螺纹小径钻孔并攻丝。孔道计算公式为

$$d = \sqrt{\frac{4q}{\pi v}} \tag{6-8}$$

（3）工艺孔应用螺塞或球涨堵死。

（4）对于公用孔道，压力油孔和回油孔的直径可以类比同压力等级的系列集成块的孔道直径确定，也可通过式（6-8）计算得到。泄油孔的直径一般由经验确定，例如：对于中、低压系统，当 $q=25$ L/min 时，可取 $\phi6$ mm，当 $q=63$ L/min 时，可取 $\phi10$ mm。

2）连接孔的直径

（1）固定液压阀的定位销孔的直径和螺栓孔（螺孔）的直径应与所选定的液压阀的定位销直径及配合要求与螺栓孔的螺纹直径相同。

（2）连接集成块组的螺栓规格可类比相同压力等级的系列集成块的连接螺栓确定，也可以通过强度计算得到。单个螺栓的螺纹小径 d 的计算公式为

$$d \geqslant \sqrt{\frac{4p}{\pi n [\sigma]}} \tag{6-9}$$

式中：p——块体内部最大受压面上的推力；

　　n——螺栓个数；

　　$[\sigma]$——单个螺栓的材料许用应力。

螺栓直径确定后，其螺栓孔（光孔）的直径也就随之而定，系列集成块的螺栓直径为 M8～M12，其相应的连接孔直径为 $\phi9$～$\phi12$ mm。

3）起吊螺栓孔的直径

单个集成块重量在 30 kg 以上时，应按重量和强度确定螺栓孔的直径。

4）油孔间的壁厚及其校核

通油孔间的最小壁厚的推荐值不小于 5 mm。当系统压力高于 6.3 MPa 时，或孔间壁厚较小时，应进行强度校核，以防止液压系统在使用时被击穿。考虑到集成块上的孔大多细而长，钻孔加工时可能会偏斜，实际壁厚应在计算基础上适当取大一些。

3．集成块设计时应注意的问题

1）液压集成块钻相交孔最大偏心距不大于规定值

集成块钻孔多为直角相交，有时两个直角相交孔的轴线不完全相交，偏心距为 e，e 相对于孔径 D 之比为称为相对偏心率（见图 6-5），即 $E=e/D$。经实验及回归分析得到局部阻力系数 ε 的经验公式为

$$\varepsilon = 1.60 + 0.16 E^{0.64}$$

当 E 小于 30 ％时，阻力系数 ε 可以接受。

2) 液压集成块孔深应考虑加工可能性

集成块孔道为钻孔,钻深孔时,钻头容易损坏,通常钻孔深度不宜超过 25 倍孔径(见图 6-6)。

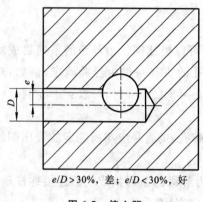

$e/D > 30\%$,差;$e/D < 30\%$,好

图 6-5　偏心距

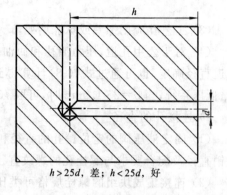

$h > 25d$,差;$h < 25d$,好

图 6-6　孔深

6.5　热交换器

为了在液压系统工作时,使各种能量损失全部转化为热量。这些热量除部分通过油箱、管道等元器件散发到周围空间外,大部分用来使油液温度升高。当油液温度到达一定值时,液压系统发热和散热过程达到热平衡。如果此平衡温度过高,将严重影响液压系统的正常工作。液压系统的工作温度一般希望保持在 20~60℃ 之间,最高不超过 65℃,最低不低于 15℃。液压系统如依靠自然冷却仍不能使油温控制在上述范围内时,就须安装冷却器;反之,如环境温度太低使得油温过低、油液粘度过大,设备启动困难、压力损失增大并引起过大的振动时,就须安装加热器,将油液升高到合适的温度。

热交换器是冷却器和加热器的总称,下面分别予以介绍。

6.5.1　冷却器

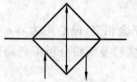

图 6-7　冷却器图形符号

冷却器除通过管道散热面积直接吸收油液中的热量外,还使油液流动出现紊流来增加油液的传热系数。对冷却器的基本要求是:在保证散热面积足够大、散热效率高和压力损失小等前提下,要求结构紧凑、坚固、体积小、重量轻,最好有自动控制油温装置,以保证油温控制的准确性。冷却器的图形符号如图 6-7 所示。

根据冷却介质不同,冷却器分为水冷、风冷和冷媒式三种类型。风冷式是利用自然通风来冷却,常用在行走设备上。冷媒式是利用冷媒介质如氟利昂在压缩机中作绝热压缩,散热器放热、蒸发器吸热的原理,把油液的热量带走,使油液冷却,这种冷却方式效果最好,但价格昂贵,常用于精密机床等设备上。水冷式是一般液压系统常用的冷却方式。

液压系统中的水冷式冷却器最简单的是蛇形管冷却器,它直接装在油箱内,冷却水从蛇形管内通过,带走油液中热量。这种冷却器结构简单,但冷却效率低,耗水量大。

液压系统中用得较多的冷却器是强制对流式多管冷却器(见图6-8)。油液从进油口5流入,从出油口3流出;冷却水从进水口7流入,通过多根水管后由出水口1流出。油液在水管外部流动时,它的行进路线因冷却器内设置了隔板而加长,因而增加了热交换效果。另外一种是翅片管式冷却器,水管外面增加了许多横向或纵向的散热翅片,大大扩大了散热面积和热交换效果。图6-9所示为翅片管式冷却器的一种形式,它是在圆管或椭圆管外嵌套上许多径向翅片,其散热面积可达光滑管的8~10倍。椭圆管的散热效果比圆管更好。

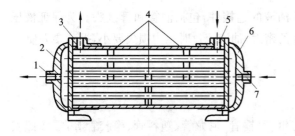 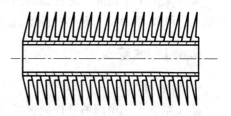

图6-8　对流式多管冷却器　　　　图6-9　翅片管式冷却器

1—出水口;2、6—端盖;3—出油口;

4—隔板;5—进油口;7—进水口

冷却器一般应安放在回油管或低压管路上,如溢流阀的出口、系统的主回油路上或单独的冷却系统中。

冷却器所造成的油液的压力损失一般为0.01~0.1 MPa。

6.5.2　加热器

液压系统的加热一般采用结构简单、能按需要自动调节最高和最低温度的电加热器。这种加热器的安装方式是用法兰盘横装在箱壁上,发热部分全部浸在油液内。加热器应安装在箱内油液流动处,以有利于热量的交换(见图6-10)。由于油液是热的不良导体,单个加热器的功率容量不能太大,以免其周围油液过度受热后发生变质。

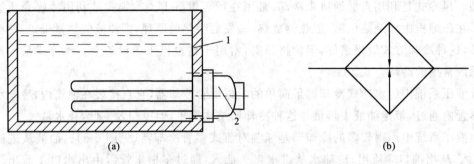

图 6-10　电加热器安装位置及图形符号

（a）电加热器安装位置　（b）电加热器图形符号

1—油箱；2—电加热器

6.6　管　件

　　管件是用来连接液压元件、输送液压油液的连接件，包括油管和管接头。为保证液压系统工作可靠，管件应有足够的强度、良好的密封，油液流过时压力损失要小，拆装要方便。

6.6.1　油管

1. 油管的种类

　　液压系统中使用的油管种类很多，有钢管、铜管、尼龙管、塑料管、橡胶管等，需按照安装位置、工作环境和工作压力来正确选用。油管的特点及其适用范围如表 6-4 所示。

表 6-4　各种油管的特点及适用场合

种　　类		特点和适用场合
硬管	钢管	能承受高压，价格低廉，耐油，抗腐蚀，刚度好，但装配时不能任意弯曲；常在装拆方便处用作压力管道，中、高压用无缝管，低压用焊接管件
	紫铜管	易弯曲成各种形状，但承压能力一般不超过 6.5～10 MPa，抗振能力较弱，又易使油液氧化；通常用在液压装置内配接不便之处
软管	尼龙管	油管呈乳白色半透明，加热后可以随意弯曲成形或扩口，冷却后又能定形不变，承压能力因材质而异，2.5～8 MPa 不等
	塑料管	质轻耐油，价格便宜，装配方便，但承压能力低，长期使用会变质老化，只宜用作压力低于 0.5 MPa 的回油管、泄油管等
	橡胶管	高压管由耐油橡胶夹几层钢丝编织网层制成，钢丝网层数越多，耐压越高，价昂；用作中、高压系统中两个相对运动件之间的压力管道。 低压管由耐油橡胶夹帆布制成，可用作回油管道

2. 油管的尺寸

1）油管的内径

油管的内径大小取决于管路的种类及管内流速值。其内径一般由下式确定

$$d = \sqrt{\frac{4q}{\pi v}} \tag{6-10}$$

式中：d——油管内径；

q——管内流量；

v——管中油液的允许流速。

对压油管路：当压力 $p < 2.5$ MPa 时，取 $v = 2$ m/s；当 $p = 2.5 \sim 16$ MPa 时，取 $v = 3 \sim 4$ m/s；当 $p > 16$ MPa 时，取 $v = 5 \sim 6$ m/s（压力高的取大值，低的取小值；管道较长的取小值，较短的取大值；油液粘度大时取小值）。

对吸油管路：取 $v = 0.5 \sim 1.5$ m/s。

对回油管路：取 $v = 1.5 \sim 2.5$ m/s。

对短管及局部收缩处：取 $v = 5 \sim 7$ m/s。

按式(6-10)计算出的内径应按有关标准圆整为标准值。对橡胶软管，无论用于何种管路，流速都不能超过 $3 \sim 5$ m/s。

2）金属油管的壁厚

金属油管的壁厚可由

$$\delta = \frac{pdn}{2\sigma_b} \tag{6-11}$$

确定内径后，再按受拉伸薄壁筒公式计算。

式中：δ——油管壁厚；

p——管内工作压力；

n——安全系数，对钢管来说，$p < 7$ MPa 时取 $n = 8$；7 MPa $< p <$ 17.5 MPa 时取 $n = 6$，$p > 17.5$ MPa 时取 $n = 4$；

σ_b——管道材料的抗拉强度。

油管的管径不宜选得过大，以免使液压装置的结构庞大；但也不能选得过小，以免使管内液体流速加大，液压系统压力损失增加或产生振动和噪声，影响正常工作。

在保证强度的情况下，管壁可尽量选得薄些。薄壁易于弯曲，规格较多，装接较易，采用它可减少管接头数目，有助于解决系统泄漏问题。

3）无缝钢管的通径

钢管的通径代表它的通流能力的大小，油管的通径即油管的名义尺寸，单位为 mm。如 32 通径的无缝钢管的通流能力为 250 L/min，其外径为 42 mm，而壁厚及实际内径则根据工作压力而异。如表 6-5 所示。

表 6-5　　32 通径无缝钢管的参数

工作压力/MPa	≤2.5	≤8	≤16	≤25	≤31.5
壁厚/mm	2	2	3	4.5	5
实际内径/mm	38	38	36	33	32
管内流速/(m/s)	≤3.67	≤3.67	≤4.1	≤4.87	≤5.2

3. 管路的安装

当管路安装不合理时,不仅会给安装及检修带来麻烦,而且会造成过大的压力损失,以至于出现振动、噪声等异常现象。因此,必须重视液压管路的安装。

液压系统管路包括高压、低压及回油管路,其安装要求各不相同,为了便于检修,最好分别着色加以区别。

此外,安装管路时应注意如下几个方面。

(1) 管路安装时,对于平行或交叉的管子,相互之间必须有 10 mm 以上的空隙,防止干扰和振动。对高压大流量的场合,为防止管路振动,需每隔 1 m 左右用管夹固定。

(2) 管道要求尽量短,布管整齐,直角转弯少,避免过大的弯曲。一般规定硬管的弯曲半径应大于三倍管子的外径,设计时推荐值按表 6-6 选取。另外,弯曲后的管子椭圆度小于 10%,不得有波浪变形、凸凹不平、压裂及扭坏。油管悬伸太长时要有支架支撑。在布置活接头时,应保证拆卸方便。

表 6-6　　硬管弯曲半径与管径的关系

管子外径 D/mm	10	14	18	22	28	34	42	50	63
弯曲半径 R/mm	50	70	75	80	90	100	130	150	190

(3) 对安装前的管子及因储存不当而造成内部锈蚀的管子,一般要用 20% 的硫酸或盐酸进行酸洗,酸洗后用 10% 的苏打水中和,再用温水洗净之后,进行干燥、涂油,并作预压试验,确认合格后才能安装。

(4) 软管的弯曲半径应不小于外径的 9 倍,弯曲处距管接头的距离至少是外径的 6 倍。安装和工作时不允许有拧扭,不能靠近热源。

(5) 软管在直线安装时,要留有一定的长度余量,以防软管受拉及油温变化、振动等因素引起的长度变化(−2%～4%)。

6.6.2　管接头

管接头是油管与油管、油管与液压件之间的可拆式连接件,它必须具有装拆方便、连接牢固、密封可靠、外形尺寸小、通流能力大、压降小、工艺性好等各项性能。

管接头的种类很多,其规格品种可查阅有关手册。液压系统中油管与管接头的常见连接方式如表 6-7 所示。管路旋入端用的连接螺纹采用国家标准米制锥螺纹(ZM)和普通细牙螺纹(M)。

表 6-7　液压系统中常用的管接头

名　称	结 构 简 图	特点和说明
焊接式管接头	1—接管；2—螺母；3—O形圈；4—接头体；5—组合密封垫	1. 连接牢固,利用球面进行密封,简单可靠。 2. 焊接工艺必须保证质量,必须采用厚壁钢管,装拆不便
卡套式管接头	1—接管；2—卡套；3—螺母；4—接头体；5—组合密封垫	1. 用卡套卡住油管进行密封,轴向尺寸要求不严,装拆简便。 2. 对油管径向尺寸精度要求较高,为此要采用冷拔无缝钢管
扩口式管接头	1—接管；2—导套；3—螺母；4—接头体	1. 用油管管端的扩口在管套的压紧下进行密封,结构简单。 2. 适用于铜管、薄壁钢管、尼龙管和塑料管等低压管道的连接
扣压式管接头	1—胶管；2—外套；3—接头体；4—螺母	用来连接高压软管

续表

名　称	结　构　简　图	特点和说明
快速管接头	1—挡圈；2、10—接头体；3、7、12—弹簧； 4、11—单向阀阀芯；5—O形密封圈； 6—外套；8—钢球；9—弹簧圈	1. 不需要使用工具，能够实现管路迅速连通或断开。 2. 分为两端开闭式和两端开放式两种结构。 3. 适用于需经常装拆的管路系统

锥螺纹依靠自身的锥体旋紧和采用聚四氟乙烯等进行密封，广泛用于中、低压液压系统；细牙螺纹密封性好，常用于高压系统，但要采用组合垫圈或 O 形圈进行端面密封，有时也可用紫铜垫圈进行密封。

液压系统中的泄漏问题大部分都出现在管系中的接头上，为此对管材的选用，接头形式的确定（包括接头设计、垫圈、密封、箍套、防漏涂料的选用等），管系的设计（包括弯管设计、管道支承点和支承形式的选取等）及管道的安装（包括正确的运输、储存、清洗、组装等）都要慎重，以免影响整个液压系统的使用质量。

国外对管子材质、接头形式和连接方法上的研究工作从未间断。目前出现一种用特殊的镍钛合金制造的管接头，它能使低温下受力后发生的变形在升温时消除，即把管接头放入液氮中用芯棒扩大其内径，然后取出来迅速套装在管端上，便可使它在常温下得到牢固、紧密的结合。这种"热缩"式的连接已在航空和其他一些加工行业中得到了应用，它能保证在 40～55 MPa 的工作压力下不出现泄漏。

6.7　密封装置

液压传动是以液体为工作介质，依靠密闭容积变化来实现能量转化和传递的。在能量转换时，由于液压泵、马达和液压缸内的相对运动零件之间存在配合间隙，间隙两端又存在压力差，必然导致元件的内泄漏，必须采取有效的密封措施减小内泄漏，以提高容积效率；在有压液体的传递中，在各液压元件的固定连接处，必须防止油液外泄、防止外界灰尘和异物侵入液压系统，这些都依靠密封装置来完成。合理地选用和设计密封装置在液压系统的设计中十分重要。

6.7.1　对密封装置的要求

（1）在工作压力和一定的温度范围内，应具有良好的密封性能，并随着压力的提高能自动提高密封性能。

（2）密封装置和运动件之间的摩擦力要小，摩擦因数要稳定。

（3）抗腐蚀能力强，不易老化，工作寿命长，耐磨性好，不损坏被密封零件表面，磨损后在一定程度上能自动补偿。

（4）结构简单，制造容易，使用、维护方便，价格低廉。

6.7.2 密封装置的类型和特点

密封按其工作原理可分为非接触式密封和接触式密封，前者主要指间隙密封，后者指密封件密封。

1. 间隙密封

间隙密封是利用相对运动件配合面之间的微小间隙来进行密封的，常用于柱塞、活塞或阀的圆柱配合副中。如图 6-11 所示为阀芯和阀体间的间隙密封，一般在阀芯的外表面开有几条等距离的均压槽，它的主要作用是使径向压力分布均匀，减少液压卡紧力，同时使阀芯在阀孔中的对中性好，以减小偏心间隙，从而减少泄漏。

这种密封的优点是摩擦力小，缺点是磨损后不能自动补偿，主要用于直径较小的圆柱面之间，如液压泵内的柱塞与缸体之间、滑阀的阀芯与阀孔之间的配合。

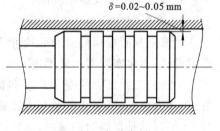

图 6-11 间隙密封

2. O 形密封圈

O 形密封圈一般用耐油橡胶制成，其横截面呈圆形，它具有良好的密封性能，内外侧和端面都能起密封作用，结构紧凑，运动件的摩擦阻力小，制造容易，装拆方便，成本低，且高低压均可以用，所以在液压系统中得到广泛的应用。

图 6-12 所示为 O 形密封圈的结构和工作情况。图 6-12(a)所示为其剖面结构图；图 6-12(b)所示为装入密封沟槽的情况，δ_1、δ_2 为 O 形圈装配后的预压缩量，通常用压缩率 W 表示，即

$$W = \frac{d_0 - h}{d_0} \times 100\%$$

对于固定密封、往复运动密封和回转运动密封，应分别达到 15％～20％、10％～20％和 5％～10％，才能取得满意的密封效果。当油液工作压力超过 10 MPa 时，O 形圈在往复运动中容易被油液压力挤入间隙而提早损坏，如图 6-12(c)所示，为此要在它的侧面安放 1.2～1.5 mm 厚的聚四氟乙烯挡圈，单向受力时在受力侧的对面安放一个挡圈图 6-12(d)，双向受力时如图 6-12(e)所示。

O 形密封圈的安装沟槽，除矩形外，也有 V 形、燕尾形、半圆形、三角形等，实际应用

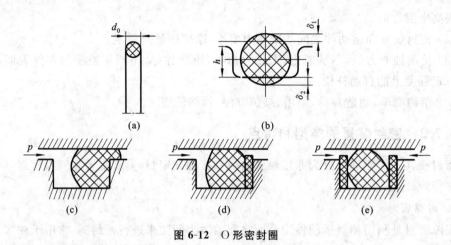

图 6-12　O 形密封圈

中可查阅有关手册及国家标准。

3．唇形密封圈

唇形密封圈根据截面的形状可分为 Y 形、V 形、U 形、L 形等，其工作原理如图 6-13 所示，液压力将密封圈的两唇边 h_1 压向具有间隙的两个零件的表面。这种密封作用的特点是能随着工作压力的变化自动调整密封性能，压力越高则唇边被压得越紧，密封性越好；当压力降低时，唇边压紧程度也随之降低，从而减少了摩擦阻力和功率消耗，除此之外，还能自动补偿唇边的磨损，保持密封性能不降低。

目前，液压缸中普遍使用如图 6-14 所示的小 Y 形密封圈作为活塞和活塞杆的密封。其中图 6-14(a)所示为轴用密封圈，图 6-14(b)所示为孔用密封圈。这种小 Y 形密封圈的特点是断面宽度和高度的比值大，增加了底部支承宽度，可以避免摩擦力造成的密封圈的翻转和扭曲。

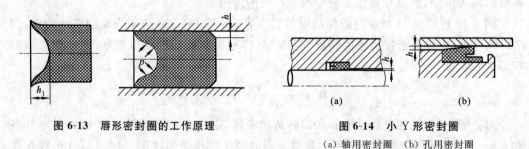

图 6-13　唇形密封圈的工作原理　　　　图 6-14　小 Y 形密封圈
(a)轴用密封圈　(b)孔用密封圈

唇形密封圈安装时应使其唇边开口面对压力油，使两唇张开，分别贴紧在零件的表面上。

4．组合式密封装置

随着液压技术的应用日益广泛，液压系统对密封的要求越来越高，普通的密封圈单独使用已不能很好地满足密封性能,特别是使用寿命和可靠性方面的要求。

1) 组合密封垫圈

如图 6-15(a)所示的组合密封垫圈的外圈 2 由 Q235 钢制成,内圈 1 为耐油橡胶,主要用在管接头和螺堵的端面密封,安装后外圈紧贴两密封面,内圈厚度 h 与外圈厚度 s 之差为橡胶的压缩量。这种组合密封垫圈安装方便、密封可靠,在液压系统中的应用非常广泛。

2) 橡塑组合密封装置

图 6-15(b)所示为 O 形密封圈与截面为矩形的聚四氟乙烯塑料滑环组成的组合密封装置。其中,滑环 4 紧贴密封面,O 形圈 3 为滑环提供弹性预压力,在介质压力等于零时构成密封,由于密封间隙靠滑环,而不是 O 形圈,因此摩擦阻力小而且稳定,可以用于 40 MPa 的高压;往复运动密封时,速度可达 15 m/s;往复摆动与螺旋运动密封时,速度可达 5 m/s。矩形滑环组合密封的缺点是抗侧倾能力稍差,在高低压交变的场合下工作容易漏油。图 6-15(c)为由支持环 6 和 O 形圈 5 组成的轴用组合密封,由于支持环与被密封件之间为线密封,其工作原理类似唇边密封。支持环采用一种经特别处理的化合物,具有极佳的耐磨性、低摩擦和保形性,不存在橡胶密封低速时易产生的“爬行”现象。工作压力可达 80 MPa。

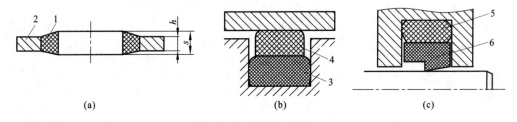

图 6-15　组合式密封装置

1—内圈；2—外圈；3—O 形圈；4—滑环；5—O 形圈；6—支持环

组合式密封装置由于充分发挥了橡胶密封圈和滑环(支持环)的长处,因此不仅工作可靠,摩擦因数低而稳定,而且使用寿命比普通橡胶密封提高近百倍,在工程上的应用日益广泛。

5. 回转轴的密封装置

回转轴的密封装置形式很多,图 6-16 所示为一种耐油橡胶制成的回转轴用密封圈,它的内部有直角形圆环铁骨架支撑着,密封圈的内边围着一条螺旋弹簧,把内边收紧在轴上来进行密封。这种密封圈主要用作液压泵、液压马达和回转式液压缸的伸出轴的密封,以防

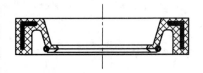

图 6-16　回转轴用密封圈

止油液漏到壳体外部，同时可以防止外部灰尘进入其内，起防尘圈的作用。它的工作压力一般不超过 0.1 MPa，最大允许线速度为 8～12 m/s，必须在有润滑的情况下工作。

习　　题

6-1　蓄能器在液压系统中的功用有哪些？蓄能器在安装使用中应注意哪些事项？

6-2　某蓄能器用做辅助动力源，其容量为 4 L，充气压力 $p_0 = 3.2$ MPa，系统最高和最低工作压力分别为 $p_1 = 8$ MPa 和 $p_2 = 5$ MPa，试求蓄能器工作时所排出的油液体积（蓄能器的工作状态为等温过程）。

6-3　过滤器在液压系统中有哪几种安装位置？各有何特点？

6-4　为什么在液压泵的进口不安装精过滤器？

6-5　油箱的主要作用是什么？设计或选择油箱时应考虑哪些问题？

6-6　管道和管接头主要有哪几种？它们的使用范围有何不同？

第7章　液压基本回路

一台设备的液压系统不论多么复杂或简单，都是由一些液压基本回路组成的。液压基本回路是指由一些液压元件组成、完成规定功能的油路结构。例如：用来控制和调节执行元件(如液压缸或液压马达)速度的速度控制回路；用来控制整个液压系统或局部油路压力的压力控制回路；用来控制执行元件运动方向和锁停的方向控制回路等，这些都是液压系统中常见的基本回路。熟悉和掌握这些回路的构成、工作原理和性能，对于正确分析和合理设计液压系统是很重要的。

在液压系统中，调速回路的性能往往对系统的整个性能起着决定性的影响，特别是那些对执行元件的运动要求较高的液压系统(如机床液压系统等)尤其如此。因此，调速回路在液压系统中占有突出的地位，其他基本回路常是围绕着调速回路来匹配的。所以，本章将重点讨论调速回路，同时也介绍常用的其他回路。

7.1　压力控制回路

压力控制回路是利用压力控制元件来控制整个液压系统或局部油路的工作压力，保证执行机构获得所需要的推力和扭矩，并安全可靠地工作。它包括调压、卸荷、减压、增压、平衡、保压和泄压等回路。

7.1.1　调压回路

调压回路的功能是调定或限制液压系统的最高工作压力，或者使执行机构在工作过程的不同阶段实现多级压力变换。实现调压的主要元件是溢流阀。

1. 调定和限定系统压力回路

在定量泵和节流阀组成的调速系统中，溢流阀安装在泵的出口处，以调定系统的压力。如图 7-1(a)所示，通过调节节流阀开口的大小来控制执行机构的运动速度，定量输出的流量一部分从溢流阀流回油箱，溢流阀是常开的。泵的输出压力由溢流阀调定，并保持此压力为定值。若液压系统中无节流阀时，则溢流阀作安全阀用，如图 7-1(b)所示，只有当执行元件处于行程终点、泵输出油路闭锁或系统超载时，溢流阀才开启，起安全保护作用。溢流阀调定压力必须大于执行元件的最大工作压力和管路上各种压力损失的总和，作溢流阀时可增加 5%～10% 的余量，作安全阀时则增加 10%～20% 的余量。由溢流阀的压力流量特性可知，在不同溢流量时，系统压力稍有波动。

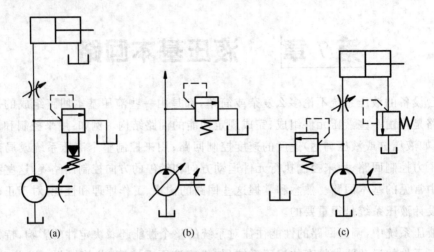

图 7-1　调定和限定系统压力回路

此外，在进口节流调速回路中，为了使运动部件启动平稳，需要在回油路上增加背压，将溢流阀安装在回油路上作背压阀用，如图 7-1(c)所示。对于中低压系统，背压调整值为 0.3～0.5 MPa。背压越高，功率损失越大。

2. 远程调压回路

对某些液压系统，为了避开油源噪声，液压站与操纵或控制系统相距较远，因此需要遥控调压。如图 7-2(a)所示，将先导式溢流阀 2 的遥控口与直动式溢流阀 3（远程调压

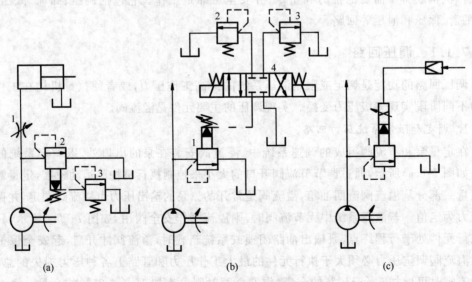

图 7-2　调压回路

阀)的进油口串联,阀 2 安装在靠近泵的液压站上,阀 3 安装在最方便操作的控制面板上,两者之间用较长的细长管道连接,使压力调节十分方便。调压时,阀 2 的调整压力 p_1 必须大于阀 3 的调整压力 p_2。

3. 多级调压回路

有的液压系统在工作过程中需要实现多级调压,可用溢流阀和三位四通换向阀的组合来实现。图 7-2(b)所示为三级调压回路,主溢流阀 1 的遥控口通过三位四通换向阀 4 分别接具有不同调定压力的远程调压阀 2 和 3。当换向阀左位时,压力由阀 2 调定;换向阀右位时,压力由阀 3 调定;换向阀中位时,由主溢流阀 1 来调定系统最高压力。

4. 无级调压回路

图 7-2(c)所示为通过电-液比例溢流阀进行无级调压的比例调压回路。根据执行元件工作过程各个阶段的不同要求,调节输入比例溢流阀 1 的电流,即可达到调节系统工作压力的目的。

7.1.2 卸荷回路

卸荷回路是指在液压系统执行元件短时间不工作时,为了减少功率损耗,降低系统发热,避免因液压泵频繁启停影响液压泵的寿命,而使泵在很小的输出功率下运转的回路。因为液压泵的输出功率等于压力和流量的乘积($P_p = p_p \cdot q_p$),因此,卸荷的方法有两种:一种是将泵的出口直接接回油箱,泵在零压或接近零压下($p_p \approx 0$)工作;另一种是使泵在零流量或接近零流量下($q_p \approx 0$)工作。前者称为压力卸荷,后者称为流量卸荷。当然,流量卸荷仅适用于变量泵。实现卸荷的方法通常有以下几种。

1. 采用换向阀中位机能的卸荷回路

定量泵可借助 M 型、H 型和 K 型换向阀中位机能来实现泵降压卸荷,如图 7-3(a)所示。回路中的单向阀可使液压系统在卸荷中保持 0.3 MPa 左右的压力,以供卸荷结束后控制油路换向之用。采用二位二通电磁换向阀也可使泵直接卸荷,如图 7-3(b)所示。

2. 采用先导式溢流阀的卸荷回路

图 7-4 所示为采用二位二通电磁换向阀控制先导式溢流阀的卸荷回路。在先导式溢流阀 3 的遥控口接一小型二位二通电磁换向阀 2。电磁阀 2 通电时,阀 3 的遥控口与油箱相通,液压泵 1 输出的液流以很低的压力经溢流阀 3 返回油箱,实现卸荷。电磁阀 2 通电切换至右位时,液压泵升压。阻尼孔 b 使卸荷、升压过程平稳。

3. 采用限压式变量泵的卸荷回路

采用限压式变量泵的卸荷回路为零流量卸荷,如图 7-5 所示,根据限压式变量泵 1 在

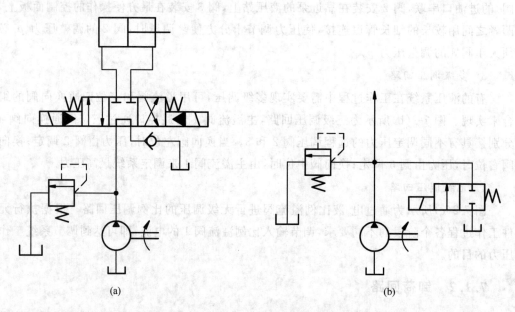

图 7-3　采用换向阀中位机能的卸荷回路

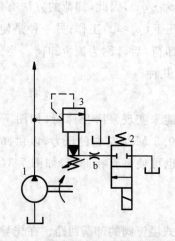
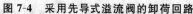

图 7-4　采用先导式溢流阀的卸荷回路

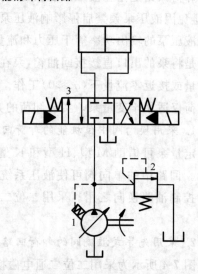

图 7-5　采用限压式变量泵的卸荷回路

低压时输出大流量和高压时输出小流量的特性,当液压缸活塞运动到行程终点或换向阀
3 处于中位时,泵 1 的压力升高,流量减小,当泵的压力接近限定螺钉调定的极限值时,泵
的流量减小,只补充液压缸或换向阀的泄漏,此时尽管泵出口的压力很大,但由于泵输出
的流量很小,其消耗的功率大为降低,回路实现保压卸荷。系统中的溢流阀 2 作为安全阀

用,以防止泵的压力补偿装置的零漂和动作滞缓
导致压力异常。

4. 采用液控顺序阀的卸荷回路

在双泵供油的液压系统中,常采用图 7-6 所示
的卸荷回路,即在快速行程时,两液压泵同时向系
统供油,进入工作行程阶段后,由于压力升高,打
开顺序阀 3 使低压大流量泵 1 卸荷。单向阀对高
压小流量泵 2 的高压油起止回作用。

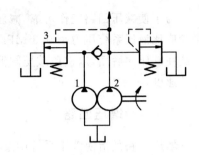

图 7-6　采用液控顺序阀的卸荷回路

7.1.3　减压回路

减压回路的功能在于使液压系统某一支路具有低于系统压力调定值的稳定工作压
力。机床的工件夹紧、导轨润滑及液压系统的控制油路常采用减压回路。

最常见的减压回路是在所需低压的支路上串接定值减压阀,如图 7-7(a)所示。回路
中的单向阀 3 用于当主油路压力低于减压阀 2 的调定值时,防止液压缸 4 的压力受其干
扰,起短时隔离作用。

减压回路也可以采用两级或多级减压。图 7-7(b)所示为两级减压回路。在先导式
减压阀 2 的遥控口上接入远程调压阀 3,当二位二通换向阀处于图示位置时,缸 4 的压力
由减压阀 2 调定;当二位二通换向阀处于右位时,缸 4 的压力由远程调压阀 3 调定。阀 3
的调定压力必须低于阀 2。液压泵的最高工作压力由溢流阀 1 调定。减压回路也可以采
用比例减压阀来实现无级减压。

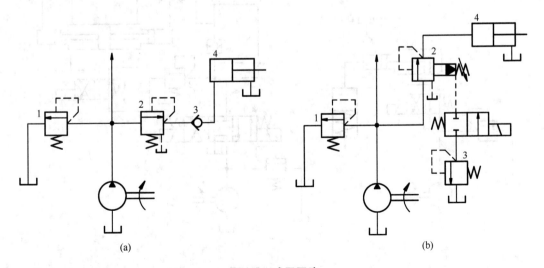

(a)   (b)

图 7-7　减压回路

为了使减压回路工作可靠,减压阀的最低调定压力不应小于 0.5 MPa,最高调定压力至少应比液压系统压力小 0.5 MPa。当减压回路中的执行元件需要调速时,调速元件应安放在减压阀后面,以避免减压阀泄漏(指油液由减压阀泄油口流回油箱)而影响执行元件的速度。

7.1.4　增压回路

增压回路是指使液压系统中某些支路获得高于系统压力的回路。利用增压回路,液压系统可以采用压力较低的液压泵,甚至采用压缩空气动力源来获得较高压力的压力油。增压回路中提高油液压力的主要元件是增压器(缸),如图 7-8 所示,其增压比为大、小活塞面积之比(A_1/A_2)。

1. 采用单作用增压器的增压回路

图 7-8(a)所示为采用单作用增压缸的增压回路。当二位四通电磁换向阀 3 断电处于图示位置时,液压泵以压力 p_1 向增压器 1 的大活塞左腔供油,小活塞右腔得到所需的较高压力 p_2。当换向阀 3 通电切换至右位时,增压器 1 返回,高位油箱 4 在大气压的作用下经单向阀向小活塞腔补油。该回路只能间断增压,主要适用于作用力大、行程小、作业时间短的场合,如制动器、离合器等。

2. 采用双作用增压器的增压回路

图 7-8(b)所示为采用双作用增压缸的增压回路,能连续输出高压油,适用于增压行

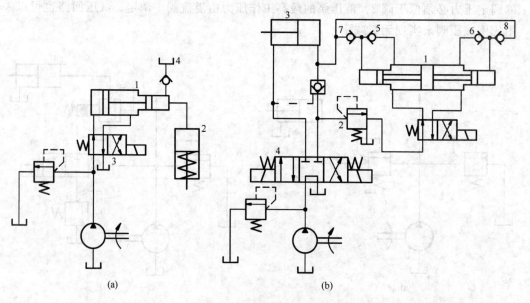

(a)　　　　　　　　　(b)

图 7-8　增压回路

程要求较长的场合。当工作缸 3 向左运动遇到较大负载时,系统压力升高,油液经顺序阀 2 进入双作用增压器 1,增压器活塞不论向左或向右运动,均能输出高压油,只要换向阀 4 不断切换,增压器 1 就不断往复运动,高压油就连续经单向阀 7、8 进入工作缸 3 的右腔,此时单向阀 5、6 有效地隔开了增压器的高低压油路。工作缸 3 向右运动时增压回路不起作用。

7.1.5 平衡回路

为了防止立式液压缸和垂直运动的工作部件由于自重而超速下降,或在下行运动中由于自重而导致失控、失速的不稳定运动,液压系统中必须设置平衡回路。

1. 采用单向顺序阀的平衡回路

图 7-9 所示为采用单向顺序阀的平衡回路。调整顺序阀,使其开启压力与液压缸下腔作用面积的乘积稍大于垂直运动部件的重力。活塞下行时,由于回油路上存在一定的背压支承重力负载,活塞将平稳下落;换向阀处于中位时,活塞停止运动,不再继续下行。此处的顺序阀又被称为平衡阀。在这种平衡回路中,顺序阀调整压力调定后,如果工作负载变小,液压系统的功率损失将增大。又由于滑阀结构的顺序阀和换向阀存在泄漏,活塞不可能长时间停在任意位置,故这种回路适用于工作负载固定且活塞闭锁要求不高的场合。

2. 采用液控单向阀的平衡回路

如图 7-10 所示,由于液控单向阀是锥面密封,泄漏量小,故其闭锁性能好,活塞能够较长时间停止不动。回油路上串联单向节流阀 2,用于保证活塞下行运动的平稳。假如

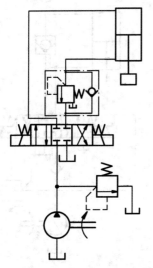

图 7-9 采用单向顺序阀的平衡回路

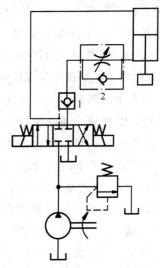

图 7-10 采用液控单向阀的平衡回路

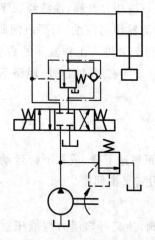

图 7-11　采用远控平衡阀的平衡回路

回油路上没有节流阀,活塞下行时液控单向阀 1 被进油路上的控制油打开,回油腔没有背压,运动部件由于自重而加速下降,造成液压缸上腔供油不足,液控单向阀 1 因控制油路失压而关闭。阀 1 关闭后控制油路又建立起压力,阀 1 再次被打开。液控单向阀时开时闭,使活塞在向下运动过程中产生振动和冲击。

3. 采用远控平衡阀的平衡回路

工程机械液压系统中常见到如图 7-11 所示的采用远控平衡阀的平衡回路。远控平衡阀是一种特殊结构的外控顺序阀,它不但具有很好的密封性,能起到长时间的锁闭定位作用,而且阀口的大小能自动适应不同载荷对背压的要求,保证了活塞下降速度的稳定性不受载荷变化的影响。这种远控平衡阀又称为限速锁。

7.1.6　保压回路

保压回路的功能是在液压系统中的执行元件停止工作或仅有工件变形所产生微小位移的情况下,使系统压力基本保持不变。保压有泵保压和执行元件保压之分。液压系统工作中,保持泵出口压力为溢流阀限定压力的即为泵保压。当执行元件要维持工作腔一定压力而又停止运动时,即为执行元件保压。例如,压力机校直弯曲的工件时,要以校直时的压力继续压制工件一段时间,以防止工件弹性恢复,这种情况下应采用执行元件保压回路。保压性能的两个主要指标为保压时间和压力稳定性。

1. 采用单向阀和液控单向阀的保压回路

如图 7-12 所示。在液压缸无杆腔油路上接入一个液控单向阀 3,利用单向阀锥形阀座的密封性能来实现保压。一般在 20 MPa 工作压力下保压 10 min,压力降不超过 2 MPa。液控单向阀密封性能较好,在短时间内可用作保压元件,但阀座的磨损和油液的污染会使保压性能下降,故保压时间不宜太长。

2. 采用自动补油保压回路

如图 7-12 所示为采用液控单向阀 3、电接触式压力

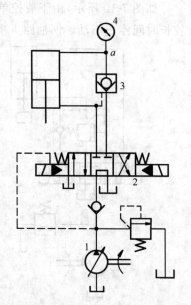

图 7-12　采用液控单向阀的保压回路

表4的自动补油保压回路,在a点接一个电接触式压力表4,由电接触式压力表4设定波动范围。它利用了液控单向阀结构简单并具有一定保压性能的长处,避开了直接开泵保压消耗功率的缺点。换向阀2右位接入回路,活塞下降加压,当压力上升到电接触式压力表4上限触点调定压力时,电接触式压力表发出电信号,换向阀切换成中位,泵卸荷,液压缸由液控单向阀3保压;当压力下降到下限触点调定压力时,换向阀右位接入回路,泵又向液压缸供油,使压力回升。这种回路能自动地向封闭的高压腔中补充高压油,保压时间长,压力稳定性高,压力波动不超过1~2 MPa。它利用了单向阀具有一定保压性的长处,又避开了直接开动液压泵保压消耗功率的缺点。

3. 采用辅助液压泵的保压回路

图7-13所示为采用辅助液压泵的保压回路,在回路中增设一台辅助液压泵4,当液压缸加压完毕要求保压时,由压力继电器3发信号,使1YA断电,3YA通电,变量泵1卸荷,辅助液压泵4向封闭的高压腔a点供油,维持系统压力稳定。由于辅助液压泵只需补充系统的泄漏,可选用小流量高压泵,功率损耗小。压力稳定性取决于辅助液压泵4出口处的溢流阀5的稳压性能。

4. 采用蓄能器的保压回路

如图7-14所示,用重锤式蓄能器5代替辅助液压泵在保压过程中向a点供油。保压时,重锤式蓄能器5充入高压油,重锤上升,触及限位开关S时,使电液换向阀2的电磁铁2YA断电,主液压泵1卸荷,以后由蓄能器保持系统压力。采用重锤式蓄能器,压力波动

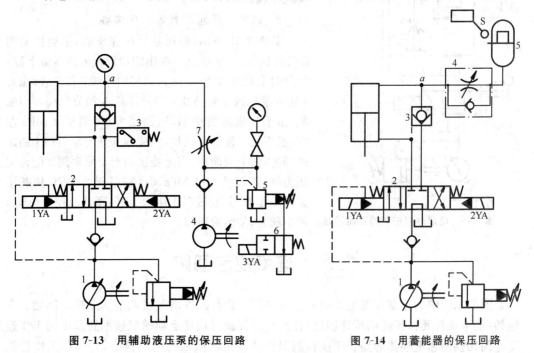

图7-13　用辅助液压泵的保压回路　　　　　图7-14　用蓄能器的保压回路

小,不超过 0.1~0.2 MPa。蓄能器的容量由保压时间内系统泄漏量来决定。

7.1.7 泄压回路

泄压回路的功能在于使执行元件高压腔中的压力缓慢地释放,以免泄压过快而引起剧烈的冲击和振动。通常在液压缸直径大于 250 mm、压力大于 7 MPa 时,回油腔在排油前就先行泄压。

1. 延缓换向阀切换时间的泄压回路

采用带阻尼器的中位滑阀机能为 H 或 Y 型的电液换向阀控制液压缸的换向。当液压缸保压完毕要求反向回程时,由于阻尼器的作用,换向阀延缓换向过程,使换向阀在中位停留时液压缸高压腔通油箱泄压后再换向回程。这种回路适用于压力不太高、油液压缩量较小的系统。

图 7-13 所示的采用辅助液压泵的保压回路,也是延缓换向阀 2 的切换时间的泄压回路,在液压缸泄压后再开始反向回程。换向阀 2 停在中位,主泵 1 卸荷,二位二通阀 6 断电,辅助泵 4 也通过溢流阀 5 卸荷,于是液压缸上腔压力油通过节流阀 7 和溢流阀 5 回油箱而泄压。节流阀 7 在泄压时起缓冲作用。泄压时间由时间继电器控制,经过一定时间延迟,换向阀 2 才动作,活塞实现回程。

2. 采用顺序阀控制的泄压回路

如图 7-15 所示,液压缸保压完毕后,手动换向阀 2 换向到左位,液压泵 1 输出的油液进入液压缸下腔,但此时上腔没有泄压,压力油将顺序阀 3 打开,液压泵 1 进入液压缸下腔的油液经顺序阀 3 和节流阀 5 回油箱,由于节流阀的作用,回油压力(可调至 2 MPa 左右)虽不足以使活塞回程,但能顶开液控单向阀 4 的卸载阀芯,使上腔泄压,当上腔压力低至顺序阀 3 的调定压力(一般调至2~4 MPa)时,顺序阀 3 关闭,切断了泵的低压循环,液压泵 1 压力上升,顶开液控单向阀 4 的主阀芯,使活塞回程。

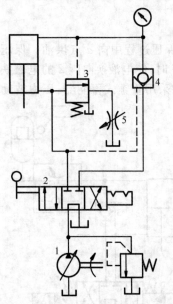

图 7-15 用顺序阀控制的泄压回路

7.2 速度控制回路

液压系统中的速度控制主要研究液压系统中执行元件的速度调节和变换的问题。它包括:调节执行元件速度的调速回路,使执行元件获得快速运动的快速回路及不同工作速度之间切换的速度换接回路。速度控制回路往往是液压系统中的核心部分,其工作性能的好坏对整个液压系统起着决定性的作用。

7.2.1　调速回路

在液压传动装置中执行元件主要是液压缸和液压马达,其工作速度或转速与输入流量及其几何参数有关。在不考虑油液压缩性和泄漏的情况下,有

液压缸的速度　　　　　　　　　　$v = \dfrac{q}{A}$

液压马达的速度　　　　　　　　　$n = \dfrac{q}{V_{\mathrm{m}}}$

式中:q——输入液压缸或液压马达的流量;

　　A——液压缸的有效作用面积;

　　V_{m}——液压马达的排量。

由上面两式可知,要调节液压缸或液压马达的工作速度可以有两种方法,一是改变输入执行元件的流量,二是改变执行元件的几何参数。对于确定的液压缸来说,改变其有效作用面积 A 是困难的,一般只能用改变输入液压缸流量的办法来调速。对变量液压马达来说,既可用改变输入流量的办法来调速,也可用改变马达排量的办法来调速。其中采用定量泵和节流元件来进行调速的回路称为节流调速回路,采用变量泵或变量马达进行调速的回路称为容积调速回路。

调节液压系统执行元件运动速度的方法主要有以下几种。

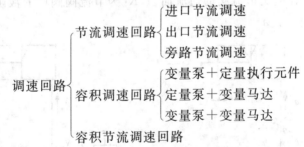

（1）节流调速回路　它由定量泵供油,用流量控制阀调节流入或流出执行元件的流量来实现调速;

（2）容积调速回路　调节变量泵或变量马达的排量来实现调速;

（3）容积节流调速回路　用某种变量泵和某种流量控制阀组合,由流量阀调节流入执行元件的流量,并使泵的流量与通过流量阀的流量相适应来实现调速。

此外,还可以将几台定量泵并联起来,用启动一个或数个泵的办法来改变流入执行元件的流量,以实现分级(有级)调速。

1. 节流调速回路

当液压系统采用定量泵供油时,因泵输出的流量 q_{p} 一定,因此要改变输入执行元件

的流量 q_1，必须在泵的出口旁接一条支路，将泵多余的流量 $\Delta q = q_p - q_1$ 溢回油箱。这种调速回路称为节流调速回路，它由定量泵、执行元件、流量控制阀（如节流阀、调速阀等）和溢流阀等元件组成，其中流量控制阀起流量调节作用，溢流阀起压力补偿作用或安全作用。这种调速回路具有结构简单、工作可靠、成本低、使用维护方便、调速范围大等优点。然而由于它的能量损失大、效率低、发热大，故一般多用于功率不大的场合。

由于流量控制阀在回路中的安放位置的不同，有进口节流式、出口节流式、旁路节流式和进出口同时节流式等多种形式。下面以泵-缸回路为例，分析采用节流阀的节流调速回路的速度负载特性、功率特性等性能。分析时，忽略油液的压缩性、泄漏、管道压力损失和执行元件的机械摩擦等。假定节流口形状都为薄壁孔，即节流口压力流量方程中的 $m = 0.5$。

1）进口节流调速回路

进口节流调速回路是将节流阀串联在液压泵和液压缸之间，如图 7-16(a) 所示。定量泵多余的油液通过溢流阀回油箱，由于溢流阀有溢流，泵的出口压力 p_s 为溢流阀的调定压力，并基本保持定值。

（1）速度负载特性　在图 7-16(a) 所示的进口节流调速回路中，记 q_p 为泵的输出流量，q_1 为流经节流阀进入液压缸的流量，Δq 为溢流阀的溢流量，p_1 和 p_2 为液压缸两腔压力，其中由于液压缸回油腔通油箱 $p_2 = 0$，p_s 为泵出口压力即溢流阀调定压力，A_1 和 A_2 为液压缸两腔作用面积，A_T 为节流阀的通流面积，K_L 为节流阀阀口的液阻因数，F_L 为负载

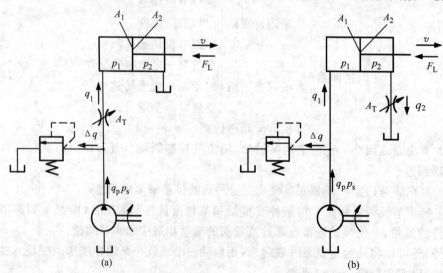

图 7-16　进口、出口节流调速回路
(a) 进口节流调速回路　(b) 出口节流调速回路

力。于是可得方程组

液压缸活塞的运动速度 $$v = \frac{q_1}{A_1} \qquad (7\text{-}1)$$

流经节流阀的流量 $$q_1 = K_L A_T \sqrt{\Delta p} = K_L A_T \sqrt{p_s - p_1} \qquad (7\text{-}2)$$

液压缸活塞的受力平衡方程 $$p_1 A_1 = p_2 A_2 + F_L \qquad (7\text{-}3)$$

因 $p_2 = 0$，因此 $p_1 = F_L / A_1 = P_L$，P_L 为克服负载所需的压力，称为负载压力。将 p_1 代入式(7-2)，得

$$q_1 = K_L A_T \left(p_s - \frac{F_L}{A_1} \right)^{1/2} = \frac{K_L A_T}{A_1^{1/2}} (p_s A_1 - F_L)^{1/2} \qquad (7\text{-}4)$$

$$v = \frac{q_1}{A_1} = \frac{K_L A_T}{A_1^{3/2}} (p_s A_1 - F_L)^{1/2} \qquad (7\text{-}5)$$

当 A_T 调定后，v 与负载 F_L 的变化特性通常称为速度负载特性或机械特性，式(7-5)即为进口节流调速回路的速度负载特性方程，它反映了速度 v 与负载 F_L 的关系。若以活塞运动速度 v 为纵坐标，负载 F_L 为横坐标，将式(7-5)按不同节流阀的通流面积 A_T 作图，可得一组抛物线，称为进口节流调速回路的速度负载特性曲线，对应节流阀的一个确定开度即可绘出一条相应的负载特性曲线，如图 7-17 所示。从式(7-5)和图 7-17 可以看出，液压缸的工作速度 v 主要与节流阀的通流面积 A_T、液压泵的工作压力 p_s 和负载 F_L 有关。当 A_T 和 p_s 一定时，F_L 增加，v 就减少，当 F_L 增大到 $F_{L\max} = A_1 p_s$ 时，$v = 0$，活塞停止运动；反之，F_L 减小时，v 就增加。

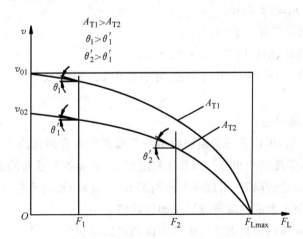

图 7-17　进口节流调速回路的速度负载特性曲线

速度随负载变化而变化的程度，表现在负载特性曲线上就是斜率不同，常用速度刚度 T 来评定，其定义为

$$T = -\frac{\partial F}{\partial v} = -\frac{1}{\tan\theta} \tag{7-6}$$

它表示负载变化时,回路阻抗速度变化的能力。由式(7-5)和式(7-6)可得

$$T = -\frac{\partial F_L}{\partial v} = \frac{2A_1^{3/2}}{K_L A_T} (p_s A_1 - F_L)^{1/2} = \frac{2(p_s A_1 - F_L)}{v} \tag{7-7}$$

由式(7-7)可以看到,当节流阀通流面积 A_T 一定时,负载 F_L 越小,速度刚度越大;当负载 F_L 一定时,活塞速度越低,速度刚度 T 越大。增大 p_s 和 A_1 可以提高速度刚度 T 。另外,特性曲线某点处的斜率越小,速度刚度就越大,说明回路在该处速度受负载波动的影响就越小,即该处的速度稳定性越好。式中负号表示 F_L 与 v 的变化方向是相反的,活塞的运动速度 v 与节流阀通流面积 A_T 成正比,调节 A_T 就能实现无级调速。这种回路的调速范围较大, $R_{cmax} = v_{max}/v_{min} \approx 100$ 。

(2) 功率特性　其方程为

液压泵输出功率 $\qquad\qquad P_p = p_s q_p = \text{const}$

液压缸输出的有效功率 $\qquad P_1 = F_L v = F_L \dfrac{q_L}{A_1} = p_L q_L$

式中: q_L ——负载流量,即进入液压缸的流量 q_1 。

回路的功率损失为

$$\begin{aligned}\Delta P &= P_p - P_1 = p_s q_p - p_L q_L = p_s(q_L + \Delta q) - (p_s - \Delta p)q_L\\ &= p_s \Delta q + \Delta p q_L\end{aligned} \tag{7-8}$$

式中: Δq ——溢流阀溢流量, $\Delta q = q_p - q_1$;

Δp ——节流阀进、出口压差, $\Delta p = p_s - p_1$ 。

由式(7-8)可知,回路的功率损失由两部分组成,即溢流损失 $p_s \Delta q$ 和节流损失 $\Delta p q_L$ 。

2) 出口节流调速回路

如图7-16(b)所示,出口节流调速回路是将节流阀安装在回油路上,即安装在液压缸与油箱之间,由节流阀控制与调节排出液压缸的流量,从而调节活塞的运动速度。进入液压缸的流量受排出流量的限制,因此由节流阀调节排出液压缸的流量,也就调节了进入液压缸的流量。定量泵多余的油液通过溢流阀回油箱。

出口节流调速回路的分析方法与进口节流调速回路相同。

(1) 速度负载特性　其方程组为

液压缸活塞运动速度 $\qquad\qquad v = \dfrac{q_2}{A_2} \tag{7-9}$

流经节流阀的流量 $\qquad\qquad q_2 = K_L A_T \sqrt{\Delta p} = K_L A_T \sqrt{p_2} \tag{7-10}$

液压缸活塞的受力平衡方程 $\qquad p_s A_1 = p_2 A_2 + F_L$ $\qquad$ (7-11)

因 $p_2 \neq 0$，因此 $p_L = \dfrac{F_L}{A_1} = p_s - p_2 \dfrac{A_2}{A_1}$，于是得

速度负载特性方程 $\qquad v = \dfrac{K_L A_T}{A_2^{3/2}} (p_s A_1 - F_L)^{1/2}$ $\qquad$ (7-12)

速度刚度方程 $\quad T = -\dfrac{\partial F_L}{\partial v} = \dfrac{2A_1^{3/2}}{K_L A_T}(p_s A_1 - F_L)^{1/2} = \dfrac{2(p_s A_1 - F_L)}{v}$ $\quad$ (7-13)

由式(7-12)与式(7-5)、式(7-13)与式(7-7)比较看出，出口节流调速回路与进口节流调速回路有相似的速度负载特性和速度刚度，其中最大承载能力 F_{Lmax} 相同。

（2）功率特性　其方程为

液压泵输出功率 $\qquad\qquad P_p = p_s q_p = \text{const}$

液压缸输出的有效功率 $\quad P_1 = F_L v = (p_s A_1 - p_2 A_2)v = \left(p_s - p_2 \dfrac{A_2}{A_1}\right)q_1 = p_L q_L$

回路的功率损失 $\qquad \Delta P = P_p - P_1 = p_s q_p - \left(p_s - p_2 \dfrac{A_2}{A_1}\right)q_1$

$$= p_s \Delta q - p_2 q_2 \qquad (7\text{-}14)$$

式中：Δq——溢流阀溢流量，$\Delta q = q_p - q_1$；

$\quad$ Δp——节流阀进、出口压差，$\Delta p = p_s - p_1$。

由式(7-14)可知，回路的功率损失由两部分组成，即溢流损失 $p_s \Delta q$ 和节流损失 $p_2 q_2$。

3）旁路节流调速回路

旁路节流调速回路是将节流阀装在液压缸并联的支路上，如图 7-18 所示。定量泵输出的流量 q_p 一部分（Δq）通过节流阀溢回油箱，一部分（q_1）进入液压缸，使活塞获得一定运动速度。调节节流阀的通流面积，即可调节进入液压缸的流量，从而实现调速。由于溢流功能由节流阀来完成，故正常工作时溢流阀处于关闭状态，溢流阀作安全阀用，其调定压力为最大负载压力的 1.1～1.2 倍。液压泵的供油压力 p_p 取决于负载。

（1）速度负载特性　回路的特性分析讨论同样可用前述方法进行，但是由于溢流阀常闭，所以此时要计及液压泵泄漏的影响。回路的速度负载特性表达式为

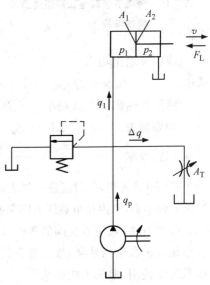

图 7-18　旁路节流调速回路

$$v = \frac{q_1}{A_1} = \frac{q_{pt} - \Delta q_p - \Delta q}{A_1} = \frac{q_{pt} - \lambda_p\left(\dfrac{F_L}{A_1}\right) - K_L A_T \left(\dfrac{F_L}{A_1}\right)^{1/2}}{A_1} \qquad (7-15)$$

式中：q_{pt}——泵的理论流量；

$\quad$ λ_p——泵的泄漏系数；

$\quad$ 其他符号意义同前。

速度刚度为

$$T = -\frac{\partial F_L}{\partial v} = \frac{A_1^2}{\lambda_p + \dfrac{1}{2} K_L A_T \left(\dfrac{F_L}{A_1}\right)^{-1/2}} = \frac{2 A_1 F_L}{\lambda_p \dfrac{F_L}{A_1} + q_{pt} - A_1 v} \qquad (7-16)$$

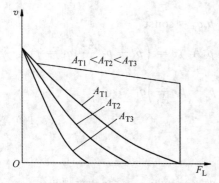

图 7-19　旁路节流调速回路速度负载
特性曲线

将式(7-15)选取不同的节流阀通流面积 A_T 作出一组速度负载特性曲线，如图 7-19 所示。由图可看出：在节流阀通流面积 A_T 一定的情况下，当外负载增加时，液压缸运动速度显著下降，即速度刚度很小，且负载越大，速度刚度越大；当负载一定时，节流阀通流面积 A_T 越小（即速度越大），速度刚度越大。所以这种回路适用于高速、重载的场合。

由图 7-19 可知，这种回路的最大承载能力是变化的，即随节流阀通流面积 A_T 增大而减小，低速时的承载能力很差。

（2）功率特性　其方程为

液压泵输出功率　　　$P_p = p_L q_p$

式中：p_L——负载压力，$p_L = F_L / A_1$。

液压缸输出的有效功率　$P_1 = F_L v = p_L A_1 v = p_L q_1$

功率损失　　$\Delta P = P_p - P_1 = p_L q_p - p_L q_1 = p_L \Delta q \qquad (7-17)$

回路效率　　$\eta = \dfrac{P_p - \Delta P}{P_p} = \dfrac{p_L q_1}{p_L q_p} = \dfrac{q_1}{q_p} \qquad (7-18)$

式(7-18)表明，负载流量 q_1 越大（亦即运动速度 v 越高），回路效率越高。旁路节流调速回路的效率高，原因是负载压力即泵的工作压力随负载增减（压力适应），而不是一个定值。

综上所述，采用节流阀的旁路节流调速回路只有节流损失而无溢流损失，主油路内没有节流损失和发热现象，故适宜在高速、重载、负载变化不大、对运动平稳性要求不高的液压系统中使用，但其不能超载。

2. 容积调速回路

容积调速回路的工作原理是，通过改变回路中变量液压泵或变量液压马达的排量来实现调速。其主要优点是没有节流损失和溢流损失,工作压力随负载变化而变化,所以效率高、发热少,适用于高速、大功率调速系统;缺点是变量泵和变量马达的结构复杂,成本较高。按油液循环方式不同,容积调速回路有开式和闭式两种。开式回路中的液压泵从油箱吸油后输入执行元件,执行元件排出的油液直接返回油箱,故油液的冷却性好,但油箱的结构尺寸大、易污染。闭式回路中的液压泵将油液输入执行元件的进油腔,又从执行元件的回油腔处吸油,回路的结构紧凑,减少了污染的可能性。在采用双向液压泵或双向液压马达时,还可方便地变换执行元件的运动方向,但散热条件较差,常常需要设置补油装置以补偿回路中的油液泄漏,从而使回路的结构复杂化。

(1) 变量泵-定量执行元件容积调速回路   图 7-20 所示为变量泵和定量执行元件的容积调速回路,其中图 7-20(a)所示的执行元件为液压缸 3,且是开式回路;图 7-20(b)所示的执行元件为液压马达 3,且是闭式回路。两回路中的执行元件速度均是通过改变变量泵 1 的排量来调节。两图中的溢流阀 2 均起安全阀作用,用于防止系统过载。图 7-20(b)所示的泵 4 为补油泵,用于补偿泵、马达及管路的泄漏及置换部分热油、降低回路温升,补油泵的工作压力由溢流阀 5 调节和设定。

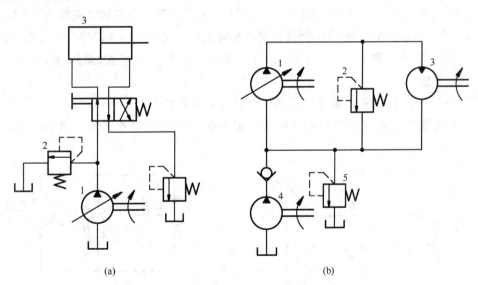

(a)   (b)

图 7-20   变量泵-定量执行元件的容积调速回路

对于图 7-20(a)所示的回路,若不考虑回路的泄漏,液压缸活塞的运动速度为

$$v = \frac{q_p}{A_1} = \frac{n_p V_p}{A_1}$$

式中:q_p、n_p、V_p——变量泵的流量、转速、排量。

可见,改变变量泵的排量 V_p 即可调节液压缸的运动速度 v。

对于图 7-20(b)所示回路,若不计泵和马达的损失及泄漏,则有

液压马达的输出转速为

$$n_{\mathrm{m}} = \frac{q_{\mathrm{m}}}{V_{\mathrm{m}}} = \frac{q_{\mathrm{p}}}{V_{\mathrm{m}}} = \frac{n_{\mathrm{p}}V_{\mathrm{p}}}{V_{\mathrm{m}}}$$

液压马达的输出转矩为

$$T_{\mathrm{m}} = \frac{\Delta p_{\mathrm{m}}V_{\mathrm{m}}}{2\pi}$$

液压马达的输出功率为

$$P_{\mathrm{m}} = \Delta p_{\mathrm{m}}V_{\mathrm{m}}n_{\mathrm{m}} = \Delta p_{\mathrm{m}}n_{\mathrm{p}}V_{\mathrm{p}}$$

式中:Δp_{m}——液压马达两端的压差;

$\quad q_{\mathrm{m}}$——液压马达的输入流量($q_{\mathrm{m}} = q_{\mathrm{p}}$);

$\quad V_{\mathrm{m}}$——液压马达的排量。

在这种回路中,由于液压泵转速 n_{p} 一般为定值,而液压马达的排量 V_{m} 也是恒量,故调节变量泵的排量 V_{p} 即可成比例的调节液压马达的转速 n_{m},并使马达的输出功率 P_{m} 成比例变化。由于液压马达的输出转矩 T_{m} 和回路工作压力都由负载转矩决定,若负载转矩恒定,则液压马达输出转矩恒定,因此这种回路常被称为恒转矩调速回路。此回路的调速范围较大(一般可达 $R_{\mathrm{c}} = 40$)。此类回路在小型内燃机车、工程机械、船用绞车的有关装置中得到了应用。

图 7-21 所示为变量泵-定量执行元件调速回路的工作特性。

(2)定量泵-变量马达容积调速回路　　定量泵-变量马达容积调速回路如图 7-22 所

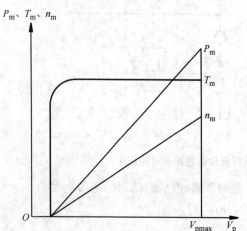

图 7-21　变量泵-定量执行元件调速回路的工作特性

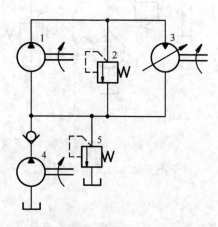

图 7-22　定量泵-变量马达容积调速回路

示。定量泵 1 的输出流量不变,其补油泵 4、溢流阀 2、溢流阀 5 的作用和变量泵-定量马达调速回路的相同。该回路通过改变变量液压马达的排量 V_m 来改变液压马达的输出转速 n_m。这种调速回路的液压泵流量为恒值,液压马达的转速与其排量 V_m 成反比,液压马达的输出转矩 T_m 与马达液压的排量 V_m 成正比;当负载转矩恒定时,回路的工作压力 p 和液压马达输出功率 P_m 都不因调速而发生变化,所以这种回路又称恒功率调速回路。由于这种回路的调速范围很小(一般 $R_c \leqslant 40$),且不能实现液压马达反向,故这种回路仅在造纸、纺织机械的卷绕装置中得到了一些应用。

　　(3) 变量泵-变量马达容积调速回路　双向变量泵-双向变量马达容积调速回路如图 7-23(a)所示。单向阀 6、8 用于辅助泵 4 双向补油,而单向阀 7、9 使溢流阀 3 起双向过载保护作用,泵 4 和溢流阀 5 为回路的补油装置。这种调速回路实际是上述两种容积调速回路的组合。由于液压泵和液压马达的排量均可改变,故增大了调速范围,其工作特性曲线如图 7-23(b)所示。一般执行元件都要求在启动时有低转速和大的输出转矩,而在正常工作时都希望有较高的转速和较小的输出转矩。因此,这种回路在使用中通常是先将液压马达的排量 V_m 调到最大值 V_{mmax},使液压马达能获得最大输出转矩,由小到大地改变泵的排量 V_p,直到最大值 V_{pmax},此时液压马达的转速随之升高,输出功率也线性增加,回路处于恒转矩输出状态;然后,保持 $V_p = V_{pmax}$,由大到小地改变液压马达的排量,则液压马达的转速继续升高,而其输出转矩却随之降低,液压马达的输出功率恒定不变,回路处于恒功率工作状态。这种回路的调速范围很大,等于变量泵的调速范围 R_p 与变量马达的调速范围 R_m 乘积,即 $R_c = R_p R_m$。这种回路适用于港口起重运输机械及矿山采掘机械

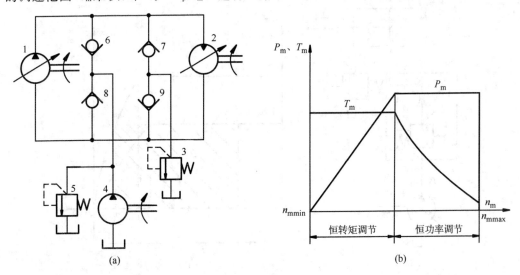

(a)　　　　　　　　　　　(b)

图 7-23　变量泵-变量马达容积调速回路及特性曲线

等大功率机械设备的液压系统中。

3. 容积节流调速回路

容积节流调速回路采用压力补偿变量泵供油，用流量控制阀调节进入或流出液压缸的流量来控制其运动速度，并使变量泵的输出量自动地与液压缸所需负载流量相适应。这种调速回路没有溢流损失，效率较高，速度稳定性也比容积调速回路好，常用于执行元件速度范围较大的中小功率液压系统。

1）限压式变量泵和调速阀的容积节流调速回路

图 7-24(a) 所示为使用限压式变量泵和调速阀的容积节流调速回路。限压式变量泵 1 的压力油经调速阀 2 进入液压缸无杆腔，回油经背压作用的溢流阀 3 排回油箱。液压缸的运动速度 v 由调速阀调节。回路在稳定工作时变量泵的流量 q_p 与负载流量 q_1 相等，即 $q_p = q_1$。如果调小调速阀的通流面积，则在关小阀口的瞬间，q_1 减小，而此时液压泵的输出流量 q_p 还未来得及改变，于是 $q_p > q_1$，导致泵出口压力 p_p 升高，该压力反馈使得限压式变量泵的输出流量自动减少，直至 $q_p = q_1$；反之亦然。由此可见，调速阀不仅能调节进入液压缸的流量，而且可以作为反馈元件，将通过阀的流量转换成压力信号反馈到泵的变量机构，使泵的输出流量自动和阀的开度相适应，没有溢流损失。这种回路中的调速阀也可装在回油路上。

图 7-24(b) 所示为这种回路的调速特性。曲线 ABC 是限压式变量泵的压力-流量特性，曲线 CDE 是调速阀在某一开度时的压差-流量特性，点 F 是泵的工作点。由图可见，

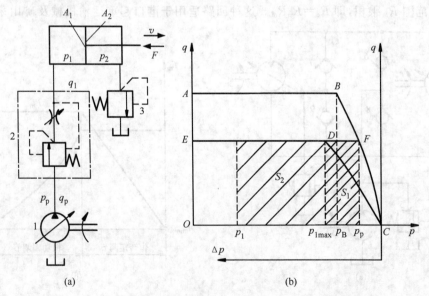

图 7-24　限压式变量泵和调速阀的容积节流调速回路及特性曲线

回路虽无溢流损失,但仍有节流损失,其大小与液压缸的工作腔压力 p_1 有关。当进入液压缸的工作流量为 q_1、泵的出口压力是 p_p 时,为了保证调速阀正常工作所需的压差 Δp_1,液压缸的工作压力最大值是 $p_{1max}=p_p-\Delta p_1$;再由于背压 p_2 的存在,p_1 的最小值又必须满足 $p_{1min}>p_2\dfrac{A_2}{A_1}$。当 $p_1=p_{1max}$ 时,回路的节流损失最小(见图 7-24(b)中阴影面积 S_1);p_1 越小,则节流损失越大(见图中阴影面积 S_2)。若不考虑泵的出口至缸的入口的流量损失,回路的效率为

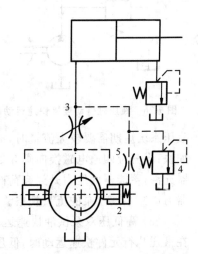

$$\eta_c=\frac{p_1q_1}{p_pq_p}=\frac{p_1}{p_p}\qquad(7\text{-}19)$$

由式(7-19)看出,当负载变化较大且大部分时间处于低负载下工作时,回路效率不高。泵的出口压力应略大于 $(p_{1max}+\Delta p_c+\Delta p_1)$,其中 p_{1max} 为液压缸最大工作压力,Δp_c 为管路压力损失,Δp_1 为调速阀正常工作所需压差。这种调速回路中的调速阀也可以装在回油路上。这种回路常用于组合机床等中小功率的设备的液压系统中。

2) 差压式变量泵和节流阀的容积节流调速回路

这种调速回路采用差压式变量泵供油,如图 7-25 所示,通过节流阀来确定进入液压缸或自液压缸流出的流量,不但使变量泵输出的流量与液压缸所需流量相适应,而且液压泵的工作压力能自动跟随负载压力的增减而增减。

图 7-25　差压式变量泵和节流阀
的容积节流调速回路

7.2.2　快速运动和速度换接回路

1. 快速运动回路

快速运动回路的功能是加快液压执行元件空载运行时的速度,缩短机械的空载运动时间,以提高系统的工作效率并充分利用功率。常用的快速运动回路有以下几种。

(1) 液压缸差动连接的快速运动回路　图 7-26 所示为利用具有 P 型中位机能三位四通电磁换向阀的差动连接快速运动回路。当电磁铁 1YA 和 2YA 均不通电时,换向阀3 处于中位,液压缸 4 由阀 3 的 P 型中位机能实现差动连接,液压缸快速向前运动;当电磁铁 2YA 通电使换向阀 3 切换至右位时,液压缸 4 转为慢速前进。差动连接快速运动回路结构简单,应用较多。

(2) 使用蓄能器的快速运动回路　图 7-27 所示为使用蓄能器的快速运动回路。当

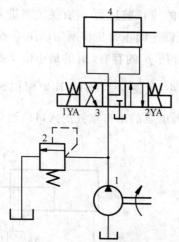

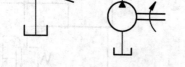

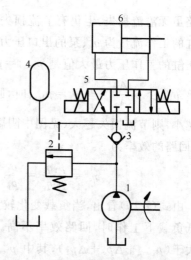

图 7-26　液压缸差动连接快速运动回路　　　　图 7-27　使用蓄能器的快速运动回路

液压系统短期需要较大流量时,液压泵 1 和蓄能器 4 共同向液压缸 6 供油,使液压缸速度加快;当三位四通电磁换向阀 5 处于中位,液压缸停止工作时,液压泵经单向阀 3 向蓄能器充液,蓄能器的压力升到卸荷阀 2 的设定压力后,卸荷阀开启,液压泵卸荷。采用蓄能器可以减小液压泵的流量规格。

（3）高低压双泵供油快速运动回路　图 7-28 所示为高低压双泵供油快速运动回路。在液压执行元件快速运动时,低压大流量泵 1 输出的压力油经单向阀 4 与高压小流量泵 2 输出的压力油一并进入系统。在执行元件工作行程中,系统的压力升高,当压力达到顺序阀 3 的调压值时,顺序阀 3 打开使泵 1 卸荷,泵 2 单独向系统供油。系统的工作压力由溢流阀 5 调定,阀 5 的调定压力必须大于阀 3 的调定压力;否则,泵 1 无法卸荷。这种双泵供油回路主要用于轻载时需要很大流量,而重载时却需高压小流量的场合,其优点是回路效率高。高低压双泵可以是两台独立单泵,也可以是双联泵。

2. 速度换接回路

速度换接回路的功能是使液压执行元件在一个工作循环中从一种运动速度变换成另一种运动速度,常见的转换包括快、慢速的换接和二次慢速之间的换接。

（1）采用行程阀的快、慢速换接回路　图 7-29 所示为采用行程阀的快、慢速换接回路。主换向阀 1 断电处于图示右位时,液压缸 5 快进。当与活塞所连接的挡块 6 压下常开的行程阀 4 时,行程阀关闭,液压缸 5 有杆腔油液必须通过节流阀 3 才能流回油箱,因此活塞转为慢速。当阀 1 通电切换至左位时,压力油经单向阀 2 进入液压缸的有杆腔,活塞快速向右返回。这种回路的快、慢速的换接过程比较平稳,换接点的位置较准确,但其缺点是行程阀的安装位置不能任意布置,管路连接较为复杂。若将行程阀 4 改为电磁阀,并通过用挡块压下电气行程开关来操纵,也可实现快、慢速的换接,其优点是安装连接比

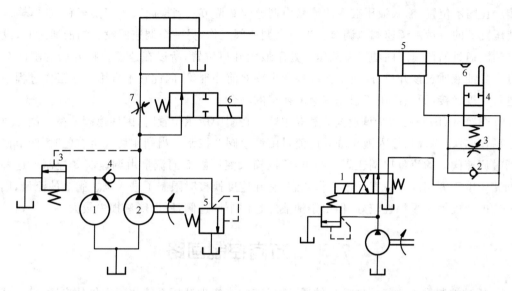

図 7-28　双泵供油快速运动回路　　　　图 7-29　采用行程阀的快、慢速换接回路

较方便,但速度换接的平稳性、可靠性及换向精度比采用行程阀差。

（2）二次工进速度的换接回路　图 7-30 所示为采用两个调速阀的二次工进速度的换接回路。图 7-30(a)中的两个调速阀 2 和 3 并联,由二位三通电磁换向阀 4 实现速度换

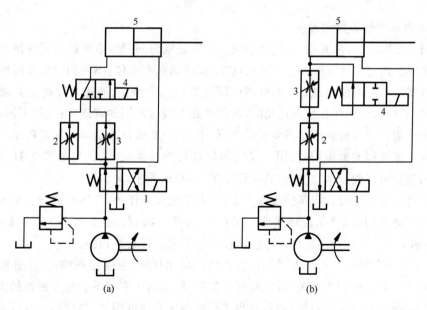

(a)　　　　　　　　　　　　　　　　(b)

图 7-30　二次工进速度的换接回路

接。在图示位置,输入液压缸 5 的流量由调速阀 2 调节。当换向阀 4 切换至右位时,输入液压缸 5 的流量由调速阀 3 调节。当一个调速阀工作,另一个调速阀没有油液通过时,没有油液通过的调速阀内的定差减压阀处于最大开口位置,所以在速度换接开始的瞬间会有大量油液通过该开口,而使工作部件产生突然前冲现象,因此它不宜用于在工作过程中进行速度换接,而只适用于预先有速度换接的场合。

图 7-30(b)中的两个调速阀 2 和 3 串联。在图中所示位置时,因调速阀 3 被二位二通电磁换向阀 4 短路,输入液压缸 5 的流量由调速阀 2 控制。当阀 4 切换至右位时,调节使通过调速阀 3 的流量比调速阀 2 的小,所以输入液压缸 5 的流量由调速阀 3 控制。这种回路中由于调速阀 2 一直处于工作状态,它在速度换接时限制了进入调速阀 3 的流量,因此它的速度换接平稳性较好,但由于油液经过两个调速阀,所以能量损失较大。

7.3　方向控制回路

通过控制进入执行元件液流的通、断或变向来实现液压系统执行元件的启动、停止或改变运动方向的回路称为方向控制回路。常用的方向控制回路有换向回路、锁紧回路和制动回路。

7.3.1　换向回路

1. 采用换向阀的换向回路

采用二位四通、二位五通、三位四通或三位五通换向阀都可以使执行元件换向。二位换向阀只能使执行元件正反两个方向运动,三位换向阀有中位,不同的中位滑阀机能可使液压系统获得不同的性能,如 M 型滑阀机能使执行元件停止、液压泵卸荷。五通换向阀有两个回油口,执行元件正反向运动时,两回油路上设置不同的背压,可获得不同的速度。换向阀的控制方式可根据操作需要来选择,如手动、电磁或电液动等。如果液压缸是利用弹簧或重力来回程的单作用缸,用二位三通阀就可使其换向,其回路如图 7-31(a)所示。二位三通阀还可以使差动缸换向,其回路如图 7-31(b)所示。

换向回路采用电磁换向阀换向最为方便,但电磁阀动作快,换向有冲击。交流电磁铁一般不宜作频繁切换,以免烧坏线圈。采用电-液换向阀,可通过调节单向节流阀(阻尼器)来控制其液动阀的换向速度,换向冲击小,但不能进行频繁切换。

采用机动阀换向时,可以通过工作机构的挡块和杠杆,直接使阀换向,这样既省去了电磁换向阀的换向的行程开关、继电器等中间环节,换向频率也不会受电磁铁的限制。但是机动阀必须安装在工作机构附近,且当工作机构运动速度很低、挡块推动杠杆带动换向阀阀芯移至中间位置时,工作机构可能因失去动力而停止运动,出现换向死点;当工作机

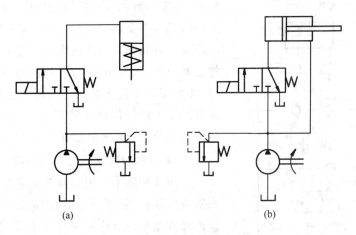

图 7-31　单作用缸的换向回路

构运动速度较高时,又可能因换向阀芯移动过快而引起换向冲击。因此,对一些需要频繁的连续的往复运动、且对换向过程又有很多要求的工作机构(如磨床工作台),常用机动滑阀作先导阀,由它控制一个可调式液动换向阀实现换向。

图 7-32 所示为采用机-液换向阀的换向回路,按照工作台制动原理不同,机液换向阀的换向回路分为时间控制制动式和行程控制制动式两种。它们的主要区别在于前者的主油路只受主换向阀 2 的控制,而后者的主油路还受先导阀 1 的控制,先导阀阀芯上的制动锥可逐渐将液压缸的回油通道关小,使工作台实现预制动。当节流器 J_1、J_2 的开口调定

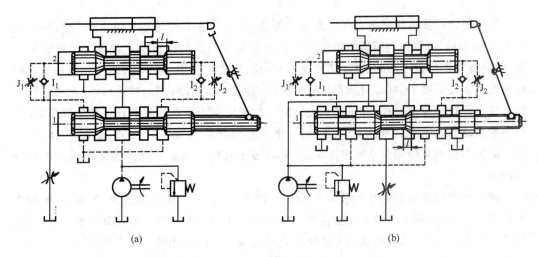

图 7-32　采用机-液换向阀的换向回路

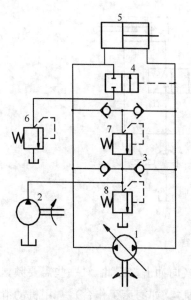

图 7-33　采用双向变量泵的换向回路

后,不论工作台原来速度快慢如何,前者工作台制动的时间基本不变,而后者工作台预先制动的行程基本不变。时间控制制动式换向回路主要用于工作部件运动速度大、换向频率高、换向精度要求不高的场合,如平面磨床液压系统。行程控制制动式换向回路宜用于工作部件运动速度不大,但换向精度要求较高的场合,如内、外圆磨床液压系统。

2. 采用双向变量泵的换向回路

在闭式回路中可用双向变量泵控制油流的方向来实现液压缸(液压马达)的换向。如图 7-33 所示,执行元件是单杆双作用液压缸 5,活塞向右运动时,其进油流量大于排油流量,双向变量泵 1 吸油侧流量不足,可用辅助泵 2 通过单向阀 3 来补充;变更双向变量泵 1 的供油方向,活塞向左运动时,排油流量大于进油流量,变量泵 1 吸油侧多余的油液通过由缸 5 进油侧压力控制的二位二通阀 4 和溢流阀 6 排回油箱。溢流阀 6 和 8 既可使活塞向左和向右运动时泵吸油侧有一定的吸入压力,又可使活塞运动平稳。溢流阀 7 是防止液压系统过载的安全阀。这种回路适用于压力较高、流量较大的场合。

7.3.2　锁紧回路

锁紧回路可使液压缸活塞在任意位置停止,并可防止其停止后窜动。三位四通换向阀中位 O 型或 M 型滑阀机能可以使活塞在行程范围内任何位置停止。但由于滑阀的泄漏,能保持停止位置不动的性能(锁紧精度)不高,故常用泄漏小的座阀结构的液控单向阀作为锁紧元件。图 7-34(a)所示为用液控单向阀使卧式液压缸双向锁紧回路,在液压缸两侧油路上串接液控单向阀(液压锁),换向阀中位时活塞可以在行程的任何位置锁紧,左右都不能窜动。对于立式液压缸,可以用一个液控单向阀实现单向锁紧,如图 7-34(b)所示。液控单向阀只能限制活塞向下窜动,单向节流阀防止活塞下降时因超速而产生振动和冲击。

液控单向阀锁紧回路中的换向阀中位机能不宜采用 O 型,而应采用 Y 型或 H 型滑阀机能,因为换向阀中位时希望液控单向阀的控制油路立即失压,单向阀才能关闭,定位锁紧精度高。同样的理由,单向节流阀不宜插在液控单向阀和换向阀之间。

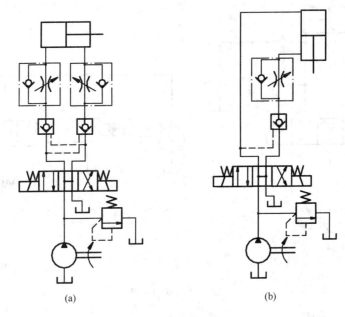

(a)   (b)

图 7-34   锁紧回路

7.3.3   制动回路

制动回路的功能在于使执行元件平稳地由运动状态转换成静止状态。要求对油路中出现的异常高压和负压做出迅速反应,应使制动时间尽可能短,冲击尽可能小。

图 7-35(a)所示为采用溢流阀的液压缸制动回路。在液压缸两侧油路上设置反应灵敏的小型直动型溢流阀 2 和 4,换向阀切换时,活塞在溢流阀 2 或 4 的调定压力值下实现制动。如活塞向右运动换向阀突然切换时,活塞右侧油液压力由于运动部件的惯性而突然升高,当压力超过阀 4 的调定压力,阀 4 打开溢流,缓和管路中的液压冲击,同时液压缸左腔通过单向阀 3 补油。活塞向左运动,由溢流阀 2 和单向阀 5 起缓冲和补油作用。缓冲溢流阀 2 和 4 的调定压力一般比主油路溢流阀 1 的调定压力高 5%～10%。

图 7-35(b)所示为采用溢流阀的液压马达制动回路。在液压马达的回油路上串接一溢流阀 2。换向阀 4 电磁铁得电时,液压马达由泵供油而旋转,液压马达排油通过背压阀 3 回油箱,背压阀调定压力一般为 0.3～0.7 MPa。当电磁铁失电时,切断液压马达回油,液压马达制动。由于惯性负载作用,液压马达将继续旋转为泵工况,液压马达的最大出口压力由溢流阀 2 限定,即出口压力超过阀 2 的调定压力时阀 2 打开溢流,缓和管路中的液压冲击。泵在阀 3 调定的压力下低压卸荷,并在液压马达制动时实现有压补油,使其不致吸空。溢流阀 2 的调定压力不宜调得过高,一般等于液压系统的额定工作压力。溢流阀

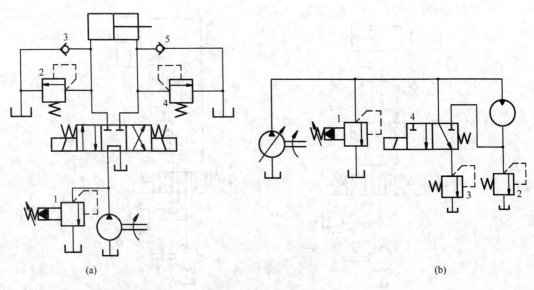

图 7-35　制动回路

1 为液压系统的安全阀。

7.4　多执行元件控制回路

在液压系统中,如果由一个油源给多个执行元件供油,各执行元件会因回路中压力、流量的相互影响而在动作上受到牵制。因此,必须使用一些特殊的回路才能满足预定的动作要求。下面介绍常见的此类回路。

7.4.1　顺序动作回路

顺序动作回路的功能是使液压系统中的多个执行元件严格地按规定的顺序动作。按控制方式不同,分为压力控制和行程控制两种。

1. 压力控制顺序动作回路

图 7-36(a)所示为用顺序阀控制的顺序动作回路。当手动换向阀 5 左位接入回路,液压缸 1 活塞向右运动,完成动作①后,回路中压力升高到顺序阀 3 的调定压力,顺序阀 3 开启,压力油进入液压缸 2 的无杆腔,完成动作②。退回时,换向阀右位接入回路,先后完成动作③和④。

图 7-36(b)所示为用压力继电器控制的顺序回路。回路中用压力继电器发信号,控制电磁换向阀电磁铁来实现顺序动作。按启动按钮,电磁铁 1YA 通电,液压缸 1 活塞前进到右端点后,回路压力升高,压力继电器 1K 动作,使电磁铁 3YA 通电,液压缸 2 活塞

前进;返回时按返回按钮,1YA、3YA 断电,4YA 通电,液压缸 2 活塞先退到左端点,回路中压力升高,压力继电器 2K 动作,使 2YA 通电,液压缸 1 活塞退回。至此完成图示的①→②→③→④的顺序动作。

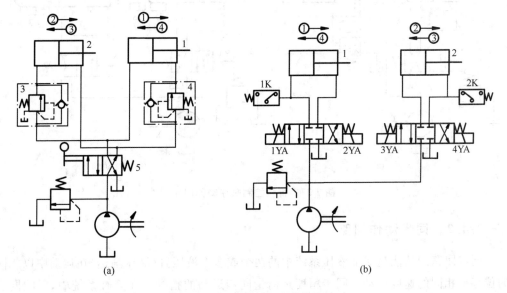

图 7-36　压力控制顺序动作回路

在压力控制的顺序动作回路中,顺序阀或压力继电器的调定压力必须大于前一动作液压缸的最高工作压力,一般高出 0.8~1 MPa;否则,在管路中的压力冲击或波动下会造成误动作,导致设备故障和人身事故。这种回路只适用于系统中执行元件数目不多、负载变化不大的场合。

2. 行程控制顺序动作回路

图 7-37(a)所示为用行程阀来控制两缸顺序动作的回路。电磁换向阀 4 通电后,液压缸 1 活塞向右运动,当活塞杆上挡块压下行程阀 3 后,液压缸 2 活塞才向右运动;电磁换向阀 4 断电,液压缸 1 活塞先退回,其挡块离开行程阀 3 后,液压缸 2 活塞退回,完成①→②→③→④的顺序动作。

图 7-37(b)所示为用电气行程开关控制两缸顺序动作的回路。按启动按钮,电磁铁 1YA 通电,液压缸 1 活塞先向右运动,当活塞杆上的挡块触动行程开关 2S,使电磁铁 2YA 通电,液压缸 2 活塞向右运动直至触动 3S,使 1YA 断电,液压缸 1 活塞向左退回,而后触动 1S,使 2YA 断电,液压缸 2 活塞退回,完成①→②→③→④全部顺序动作,活塞均退到左端,为下一循环做好准备。采用电气行程开关控制电磁阀的顺序回路,调整挡块的位置可调整液压缸的行程,改变电气线路可改变动作顺序,而且利用电气互锁能使顺序动作可靠,故在液压系统中广泛应用。

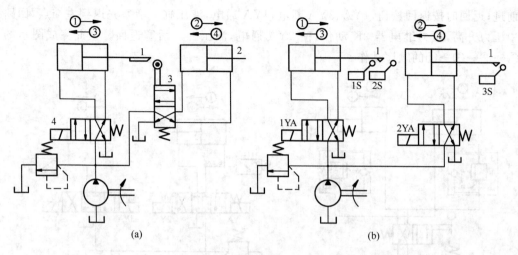

图 7-37　行程控制顺序动作回路

7.4.2　同步动作回路

同步回路的功能是保证液压系统中的两个或多个液压缸（液压马达）在运动中以相同的位移或相同的速度运动。同步精度是衡量同步运动的指标。在多缸系统中，影响同步精度的因素很多，如：缸的外负载、泄漏、摩擦阻力、制造精度、结构弹性变形及油液中含气量等，都会使运动不同步。为此，同步回路应尽量克服或减小上述因素的影响。

1. 采用流量阀控制的同步动作回路

图 7-38 所示为并联调速阀的同步动作回路。液压缸 3 和 4 油路并联，其运动速度分别用调速阀 1 和 2 调节。当两个工作面积相同的液压缸作同步运动时，通过两个调速阀的流量要相同。当换向阀通电切换至右位时，液压源的压力油可通过单向阀使两缸的活塞快速退回。这种同步方法结构简单，但由于两个调速阀的性能不可能完全一致，同时还受到负载变化和泄漏的影响，故同步精度不高。

2. 采用带补油装置的串联液压缸同步动作回路

图 7-39 所示为带补油装置的串联液压缸同步动作回路。回路中液压缸 1 有杆腔 a 的有效面积与液压缸 2 无杆腔 b 的有效面积相等，因而从 a 腔排出的油液进入 b 腔后，两液压缸便同步下降。为了避免误差的积累，回路中的补油装置可使同步误差在每一次下行运动中都得到消除。其原理为：当三位四通换向阀 6 切换至右位时，两液压缸活塞同时下行，若液压缸 1 的活塞先运动到端点，它就触动行程开关 2S，使电磁铁 3YA 通电，阀 5 切换至右位，液压源的压力油经阀 5 和液控单向阀 3 向液压缸 2 的 b 腔补油，推动活塞继续运动到端点，误差即被清除。若液压缸 2 先运动到端点，则触动行程开关 1S 使电磁铁

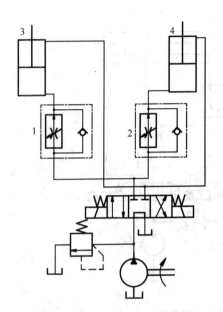

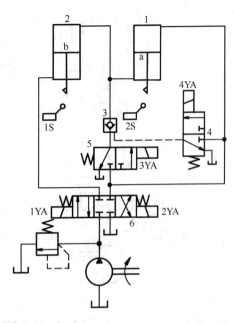

图 7-38　并联调速阀的同步动作回路　　　图 7-39　带补油装置的串联液压缸同步动作回路

4YA 通电,阀 4 切换至右位,控制压力油反向导通液控单向阀 3,使液压缸 1 的 a 腔通过液控单向阀 3 回油,其活塞即可继续运动到端点。这种串联式同步回路只适用于负载较小的液压系统。

　　3. 采用分流集流阀的同步动作回路

　　图 7-40(a)所示为采用分流集流阀的双缸同步动作回路,通过输出流量等分的分流集流阀 3 可实现液压缸 6 和 7 的双向同步运动。当三位四通电磁换向阀 1 切换至左位时,液压源的压力油经阀 1、单向节流阀 2 中的单向阀、分流集流阀 3(此时作分流阀用)、液控单向阀 4 和 5 分别进入液压缸 6 和 7 的无杆腔,实现双缸伸出同步运动;当三位四通电磁换向阀 1 切换至右位时,液压源的压力油经阀 1 进入液压缸的有杆腔,同时反向导通液控单向阀 4 和 5,双缸无杆腔经阀 4 和 5、分流集流阀 3(此时作集流阀用)、换向阀 1 回油,实现双缸缩回同步运动。

　　图 7-40(b)所示为采用比例分流集流阀的三缸同步回路。第一级分流集流阀为比例分流集流阀,分流比为 2∶1,第二级为等量分流集流阀,分流比为 1∶1。因为分流精度取决于分流集流阀的压降,所以分流集流阀的流量范围较窄。当流量低于阀的公称流量过多时,阀的压降与流量呈二次方下降,分流精度显著降低,这是在选择分流集流阀时必须注意的问题。分流集流阀上的压降一般为 0.8~1.0 MPa,因此它不宜用于低压系统。

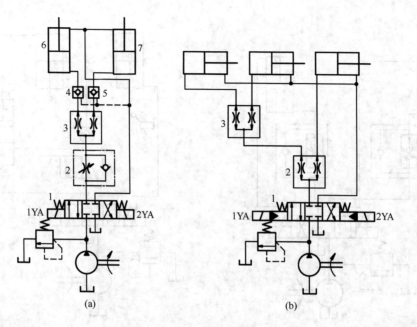

图 7-40　用分流集流阀的同步动作回路

4. 采用比例阀或伺服阀的同步回路

图 7-41(a)所示为采用电-液伺服阀的同步回路,图 7-41(b)所示为采用等量分流集流

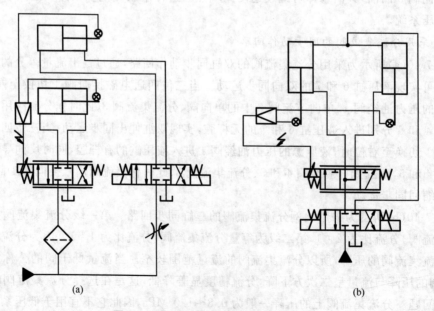

图 7-41　采用比例阀或伺服阀的同步回路

的电-液伺服阀的同步回路。在电-液伺服阀同步回路中,设有活塞位置的检测元件和将检测信号进行比较、放大,并对电-液伺服阀进行自动控制的电气信号,经放大后反馈到电-液伺服阀,使之随时调节流量达到两活塞同步运行。这两个回路中电-液伺服阀需通过液压系统的全流量,伺服阀的容量大,价格昂贵。

7.4.3 多缸动作互不干扰回路

多缸动作互不干扰回路的功能是使几个执行元件在完成各自工作循环时彼此互不影响。图7-42所示为多缸动作互不干扰回路,液压缸1、2分别要完成的自动工作循环为快速前进→工作进给→快速退回。在开始工作时,电磁铁1YA、2YA同时得电,两缸均由大流量泵10供油,并由差动连接实现快进。如果缸1先完成快进动作,挡块和行程开关使电磁铁3YA得电,1YA失电,大泵进入缸1的油路被切断,而改为小泵9供油,由调速阀7获得慢速工进,不受缸2快进的影响。当两缸均转为工进、都由小泵9供油后,若缸1先完成了工进,挡块和行程开关使电磁铁1YA、3YA都得电,缸1改由大泵10供油,使活塞快速返回,这时缸2仍由泵9供油继续完成工进,不受缸1影响。当所有电磁铁都失电时,两缸都停止运动。此回路快、慢速运动分别由大、小泵供油,并由相应的电磁阀进行控制的方案来保证两缸快、慢速运动互不干扰。

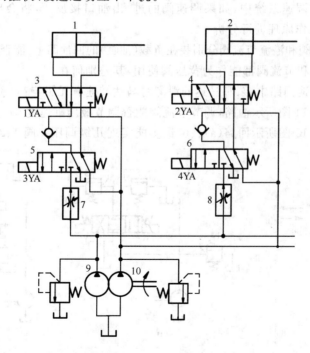

图7-42 多缸动作互不干扰回路

习　题

7-1　什么是节流调速回路的速度-负载特性？用什么方法可使运动速度不随负载而变化？将减压阀和节流阀两个标准元件串联使用，能否使速度稳定？

7-2　快、慢速换接回路有哪几种形式？各有何优、缺点？

7-3　速度换接回路有几种方式？各有什么缺点？

7-4　试绘出说明溢流阀各种用途的基本回路。

7-5　什么叫卸荷回路？有何作用？试画出两种卸荷回路。

7-6　实现多缸顺序动作的控制方式有哪几类？各有什么特点？

7-7　在进口节流调速回路中，用定值减压阀和节流阀串联代替调速阀，能否起到调速阀的作用？

7-8　什么是锁紧回路？如何实现锁紧？

7-9　平衡回路的作用是什么？

7-10　在节流调速系统中，如果调速阀的进、出油口接反了，将会出现怎样的情况？试根据调速阀的工作原理进行分析。

7-11　将调速阀和溢流节流阀分别装在负载（油缸）的回油路上，能否起速度稳定作用？

7-12　溢流阀和节流阀都能作为背压阀使用，其差别何在？

7-13　容积调速回路中，泵和马达的泄漏对马达转速有无影响？

7-14　如题 7-14 图所示油路，调节节流阀能否调节液压缸速度 v？为什么？

7-15　如题 7-15 图所示回路(a)、(b)最多能实现几级调压？阀 1、2、3 的调整压力之

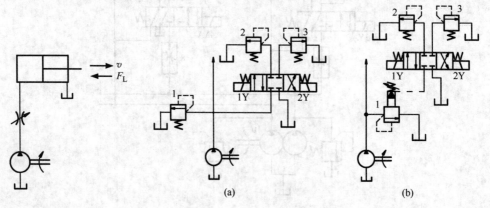

题 7-14 图　　　　　　　　　　　　题 7-15 图

间应是怎样的关系？题 7-15 图(a)、(b)有何差别？

7-16 题 7-16 图所示为一采用进油路与回油路同时节流的调速回路。设两节流阀的开口面积相等：$a_1=a_2=0.1\ \text{cm}^2$，两阀的流量系数均为 $C_d=0.62$，液压缸两腔有效工作面积分别为 $A_1=100\ \text{cm}^2$，$A_2=50\ \text{cm}^2$，负载 $F_L=5\ 000\ \text{N}$，方向始终向左，溢流阀的调定压力 $p_y=p_p=20\times10^5\ \text{Pa}$，泵的流量为 $q_p=25\ \text{L/min}$，试求活塞往返运动的速度。这两个速度有无可能相等？

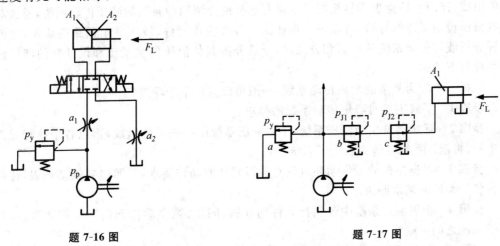

题 7-16 图   题 7-17 图

7-17 如题 7-17 图所示，溢流阀和两减压阀的调定压力分别为 $p_y=45\times10^5\ \text{Pa}$，$p_{J1}=35\times10^5\ \text{Pa}$，$p_{J2}=20\times10^5\ \text{Pa}$；负载 $F_L=1\ 200\ \text{N}$；活塞有效工作面积 $A_1=15\ \text{cm}^2$，减压阀全开口时的局部损失及管路损失略去不计。①试确定活塞在运动中和到达终点时 a、b 和 c 点处的压力。②当负载加大到 $F_L=4\ 200\ \text{N}$，这些压力有何变化？

7-18 如题 7-18 图所示，液压缸的有效工作面积 $A_1=2A_2=50\ \text{cm}^2$，$q_p=10\ \text{L/min}$，溢流阀的调定压力 $p_y=24\times10^5\ \text{Pa}$，节流阀为薄壁小孔型，其过流面积为 $A_T=0.02\ \text{cm}^2$，取 $C_d=0.62$，油液密度 $\rho=900\ \text{kg/m}^3$。只考虑液流通过节流阀的压力损失。试分别按 $F_L=10\ 000\ \text{N}$、$5\ 500\ \text{N}$ 和 0 时的三种负载情况，计算液压缸的运动速度和速度刚度。

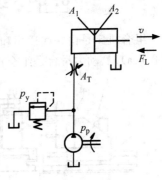

题 7-18 图

第8章 典型液压传动系统

液压传动在机械制造、冶金、轻工、起重运输、工程机械、航空、船舶等各个领域均有广泛的应用。由于主机的工况特点、动作循环和工作要求各不相同,故其相应的液压传动系统的组成、作用和特点也不尽相同。本章有选择地介绍四种典型的液压传动系统,通过对这些液压传动系统的分析,可以进一步加深对各种液压元件、液压基本回路的认识,进而掌握分析液压传动系统的步骤和方法,为今后分析其他液压传动系统和设计新的液压传动系统打下基础。

分析一个较为复杂的液压传动系统,一般可以按以下步骤进行。

步骤 1 了解主机对液压传动系统的要求。

步骤 2 逐步浏览整个液压系统,了解液压系统由哪些元件组成,再以各个执行元件为中心,将液压系统分解为若干子系统。

步骤 3 根据主机的工作循环过程对执行元件的动作要求,参照电磁铁动作表,逐步分析各子系统的基本回路。

步骤 4 根据液压系统中各执行元件间互锁、同步、顺序动作和防干涉等要求,分析各子系统之间的联系。

步骤 5 归纳总结整个液压系统的特点,以加深对液压系统的理解。

8.1 组合机床动力滑台液压系统

组合机床是由一些通用和专用零部件组成的高效、专用、自动化程度较高的机床(见图 8-1(a))。动力滑台是组合机床上实现进给运动的通用部件,配上动力头和主轴箱后可

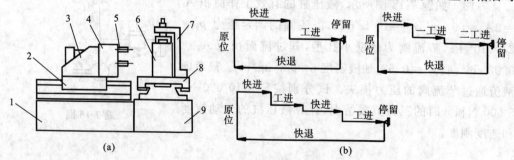

图 8-1 液压动力滑台的组成和工作循环图

(a) 组合机床 (b) 各种自动工作循环

1—床身;2—动力滑台;3—动力头;4—主轴箱;5—刀具;6—工件;7—夹具;8—工作台;9—底座

以对工件完成钻、扩、铰、镗、铣、刮端面、攻螺纹等加工工序。动力滑台有机械滑台和液压滑台之分，液压动力滑台用液压缸驱动，在电气和机械装置的配合下可以实现如图8-1(b)所示的各种自动工作循环。

组合机床要求动力滑台空载时速度快、推力小；工进时速度慢、推力大，速度稳定；速度换接平稳；功率利用合理、效率高、发热少。现以 YT-4543 型液压动力滑台为例分析其液压系统的工作原理和特点，该动力滑台要求进给速度范围为 0.000 1~0.01 m/s，最大快进速度为 0.12 m/s，最大进给力 4.5×10^4 N，液压系统最高工作压力为 6.3 MPa。

8.1.1　YT-4543 型动力滑台液压系统的工作原理

图 8-2 所示为 YT-4543 型动力滑台液压系统原理图，表 8-1 所示为其动作循环表。

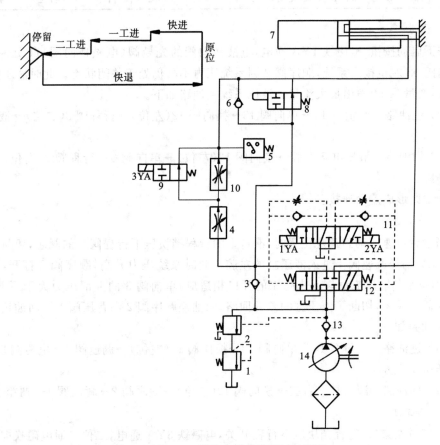

图 8-2　YT-4543 型动力滑台液压系统原理

1—背压阀；2—顺序阀；3—单向阀；4——工进调速阀；5—压力继电器；6—单向阀；7—液压缸；
8—行程阀；9—电磁阀；10—二工进调速阀；11—先导阀；12—换向阀；13—单向阀；14—液压泵

表 8-1　YT-4543 型动力滑台液压系统的动作循环表

动作名称	信号来源与电磁铁通电状态	液压元件工作状态				
		顺序阀 2	先导阀 11	换向阀 12	电磁阀 9	行程阀 8
快进	启动按钮，1YA 通电	关闭	左位	左位	右位	右位
一工进	挡块压下行程阀 8，1YA 通电	打开				左位
二工进	挡块压下行程开关，1YA、3YA 通电				左位	
停留	滑台靠在死挡铁上，1YA、3YA 通电					
快退	压力继电器 5 发出信号，2YA 通电	关闭	右位	右位	左或右位	
停止	挡块压下终点行程开关，全部断电		中位	中位	右位	右位

1. 快进

按下启动按钮，电磁铁 1YA 通电，电液换向阀的先导阀（电磁换向阀）11 处左位，液动换向阀 12 左位接入系统，顺序阀 2 因系统压力不高仍处于关闭状态。此时液压缸 7 差动连接，变量泵 14 输出最大流量。液压系统主油路如下。

（1）进油路　变量泵 14→单向阀 13→换向阀 12（左位）→行程阀 8（右位）→液压缸 7 左腔。

（2）回油路　液压缸 7 右腔→换向阀 12（左位）→单向阀 3→行程阀 8（右位）→液压缸 7 左腔。

回油路形成差动连接。

2. 一工进

当滑台快速运动到预定位置时，滑台上的行程挡块压下行程阀 8 的阀芯，切断了该通道，使压力油经调速阀 4 进入液压缸的左腔。此时系统压力升高，顺序阀 2 打开，变量泵 14 自动减小其输出流量与调速阀 4 的开口相适应，单向阀 3 的上部压力大于下部压力，故单向阀 3 关闭，切断了液压缸的差动回路，回油经顺序阀 2 和背压阀 1 流回油箱。液压系统主油路如下。

（1）进油路　变量泵 14→单向阀 13→换向阀 12（左位）→调速阀 4→电磁阀 9（右位）→液压缸 7 左腔。

（2）回油路　液压缸 7 右腔→换向阀 12（左位）→顺序阀 2→背压阀 1→油箱。

3. 二工进

一工进结束后，行程挡块压下行程开关，电磁铁 3YA 通电，二位二通电磁换向阀 9 将通路切断，油液需经调速阀 4、调速阀 10 才能进入液压缸，由于调速阀 10 开口量小于调速阀 4，故进给速度再次降低，此时变量泵 14 输出流量与调速阀 10 的开口相适应。液压系统主油路如下。

(1) 进油路 变量泵 14→单向阀 13→换向阀 12(左位)→调速阀 4→调速阀 10→液压缸 7 左腔。

(2) 回油路 液压缸 7 右腔→换向阀 12(左位)→顺序阀 2→背压阀 1→油箱。

4. 停留

当滑台工作进给完毕后,碰上死挡铁的滑台不再前进,液压系统压力进一步升高,当达到压力继电器 5 的调定值时,压力继电器动作发出信号,经过时间继电器的延时,再发出信号使滑台返回,滑台的停留时间可由时间继电器在一定范围内调整。

5. 快退

压力继电器发出的信号经时间继电器延时后,使电磁铁 2YA 通电、1YA、3YA 断电。此时液压系统压力下降,变量泵流量又自动增大。系统主油路如下。

(1) 进油路 变量泵 14→单向阀 13→换向阀 12(右位)→液压缸 7 右腔。

(2) 回油路 液压缸 7 右腔→单向阀 6→换向阀 12(右位)→油箱。

6. 原位停止

滑台快退到原位,挡块压下终点行程开关,发出信号使电磁铁 2YA 断电,换向阀 12 处于中位,液压缸两腔封闭,滑台停止运动,变量泵 14 输出的油液经换向阀 12 中位回油箱,泵卸荷。系统主油路如下。

变量泵 14→单向阀 13→换向阀 12(中位)→油箱。

8.1.2 YT-4543 型动力滑台液压系统的特点

YT-4543 型动力滑台的液压系统由下列一些基本回路组成:限压式变量叶片泵、调速阀、背压阀组成的容积节流加背压的调速回路;液压缸差动连接式快速运动回路;电-液换向阀式换向回路;行程阀、电磁阀和顺序阀等组成的速度换接回路;调速阀串联的两次工进回路;电-液换向阀 M 型中位机能的卸荷回路。

液压系统的性能主要由这些基本回路所决定,其特点如下。

(1) 限压式变量泵-调速阀-背压阀进口调速回路具有如下特点:

① 有稳定的低速运动、较好的速度刚度和较大的调速范围,且效率较高;

② 增加的背压阀改善了运动平稳性,并能承受一定的负方向载荷(即超越负载);

③ 在液压缸中不致出现过大的压力;

④ 因启动时是进口调速,故前冲量较小。

(2) 采用限压式变量泵加上差动连接式快速回路,可获得较大的快进速度,能量利用比较合理。既减少了能量损耗,又使控制油路保持一定的压力,以保证下一工作循环的顺利启动。

(3) 采用行程阀和顺序阀实现快进转工进的换接,不仅简化油路和电路,而且使动作可靠,转换的位置精度也较高。采用死挡块作限位装置,定位准确,重复精度高。

(4)采用换向时间可调的三位五通电液换向阀来切换主油路,使换向平稳,冲击和噪声小。同时,M 型中位机能可使泵中位卸荷,五通结构使滑台在快退时,系统没有背压,减少了压力损失。

(5)为避免使用软管连接时产生"前冲"及"后坐"现象,进出液压缸的油液都从固定不动的活塞、活塞杆内通过。

8.2 压力机液压系统

压力机是锻压、冲压、冷挤、校直、弯曲、粉末冶金、成形等工艺中广泛应用的压力加工机械,是最早应用液压传动的机械之一。压力机的类型很多,其中四柱式液压机最为典型,应用也最广泛。这种压力机为三梁四柱式结构,上滑块由四柱导向、上液压缸驱动,实现"快速下行→慢速加压→保压延时→快速回程→原位停止"的动作循环。下液压缸布置在工作台中间孔内,驱动下滑块实现"向上顶出→向下退回"或"浮动压边下行→停止→顶出"的动作循环,如图 8-3 所示。

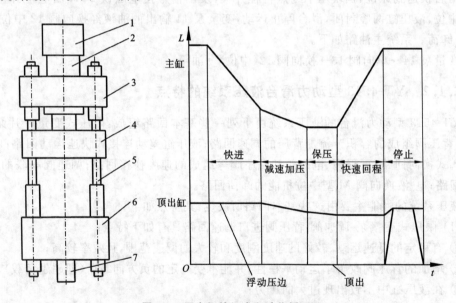

图 8-3 压力机的组成和动作循环图

1—充液箱;2—主缸;3—上横梁;4—滑块;5—立柱;6—下横梁;7—顶出缸

压力机液压系统以压力控制为主,液压系统压力高,流量大,功率大。

这种液压系统通常具有如下要求。

(1)液压系统中压力要能经常变换和调节,并能产生较大的压力(吨位),以满足工况要求。

（2）空程时速度大，加压时推力大，液压系统功率大，且要求功率利用率高。

（3）空程与工进时，其速度与压力相差甚大，所以多采用高低压泵组或恒功率变量泵供油系统，以满足低压快速行程和高压慢速行程的要求。

8.2.1　YA32-200型压力机液压系统的工作原理

图8-4所示为YA32-200型压力机液压系统原理图，表8-2所示为对应的电磁铁动作顺序表。

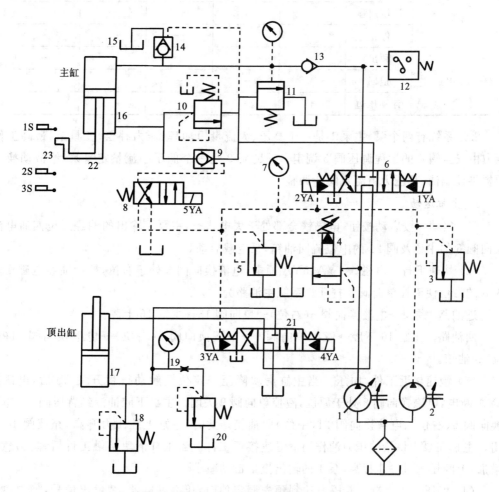

图8-4　YA32-200型压力机液压系统原理

1—主泵；2—辅助泵；3、18—溢流阀；4—安全阀；5—远程调压阀；6—电液换向阀；7—压力表；

8—电磁换向阀；9、13—单向阀；10、20—背压阀；11—卸荷阀；12—压力继电器；14—充液阀；

15—高位油箱；16—主缸；17—顶出缸；19—节流器；21—电液换向阀；22—滑块；23—挡块

表 8-2　YA32-200 型压力机电磁铁动作顺序表

动作 / 元件		1YA	2YA	3YA	4YA	5YA
主缸	快速下行	+	−	−	−	+
	慢速加压	+	−	−	−	−
	保压	−	−	−	−	−
	泄压回程	−	+	−	−	−
	停止	−	−	−	−	−
顶出缸	顶出	−	−	+	−	−
	退回	−	−	−	+	−
	浮动压边	+	−	−	−	−

液压系统有两个泵，主泵 1 是一个高压、大流量恒功率（压力补偿）变量泵，最高工作压力由安全阀 4 的远程调压阀 5 调定。辅助泵 2 是一个低压小流量定量泵，给液动换向阀提供控制油，其压力由溢流阀 3 调整。

1. 主缸运动

（1）启动　按启动按钮，电磁铁全部处于失电状态，主泵 1 输出的油经三位四通电液换向阀 6 的中位及阀 21 的中位流回油箱，泵空载启动。

（2）快速下行　电磁铁 1YA、5YA 通电，电液换向阀 6 处于右位，控制油经电磁换向阀 8 的右位使液控单向阀 9 打开。系统主油路为

进油路　泵 1→电液换向阀 6（右位）→单向阀 13→主缸 16 上腔。

回油路　主缸 16 下腔→液控单向阀 9→电液换向阀 6（右位）→电液换向阀 21（中位）→油箱。

（3）慢速接近工件，加压　当主缸滑块降至一定位置触动行程开关 2S 后，电磁铁 5YA 断电，电磁换向阀 8 处于原位，液控单向阀 9 关闭。主缸下腔油液经背压阀 10、电液换向阀 6（右位）、电液换向阀 21（中位）回油箱。此时，主缸上腔压力升高，充液阀 14 关闭。主缸在泵 1 供给的压力油作用下慢速接近工件。当主缸滑块接触工件后，阻力急剧增加，上腔压力进一步提高，泵 1 的输出流量自动减小。

（4）保压　当主缸上腔压力达到预先调定值时，压力继电器 12 发出信号，使电磁铁 1YA 失电，电液换向阀 6 回中位，主缸上下腔封闭，单向阀 13 和充液阀 14 保证主缸上腔良好的密封性，使上腔保压，保压时间由压力继电器 7 控制的时间继电器调整。保压期间，泵 1 经电液换向阀 6（中位）、电液换向阀 21（中位）卸荷。

(5) 泄压,快速回程　保压过程结束,时间继电器发出信号使电磁铁 2YA 通电,电液换向阀 6 处于左位,主缸处于回程状态。由于主缸上腔压力很高,且主缸的直径大、行程长,缸内液体在加压过程中受到压缩而储存了相当多的能量,如果此时上腔立即与回油接通,将产生液压冲击,造成压力机和管路剧烈震动并发出很大噪声。泄压过程如下:主缸上腔在未泄压前保持很高的压力,使泄荷阀 11 开启,此时主泵 1 输出油液经电液换向阀 6 左位、泄荷阀 11 回油箱,主泵 1 在低压下工作,此压力不足以打开充液阀 14 的主阀芯,而是先打开充液阀 14 中的卸荷阀芯,使主缸上腔油液经此卸荷阀阀口泄回上部充液箱 15,压力逐渐降低。

当主缸上腔压力泄至一定值后,泄荷阀 11 关闭,主泵 1 供油压力升高,充液阀 14 完全打开,此时系统主油路为

进油路　泵 1→电液换向阀 6(左位)→液控单向阀 9→主缸 16 下腔。

回油路　主缸 16 上腔→充液阀 14→充液箱 15。

回油路实现主缸快速回程。

(6) 停止　当主缸滑块上升至触动行程开关 1S,电磁铁 2YA 断电,电液换向阀 6 处于中位,液控单向阀 9 将主缸下腔封闭,主缸原位停止不动。泵 1 输出油液经电液换向阀 6、电液换向阀 21 中位回油箱,泵卸荷。

2. 顶出缸运动

如图 8-4 所示,只有电液换向阀 6 在中位时,压力油才能进入控制顶出缸的电液换向阀 21,故顶出缸和主缸的运动是互锁的。

(1) 顶出　按下顶出按钮,3YA 通电,压力油由泵 1 经电液换向阀 6 中位、电液换向阀 21 左位进入顶出缸下腔,上腔油液经电液换向阀 21 左位回油箱,顶出缸活塞上升。

(2) 退回　3YA 断电、4YA 通电,油路换向,顶出缸活塞下降。

(3) 浮动压边　进行薄板拉伸压边时,要求顶出缸既能保持一定压力,又能随着主缸滑块的下压而下降,这时电液换向阀 21 处于中位,主缸滑块下压时顶出缸活塞被迫随之下行,顶出缸下腔回油经节流器 19 和背压阀 20 回油箱,使下腔保持所需的压边压力。调节背压阀 20 即可改变浮动压边力。顶出缸上腔则经电液换向阀 21 中位从油箱补油。溢流阀 18 在节流器 19 阻塞时起到安全保护作用。

3. YA32-200 型压力机液压系统的特点

(1) 采用高压大流量恒功率变量泵供油,既符合工艺要求,又节能。

(2) 利用滑块自重充液的快速运动回路,结构简单,使用元件少。

(3) 采用单向阀保压及顺序阀和带卸荷阀芯的充液阀组成泄压回路,减小了由保压转换为快速回程时的液压冲击。

(4) 主缸与顶出缸运动互锁,这是一项安全措施。

8.2.2 3150kN 压力机插装阀式液压系统

插装阀具有密封性好、通流能力大、压力损失小、集成化好等优点，在压力机中得到广泛应用。3150kN 压力机插装阀式液压系统原理如图 8-5 所示。表 8-3 所示为液压系统的电磁铁动作顺序表。

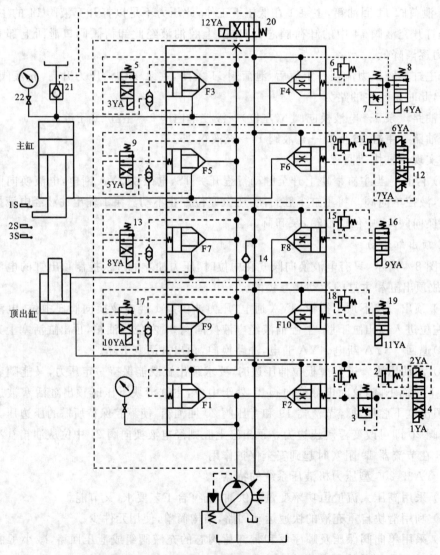

图 8-5　3150kN 压力机插装阀式液压系统原理

1、2、6、10、11、15、18—调压阀；3、7—缓冲阀；5、8、9、13、16、17、19、20—二位四通电磁换向阀；

4、12—三位四通电磁换向阀；14—单向阀；21—液控单向阀；22—电接点压力表

表 8-3   3150kN 压力机插装阀式液压系统电磁铁动作顺序表

动作顺序		1YA	2YA	3YA	4YA	5YA	6YA	7YA	8YA	9YA	10YA	11YA	12YA
主缸	快速下行	+	−	+	−	−	+	−	−	−	−	−	−
	慢速加压	+	−	+	−	−	−	+	−	−	−	−	−
	保压	−	−	−	−	−	−	−	−	−	−	−	−
	泄压	−	−	−	+	−	−	−	−	−	−	−	−
	回程	−	+	−	−	+	−	−	−	−	−	−	+
	停止	−	−	−	−	−	−	−	−	−	−	−	−
顶出缸	顶出	−	+	−	−	−	−	−	−	+	+	−	−
	退回	−	+	−	−	−	−	−	+	−	−	+	−
	停止	−	−	−	−	−	−	−	−	−	−	−	−

　　液压系统动力元件采用按压力自动调节排量的恒功率柱塞泵。系统由五个插装阀集成块叠加组成,每个集成块包括 2 个插装阀及其先导控制元件。各集成块组成元件及其在系统中的作用见表 8-4。

表 8-4   3150kN 压力机插装阀式液压系统集成块组成元件和作用

集成块序号和名称	组 成 元 件		在液压系统中的作用
1. 进油调压集成块	插装阀 F1 为单向阀		防止系统油液倒流
	插装阀 F2	和调压阀 1 组成安全阀	限制系统最高压力
		和调压阀 2、电磁阀 4 组成电磁溢流阀	调整系统工作压力
		和缓冲阀 3、电磁阀 4	减少泵卸荷和升压的冲击
2. 顶出缸下腔集成块	插装阀 F9 和电磁阀 17 构成一个二位二通电磁阀		控制顶出缸下腔的进油
	插装阀 F10	和电磁阀 19 构成一个二位二通电磁阀	控制顶出缸下腔的回油
		和调压阀 18 组成安全阀	限制顶出缸下腔的最高压力

续表

集成块序号和名称	组成元件		在液压系统中的作用
3. 顶出缸上腔集成块	插装阀 F7 和电磁阀 13 构成一个二位二通电磁阀		控制顶出缸上腔的进油
	插装阀 F8	和电磁阀 16 构成一个二位二通电磁阀	控制顶出缸上腔的回油
		和调压阀 15 组成安全阀	限制顶出缸上腔的最高压力
	单向阀 14		顶出缸作液压垫,活塞浮动下行时,上腔补油
4. 主缸下腔集成块	插装阀 F5 和电磁阀 9 构成一个二位二通电磁阀		控制主缸下腔的进油
	插装阀 F6	和电磁阀 12	控制主缸下腔的回油
		和调压阀 11	控制主缸下腔的平衡压力
		和调压阀 10 组成安全阀	限制主缸下腔的最高压力
5. 主缸上腔集成块	插装阀 F3 和电磁阀 5 构成一个二位二通电磁阀		控制主缸上腔的进油
	插装阀 F4	和电磁阀 8	控制主缸上腔的回油
		和缓冲阀 7、电磁阀 8	主缸上腔泄压缓冲
		和调压阀 6 组成安全阀	限制主缸上腔的最高压力

系统实现主缸加压、顶出缸顶出自动工作循环的工作原理如下。

1. 主缸运动

（1）启动　按启动按钮,电磁铁全部处于断电状态,电磁阀 4 处于中位。插装阀 F2 控制腔经阀 3、阀 4 与油箱接通,主阀开启。泵输出油液经 F2 回油箱,泵空载启动。

（2）快速下行　电磁铁 1YA、3YA、6YA 通电,插装阀 F2 关闭,F3、F6 开启,泵向液压系统供油,输出油经阀 F1、F3 进入主缸上腔。主缸下腔油液经阀 F6 快速排回油箱。压力机上滑块在自重作用下加速下行,主缸上腔产生负压,通过充液阀 21 从高位油箱充液。

（3）慢速下行,加压　当滑块下降至一定位置触动行程开关 2S 后,电磁铁 6YA 断电,7YA 通电,插装阀 F6 控制腔与先导溢流阀 11 接通,阀 F6 在阀 11 的调定压力下溢流,主缸下腔产生一定背压。上腔压力相应升高,充液阀 21 关闭。上腔进油仅为泵的流量,滑块减速慢行。当减速下行接近工件时,主缸上腔压力由压制负载决定,上腔压力升高,变量泵输出流量自动减小。当压力升至先导溢流阀 2 调定压力时,泵的流量全部经阀 F2 溢流,滑块停止运动。

（4）保压　当主缸上腔压力达到所要求的工作压力后,电接点压力表发信号,使电磁铁 1YA、3YA、7YA 全部断电,阀 F3、F6 关闭。主缸上腔闭锁,实现保压。同时阀 F2 开启,泵卸荷。

（5）泄压　主缸上腔保压一段时间后,时间继电器发信号,使电磁铁 4YA 通电,阀 F4 控制腔通过缓冲阀 7 及电磁换向阀 8 与油箱接通,由于缓冲阀 7 的作用,阀 F4 缓慢开启,从而实现主缸上腔无冲击泄压。

（6）回程　主缸上腔压力降至一定值后,电接点压力表发信号,使电磁铁 2YA、4YA、5YA、12YA 通电,插装阀 F2 关闭,阀 F4、F5 开启,充液阀 21 开启,压力油经阀 F1、阀 F5 进入主缸下腔,主缸上腔油液经充液阀 21 和阀 F4 分别至高位油箱和主油箱。上缸实现回程。

（7）停止　当主缸回程到达上端点,行程开关 1S 发信号,使全部电磁铁断电,阀 F2 开启,泵卸荷。阀 F5 将主缸下腔封闭,上滑块停止运动。

2. 顶出缸运动

（1）顶出　电磁铁 2YA、9YA、10YA 通电,插装阀 F8、F9 开启,压力油经阀 F1、F9 进入顶出缸下腔,顶出缸上腔油液经阀 F8 回油箱,实现顶出。

（2）退回　电磁铁 9YA、10YA 断电,2YA、8YA、11YA 通电,插装阀 F7、F0 开启,压力油经阀 F1、F7 进入顶出缸上腔,顶出缸下腔油液经阀 F10 回油箱,实现退回。

8.3　塑料注射成型机液压系统

塑料注射成型机简称注塑机。它将颗粒状的塑料加热熔化成流动状态,以高压注入模腔,并保压一定时间,经冷却后成型为塑料制品。注塑机的工作循环如图 8-6 所示。整个工作循环动作分别由合模缸、注射座移动缸、预塑液压马达、注射缸和顶出缸完成。

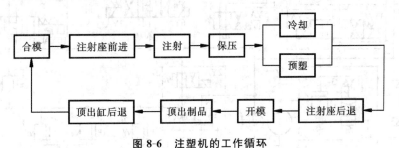

图 8-6　注塑机的工作循环

该液压系统的要求如下。

（1）足够的合模力　熔融塑料通常以 4～15MPa 高压注入模腔,因此模具必须具有足够的合模力,否则会使模具开缝而产生塑料制品的溢边现象。

（2）开模和合模速度可调节　由于既要考虑缩短空行程时间以提高生产率,又要考虑合模过程中的缓冲要求以防止损坏模具和制品,还要避免机器产生振动和撞击,所以合模机构在开模、合模过程中需要有多种速度。

（3）注射座整体前移和后退　为了适应各种塑料制品的加工需要，注射座移动液压缸应有足够的推力，以保证注射时喷嘴与模具浇口紧密接触。

（4）注射压力和注射速度可调节　根据塑料的品种、制品的几何形状及不同的模具浇注系统，注射成型过程中要求注射压力和注射速度可调节。

（5）保压　注射动作完成后，需要保压。这是因为：一方面，为使塑料紧贴模腔而获得精确的形状；另一方面，在制品冷却凝固而收缩的过程中，熔融塑料可不断补充进入模腔，防止因充料不足而出现报废品。保压压力也要求可调。

（6）速度平稳　顶出制品时要求速度平稳。

8.3.1　SZ-250A 型注塑机液压系统工作原理

SZ-250A 型注塑机属中小型注塑机，每次最大注射容量为 250 cm^3。图 8-7 所示为其液压系统原理。各执行元件的动作循环主要依靠行程开关切换电磁换向阀来实现，电磁铁动作顺序如表 8-5 所示。

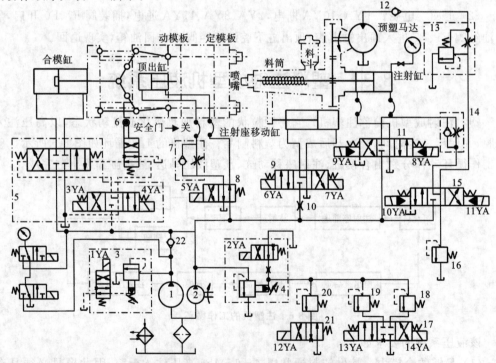

图 8-7　SZ-250A 型注塑机液压系统原理

1—大流量液压泵；2—小流量液压泵；3、4—电磁溢流阀；5、11、15—电液换向阀；
6—行程换向阀；7、14—单向节流阀；8、21—二位四通电磁换向阀；9、17—三位四通电磁换向阀；
10—节流阀；12、22—单向阀；13—溢流节流阀；16—背压阀；18、19、20—远程调压阀

表 8-5　SZ-250A 型注塑机电磁铁动作表

动　作　循　环		通电电磁铁
合　模	慢速	2YA、3YA
	快速	1YA、2YA、3YA
	低压慢速	2YA、3YA、13YA
	高压	2YA、3YA
注射座前移		2YA、7YA
注　射	慢速	2YA、7YA、10YA、12YA
	快速	1YA、2YA、7YA、8YA、10YA、12YA
保压		2YA、7YA、10YA、14YA
预塑		1YA、2YA、7YA、11YA
防流涎		2YA、7YA、9YA
注射座后退		2YA、6YA
开　模	慢速 1	2YA、4YA
	快速	1YA、2YA、4YA
	慢速 2	1YA、4YA
顶　出	前进	2YA、5YA
	后退	2YA
螺杆后退		2YA、9YA
螺杆前进		2YA、8YA

该注塑机采用了液压-机械式合模机构,合模油缸通过具有增力和自锁作用的对称式五连杆机构推动模板进行开、合模,依靠连杆变形所产生的预应力来保证所需合模力,使模具可靠锁紧,并且使合模油缸直径减少,节省功率,也易于实现高速。该注塑机液压系统多种速度是靠双联泵和节流阀组合而获得的;多级压力是靠电磁阀与远程调压阀组合获得的。液压系统的工作原理如下。

1. 关安全门

为了保证操作安全,注塑机上装有安全门。只有关闭安全门,合模缸才能工作,开始整个动作循环。此时行程换向阀 6 恢复常位(下位),控制油液才能进入电液换向阀 5 右位控制腔。

2. 合模

合模过程是动模板慢速启动、快速前移，接近定模板时，液压系统转为低压、慢速，确认模具内没有硬质异物存在后，系统转为高压合模。具体动作如下。

(1) 慢速合模　电磁铁2YA、3YA通电，大流量液压泵1通过电磁溢流阀3卸荷，小流量液压泵2的压力由电磁溢流阀4调定，泵2的压力油经电液换向阀5右位进入合模缸左腔，推动活塞带动连杆机构慢速合模，合模缸右腔油液经电液换向阀5和冷却器回油箱。

(2) 快速合模　慢速合模转为快速合模时，由行程开关发出指令使电磁铁1YA通电，此时2YA、3YA仍通电，泵1不再卸荷，其输出压力油经单向阀22与泵2的供油合流一起向合模缸供油，实现快速合模，供油压力由电磁溢流阀3调定。

(3) 低压慢速合模　电磁铁2YA、3YA、13YA通电，泵1卸荷，泵2的压力由远程调压阀19控制。因远程调压阀19压力设定得较低，加之只有泵2供油，故合模缸推力较小，速度较慢，实现低压慢速合模。这样即使两个模板间有硬质异物，也不致损坏模具。

(4) 高压合模　当动模板越过保护段，压下高压锁模行程开关时，电磁铁13YA断电，此时2YA、3YA通电，泵1卸荷，泵2供油，系统压力由高压电磁溢流阀4控制，高压合模使连杆产生弹性变形，牢固地锁紧模具。

3. 注射座整体前移

电磁铁2YA、7YA通电，使泵2的压力油经电磁换向阀9右位进入注射座移动缸右腔，注射座前移使喷嘴与模具接触，注射缸左腔油液经电磁换向阀9右位回油箱。

4. 注射

注射螺杆以一定的压力和速度将料桶前端的熔料经喷嘴注入模腔。分慢速注射和快速注射两种。

(1) 慢速注射　电磁铁2YA、7YA、10YA、12YA通电，泵2的压力油经电液换向阀15左位和单向节流阀14进入注射缸右腔，左腔油液经阀11中位回油箱，注射速度由单向节流阀14调节，实现慢速注射。远程调压阀20起定压作用。

(2) 快速注射　电磁铁1YA、2YA、7YA、8YA、10YA、12YA通电，泵1、2的压力油经电液换向阀11右位而不经过单向节流阀14进入注射缸右腔，左腔油液经阀11回油箱，由于双泵同时供油，且无节流使注射速度加快。此时，远程调压阀20起安全作用。

5. 保压

电磁铁2YA、7YA、10YA、14YA通电，泵1卸荷，泵2供油，仅用于补充保压时泄漏量，使注射缸对模腔内保压并补塑。保压压力由远程调压阀18调节，泵2供油的多余油液经电磁溢流阀4溢回油箱。

6. 预塑

电磁铁1YA、2YA、7YA、11YA通电，泵1、2双泵供油，压力油经电液换向阀15右位、溢流阀节流阀 13 和单向阀 12 进入驱动螺杆的预塑液压马达,将料斗中塑料颗粒卷入料筒,塑料颗粒被转动的螺杆带到料筒前端加热预塑,并建立起一定压力,螺杆转速由溢流节流阀来调节。当螺杆头部熔料压力达到能克服注射缸活塞退回的阻力时,也就是螺杆的反推力大于注射缸活塞退回的阻力时,使与注射缸活塞连在一起的螺杆向后移,注射缸右腔的油液经背压阀 16 流回油箱,同时注射缸左腔产生局部真空,油箱的油液在大气作用下经电液换向阀 11 的中位进入其左腔。当螺杆向后移到预定位置,即螺杆头部熔料达到下次注射所需量时,螺杆便停止转动,准备下次注射。与此同时,模腔内的制品处于冷却成形阶段。

7. 防流涎

电磁铁 2YA、7YA、9YA 通电,泵 1 卸荷,一方面泵 2 的压力油经电磁换向阀 9 的右位进入注射座移动缸右腔,使喷嘴与模具保持接触;另一方面经电液换向阀 11 的左位进入注射缸左腔,使螺杆强制后移,减少料筒前端压力,防止在注射座整体后退时喷嘴端部物料流出。注射缸右腔和注射座移动缸左腔油液分别经电液换向阀 11 左位和电磁换向阀 9 的右位流回油箱。

8. 注射座后退

保压结束,电磁铁 2YA、6YA 通电,泵 1 卸荷,泵 2 的压力油经电磁换向阀 9 左位使注射座后退,注射座油缸右腔的油液经电磁换向阀 9 左位流回油箱,节流阀 10 用来限制后退速度。

9. 开模

(1)慢速开模 电磁铁 2YA、4YA 通电,泵 1 卸荷,泵 2 的压力油经电液换向阀 5 左位进入合模缸右腔,而左腔油液经电液换向阀 5 左位流回油箱,或电磁铁 1YA、4YA 通电,泵 2 卸荷,泵 1 供油可实现两种慢速开模。

(2)快速开模 电磁铁 1YA、2YA、4YA 通电,泵 1、2 双泵供油,压力油经电液换向阀 5 左位进入合模缸右腔,而左腔油液经电液换向阀 5 左位流回油箱,实现快速开模。

10. 顶出

(1)顶出缸前进 电磁铁 2YA、5YA 通电,泵 1 卸荷,泵 2 的压力油经电磁换向阀 8 左位、单向节流阀 7 进入顶出缸左腔,推动顶出杆顶出制品,其运动速度由单向节流阀 7 调节,压力由电磁溢流阀 4 调节。

(2)顶出缸后退 电磁铁 2YA 通电,泵 2 的压力油经电磁换向阀 8 右位进入顶出缸右腔,使顶出缸后退。

11. 螺杆前进和后退

在拆卸和清洗螺杆时,螺杆要退出。此时电磁铁 2YA、9YA 通电,泵 2 的压力油经电液换向阀 11 左位进入注射缸左腔,使螺杆后退。当电磁铁 2YA、8YA 通电时,螺杆前进。

8.3.2　SZ-250A 型注塑机液压系统的特点

（1）因注射缸液压力直接作用在螺杆上，故注射压力 p_z 与注射缸压力 p 的比值为 D^2/d^2（D 为注射缸活塞直径，d 为螺杆直径）。为满足加工不同塑料对注射压力的要求，一般注塑机都配备三种不同直径的螺杆，在液压系统压力 $p=14$ MPa 时，获得注射压力 $p_z=40\sim150$ MPa。

（2）为了保证有足够的合模力，防止高压注射时模具因开缝而产生塑料溢边，该注塑机采用了液压-机械增力合模机构，使模具锁紧可靠、减小了合模缸缸径尺寸。

（3）根据塑料注射成型工艺，模具的启闭过程和塑料注射的各个阶段速度不一样，快慢速比可达 $50\sim100$，为此该注塑机采用双泵供油系统，快速时双泵合流，慢速时小流量泵 2 供油，大流量泵 1 卸荷，系统功率利用比较合理。

（4）系统所需多级压力由多个并联的远程调压阀控制。如采用电-液比例压力阀来实现多级调压，用电-液比例流量阀调速，可减少系统元件，降低系统的冲击和噪音，提高液压系统的控制性能。

（5）注塑机的多执行元件的循环动作主要依靠行程开关按事先编制的程序完成，这种方式灵活方便。

8.4　挖掘机液压系统

挖掘机在工业与民用建筑、交通运输、水利施工、露天采矿及现代军事工程中都有广泛的应用，是各种土石方施工中不可缺少的机械设备。

液压挖掘机的工作过程包括作业循环和整机移动两项主要动作，轮胎式挖掘机还有车轮转向和支腿收放等辅助动作。图 8-8 所示为液压挖掘机的组成和工作循环。一个作业循环包括以下几个过程。

挖掘——以斗杆缸动作为主，用铲斗缸调整切削角度，配合挖掘。有特殊要求的挖掘动作，可根据作业要求进行铲斗、斗杆和动臂三个缸的复合动作，以保证铲斗按某一特定轨迹运动。

满斗提升及回转——挖掘结束，铲斗缸推出，动臂缸顶起，满斗提升，转台向卸载方向回转。

卸载——回转到卸载位置，转台制动。斗杆缸调整卸载半径，铲斗缸收回，转斗卸载。

返回——卸载结束，转台反向回转，动臂缸与斗杆缸配合动作，使空斗下放到新的挖掘位置，开始下一次作业。

挖掘机对液压系统的要求如下。

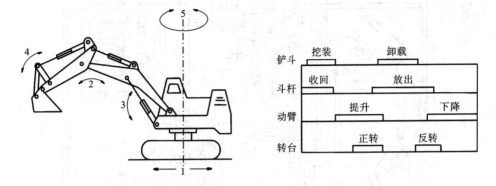

图 8-8 液压挖掘机的组成和工作循环

1—整机行走；2—动臂升降；3—斗杆收放；4—铲斗装卸；5—转台回转

（1）由工作循环可知，应能实现多个执行机构的复合动作。

（2）各执行机构启动、制动频繁，负载变化大，因而振动冲击大，要求液压系统元件耐冲击、抗振动，有足够的可靠性和完善的安全保护措施。

（3）工况变化大，作业时间长，应能充分利用发动机的功率来提高液压系统的效率。

（4）有超越负载工况，应有防止动臂超速下降、整机超速溜坡的限速装置。

（5）野外作业环境恶劣，温度变化大，应有防尘、过滤和冷却装置。

（6）执行元件多，操作应灵活方便、安全可靠。

8.4.1 YW-60 型履带式挖掘机液压系统的工作原理

图 8-9 所示为 YW-60 型履带式挖掘机的液压系统原理。液压系统是双泵双回路变量系统，由一对双联轴向柱塞泵、一组双向对流三位六通液动多路换向阀和各执行液压缸、回转液压马达、行走液压马达等组成。变量泵采用液压联系的总功率变量调节器，保证两泵的同步变量和按照两回路负载压力之和进行变量。在第一组多路阀中，换向阀①、②之间为串并联，②、③之间为串并联，③、④之间为并联；在第二组多路阀中，换向阀⑦、⑧之间为串并联，⑥、⑦之间为并联，⑤、⑥之间为串并联。

液压泵 A 输出的压力油通过第一组多路阀（①、②、③、④）可以向铲斗油缸 19、动臂缸 17、左行走液压马达 11 和斗杆缸 18 供油。液压泵 B 输出的压力油通过第二组多路阀（⑤、⑥、⑦、⑧）除了向回转液压马达 13、斗杆缸和右行走液压马达供油外，还向铲斗缸无杆腔和动臂缸无杆腔合流换向阀⑤供油。液压泵的动力分配为：泵 A 驱动铲斗缸、动臂缸、左行走液压马达和斗杆缸；泵 B 驱动回转液压马达、斗杆缸、右行走液压马达、动臂缸无杆腔或铲斗缸无杆腔。A、B 两泵驱动的机构中相同执行机构为合流单动，不同执行机构则为复合动作。常用的复合动作有：动臂—回转、左行走—右行走、铲斗—斗杆、动臂—

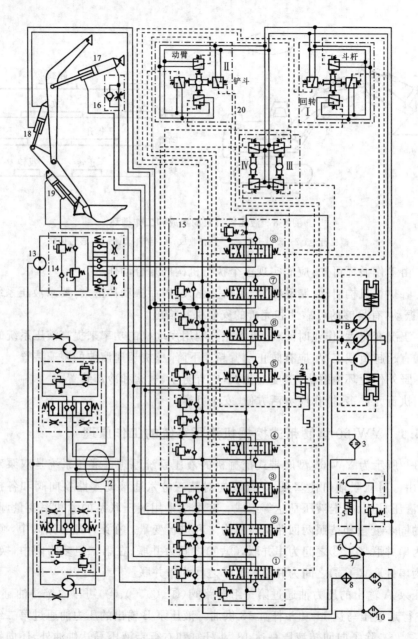

图 8-9 YW-60 型履带式挖掘机液压系统原理

1—控制液压泵；A、B—双联液压泵；2—安全阀；3、9、10—滤油器；4—蓄能器；5—电磁换向阀；
6—冷却液压马达；7—冷却风扇；8—散热器；11—行走马达；12—中心回转接头；13—回转马达；
14—缓冲补油限速阀；15—多路换向阀组；16—单向节流阀；17—动臂缸；18—斗杆缸；
19—铲斗缸；20—手动减压阀式先导阀；21—液动换向阀

斗杆。

两个主油泵的回路中都设有一个安全阀,压力调定为 25 MPa。同时每个油缸和换向阀之间都设有双向过载补油阀,压力调定为 30 MPa,目的是限制油缸的闭锁压力不超过限度。在每个液压马达油路中都设有缓冲补油限速阀,以缓冲液压马达制动和换向中的冲击,并通过换向阀机能从主油路充分补油,还可防止行走液压马达"溜坡"超速。

通过液动换向阀 21 和合流换向阀⑤配合,使泵 B 所供压力油在动臂无杆腔和铲斗无杆腔间切换,实现动臂快速提升和铲斗快速挖掘。系统还设置了自动控温装置,通过油箱中油温传感器发信号,使电磁阀接通齿轮马达,马达带动风扇旋转,冷却液压油。

系统操作方式采用手动减压阀先导控制,控制油源动力由小齿轮泵 1 提供,为保证发动机出现故障仍能操作工作机构,控制油路上设有蓄能器 4 作应急能源。操作手动减压阀控制手柄至不同方向和位置,可使其输出 0～2.5 MPa 范围的压力油,以控制液动多路换向阀开度,实现方向和流量的控制。该方式操作轻便,且有操作力和位置的感觉。

手柄Ⅲ、Ⅳ位于驾驶室前部,可向前后两个方向运动,用于控制左右行走马达。手柄Ⅰ位于驾驶室左边,手柄Ⅱ位于驾驶室右边,手柄Ⅰ、Ⅱ可向四个方向运动,分别控制工作装置和回转液压马达。

1. 行走

将手柄Ⅲ、Ⅳ同时推向前(图中向左),对应前面的两个先导减压阀输出控制压力油,使液动换向阀③、⑥处于下位,A、B 两泵输出压力油分别通向左右行走液压马达,驱动挖掘机行走。油路的循环路线为

A 路进油　泵 A→阀①中位→阀②中位→阀③下位→限速阀上位→左行走马达。

A 路回油　左行走马达→限速阀上位→阀③下位→背压阀→散热器 8→滤油器 9→油箱。

B 路进油　泵 B→阀⑧中位→阀⑥下位→限速阀上位→右行走马达。

B 路回油　右行走马达→限速阀上位→阀⑥下位→背压阀→散热器 8→滤油器 9→油箱。

挖掘机的倒退类似,不再叙述。如挖掘机转向,只需操作其中一个手柄,挖掘机就绕另一边履带转弯,如向相反方向操作两个手柄,挖掘机就绕中心转弯。

2. 回转

将手柄Ⅰ推向左边(图中向下),对应的先导减压阀输出控制压力油,使液动换向阀⑧处于下位,泵 B 输出压力油通向回转马达,驱动挖掘机转台回转。油路的循环路线为

进油　泵 B→阀⑧下位→限速阀左位→回转马达 13。

回油　回转马达 13→限速阀左位→阀⑧下位→背压阀→散热器 8→滤油器 9→油箱。

如果反方向操作手柄,则挖掘机反向回转。

3. 斗杆收放

将手柄Ⅰ推向前边（图中向左），对应的先导减压阀输出控制压力油，使液动换向阀④、⑦处于上位，驱动斗杆伸出。油路的循环路线为

A 路进油　泵 A→阀①中位→阀②中位→阀④上位→斗杆缸 18 无杆腔。

A 路回油　斗杆缸 18 有杆腔→阀④上位→背压阀→散热器 8→滤油器 9→油箱。

B 路进油　泵 B→阀⑧中位→阀⑦上位→斗杆缸 18 无杆腔。

B 路回油　斗杆缸 18 有杆腔→阀⑦上位→背压阀→散热器 8→滤油器 9→油箱。

向相反方向操作手柄，使斗杆缩回。

4. 动臂升降

将手柄Ⅱ推向前边（图中向左），对应的先导减压阀输出控制压力油，使液动换向阀②处于下位、⑤处于上位，驱动动臂上升。油路的循环路线为

A 路进油　泵 A→阀①中位→阀②下位→动臂缸 17 无杆腔。

A 路回油　动臂缸 17 有杆腔→阀②下位→背压阀→散热器 8→滤油器 9→油箱。

B 路进油　泵 B→阀⑧中位→阀⑦中位→阀⑥中位→阀⑤上位→动臂缸 17 无杆腔。

B 路回油与 A 路回油同。

向相反方向操作手柄，动臂下降。

5. 铲斗装卸

将手柄Ⅱ推向左边（图中向下），对应的先导减压阀输出控制压力油，使液动换向阀①⑤处于下位，驱动铲斗收起。油路的循环路线为

A 路进油　泵 A→阀①下位→铲斗缸 19 无杆腔。

A 路回油　铲斗缸 19 有杆腔→阀①下位→背压阀→散热器 8→滤油器 9→油箱。

B 路进油　泵 B→阀⑧中位→阀⑦中位→阀⑥中位→阀⑤下位→铲斗缸 19 无杆腔。

B 路回油与 A 路回油同。

向相反方向操作手柄，使铲斗下放。

8.4.2　YW-60 型履带式挖掘机液压系统特点

（1）液压系统采用液压联系的总功率变量泵，能够充分利用发动机的功率。

（2）采用减压阀先导操作，在作业时操作轻便且有操作力和位置的感觉。

（3）系统采用了各种调速方式，如有级调速（单泵供油、双泵合流）和无级调速（总功率变量容积调速和换向阀节流调速）。

（4）各机构既可单动，相关机构也可复合动作。工作装置单动由双泵合流供油，其速度理论上比复合动作高一倍。

（5）液压系统除了安全阀之外，工作装置的油缸设置了双向过载补油阀，液压马达设

置了缓冲补油限速阀,提高了液压系统的安全性。

(6)液压系统设置了背压阀,不仅使液压系统能够承受一定负值负载,而且可防止空气进入液压系统,减少执行机构的爬行,提高了执行机构工作的稳定性,还可以在执行元件制动时充分补油、预热液压马达。

(7)有独立的控制油源,同时采用蓄能器作为应急油源,保证了操作的可靠性。

(8)液压系统设置自动温控装置,保证油液在正常温度范围内工作。

8.5　液压传动系统的设计

本节在前述各节的基础上讨论液压传动系统设计计算的步骤、内容和方法。液压传动系统的设计必须从实际出发,重视调查研究,注意吸收国内外的先进技术,力求设计出性能好、效率高、结构合理和操作方便的液压系统。

8.5.1　液压系统设计内容和步骤

液压系统设计是整个机器设计的一部分,它与主机的设计紧密相关,一台机器究竟采用什么样的传动方式,必须根据机器的工作要求,对可采用的机械、电气、液压和气压等各种传动方式进行全面的方案论证,正确估计应用液压传动的必要性、可行性和经济性。当确定采用液压传动后,其设计的步骤大致如下。

步骤 1　明确设计依据,进行工况分析。

步骤 2　初定液压系统的主要参数。

步骤 3　拟定液压系统原理图。

步骤 4　液压元件的选择和计算。

步骤 5　液压系统性能估算。

步骤 6　液压装置结构设计及编写技术文件。

根据液压传动系统的具体内容,上述设计步骤可能会有所不同,在实际设计过程中,这些步骤是相互关联,彼此影响的,并不是一成不变的,往往是相互穿插、交叉进行的,有时还需多次反复才能完成。下面对各步骤的具体内容进行介绍。

8.5.2　明确设计依据、进行工况分析

1. 明确设计依据

这个步骤主要了解以下具体内容。

(1)主机的用途、主要结构和总体布局,以及对液压传动装置的位置和空间尺寸上的要求。

（2）主机工作机构的负载、运动速度、运动形式和运动范围。

（3）主机对液压系统的性能要求，如自动化程度、调速范围、运动平稳性、换向定位精度及对液压系统的效率等。

（4）主机的工作循环，各工作机构的动作顺序或互锁要求。

（5）液压系统的工作环境，如温度、湿度、振动冲击，以及是否有腐蚀性和易燃物质存在等情况。

2．工况分析

工况分析是指对工作机构的工作过程进行运动分析和动力分析，以便了解其运动规律和负载特性。

1）运动分析

运动分析是分析主机各工作机构是以怎样的运动规律来完成一个工作循环的，也就是分析液压缸或液压马达的运动规律。如果是直线运动，要分析位移、速度随时间的变化规律，绘制位移循环图（L-t）和速度循环图（v-t）。如果是旋转运动，要分析角位移、角速度随时间的变化规律，绘制角位移循环图（θ-t）和角速度循环图（ω-t）。图 8-10(a)、(b)所示为以动力滑台直线运动为例所做的位移和速度循环图。必要时，还要进行加速度分析，做出加速度循环图。

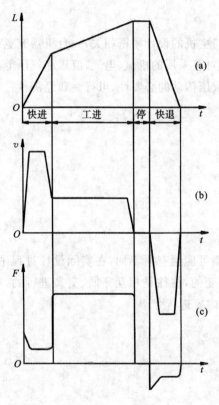

2）动力分析

动力分析是分析工作机构在运动过程中的受力情况，也就是分析液压缸或液压马达的负载情况，并绘制相应的负载循环图（F-t）（见图 8-10(c)）。

工作机构作直线运动时，液压缸所要克服的负载为

$$F = F_e + F_f + F_i \tag{8-1}$$

式中：F_e——工作负载；

　　　F_f——摩擦负载；

　　　F_i——惯性负载。

（1）工作负载　工作负载与主机工作性质有关，有恒值负载和变值负载；工作负载又可分为阻力负载和超越负载，阻碍运动的负载称

图 8-10　工况图

(a) 位移循环图　(b) 速度循环图　(c) 负载循环图

为阻力负载(正值负载),助长运动的负载称为超越负载(负值负载)。

(2)摩擦负载 是指工作机构运动时所产生的摩擦阻力。启动时为静摩擦阻力,可按下式计算,即

$$F_{fs} = \mu_s F_n \qquad (8\text{-}2)$$

启动后,变为动摩擦阻力,可按下式计算,即

$$F_{fd} = \mu_d F_n \qquad (8\text{-}3)$$

式中:μ_s、μ_d——静、动摩擦因数;

$\quad F_n$——垂直于摩擦面的作用力。

(3)惯性负载 指在启动和制动过程中的惯性力,其平均值可按下式计算,即

$$F_i = \frac{G \Delta v}{g \, \Delta t} \qquad (8\text{-}4)$$

式中:G——运动部件的重力;

$\quad g$——重力加速度;

$\quad \Delta v$——时间内的速度变化值;

$\quad \Delta t$——启动或制动时间。

图 8-10(c)所示为与图 8-10(a)、(b)相对应的负载循环图。工作机构为旋转运动的,与上述分析过程类似,仅将负载变为负载转矩,做出负载转矩循环图(T-t)。

8.5.3 初定液压系统的主要参数

压力和流量是液压系统中最主要的两个参数,其他参数的确定及液压元件的选择都依赖于这两个参数。在液压系统压力选定之后,根据最大负载(或负载力矩)即可确定液压缸的主要尺寸(或液压马达的排量),再根据最大速度(或最大转速)和已确定的液压缸主要尺寸(或液压马达的排量)确定流量。

1. 初选系统工作压力

液压系统工作压力选定是否合理,直接关系整个液压系统设计的合理程度。在液压系统功率一定的情况下,若压力选的过低,则液压元、辅件的尺寸和自重就会增加;若压力选得较高,则尺寸和自重会相应减少。例如,飞机液压系统的工作压力从 21 MPa 提高到 28 MPa,则其自重下降约 5%,其体积将减小 13%。然而,若液压系统压力选得过高,由于对制造液压元、辅件的材质、密封、制造精度等要求的提高,反而会增大系统的尺寸和自重,其效率和使用寿命也会相应下降,因此不能一味地追求高压。表 8-6 所示为目前我国几类机器常用的液压系统工作压力,可参照选用。

表 8-6　我国目前几类机器常用的液压系统工作压力

设备类型	机　　床				农业机械、小型工程机械、工程机械的辅助机构等	压力机，中、大型挖掘机，重型机械，起重运输机械等
	磨床	组合机床	龙门刨床	拉床		
系统压力/MPa	0.8~2	3~5	2~8	8~10	10~16	20~32

2. 计算液压缸尺寸和液压马达排量

1) 计算液压缸主要尺寸

(1) 单活塞杆液压缸　无杆腔为工作腔时，有

$$p_1 A_1 - p_2 A_2 = \frac{F}{\eta_{cm}}$$

$$A_1 = \frac{F}{(p_1 - p_2 A_2/A_1)\eta_{cm}} = \frac{F}{(p_1 - np_2)\eta_{cm}} \tag{8-5}$$

有杆腔为工作腔时，有

$$p_1 A_2 - p_2 A_1 = \frac{F}{\eta_{cm}}$$

$$A_2 = \frac{F}{(p_1 - p_2 A_1/A_2)\eta_{cm}} = \frac{F}{(p_1 - p_2/n)\eta_{cm}} \tag{8-6}$$

(2) 双活塞杆液压缸　其计算式为

$$A_1 = A_2 = A$$

$$A(p_1 - p_2) = \frac{F}{\eta_{cm}}$$

$$A = \frac{F}{(p_1 - p_2)\eta_{cm}} \tag{8-7}$$

式中：p_1——液压缸进油腔压力；

p_2——液压缸回油腔压力；

A_1——液压缸无杆腔的有效面积，$A_1 = \pi D^2/4$；

A_2——液压缸有杆腔的有效面积，$A_2 = \pi(D^2 - d^2)/4$；

n——面积比，$n = A_2/A_1 = 1 - (d^2/D^2)$；

F——液压缸的最大外负载；

η_{cm}——液压缸的机械效率，一般取 0.9~0.97；

D——活塞直径或液压缸内径；

d——活塞杆直径。

当用以上公式确定液压缸尺寸时，需首先选取回油腔压力即背压 p_2 和杆径比 d/D。

根据回路特点选取背压的经验数据如表 8-7 所示。

杆径比 d/D 一般按下述原则选取。

当活塞杆受拉时,一般取 $d/D＝0.3～0.5$。

当活塞杆受压时,一般取 $d/D＝0.5～0.7$。

也可按液压缸往复速比 $\lambda＝v_2/v_1$ 来确定。往复速比的常用数值如表 8-8 所示。

<table>
<tr><td colspan="2" align="center">表 8-7　背压经验数据</td></tr>
<tr><td>回　路　特　点</td><td>背压/MPa</td></tr>
<tr><td>回油路上设有节流阀</td><td>0.2～0.5</td></tr>
<tr><td>回油路上设有背压阀或调速阀</td><td>0.5～1.5</td></tr>
<tr><td>采用补油泵的闭式回路</td><td>1～1.5</td></tr>
</table>

表 8-8　液压缸常用往复速比

λ	1.1	1.2	1.33	1.46	1.61	2
杆径比 d/D	0.3	0.4	0.5	0.55	0.62	0.7

对于要求运动速度很低的液压缸,按负载力计算出的液压缸尺寸后,还需按最低工作速度进行验算,即

$$A \geqslant \frac{q_{min}}{v_{min}} \tag{8-8}$$

式中:A——液压缸的有效工作面积;

$\quad q_{min}$——最小稳定流量;

$\quad v_{min}$——液压缸应达到的最低运动速度。

根据上述方法计算出的液压缸内径和活塞杆直径,最后还须圆整成标准值。此外,依照位移循环图可确定液压缸的行程。

2) 计算液压马达排量

液压马达的排量为

$$V_m = \frac{2\pi T}{\Delta p \eta_{mm}} \tag{8-9}$$

式中:T——液压马达的最大负载力矩;

$\quad \Delta p$——液压马达进出口压差;

$\quad \eta_{mm}$——液压马达的机械效率,一般齿轮和柱塞马达取 0.9～0.95,叶片马达取 0.8～0.9。

对于要求工作转速很低的液压马达,按负载力矩计算出的液压马达排量后,还需按最低工作转速进行验算,即

$$V_m \geqslant \frac{q_{min}}{n_{mmin}} \tag{8-10}$$

式中：q_{min}——最小稳定流量；

n_{mmin}——液压马达应达到的最低转速。

3. 计算液压缸和液压马达所需的流量

（1）液压缸的最大流量　有

$$q_{max} = Av_{max} \tag{8-11}$$

式中：v_{max}——液压缸的最大运动速度。

（2）液压马达的最大流量　有

$$q_{max} = V_m n_{mmax} \tag{8-12}$$

式中：n_{mmax}——液压马达的最高转速。

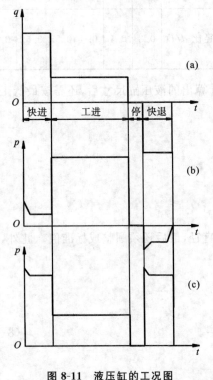

图 8-11　液压缸的工况图
（a）流量循环图　（b）压力循环图　（c）功率循环图

4. 作出液压缸和液压马达的工况图

由以上方法计算出的液压缸的有效工作面积或液压马达的排量，根据速度循环图和负载循环图，可以做出相应的流量循环图和压力循环图及功率循环图，统称为工况图。图 8-11 是根据图 8-10（b）、（c）作出的流量、压力和功率循环图。

有了工况图，可以清楚地看出系统流量、压力和功率在一个工作循环过程中的变化规律。从中可以找出最大流量点、最高压力点和最大功率点，以此作为选择液压元件、辅件和原动机规格的依据。

利用工况图，可以验算各工作阶段所确定的参数的合理性。如在多缸系统中，在按循环要求叠加起来的功率循环图中，若各缸最大功率相互重合，会出现功率峰值，造成功率分布不均衡。这时，可在主机工况允许的情况下，适当调整参数，避开或削减功率峰值，增加功率利用的合理性，提高整个液压系统的效率。

8.5.4　拟定液压系统原理图

拟定液压系统原理图是液压系统设计中的一个重要步骤。这一步的工作就是根据主机要求的性能和执行元件的动作要求，正确选择基本回路，并将这些基本回路进行有机的组合,以形成完整的液压系统。

1. 确定和选择基本回路

基本回路的确定和选择要根据主机的主要特点来考虑。

对速度的调节、变换和稳定性要求较高的机器,调速和速度换接回路是组成这类机器液压系统的主要基本回路;对输出力或力矩和功率有主要要求而对速度调节无严格要求的机器,其压力的控制和功率的调节分配是液压系统设计的核心;对多执行元件的系统,顺序动作、同步动作及复合动作往往是主要考虑的问题。

所以,选择和确定基本回路要抓住主要矛盾。在主要的基本回路确定之后,再根据实际需要添加必要的辅助回路,从而构成完整的液压系统。

2. 调速方式的选择

节流调速、容积调速和容积节流调速是液压系统的三类主要的调速方式。它们的选择在很大程度上决定了系统的性能,如负载特性、调速范围、系统效率等。因此,应在满足主机性能要求的前提下,综合考虑各方面的因素,权衡利弊,力求达到最佳选择。例如:功率较小、负载变化不大、对速度稳定要求较高的系统,选用调速阀的节流调速回路;功率较大,要求系统效率高、温升小、有一定调速范围的系统,宜选用容积调速回路;中等功率,既要温升小,又要运动速度稳定的系统,可选用容积节流调速回路。

另外,当原动机为内燃机时,可以利用发动机油门的大小来改变发动机转速,从而调节液压泵的流量,实现速度调节,但因受发动机最低怠速的限制,其调速范围较窄。

3. 油路循环方式的选择

液压系统的油路循环方式有开式和闭式两种,它的选择主要取决于液压系统的调速方式。节流调速和容积节流调速只能采用开式系统;容积调速多采用闭式系统。开式系统和闭式系统的比较如表 8-9 所示。

表 8-9　开式系统和闭式系统的比较

循 环 形 式	开 式	闭 式
适应工况	一般均能适应,一台液压泵可向多个执行元件供油	限于要求换向平稳、换向速度高的一部分容积调速系统,一般一台液压泵只能向一个执行元件供油
结构特点和造价	结构简单,造价低	结构复杂,造价高
散热	散热好,但油箱较大	散热差,常用辅助泵换油冷却
抗污染能力	较差	较强
管路损失及效率	管路损失大,用节流调速时效率低	管路损失较小,用容积调速时效率较高

4．其他要考虑的几个问题

（1）组合基本回路时，注意防止回路间可能存在的相互干扰　如图 8-12 所示回路，控制油路与主油路共用一个油源，当泵卸荷时，控制油路失压，电-液换向阀不能正常换向。因此应在原回路中增设一背压阀，以提供电-液换向阀换向所必需的控制压力。

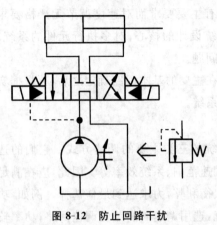

图 8-12　防止回路干扰

（2）确保液压系统安全可靠　液压系统运行中可能出现的不安全因素是多种多样的，如负载的异常变化、操作人员的误操作等，所以必须考虑相应的安全回路或措施，确保人身和设备的安全。如有超越负载须设平衡、锁紧回路；有误操作可能引起的误动作时，应设互锁装置等。

（3）液压系统设计应符合标准化、系列化和通用化要求　为缩短设计和制造周期，降低成本，应尽量采用标准元件，至少应使自行设计的元件减少到最低限度，且自行设计的元件其参数也应符合"三化"要求。

8.5.5　液压元件的选择和计算

1．执行元件的选择

（1）液压缸　根据前面计算并圆整后的液压缸主要尺寸，再加上液压缸的行程和工作压力等参数，从标准液压缸的系列产品中确定具体的型号规格。这时，应考虑的主要因素是结构形式、安装方式及油口的连接方式。

（2）液压马达　根据前面计算的液压马达的排量，再加上转速、工作压力等参数，从标准液压马达的系列产品中确定具体的型号规格。这时，应注意液压马达的转速范围是否满足要求。

2．液压泵的选择

（1）确定液压泵的工作压力　液压泵的最大工作压力为

$$p_p = p_1 + \Delta p \tag{8-13}$$

式中：p_1——执行元件的最大工作压力，可从压力循环图中查得；

Δp——液压泵出口至执行元件进口之间的总压力损失，包括各种阀的压力损失和管路压力损失。初算按经验数据选取，管路简单的液压系统取 0.2～0.5 MPa；管路复杂的液压系统取 0.5～1.5 MPa。

（2）确定液压泵的流量　液压泵的流量为

$$q_p \geqslant K \left(\sum q \right)_{\max} \tag{8-14}$$

式中:K——系统泄漏系数,一般取 1.1~1.3,流量大时取小值,流量小时取大值。

$(\sum q)_{\max}$——同时动作的执行元件的最大流量,可从流量循环图中查得。对于工作过程始终是节流调速的系统,还需加上溢流阀的最小溢流量(一般取 2~3 L/min)。

(3)选择液压泵的形式和规格　按照液压系统工作压力和工作环境,液压泵的形式可以这样考虑:中低压系统选用叶片泵或齿轮泵;中高压系统选用齿轮泵或柱塞泵;高压系统选用柱塞泵。环境较清洁可选用叶片泵或斜盘式柱塞泵;环境污染较严重可选用齿轮泵或斜轴式柱塞泵。

根据液压泵的最大工作压力和流量,确定其规格。需指出的是,按式(8-13)确定的液压泵的最大工作压力仅是系统的静态压力,而工作过程中的动态压力往往比静态压力高,所以选取液压泵的额定压力应比其最大工作压力高 25%~60%,使液压泵有一定的"压力储备"。高压系统取小值;中压系统取大值。液压泵的流量按式(8-14)确定的数值选取。

(4)确定液压泵的驱动功率　液压泵的驱动功率为

$$P_p = \frac{p_p q_p}{\eta_p} \tag{8-15}$$

式中:p_p——液压泵的最大工作压力;

q_p——液压泵的流量;

η_p——液压泵的总效率。

液压泵的总效率可参考表 8-10 中数值估取,规格大的取大值,规格小的取小值;定量泵取大值,变量泵取小值。

表 8-10　液压泵的总效率

液压泵类型	齿轮泵	叶片泵	柱塞泵
总效率 η_p	0.6~0.8	0.7~0.85	0.8~0.9

由式(8-15)计算的液压泵的驱动功率就是选择原动机功率的依据。

3. 控制阀的选择

控制阀是根据液压系统的最大工作压力和通过该阀的最大流量来选取的,一般来讲,阀的公称压力应大于或等于液压系统的最大工作压力;阀的公称流量应大于或等于实际通过该阀的最大流量。

对于液压系统中的主溢流阀,其公称流量应按液压泵的最大输出流量选取,调压范围应满足液压系统压力调节的要求。

对于调速阀和节流阀,除公称流量应大于或等于实际通过该阀的最大流量外,其最小稳定流量应小于要求通过的最小稳定流量。

4. 其他辅助元件的选择

液压系统中的蓄能器、滤油器、管道、管接头和油箱等辅助元件可参照第 6 章有关内容选取。

8.5.6 液压系统性能验算

在液压系统设计计算的过程中及设计后期，需对液压系统的性能进行验算，这些性能包括：液压系统压力损失计算、液压系统效率计算、液压系统发热和温升计算等。

1. 液压系统压力损失计算

当液压系统元、辅件的规格和管道尺寸确定后，并绘出管路布置装配图，就可进行液压系统压力损失的计算，它包括管路的沿程压力损失 Δp_λ、局部压力损失 Δp_ξ 和阀类元件的压力损失 Δp_v，即

$$\Delta p = \Delta p_\lambda + \Delta p_\xi + \Delta p_v \tag{8-16}$$

其中

$$\Delta p_\lambda = \frac{\lambda \rho l v^2}{2d} \tag{8-17}$$

$$\Delta p_\xi = \frac{\xi \rho v^2}{2} \tag{8-18}$$

$$\Delta p_v = \Delta p_n \left(\frac{q}{q_n}\right)^2 \tag{8-19}$$

式中：l——管道的长度；

d——管道的内径；

v——管道内液流的平均速度；

ρ——液压油的密度；

λ、ξ——沿程和局部压力损失系数；

Δp_n——阀在公称流量下的压力损失；

q_n——阀的公称流量；

q——实际通过阀的流量。

如果计算出的压力损失与初算按经验数据选取的压力损失相差较大，就需重新调整有关压力的计算值。

2. 液压系统效率计算

液压系统的效率是液压系统输出功率（即执行元件的输出功率）与输入功率（即液压泵的输入功率）之比，即

$$\eta = \frac{P_{mo}}{P_{pi}} = \eta_p \eta_c \eta_m \tag{8-20}$$

式中：η_p——液压泵的效率，$\eta_p = P_{po}/P_{pi}$；

η_m——执行元件的效率，$\eta_m = P_{mo}/P_{mi}$；

η_c——回路的效率，$\eta_c = P_{mi}/P_{po}$。

回路效率可写为下面的一般形式，即

$$\eta_c = \frac{p_1 q_1 + p_2 q_2 + \cdots}{p_{p1} q_{p1} + p_{p2} q_{p2} + \cdots} = \frac{\sum p_i q_i}{\sum p_{pi} q_{pi}} \tag{8-21}$$

式中：p_i、q_i——每个执行元件的工作压力和输入流量；

$\sum p_i q_i$——同时动作的执行元件的总输入功率；

p_{pi}、q_{qi}——每个液压泵的工作压力和输出流量；

$\sum p_{pi} q_{qi}$——同时运转的液压泵的总输出功率。

3. 液压系统发热和温升计算

液压系统的压力、容积损失构成总的能量损失，这些能量损失转化为热量，使液压系统油温升高，由此对液压系统性能产生一系列的不良影响。为此，必须对液压系统进行发热计算，以便对液压系统温升加以控制。

液压系统的发热量可按下式计算，即

$$Q = P_{pi}(1 - \eta) \tag{8-22}$$

式中：P_{pi}——液压泵总的输入功率；

η——液压系统的总效率。

液压系统的散热量可按下式计算，即

$$Q_o = KA(T_p - T_o) = KA\Delta T$$

当液压系统产生的热量等于其散发出去的热量时，系统达到热平衡状态，此时液压系统的温升为

$$\Delta T = \frac{Q}{KA} \tag{8-23}$$

由此计算的温升加上环境温度若超过系统允许的最高温度，可通过增大油箱的散热面积或增设冷却装置来降低温升。

8.5.7　液压装置结构设计及编写技术文件

1. 液压装置的结构设计

液压系统原理图确定之后，根据所选用的液压元件、辅件，便可进行液压装置的结构设计。

1）液压装置的结构形式

液压装置按配置形式可分为分散配置和集中配置两种。

分散配置是将液压系统的动力源、控制及调节装置按主机的布局分散安装，主要用于

行走机械。这种形式的优点是节省安装空间，缺点是安装及维修较复杂。

集中配置将液压系统的动力源、控制及调节装置集中安装在主机之外，即集中设置所谓的液压站，主要用于固定设备。这种形式的优点是装配及维修方便，缺点是单独设置液压站，占地面积较大。

2) 液压元件的配置形式

液压元件的配置形式可分为管式、板式与集成配置三种。

（1）管式配置　将管式元件直接用管接头和油管连接，多用于分散配置系统。这种形式安装麻烦，管路部分压力损失较大，但排除故障较容易。

（2）板式配置　将板式元件与其连接底板用螺钉固定在平板上，各元件之间的油路连接仍用管接头和油管，优点是元件拆装方便。

（3）集成配置　借助于某种专用或通用的辅助件，将板式元件组合在一起。有以下三种形式。

① 箱体式　把板式元件用螺栓固定在专用的箱体上，元件之间的油路由箱体内设计的孔道来连接，如图 8-13 所示。

② 集成块式　按系统原理设计出若干个外形相同的集成块，块的上、下面为块与块的结合面，四周除一面安装通往执行元件的管接头和油管外，其余面可固定板式元件。元件之间的油路由集成块内设计的孔道来连接，如图 8-14 所示。一个液压系统往往由几个集成块组成。

③ 叠加式　以阀体自身作为连接体，用螺栓将几个叠加阀直接叠合而成，如图 8-15 所示。

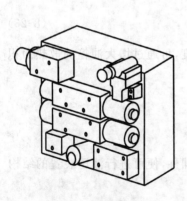

图 8-13　箱体式配置

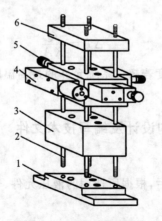

图 8-14　集成块式配置

1—底板；2—螺栓；3—集成块；
4—板式阀；5—管接头；6—顶盖

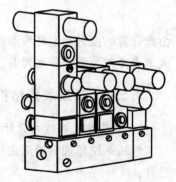

图 8-15　叠加式配置

由于集成配置为无油管连接,节省了管接头和油管,降低了压力损失,且结构紧凑、元件装拆方便、外形美观,所以在液压系统中应用广泛。

3) 油路块设计的共性要求

油路块是各种集成形式的关键零件,块的外表面用于安装液压阀和管接头等元件,内部的复杂孔系用于实现各液压阀的油路沟通和联系。因此,不同油路块在结构、加工精度及使用的材料等方面有以下一些共性要求。

(1) 绘制的油路块加工图要有足够的视图,能正确、全面地表达油路块的内外形状;除了标注油路块的总体尺寸外,液压阀等元件的安装尺寸和块间连接尺寸,各种孔道的形状尺寸和位置尺寸等应标注齐全、正确;所确定的基准和标注的尺寸应便于块的加工和元件的安装。

(2) 油路块各平面的铣削和磨削余量应不小于 2 mm;油路块上安装液压阀的平面的表面粗糙度应满足元件产品样本的要求,通常 Ra 不大于 $0.8~\mu m$;块间结合面的表面粗糙度 Ra 不大于 $0.8~\mu m$;有关尺寸公差及形位公差可参见各类板式液压阀安装面及叠加阀的安装面的有关标准:《液压传动 四油口方向控制阀 安装面》(GB/T 2514—2008)、《液压传动 带补偿的流量控制阀 安装面》(GB/T 8098—2003)、《液压传动 减压阀、顺序阀、卸荷阀、节流阀和单向阀 安装面》(GB/T 8100—2006)、《液压溢流阀 安装面》(GB/T 8101—2002)。通常,块间结合面的平行度公差为 $0.03~\mu m$,其余四个侧面与结合面的垂直度公差为 0.1 mm。块间结合面不允许有内凹的平面度缺陷。

(3) 油路块的油口和孔系较为复杂,要考虑孔道与孔道相交处不要形成污染物集存窝或气窝,且易于切削与去毛刺。为了改善工艺性,可以适当增加一些工艺孔,即把较长的盲孔改为通孔,钻完后再将一头用螺塞等堵头进行封堵。常用的堵头有标准的锥螺纹螺塞、锥管螺纹螺塞、直螺纹螺塞和标准球涨堵头及非标准的焊接堵头等。有关标准堵头可参见相关标准。为便于维护,堵头应设置在不需拆卸管件、元件或块体既可接近的部位。安装管接头的油口应加工出连接螺纹孔,连接螺纹主要使用米制细牙螺纹和锥螺纹。

(4) 为了保证油路块在工作时不被油压击穿,互不相通的孔道间及孔道与块体表面间的最小壁厚应满足强度条件。考虑油路块在加工过程中各类误差及管螺纹的紧固力矩等因素的影响,最小壁厚通常应不小于 5 mm。

(5) 插装式液压阀的孔表面的粗糙度不大于 $Ra~0.8~\mu m$,末端管接头的密封面和 O 形圈沟槽表面的粗糙度不大于 $Ra~3.2~\mu m$,一般通油孔道表面的粗糙度不大于 $Ra~12.5~\mu m$。插装式液压阀的安装连接尺寸可参见标准《液压二通盖板式插装阀 安装连接尺寸》(GB/T 2877—2007)。

(6) 油路块的常用材料及比较如表 8-11 所示,可根据使用条件选择。

表 8-11   油路块的常用材料及比较

材料	工作压力/MPa	厚度/mm	工艺性	焊接性	相对成本
热轧钢板	～35	＜160	一般	一般	100
碳钢锻件	～35	＞160	一般	一般	150
灰口铸铁	～14	—	好	不可	200
球磨铸铁	～35	—	一般	不可	210
铝合金锻件	～21	—	好	不可	1 000

2. 绘制工作图和编写技术文件

工作图一般包括液压系统原理图、非标元件、辅件的装配图和零件图及整个液压系统的装配图。对于自动化程度较高的系统，还应绘制执行元件的工作循环图和电磁铁动作顺序表。

编写技术文件包括：设计任务书、设计计算说明书、使用说明书、技术条件、标准件、通用件和易损件的明细表等。

8.5.8   设计计算举例

以一台卧式单面多轴钻孔组合机床为例，对驱动它的动力滑台的液压系统进行设计。要求的工作循环是：动力滑台快速接近工件，加工完毕后快速退回到原位停止。即实现"快进→工进→快退→原位停止"的工作循环。

已知机床有主轴 16 根，加工 $\phi13.9$ mm 的孔 14 个、$\phi8.5$ mm 的孔 2 个。工件材料为铸铁，硬度为 HB240；运动部件重量为 $G=9\ 800$ N；快进、快退速度 $v_1=v_3=0.1$ m/s；动力滑台采用平导轨，静、动摩擦因数分别为 $\mu_s=0.2$、$\mu_d=0.1$；往复运动的加速、减速时间为 0.2 s；快进行程 $l_1=100$ mm；工进行程 $l_2=50$ mm。

1. 负载与运动分析

1) 计算工作负载

工作负载即为切削阻力。钻铸铁孔时，其轴向切削阻力可用下列经验公式计算，即

$$F_e = 25.5DS^{0.8}(HB)^{0.6}(N)$$

式中：D——孔径(mm)；

S——每转进给量(mm/r)；

HB——铸铁的硬度，这里为 240。

根据组合机床加工特点，钻孔时主轴转速 n 和每转进给量 S 选择下列数值：

加工 $\phi13.9$ mm 的孔 $\quad n_1 = 360$ r/min, $S_1 = 0.147$ mm/r

加工 $\phi8.5$ mm 的孔 $\quad n_2 = 550$ r/min, $S_2 = 0.096$ mm/r

代入上式, 得 $\quad F_e = 30\ 468$ N

2) 计算摩擦负载

静摩擦阻力为 $\qquad\qquad F_{fs} = \mu_s G = 1\ 960$ N

动摩擦阻力为 $\qquad\qquad F_{fd} = \mu_d G = 980$ N

3) 计算惯性负载

$$F_i = \frac{G\Delta v}{g\Delta t} = 500 \text{ N}$$

4) 计算各工况负载

如表 8-12 所示。

表 8-12　液压缸负载计算表

工　　况	计算公式	液压缸负载 F/N	液压缸驱动力 F_o/N
启　　动	$F = \mu_s G$	1 960	2 180
加　　速	$F = \mu_d G + G\Delta v/(g\Delta t)$	1 480	1 650
快　　进	$F = \mu_d G$	980	1 090
工　　进	$F = F_e + \mu_d G$	31 448	34 942
反向启动	$F = \mu_s G$	1 960	2 180
反向加速	$F = \mu_d G + G\Delta v/(g\Delta t)$	1 480	1 650
快　　退	$F = \mu_d G$	980	1 090

注: 液压缸机械效率取 $\eta_{cm} = 0.9$, $F_o = F/\eta_{cm}$。

5) 计算工进速度

$$v_2 = n_1 S_1 = n_2 S_2 = 0.88 \times 10^{-3} \text{ m/s}$$

6) 计算快进、工进和快退时间

快进、工进和快退时间可近似由下列各式计算

快进 $\qquad\qquad\qquad t_1 = \dfrac{l_1}{v_1} = 1 \text{ s}$

工进 $\qquad\qquad\qquad t_2 = \dfrac{l_2}{v_2} = 56.6 \text{ s}$

快退 $\qquad\qquad\qquad t_3 = \dfrac{(l_1 + l_2)}{v_3} = 1.5 \text{ s}$

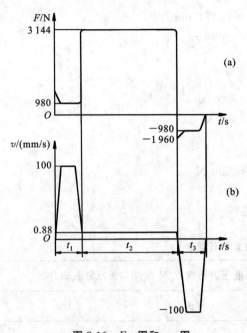

图 8-16　*F-t* 图和 *v-t* 图

7）绘制液压缸负载循环图和速度循环图

由上计算数据既可绘出 *F-t* 图和 *v-t* 图，如图 8-16 所示。

2．确定液压系统参数

1）初选液压缸的工作压力

参考表 8-5，初选液压缸工作压力为 4 MPa。为使快进和快退速度相等，并使液压泵的流量是快进时所需流量的一半，选用 $A_1=2A_2$ 的差动油缸，在快进时作差动连接。由于管路中有压力损失，快进时液压缸有杆腔的压力略大于无杆腔的压力，计算中取两者之差 $\Delta p=p_2-p_1=0.5$ MPa（但在启动瞬间，活塞尚未移动，此时 $\Delta p=0$）。工进时为防止钻通时发生前冲现象，液压缸回油腔应有背压，设背压为 0.6 MPa，假定快进、快退时回油压力损失为 0.7 MPa。

2）计算液压缸主要尺寸

根据液压缸的最大负载，由式(8-5)，得

$$A_1=\frac{F}{\left(p_1-\dfrac{p_2}{2}\right)\eta_{\mathrm{cm}}}=94\ \mathrm{cm}^2$$

则液压缸活塞直径　　　$D=\sqrt{4A_1/\pi}=10.9\ \mathrm{cm}$

取活塞标准直径 $D=110$ mm，因 $A_1=2A_2$，活塞杆直径 $d=0.7D=77$ mm，取活塞杆标准直径 $d=80$ mm。

液压缸有效工作面积为

无杆腔　　　　　$A_1=\dfrac{\pi D^2}{4}=95\ \mathrm{cm}^2$

有杆腔　　　　　$A_2=\dfrac{\pi(D^2-d^2)}{4}=44.7\ \mathrm{cm}^2$

3）计算液压缸在工作循环中各阶段的压力、流量和功率

如表 8-13 所示。

表 8-13 液压缸工作循环各阶段压力、流量和功率计算表

工 况		计 算 公 式	F_o/N	p_2/MPa	p_1/MPa	q/(L/min)	P/kW
快进	启动	$p_1=(F_o+\Delta pA_2)/(A_1-A_2)$ $q=(A_1-A_2)v_1$ $P=p_1q$	2 180	0.43	0.43	—	—
	加速		1 650	1.27	0.77	—	—
	恒速		1 090	1.16	0.66	30	0.33
工进		$p_1=(F_o+p_2A_2)/A_1$ $q=A_1v_2$ $P=p_1q$	34 942	0.6	3.96	0.5	0.033
快退	启动	$p_1=(F_o+p_2A_1)/A_2$ $q=A_2v_1$ $P=p_1q$	2 180	0.43	0.43	—	—
	加速		1 650	0.7	1.86	—	—
	恒速		1 090	0.7	1.73	27	0.78

4）绘制液压缸工况图

如图 8-17 所示。

3.拟定液压系统原理图

1）选择基本回路

（1）调速回路与油路循环形式的确定　考虑所设计的液压系统功率较小,工作负载为阻力负载,工进速度可调,且速度稳定性要好,故选用调速阀进油路节流调速回路,为防止孔钻通时的前冲现象,在回油路上加背压阀。由于采用节流调速方式,液压系统采用开式系统。

（2）油源形式的确定　由工况图 8-17 可以看出,液压系统工作循环主要由相应于快

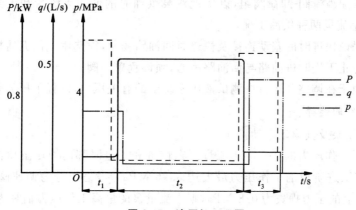

图 8-17 液压缸工况图

进、快退行程的低压大流量和相应于工进行程的高压小流量两个阶段所组成。其最大流量与最小流量之比 $q_{max}/q_{min} \approx 60$，其相应的时间之比 $(t_1+t_3)/t_2=0.044$。这表明液压系统在一个工作循环中的绝大部分时间内都处于高压小流量下工作。从提高液压系统的效率出发，选用单个定量泵油源显然是不合理的，为此可选用限压式变量泵或双联叶片泵作为油源。由表 8-14 可看出，两者各有利弊，最后确定选用双联叶片泵方案。

表 8-14   双联叶片泵与限压式变量泵的比较

序号	双联叶片泵	限压式变量泵	序号	双联叶片泵	限压式变量泵
1	流量突变时，液压冲击取决于溢流阀的性能，一般冲击较小	流量突变时，定子反应滞后，液压冲击大	3	须配有溢流阀、卸荷阀组，系统较复杂	系统较简单
2	内部径向力平衡，压力平稳，噪声小，工作性能较好	内部径向力不平衡，轴承负载较大，压力波动及噪声较大，工作平稳性差	4	有溢流损失，系统效率较低，温升较大	无溢流损失，系统效率较高，温升较小

（3）快速、换向与速度换接回路的确定   本液压系统已选定差动回路作为快速回路。考虑到由快进速度 v_1 转为工进速度 v_2 时速度变化大（$v_1/v_2 \approx 113$），故选用行程阀而不采用电磁阀作为速度转换元件；同时考虑到从工进转为快退时回油流量较大，故选用电-液换向阀而不采用电磁换向阀作为换向阀，可减小液压冲击。

另外，考虑到本组合机床加工通孔，运动部件终点位置的定位精度要求不高，采用由行程挡块压下电气行程开关发出信号的行程控制方式即可满足要求。

2）组成液压系统原理图

在所选择的基本回路的基础上，再考虑以下要求和因素，便可组成一个完整的液压系统（见图 8-18）。

（1）双联泵配溢流阀-卸荷阀组，以实现双泵供油时的低压大流量和大泵卸荷、小泵供油时的高压小流量两种供油工况。

（2）为了保证快进时的差动连接及快退时回油路畅通，须选用三位五通换向阀。

（3）为了防止工进时进油路与回油路串通，须设置单向阀。

（4）为了便于在调整和运行中测试液压系统中的有关压力，设置了压力表及其开关。

4．液压元件的选择

1）选择液压泵及其驱动电动机

（1）液压泵工作压力的计算   小流量泵在快进和工进时都向液压缸供油，由表 8-12 可知，液压缸在工进阶段的工作压力最大达 3.96 MPa。考虑工进为调速阀进口节流调速，选取进油路上的压力损失为 0.8 MPa，则小流量泵的最高工作压力估算为 $p_{p1}=(3.96+0.8)$ MPa$=4.76$ MPa。

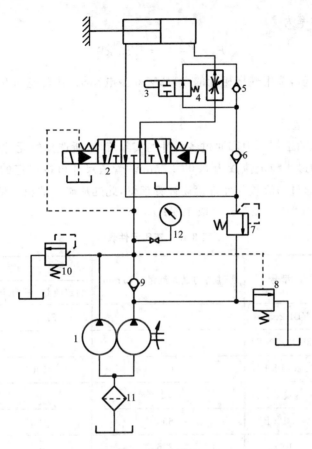

图 8-18　液压系统原理图

1—双联液压泵；2—电液换向阀；3—行程阀；4—调速阀；5、6、9—单向阀；

7—背压阀；8—卸荷阀；10—溢流阀；11—滤油器；12—压力表

大流量泵只在快进、快退时向液压缸供油，由表 8-12 可知，快退时液压缸的工作压力为 1.86 MPa，比快进时大。考虑快退时进油路压力损失较小，取为 0.4 MPa，则大流量泵的最高工作压力估算为 $p_{p2}=(1.86+0.4)$ MPa $=2.26$ MPa。

（2）液压泵流量的计算　由工况图 8-17 可知，油源向液压缸输入的最大流量为 30 L/min，取系统泄漏系数 $K=1.1$，则两个泵的总流量为

$$q_p = 1.1 \times 30 \text{ L/min} = 33 \text{ L/min}$$

考虑到溢流阀最小稳定流量为 2 L/min，工进时流量为 0.5 L/min，这样小流量泵的流量至少为 2.5 L/min。

（3）液压泵及其驱动电动机规格的确定　根据以上计算的数值查阅产品样本，选用规格相近的 YB1-2.5/30 型双联叶片泵。由工况图 8-17 可知，最大功率出现在快退工况，

这时所需电动机功率为

$$P = \frac{p_{p2}q_p}{\eta_p} = 1.53 \text{ kW}$$

由此计算功率值，选用规格相近的 Y112M-6 型电动机，其转速为 940 r/min，功率为 2.2 kW。

2）其他元件的选择

根据液压系统的工作压力和通过各元件的实际流量，所选择的元件规格如表 8-15 所示。其中调速阀的最小稳定流量为 0.03 L/min。管道尺寸可按选定的元件的通径尺寸确定，也可按实际通过的流量和允许流速计算求得，此处从略。油箱容量按经验公式计算即 $V = (5 \sim 7)q_p = 162.5 \sim 227.5$ L（取 195 L）。

表 8-15　液压元件表

序号	元件名称	型号	通过阀的最大流量/(L/min)	规　格	
				额定流量/(L/min)	额定压力/MPa
1	双联叶片泵	YB1-2.5/30	—	2.5/30	6.3
2	电液换向阀	35DY-100BY	69	100	6.3
3	行程阀	22C-100BH	62	100	6.3
4	调速阀	Q-6B	<1	6	6.3
5	单向阀	I-100B	69	100	6.3
6	单向阀	I-63B	32.5	63	6.3
7	背压阀	B-10B	<1	10	6.3
8	卸荷阀	XY-63B	30	63	6.3
9	单向阀	I-63B	30	63	6.3
10	溢流阀	Y-10B	2.5	10	6.3
11	滤油器	XU-50×200	32.5	50	6.3
12	压力表开关	K-6B	—	—	6.3

5. 液压系统主要性能的验算

1）液压系统压力损失计算

在选定了如表 8-15 所示的元件后，液压缸实际快进、工进和快退运动阶段的运动速度、时间及进入和流出液压缸的流量如表 8-16 所示。

表 8-16 各工况运动速度、时间和流量计算表

	快　进	工　进	快　退
进入液压缸流量/(L/min)	$q_1 = A_1(q_{p1}+q_{p2})/(A_1-A_2) = 61.4$	$q_1 = 0.5$	$q_1 = q_{p1}+q_{p2} = 32.5$
流出液压缸流量/(L/min)	$q_2 = q_1 A_2/A_1 = 28.9$	$q_2 = q_1 A_2/A_1 = 0.24$	$q_2 = q_1 A_2/A_1 = 69$
速度/(m/s)	$v_1 = (q_{p1}+q_{p2})/(A_1-A_2) = 0.108$	$v_2 = q_1/A_1 = 0.88 \times 10^{-3}$	$v_3 = q_1/A_2 = 0.121$
时间/s	$t_1 = L_1/v_1 = 0.93$	$t_2 = L_2/v_2 = 56.6$	$t_3 = (L_1+L_2)/v_3 = 1.24$

在计算液压系统压力损失时，必须知道管道的直径和管道的长度。进、回油管道直径按所选元件的通径确定为 $d = 18$ mm，长度定为 $l = 2$ m，油液的运动粘度取 $\nu = 1 \times 10^{-4}$ m²/s，油液的密度取 $\rho = 0.917\ 4 \times 10^3$ kg/m³。

（1）判断流态　由第 2 章流体力学基础知识可知，判断油液流动状态可用雷诺数的大小来判断。在油液粘度、管道内径一定的条件下，雷诺数的大小与流量成正比。由表 8-15 知，在快进、工进和快退三种工况下，进、回油管路中所通过的流量以快退时回油流量 $q = 69$ L/min 为最大，由此可知，此时雷诺数为最大即

$$Re = \frac{4q}{\pi d\nu} = 813$$

因为最大雷诺数小于临界雷诺数 2 000，故可知，各工况下的进、回油路中油液的流态均为层流。

（2）计算液压系统压力损失　管路的沿程压力损失由式（8-17）并代入相关参数计算，即

$$\Delta p_\lambda = \frac{\lambda \rho l v^2}{2d} = \frac{75}{Re} \cdot \frac{\rho l v^2}{2d} = \frac{4 \times 75 \rho \nu l q}{2\pi d^4} = 0.834\ 9 \times 10^8 q$$

对管路的局部压力损失，在管路结构尚未确定的情况下，可按下经验公式计算，即

$$\Delta p_\xi = 0.1 \Delta p_\lambda$$

阀类元件的压力损失 Δp_v 按式（8-19）计算。由产品样本查得各阀在公称流量下的压力损失，电液换向阀和行程阀为 0.3 MPa，单向阀为 0.2 MPa。由表 8-15、表 8-16 按上述计算公式计算出的各工况下的进、回油管路的远程压力损失、局部压力损失和阀类元件压力损失如表 8-17 所示。

表 8-17　系统压力损失计算表

压力损失/MPa　　　　工况		快进	工进	快退
进油路	管路沿程压力损失 Δp_λ	0.085 4	0.000 696	0.045 2
	管路局部压力损失 Δp_ξ	0.008 54	0.000 069 6	0.004 52
	通过阀的局部压力损失 Δp_v	0.144 8	0.5	0.031 7
	总的压力损失 Δp	0.238 74	0.5	0.081 4
回油路	管路沿程压力损失 Δp_λ	0.040 2	0.000 348	0.069
	管路局部压力损失 Δp_ξ	0.004 02	0.000 034 8	0.006 9
	通过阀的局部压力损失 Δp_v	0.040 6	0.6	0.238
	总的压力损失 Δp	0.084 82	0.6	0.309 4

（3）液压泵工作压力的估算　小流量泵在工进时的工作压力等于液压缸工作腔压力加上进油路上的压力损失，即

$$p_{p1} = (3.96 + 0.5)\ \text{MPa} = 4.46\ \text{MPa}$$

此值是图 8-18 中溢流阀 10 调整压力时的参考依据。

大流量泵以快退时的工作压力为最高，即

$$p_{p2} = (1.86 + 0.081\ 4)\ \text{MPa} = 1.941\ 4\ \text{MPa}$$

此值是卸荷阀 8 调整压力时的参考依据。

2）液压系统效率计算

由表 8-15 可看出，在一个工作循环周期中，快进、快退仅占 3%，而工进占 97%，因此可以用工进时的效率来代表整个工作循环的系统效率。

（1）计算回路效率　按式（8-21）计算回路效率，即

$$\eta_c = \frac{p_1 q_1}{p_{p1} q_{p1} + p_{p2} q_{p2}} = 0.15$$

其中，大流量泵的工作压力 p_{p2} 为该泵通过图 8-18 中顺序阀 8 卸荷时所产生的压力损失，由下式计算，即

$$p_{p2} = 0.3 \times \left(\frac{30}{63}\right)^2\ \text{MPa} = 0.068\ \text{MPa}$$

（2）计算液压系统效率　取双联叶片泵的总效率 $\eta_p = 0.8$、液压缸的总效率 $\eta_m = 0.95$，则按式（8-20）计算液压系统效率，即

$$\eta = \eta_p \eta_c \eta_m = 0.8 \times 0.15 \times 0.95 = 0.114$$

3) 液压系统发热和温升计算

液压系统发热和温升计算与液压系统效率计算相同,也用工进阶段来代表整个工作循环。

首先,计算工进工况时液压泵的输入功率,即

$$P_{pi} = \frac{p_{p1}q_{p1} + p_{p2}q_{p2}}{\eta_p} = 274.8 \text{ W}$$

其次,按式(8-22)计算工进时液压系统的发热量,即

$$Q = P_{pi}(1-\eta) = 243.5 \text{ W}$$

最后,按式(8-23)计算液压系统的油液温升,即

$$\Delta T = \frac{Q}{KA} = 7.43 \text{ ℃}$$

取传热系数 $K = 15 \text{W}/(\text{m}^2 \cdot \text{℃})$,油箱散热面积按近似公式 $A = 0.065 \sqrt[3]{V^2}$ 计算。本液压系统温升很小,符合要求。

习　题

8-1　题 8-1 图所示为一简单起重装置的简图,其组成是:一根 10 m 长的吊杆一端以铰链为轴,另一端悬挂一重物 G 可绕其轴从水平位置向上转 θ 角,吊杆的转动由耳环安装的液压缸驱动,液压缸与吊杆的连接尺寸如图所示。

假定提升重物时液压缸工作腔压力 $P_1 = 18$ MPa,回油腔压力 $P_2 = 0$,不计液压缸的机械效率,液压缸大小腔有效面积比为 2。试求:

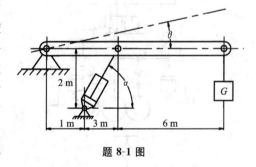

题 8-1 图

(1) 分别写出吊杆转角 θ 与液压缸倾角 α 以及液压缸输出力 F 与转角 θ 关系的数学表达式。

(2) 当 $G = 49 \times 10^3$ N,最大转角 $\theta_{max} = 70°$ 时,计算液压缸最大输出力及其活塞、活塞杆直径和工作行程。

8-2　某卧式铣床要在切削力变化范围较大的情况下顺铣和逆铣工件,并已确定采用定量泵节流调速作为进给动作的设计方案,你认为选取如下所列哪种具体方案比较合适,为什么?

(1) 节流阀进口;(2) 节流阀出口;(3) 调速阀进口;(4) 调速阀出口;(5) 调速阀进口

加回油路设背压阀。

8-3　题 8-3 图所示液压系统，能完成图 8-18 所示液压系统的工作循环。试回答下列问题：

（1）做出一个工作循环的电磁铁动作表。

（2）从调速、快速、速度换接和行程终点控制方式诸方面，说明其性能特点，并同图 8-18 所示系统进行比较。

8-4　在题 8-4 图所示平衡回路中，已知液压缸活塞和活塞杆直径分别为 100 mm 和 70 mm，活塞及其所提升的重物所受重力 $G=14.7 \times 10^3$ N。提升重物时，要求在 0.15 s 内均匀地达到稳定上升速度 $v=6$ m/min，停止时活塞不能下落。若不计回路的各种损失，试确定：

（1）溢流阀和顺序阀的调定压力。

（2）各液压元件的规格型号。

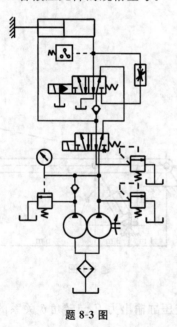

题 8-3 图

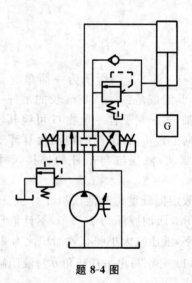

题 8-4 图

第9章 液压控制系统

9.1 液压控制系统概述

液压控制系统与液压传动系统既有共同特点又有显著区别。液压传动系统是由普通的开关型及定值型液压元件组成的液压系统,属于开环系统,以动力传递为主,液压系统性能侧重于静态特性。液压控制系统是一种含有反馈控制的液压系统,液压控制系统含有液压伺服阀,属于反馈闭环系统,液压控制系统性能有动态特性指标要求。包含电-液比例控制阀的液压系统,如果为开环系统,它就属于液压传动系统的范畴;如果为闭环系统,那么它也是一种液压控制系统。一般而言,液压控制系统是指以液压伺服阀为核心控制元件的液压系统。

9.1.1 液压控制系统的工作原理及组成

1. 液压控制系统的工作原理

图 9-1 所示为一种简单的液压位置控制系统。图中,液压泵 4 和溢流阀 3 组成了液

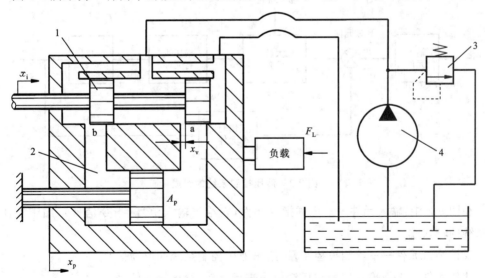

图 9-1 液压位置控制系统原理
1—伺服阀;2—液压缸;3—溢流阀;4—液压泵

压控制系统的恒压源，它以恒定的压力向液压控制系统供油，供油压力由溢流阀 3 调定。由伺服阀 1 和液压缸 2 组成液压动力元件，伺服阀 1 是控制元件，液压缸 2 是执行元件。伺服阀按节流原理控制流入执行元件的流量、压力和液流方向，该液压控制系统又称阀控式液压伺服系统。伺服阀阀体与液压缸缸体刚性连接，构成了反馈回路，因此这是一个闭环控制系统。

该液压控制系统工作过程如下：假定伺服阀处于中间位置（零位）时，阀的四个窗口关闭（阀芯凸肩宽度与阀套窗口宽度相等），阀没有流量输出，液压缸不动。给阀一个输入位移，例如使阀芯向右移动 x_i，则窗口 a、b 有一个相应的开口量 x_v（为 x_i），压力油经窗口 a 进入液压缸右腔，液压缸左腔经窗口 b 与回油相通，缸体被推动右移。在缸体右移的同时，带动阀体也右移，使阀的开口量减少，即 $x_v = x_i - x_p$。当缸体位移 x_p 等于阀输入位移 x_i 时，阀开口量 $x_v = 0$，阀的输出流量为零（忽略泄漏），液压缸停止运动，处在一个新的平衡位置上，从而完成了液压缸输出位移对阀输入位移的跟随运动。若使阀芯反向运动，则液压缸也反向跟随运动。在该液压控制系统中，执行机构的动作（系统输出）能够迅速、准确地复现阀的动作（系统输入），所以它是一个自动跟随系统，也称随动系统或伺服系统。

2. 液压控制系统的组成

实际的液压控制系统无论多么复杂，都是由一些基本元件组成的。根据元件的功能，液压控制系统的组成可用图 9-2 中的方框及说明表示。

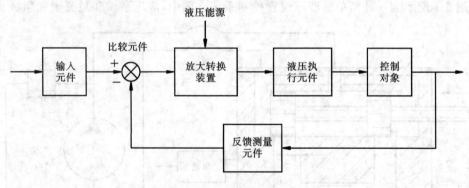

图 9-2　液压控制系统的组成

在图 9-2 中：输入元件——也称指令元件，它给出输入信号（指令信号），加于液压控制系统的输入端；

反馈测量元件——检测被控制量，给出液压控制系统的反馈信号；

比较元件——把输入信号与反馈信号进行比较，给出偏差信号；

放大转换装置——把偏差信号放大并进行能量形式的转换。放大转换元件的输出级是液压的，前置级可以是电的、液压的、气动的、机械的，或它们的组合形式；

液压执行元件——产生调节动作施加于控制对象上,实现调节任务。如液压缸、液压马达和摆动液压缸;

控制对象——如工作台或其他负载装置;

液压能源——常用的有恒压源、恒流源。由定量泵和溢流阀组成的恒压源,是液压控制系统中应用最多的液压能源。

在实际系统中,同一元件或部件可以兼备几种职能。

9.1.2　液压控制系统的分类

液压控制系统可以从不同的角度分类,每种分类方法都代表液压控制系统一定的特点。

1. 按输入信号的变化规律分类

液压控制系统按输入信号的变化规律可分为:定值控制系统、程序控制系统和伺服系统三类。

当液压控制系统输入信号为定值时,称为定值控制系统。对定值控制系统,基本任务是提高液压控制系统的抗干扰能力,将液压控制系统实际的输出量保持在期望值上。当液压控制系统的输入信号按预先给定的规律变化时,称为程序控制系统,如液压仿形机床等。伺服系统也称随动系统,其输入信号是时间的未知函数,而液压控制系统的输出量能够准确、迅速的复现输入量的变化规律,对伺服系统来说,能否获得快速响应往往是它的主要矛盾。

2. 按被控物理量的不同分类

液压控制系统可分为:位置控制系统、速度控制系统、加速度控制系统、力控制系统和其他物理量的控制系统等。

3. 按信号传递介质的形式分类

按液压控制系统中信号传递介质的形式和信号的能量形式,可分为机械-液压控制(简称机-液控制)系统、电气-液压控制(简称电-液控制)系统、气动-液压控制系统。

在机械-液压控制系统中,信号的给定、反馈和比较环节均采用机械构件实现。

在电-液控制系统中,误差信号的检测、校正和初始放大等均采用电气、电子元件。电气、电子技术与液压控制的结合,使得电-液控制系统具有很大的灵活性和广泛的适应性。

在气动-液压控制系统中,误差信号的检测和初始放大均采用气动元件完成,可在恶劣的环境(高温、振动、易爆等)中工作,且结构简单,但需要有气源等附属设备。

4. 按控制元件的类型分类

按控制元件的类型,液压控制系统可分为阀控系统和泵控系统,阀控系统又可分为阀控液压缸系统和阀控液压马达系统两类,泵控系统又可分为变量泵系统和变量液压马达系统。

阀控系统的优点是响应速度快、控制精度高，缺点是效率低。阀控系统获得广泛的应用，特别是在快速、高精度的中小功率中应用很广。泵控系统的优点是效率高，缺点是响应速度较慢、结构较复杂，适用于大功率（20 kW 以上）而响应速度要求又不高的场合。

9.2　液压伺服阀

液压伺服阀是液压控制系统中的核心元件。在阀控系统中，它直接控制执行元件动作；在泵控系统中，它直接控制泵的变量机构，改变泵的排量及输出流量，间接对执行元件的动作进行控制。按照阀的结构，常用的液压伺服阀主要有控制滑阀、喷嘴挡板阀和射流管阀等。

液压伺服阀是液压控制系统中的放大转换元件，其输入信号为机械位移（或转角），输入功率很小，其输出是大功率液压信号。液压控制系统中的放大系数很大，有时用单级阀难以实现，故常将阀做成两级，甚至三级。

9.2.1　液压伺服阀的结构与分类

典型的伺服阀结构是滑阀（见图 9-3(a)至图 9-3(d)）、喷嘴挡板阀（见图 9-3(e)）和射流管阀（见图 9-3(f)）。在较大流量的场合，常采用它们的组合形式，如喷嘴挡板阀或射流管阀作为先导级，与滑阀构成两级伺服阀。

1. 滑阀

滑阀借助阀芯与阀套的相对运动来改变节流口面积的大小，对流体的流量、压力进行控制。滑阀具有优良的控制特性，在伺服阀中应用最为广泛。滑阀具有多种结构形式，其分类如下。

（1）按进出阀的通道数　按进出阀的通道数分为二通、三通、四通阀等。四通阀有两个控制口，如图 9-3(a)、图 9-3(b)、图 9-3(c)所示，可用来控制双作用液压缸或液压马达。三通阀只有一个控制口，如图 9-3(d)所示，它只能控制差动液压缸。

（2）按滑阀的工作边数　根据工作节流棱边数目，滑阀分为单边、双边和四边滑阀（见图 9-3(a)、图 9-3(b)和图 9-3(c)）。为了保证节流边开口的准确性，对于双边滑阀必须保证一个轴向配合尺寸，而四边滑阀必须同时保证三个轴向配合尺寸的精度。从结构工艺性看，单边滑阀最简单，四边滑阀最复杂。但从以后的分析可知，四边滑阀的控制性能最好，故在要求高的伺服系统中，四边滑阀应用得最多。

（3）按阀芯的凸肩数目　双边滑阀和四边滑阀都可以由两个阀芯凸肩或两个以上的凸肩组成。凸肩数目越多，阀的轴向尺寸越大，加工难度也将增大。但三凸肩（见

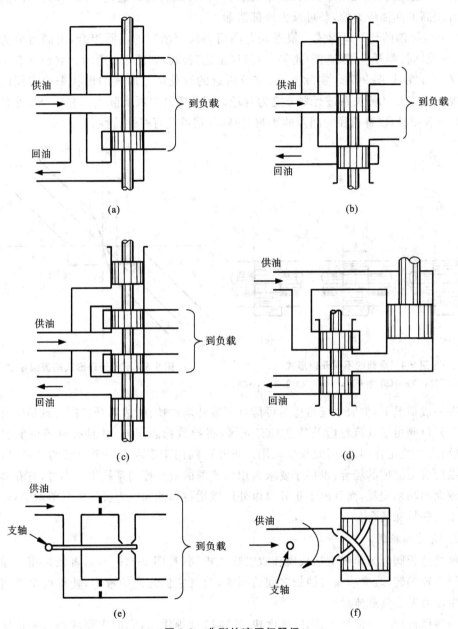

图 9-3　典型的液压伺服阀

（a）两凸肩四通滑阀　（b）三凸肩四通滑阀　（c）四凸肩四通滑阀

（d）带活塞负载的两凸肩三通滑阀　（e）双喷嘴挡板阀　（f）射流管阀

图 9-3(b)）或四凸肩（见图 9-3(c)）定心性较好，并可以将回油通道与阀端部分开，故可用于具有较高的回油压力处，并可减少外部泄漏。

（4）按滑阀的预开口形式　根据阀芯凸肩与阀套槽宽的不同组合，滑阀可分为正开口（负遮盖）阀、零开口（零遮盖）阀和负开口（正遮盖）阀，如图 9-4 所示。它们具有不同的流量增益特性（见图 9-5）。实际上，从零位附近的流量增益曲线的形状来确定阀的开口形式要比上述几何关系进行划分更为合理。因为零开口阀实际上具有一个微小的正遮盖量（1～3 μm），以补偿径向间隙的影响，使阀的增益具有线性特性。

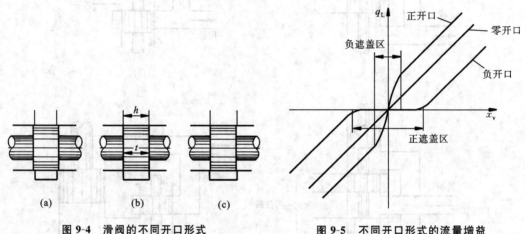

图 9-4　滑阀的不同开口形式

(a) 负开口，$t > h$　(b) 零开口，$t = h$　(c) 正开口，$t < h$

图 9-5　不同开口形式的流量增益

在一般情况下，伺服系统希望尽可能具有线性增益特性，故零开口阀得到最广泛的应用。负开口阀由于其流量增益特性具有死区，将导致稳态误差，并且有时还可能引起游隙，从而产生稳定性问题，因此很少采用。正开口阀用于要求有一个连续的液流，以便使油液维持合适温度的场合，也用于要求采用恒流源的液压控制系统中。不过，它在零位时具有较大的功率损耗，而且由于正开口以外区域增益降低和压力灵敏度低等缺点，使它只能用于某些特殊场合。

2. 喷嘴挡板阀

喷嘴挡板阀分为单喷嘴挡板阀和双喷嘴挡板阀（见图 9-3(e)），后者较常用。通过使挡板绕支轴偏转，改变喷嘴与挡板之间的间隙，改变它们之间的液阻，使得两个输出通道中产生压力差和负载流量。

喷嘴挡板阀具有惯性小、响应速度快、成本较低等优点，它的主要缺点是零位泄漏量大，因此只能在小功率系统中使用。实际上喷嘴挡板阀主要用在两级伺服阀的第一级。

3. 射流管阀

如图 9-3(f)所示，当射流管在输入信号作用下偏离中间位置时，一个接收孔中的液体压力高于另一个,并使活塞移动,当两个接收孔正对射流管时,活塞停止运动。射流管阀的零位泄漏量大,其流道最小尺寸比喷嘴挡板阀高一个数量级,耐油液污染能力强,在两级电液伺服阀中用于滑阀的前置级。

9.2.2 滑阀的静态特性

滑阀的静态特性即压力-流量特性,是指稳态情况下,阀的负载流量 q_L、负载压降 p_L 和滑阀位移 x_v 三者之间的关系,即 $q_L = f(p_L, x_v)$。它表示滑阀本身的工作能力和性能,对液压伺服系统的动静态特性计算具有重要意义。阀的静态特性可用方程、曲线或特性参数(阀的系数)表示。静态特性曲线或阀的系数可以从实际的阀测出,对许多结构的控制阀也可以用解析法推导出压力-流量方程。

这一节虽然是以滑阀为例进行分析,但分析的方法和所得的一般关系式对其他各种结构的液压伺服阀也是适用的。

1. 滑阀压力-流量方程的一般表达式

四边滑阀的工作原理及其等效的液压桥路如图 9-6 所示。阀的四个可变节流口以四个可变的液阻表示,这是个四臂可变的全桥。通过每一桥臂的流量为 q_i $(i=1、2、3、4)$;通过每一桥臂的压降为 p_i $(i=1、2、3、4)$;q_L 表示负载流量;p_L 表示负载压降;p_s 为供油压力;q_s 为供油流量;p_0 为回油压力。

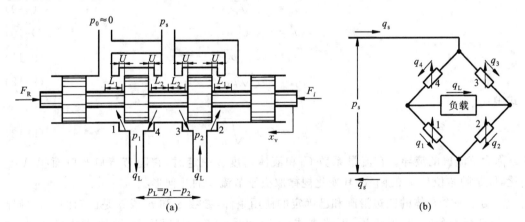

图 9-6 四边滑阀的工作原理及等效桥路

(a) 四边滑阀的工作原理 (b) 四边滑阀等效桥路

在推导压力-流量方程的一般表达式时,作以下假设。

(1) 液压能源是理想的 即恒压源供油时,压力 p_s 为常数。这个假定与实际情况基本相符。另外,假定回油压力 p_0 为零,如果不为零,则把 p_s 看成是供油压力与回油压力之差。

（2）忽略管道和阀腔内的压力损失　因为管道和阀腔内的压力损失与阀口处的节流损失相比是很小的，所以可以忽略不计。

（3）液体是不可压缩的　因为考虑的是稳态情况，液体密度的变化量很小，可以忽略不计。

（4）阀各节流口的流量系数相等　即

$$C_{d1} = C_{d2} = C_{d3} = C_{d4} = C_d$$

根据桥路的压力平衡，可得

$$p_4 + p_1 = p_s \tag{9-1}$$
$$p_3 + p_2 = p_s \tag{9-2}$$
$$p_1 - p_2 = p_L \tag{9-3}$$
$$p_3 - p_4 = p_L \tag{9-4}$$

根据桥路的流量平衡，可得

$$q_1 + q_2 = q_s \tag{9-5}$$
$$q_3 + q_4 = q_s \tag{9-6}$$
$$q_4 - q_1 = q_L \tag{9-7}$$
$$q_2 - q_3 = q_L \tag{9-8}$$

各桥臂的流量方程为

$$q_1 = g_1 \sqrt{p_1} \tag{9-9}$$
$$q_2 = g_2 \sqrt{p_2} \tag{9-10}$$
$$q_3 = g_3 \sqrt{p_3} \tag{9-11}$$
$$q_4 = g_4 \sqrt{p_4} \tag{9-12}$$

式中：

$$g_i = C_d A_i \sqrt{\frac{2}{\rho}} \tag{9-13}$$

g_i 称为节流口的液导。在流量系数 C_d 和液体密度 ρ 一定时，它随节流口开口面积 A_i 变化，即是阀芯位移 x_v 的函数，其变化规律取决于节流口的几何形状。

对于一个具体的四边滑阀和已确定的使用条件，参数 g_i 和 p_s 或 q_s 是已知的。在推导压力-流量方程时，对恒压源，可略去式（9-5）和式（9-6），对恒流源，可略去式（9-1）和式（9-2），联立解这些方程，消掉中间变量 p_i 和 q_i，可以得到负载流量 q_L、负载压降 p_L 和阀芯位移 x_v 之间的函数关系，即

$$q_L = f(x_v, p_L) \tag{9-14}$$

虽然式（9-14）可从理论上得到，但在一般情况下，由于各桥臂的流量方程是非线性的，因此这些方程联解起来很麻烦。但实际使用的阀不会这样复杂，可以利用一些特殊的条件使问题得到简化。在大多数情况下，阀的窗口都是匹配的和对称的，则有

$$g_1(x_v) = g_3(x_v) \tag{9-15}$$

$$g_2(x_v) = g_4(x_v) \tag{9-16}$$

$$g_2(x_v) = g_1(-x_v) \tag{9-17}$$

$$g_4(x_v) = g_3(-x_v) \tag{9-18}$$

式(9-15)和式(9-16)表示阀是匹配的,式(9-17)和式(9-18)表示阀是对称的。

对于匹配且对称的阀,通过桥路斜对角线上的两个桥臂的流量是相等的,即

$$q_1 = q_3 \tag{9-19}$$

$$q_2 = q_4 \tag{9-20}$$

将式(9-9)和式(9-11)代入式(9-19),考虑到式(9-15)的关系,可得 $p_1 = p_3$;同样 $p_4 = p_2$。因此,对于匹配且对称的阀,通过桥路斜对角线上的两个桥臂的压降也是相等的。将 $p_1 = p_3$ 代入式(9-2),得

$$p_s = p_1 + p_2 \tag{9-21}$$

将式(9-21)与式(9-3)联立解得

$$p_1 = \frac{p_s + p_L}{2} \tag{9-22}$$

$$p_2 = \frac{p_s - p_L}{2} \tag{9-23}$$

对于匹配且对称的阀,在空载($p_L = 0$)时,液压缸两侧管道中的油压均为 $p_s/2$。当加上负载后,一个管道中的油压升高值恰等于另一个管道中的压力降低值。

在恒压源的情况下,由式(9-7)、式(9-20)、式(9-9)、式(9-10)、式(9-22)和式(9-23),可求得负载流量为

$$q_L = g_2 \sqrt{\frac{p_s - p_L}{2}} - g_1 \sqrt{\frac{p_s + p_L}{2}} \tag{9-24}$$

或

$$q_L = C_d A_2 \sqrt{\frac{p_s - p_L}{\rho}} - C_d A_1 \sqrt{\frac{p_s + p_L}{\rho}} \tag{9-25}$$

对式(9-5)和式(9-6)作类似的处理,可得供油流量为

$$q_s = g_2 \sqrt{\frac{p_s - p_L}{2}} + g_1 \sqrt{\frac{p_s + p_L}{2}} \tag{9-26}$$

或

$$q_s = C_d A_2 \sqrt{\frac{p_s - p_L}{\rho}} + C_d A_1 \sqrt{\frac{p_s + p_L}{\rho}} \tag{9-27}$$

2. 滑阀的静态特性曲线

滑阀的静态特性曲线用式(9-14)的曲线表示,通常由实验求得,对某些理想滑阀也可由解析的方法求得。

1) 流量特性曲线

阀的流量特性是指负载压降等于常数时,负载流量与阀的开度之间的关系,即 $q_L =$

$f(x_v)\big|_{p_L=常数}$。其图形表示为流量特性曲线。负载压降 $p_L=0$ 时的流量特性称为空载流量特性,相应的曲线称为空载流量特性曲线,如图 9-7 所示。

2) 压力特性曲线

阀的压力特性是指负载流量等于常数时,负载压降与阀的开度之间的关系,即 $p_L=f(x_v)\big|_{q_L=常数}$。其图形表示即为压力特性曲线。其中负载流量 $q_L=0$(即关闭阀的控制油口)时的压力特性是最重要的,如图 9-8 所示,所讲的压力特性即指此而言。

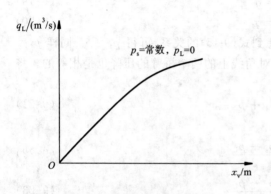

图 9-7 空载流量特性曲线   图 9-8 压力特性曲线

3) 压力-流量特性曲线

压力-流量特性是指阀的开度一定时,负载流量与负载压力间的关系,即 $q_L=f(p_L)\big|_{x_v=常数}$。压力-流量特性曲线族则全面地描述了阀的稳态特性。阀在最大开度下的压力-流量特性曲线可以表示阀的工作能力和规格,当负载所需要的压力和流量能够被阀在最大开度时的压力-流量曲线所包围时,阀就能够满足负载的要求。由压力-流量特性曲线族可以获得阀的全部性能参数。

3. 阀的线性化分析和阀的系数

阀的压力-流量特性是非线性的。采用线性化理论对液压控制系统进行动态分析时,必须把这个方程作线性化处理。式(9-14)是负载流量的一般表达式,可以把它在某一特定工作点 $q_{LA}=f(x_{vA},p_{LA})$ 附近展成泰勒级数,有

$$q_L = q_{LA} + \frac{\partial q_L}{\partial x_v}\bigg|_A \Delta x_v + \frac{\partial q_L}{\partial p_L}\bigg|_A \Delta p_L + \cdots \tag{9-28}$$

如果把工作范围限制在工作点附近,则高价无穷小可以忽略,式(9-28)可写为

$$q_L - q_{LA} = \Delta q_L = \frac{\partial q_L}{\partial x_v}\bigg|_A \Delta x_v + \frac{\partial q_L}{\partial p_L}\bigg|_A \Delta p_L \tag{9-29}$$

这是压力-流量方程以增量形式表示的线性化表达式。

下面定义阀的三个系数。

（1）流量增益定义为

$$K_{\mathrm{q}} = \frac{\partial q_{\mathrm{L}}}{\partial x_{\mathrm{v}}} \tag{9-30}$$

它是流量曲线在某一点的切线斜率。流量增益表示负载压降一定时，阀单位输入位移所引起的负载流量的变化大小。其值越大，阀对负载流量的控制就越灵敏。

（2）流量-压力系数定义为

$$K_{\mathrm{c}} = -\frac{\partial q_{\mathrm{L}}}{\partial p_{\mathrm{L}}} \tag{9-31}$$

它是压力-流量曲线的切线斜率冠以负号。对任何结构形式的阀来说，$\partial q_{\mathrm{L}}/\partial p_{\mathrm{L}}$ 都是负的，冠以负号使流量-压力系数总为正值。流量-压力系数表示阀开度一定时，负载压降变化所引起的负载流量变化大小。K_{c} 小，阀抵抗负载变化的能力大，即阀的刚度大。从动态的观点看，K_{c} 是液压系统中的一种阻尼，因为在液压系统振动加剧时，负载压力的增大使阀输给液压系统的流量（能量）减少，这有助于系统振动的衰减。

（3）压力增益（压力灵敏度）定义为

$$K_{\mathrm{p}} = \frac{\partial p_{\mathrm{L}}}{\partial x_{\mathrm{v}}} \tag{9-32}$$

它是压力特性曲线的切线斜率。通常，压力增益指 $q_{\mathrm{L}}=0$ 时，阀单位输入位移所引起的负载压力变化的大小。此值大，阀对负载压力的控制灵敏度高。

因为 $\dfrac{\partial p_{\mathrm{L}}}{\partial x_{\mathrm{v}}} = -\dfrac{\partial q_{\mathrm{L}}/\partial x_{\mathrm{v}}}{\partial q_{\mathrm{L}}/\partial p_{\mathrm{L}}}$，所以阀的三个系数之间有以下关系，即

$$K_{\mathrm{p}} = \frac{K_{\mathrm{q}}}{K_{\mathrm{c}}} \tag{9-33}$$

定义了阀的系数，压力-流量特性的线性化表达式可写为

$$\Delta q_{\mathrm{L}} = K_{\mathrm{q}}\Delta x_{\mathrm{v}} - K_{\mathrm{c}}\Delta p_{\mathrm{L}} \tag{9-34}$$

阀的三个系数是表示阀静态特性的三个性能参数。这些系数在确定液压控制系统的稳定性、响应特性和稳态误差时是非常重要的。流量增益直接影响系统的开环增益，因而对系统的稳定性、响应特性、稳态误差有直接影响。流量-压力系数直接影响阀控执行元件（液压动力元件）的阻尼比和速度刚度。压力增益表示阀控执行元件组合启动大惯量或大摩擦力负载的能力。

阀的系数值随阀的工作点而变。最重要的工作点是压力-流量曲线的原点（即在 $q_{\mathrm{L}}=p_{\mathrm{L}}=x_{\mathrm{v}}=0$），因为反馈控制系统经常在原点附近工作，而此处阀的流量增益最大（矩形阀口），因而液压控制系统的开环增益也最高，但阀的流量-压力系数最小，所以液压控制系统的阻尼比也最低。因此压力-流量特性的原点对液压控制系统稳定性来说是最关键的一点。一个系统在这一点能稳定工作，则在其他的工作点也能稳定工作。故通常在进行液压控制系统分析时是以原点处的静态放大系数作为阀的性能参数。在原点处的阀系数

称为零位阀系数，分别以 K_{q0}、K_{c0} 和 K_{p0} 表示。

以上有关一般四边滑阀的讨论具有普遍的意义，所用的分析方法和基本概念对所有靠节流原理工作的阀都适用。

9.2.3　零开口四边滑阀的静态特性

首先讨论理想的零开口四边滑阀的静态特性，然后讨论实际的零开口四边滑阀的零区特性（泄漏特性）。

1. 理想零开口四边滑阀的静态特性

理想滑阀是指径向间隙为零、工作边锐利的滑阀。讨论理想滑阀的静态特性可以不考虑径向间隙和工作边圆角的影响，因此阀的开口面积和阀芯位移的关系比较容易确定。理想滑阀的静态特性方程（压力-流量方程）可以通过解析的方法求得。

1) 理想零开口四边滑阀的压力-流量方程

如图 9-9 所示，理想零开口四边滑阀当阀芯离开中间位置时，只有两个节流口通流，其余两个节流口完全关闭。假定阀芯左移为正（$x_v > 0$），此时 $g_1 = g_3 = 0$，$q_1 = q_3 = 0$，由式（9-24）得

$$q_L = g_2 \sqrt{\frac{p_s - p_L}{2}} = C_d A_2 \sqrt{\frac{p_s - p_L}{\rho}} \qquad (9\text{-}35)$$

当阀芯右移时，$x_v < 0$，$g_2 = g_4 = 0$，$q_2 = q_4 = 0$，由式（9-24）得

$$q_L = -g_1 \sqrt{\frac{p_s + p_L}{2}} = -C_d A_1 \sqrt{\frac{p_s + p_L}{\rho}} \qquad (9\text{-}36)$$

式（9-36）中的负号表示负载流量方向相反。假设阀是匹配和对称的，则 $A_2(x_v) = A_1(-x_v)$，可将式（9-35）和式（9-36）合并为

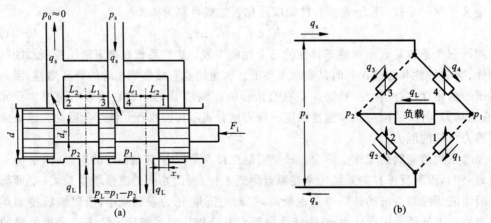

图 9-9　理想零开口四边滑阀的原理及等效桥路

（a）理想零开口四边滑阀的原理　（b）理想零开口四边滑阀的等效桥路

$$q_L = C_d \mid A_2 \mid \frac{x_v}{\mid x_v \mid} \sqrt{\frac{1}{\rho}\left(p_s - \frac{x_v}{\mid x_v \mid} p_L\right)} \tag{9-37}$$

这就是具有匹配和对称的节流阀口的理想零开口四边滑阀的压力-流量特性方程。

若节流阀口为矩形,其面积梯度为 W,则

$$A_2 = W x_v \tag{9-38}$$

代入式(9-37),得

$$q_L = C_d W x_v \sqrt{\frac{1}{\rho}\left(p_s - \frac{x_v}{\mid x_v \mid} p_L\right)} \tag{9-39}$$

为使方程具有通用性,把它化成无因次形式。为此将 q_L、p_L、x_v 除以相应的参考量,参考量对于不同的阀可根据具体情况选择。式(9-39)的无量纲形式为

$$\bar{q}_L = \bar{x}_v \sqrt{1 - \frac{x_v}{\mid x_v \mid} \bar{p}_L} \tag{9-40}$$

式中:$\bar{x}_v$——无因次阀芯位移,$\bar{x}_v = \dfrac{x_v}{x_{vm}}$,$x_{vm}$ 为阀最大开度;

$\bar{p}_L$——无因次负载压力,$\bar{p}_L = \dfrac{p_L}{p_s}$;

$\bar{q}_L$——无因次负载流量,$\bar{q}_L = \dfrac{q_L}{q_{0m}}$,$q_{0m} = C_d W x_{vm} \sqrt{\dfrac{1}{\rho} p_s}$ 为阀最大开度时的空载流量。

式(9-40)为一抛物线方程。以 $\bar{x}_v$ 为参变量,可画出无量纲压力-流量曲线族,如图9-10所示。因为阀窗孔是匹配和对称的,所以压力-流量曲线对称于原点。图中的 I、III 象限是液压马达工况区,II、IV 象限是液压泵工况区,只有在瞬态过程中才可能出现。例如 x_v 突然减小,液压缸对负载进行制动时,负载压力突然改变符号,但是由于液流和负载惯性的影响,在一定时间内,负载和液流仍然保持原来的运动方向。

2) 理想零开口四边滑阀的阀系数

理想零开口四边滑阀的阀系数可通过式(9-39)的偏微分得到。

流量增益为

$$K_q = C_d W \sqrt{\frac{p_s - p_L}{\rho}} \tag{9-41}$$

流量-压力系数为

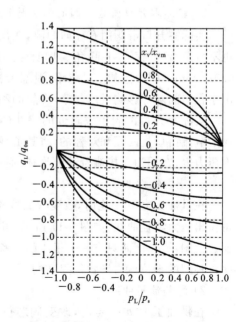

图 9-10　理想零开口四边滑阀压力-流量曲线

$$K_c = \frac{C_d W x_v \sqrt{\dfrac{p_s - p_L}{\rho}}}{2(p_s - p_L)} \qquad\qquad (9-42)$$

压力增益为

$$K_p = \frac{K_q}{K_c} = \frac{2(p_s - p_L)}{x_v} \qquad\qquad (9-43)$$

理想零开口四边滑阀在零位工作点$(q_L = p_L = x_v = 0)$的阀系数为

$$K_{q0} = C_d W \sqrt{\frac{p_s}{\rho}} \qquad\qquad (9-44)$$

$$K_{c0} = 0 \qquad\qquad (9-45)$$

$$K_{p0} = \infty \qquad\qquad (9-46)$$

由式(9-44)可以看到,理想零开口四边滑阀的零位流量增益取决于供油压力 p_s 和面积梯度 W,当 p_s 等于常数时,零位流量增益由面积梯度 W 决定,因此 W 是这种阀的最重要的参数。p_s 和 W 是很容易测量和控制的量,从而零位流量增益也就比较容易准确计算和控制,试验也证明由式(9-44)计算的 K_{q0} 值与实际零开口阀的试验值是相符的,故可以放心地使用。但由式(9-45)和式(9-46)计算的 K_{c0} 和 K_{p0} 值与实际零开口阀的试验值相差很大,原因是没有考虑阀芯与阀套之间的径向间隙的影响,而实际零开口阀存在泄漏流量。

2. 实际零开口四边滑阀的零区特性

实际零开口滑阀因有径向间隙,往往还有很小的正的或负的重叠量,同时阀口工作边也不可避免地存在小圆角。因此在中位附近某个微小位移范围内(例如 $|x_v| <$ 0.025 mm),阀的泄漏不可忽略,泄漏特性决定了阀在中位附近的性能。在此范围以外,由于径向间隙等影响可以忽略,理想的和实际的零开口滑阀的特性才相吻合。

实际零开口滑阀中位附近的特性(零区特性)可以通过实验确定。参看图9-9,假设阀的节流窗口是匹配和对称的,将其负载通道关闭$(q_L = 0)$,在负载通道和供油口分别接上压力表,在回油口接流量计或量杯,通过实验可得以下三条特性曲线。

1) 压力特性曲线

在供油压力 p_s 一定时,改变阀的位移 x_v,测出相应的负载压力 p_L,根据测得的结果可做出压力特性曲线,如图 9-11 所示。该曲线在原点处的切线斜率就是阀的零位压力增益。由图看出,阀芯只有一个很小的位移 x_v,负载压力 p_L 很快就增加到供油压力 p_s,说明这种阀的零位压力增益是很高的。

2) 泄漏流量曲线

在供油压力 p_s 一定时,改变阀芯位移 x_v,测出泄漏流量 q_1,可得泄漏流量曲线,如图 9-12所示。由该曲线可以看出,阀芯在中位时泄漏量 q_c 最大,因为此时阀的密封长度最短,随着阀芯移动,回油密封长度增长,泄漏流量急剧减小。泄漏流量曲线可用来度量阀芯在中位时的液压功率损失。

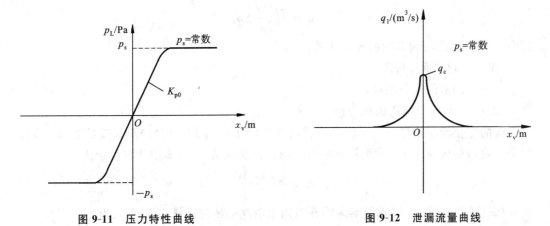

图 9-11 压力特性曲线　　　　**图 9-12 泄漏流量曲线**

3) 中位泄漏流量曲线

如果使阀芯处于阀套的中间位置不动,改变供油压力 p_s ,测量出相应的泄漏流量 q_c ,可得中位泄漏流量曲线,如图 9-13 所示。

中位泄漏流量曲线除可用来判断阀的加工配合质量外,还可用来确定阀的零位流量-压力系数。由式(9-25)和式(9-27),可得

$$\frac{\partial q_s}{\partial p_s} = -\frac{\partial q_L}{\partial p_L} = K_c \tag{9-47}$$

这个结果对任何一个匹配和对称的阀都是适用的。在切断负载时,泄漏流量就是供油流量 q_s ,因为中位泄漏流量曲线是在 $q_L = p_L = x_v = 0$ 的情况下测出的,由式(9-47)可知,在特定供油压力下的中位泄漏流量曲线的切线斜率就是阀在该供油压力下的零位流量-压力系数。

上面介绍了用实验方法来测定阀的零位压力增益和零位流量-压力系数。下面利用式(9-47)的关系给出实际零开口四边滑阀 K_{c0} 和 K_{p0} 的近似计算公式。

由图 9-13 看出,新阀的中位(零位)泄漏流量小,且流动为层流。已磨损的旧阀(阀口节流边被液流冲蚀)的中位泄漏流量增大,且流动为紊流。阀磨损后在特定供油压力下的中位泄漏流量虽然急剧增加,但曲线斜率增加却不大,即流量-压力系数变化不大(2~3倍)。因此可按新阀状态来计算

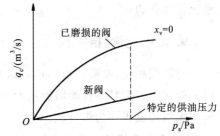

图 9-13 中位泄漏流量曲线

阀的流量-压力系数。

在层流状态下,液体通过锐边小缝隙的流量公式可写为

$$q = \frac{\pi r_{\mathrm{c}}^2 W}{32\mu} \Delta p$$

式中:r_{c}——阀芯与阀套间的径向间隙;

　　W——阀的面积梯度;

　　μ——油液的动力粘度;

　　Δp——节流口两边的压力差。

阀的零位泄漏流量为两个窗口(见图 9-9(a)中的 3、4 两个窗口)泄漏流量之和。零位时每个窗口的压降为 $p_{\mathrm{s}}/2$,泄漏流量为 $q_{\mathrm{c}}/2$。在层流状态下,零位泄漏流量为

$$q_{\mathrm{c}} = q_{\mathrm{s}} = \frac{\pi r_{\mathrm{c}}^2 W}{32\mu} p_{\mathrm{s}} \tag{9-48}$$

由式(9-47)和式(9-48)可求得实际零开口四边滑阀的零位流量-压力系数为

$$K_{\mathrm{c0}} = \frac{q_{\mathrm{c}}}{p_{\mathrm{s}}} = \frac{\pi r_{\mathrm{c}}^2 W}{32\mu} \tag{9-49}$$

实际零开口四边滑阀的零位压力增益可由式(9-44)和式(9-49)求得,即

$$K_{\mathrm{p0}} = \frac{K_{\mathrm{q0}}}{K_{\mathrm{c0}}} = \frac{32\mu C_{\mathrm{d}}}{\pi r_{\mathrm{c}}^2} \sqrt{\frac{p_{\mathrm{s}}}{\rho}} \tag{9-50}$$

式(9-50)表明,实际零开口阀的零位压力增益主要取决于阀的径向间隙,而与阀的面积梯度无关。实际零开口四边滑阀的零位压力增益可以达到很大的数值。为了对零位压力增益有一个数量概念,下面作一个典型计算,取 $\mu = 1.4 \times 10^{-2}\,\mathrm{Pa \cdot s}, \rho = 870\,\mathrm{kg/m^3}, C_{\mathrm{d}} = 0.62, r_{\mathrm{c}} = 5 \times 10^{-6}\,\mathrm{m}$,由式(9-50)可得

$$K_{\mathrm{p0}} = 1.2 \times 10^8 \sqrt{p_{\mathrm{s}}}$$

当 $p_{\mathrm{s}} = 70 \times 10^5\,\mathrm{Pa}$ 时,$K_{\mathrm{p0}} = 3.175 \times 10^{11}\,\mathrm{Pa/m}$。实践证明,当供油压力为 $70 \times 10^5\,\mathrm{Pa}$ 时,$10^{11}\,\mathrm{Pa/m}$ 这个数量级是很容易达到的。

式(9-49)和式(9-50)只是近似的计算公式,但试验证明,由此得到的计算值与试验值是比较吻合的。

9.2.4　喷嘴挡板阀

与滑阀相比,喷嘴挡板阀具有结构简单、加工容易、运动部件质量小、对油液污染不太敏感等优点。但其零位泄漏流量大,所以只适用于小功率系统。在两级液压放大器中,多采用喷嘴挡板阀作为第一级。

1. 单喷嘴挡板阀的静态特性

单喷嘴挡板阀的原理及等效回路如图 9-14 所示。它由固定节流孔、喷嘴和挡板组

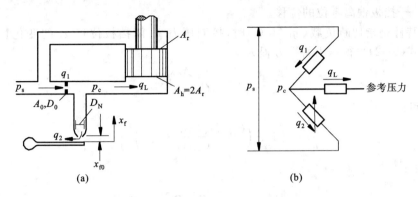

图 9-14　单喷嘴挡板阀的原理及等效回路
（a）单喷嘴挡板阀的原理　（b）单喷嘴挡板阀的等效回路

成。喷嘴与挡板间的环形面积构成了可变节流口，用于控制固定节流孔与可变节流口之间的压力 p_c。单喷嘴挡板阀是三通阀，只能用来控制差动液压缸。控制压力 p_c 与负载腔（液压缸无杆腔）相连，而供油压力 p_s（恒压源）与液压缸有杆腔相连。当挡板与喷嘴端面之间的间隙减小时，由于可变液阻增大，使通过固定节流孔的流量减小，在固定节流孔处压降也减小，因此控制压力 p_c 增大，推动负载运动；反之亦然。为了减小油温变化的影响，固定节流孔通常是短管形的，喷嘴端部也是近于锐边形的。

1）压力特性

如图 9-14 所示，根据液流的连续性方程，可得负载流量

$$q_L = q_1 - q_2$$

将固定节流孔和可变节流口的流量方程代入上式，可得

$$q_L = C_{d0} A_0 \sqrt{\frac{2}{\rho}(p_s - p_c)} - C_{df} A_f \sqrt{\frac{2}{\rho} p_c} \tag{9-51}$$

式中：C_{d0} ——固定节流孔流量系数；

A_0 ——固定节流孔的通流面积；

C_{df} ——可变节流口的流量系数；

A_f ——可变节流口的通流面积。

将 $A_0 = \dfrac{\pi}{4} D_0^2$，$A_f = \pi D_N (x_{f0} - x_f)$ 代入式（9-51），得

$$q_L = C_{d0} \frac{\pi}{4} D_0^2 \sqrt{\frac{2}{\rho}(p_s - p_c)} - C_{df} \pi D_N (x_{f0} - x_f) \sqrt{\frac{2}{\rho} p_c} \tag{9-52}$$

式中：D_0 ——固定节流孔直径；

D_N ——喷嘴孔直径；

x_{f0} ——挡板与喷嘴之间的零位间隙；

x_f——挡板偏离零位的位移。

压力特性是指切断负载（$q_L = 0$）时，控制压力 p_c 随挡板位移 x_f 的变化特性。令 $q_L = 0$，由式(9-52)可得压力特性方程为

$$\frac{p_c}{p_s} = \left[1 + \left(\frac{C_{df}A_f}{C_{d0}A_0} \right)^2 \right]^{-1} \tag{9-53}$$

式(9-53)可改为

$$\frac{p_c}{p_s} = \left[1 + \left(\frac{C_{df}\pi D_N (x_{f0} - x_f)}{C_{d0}A_0} \right)^2 \right]^{-1} \tag{9-54}$$

令 $a = \dfrac{C_{df}\pi D_N x_{f0}}{C_{d0}A_0}$，则

$$\frac{p_c}{p_s} = \left[1 + \left(a - \frac{C_{df}\pi D_N x_f}{C_{d0}A_0} \right)^2 \right]^{-1}$$

将 $C_{d0}A_0 = \dfrac{C_{df}\pi D_N x_{f0}}{a}$ 代入上式，得

$$\frac{p_c}{p_s} = \left[1 + a^2 \left(1 - \frac{x_f}{x_{f0}} \right)^2 \right]^{-1} \tag{9-55}$$

式(9-55)表明，p_c 不但随 x_f 而变，而且和 a 有关。下面求 a 取何值时，零位压力灵敏度最高。零位压力灵敏度为

$$\left. \frac{\mathrm{d}p_c}{\mathrm{d}x_f} \right|_{x_f=0} = \frac{p_s}{x_{f0}} \frac{2a^2}{(1+a^2)^2}$$

为求 a 为何值时零位压力灵敏度最高，应使

$$\frac{\mathrm{d}}{\mathrm{d}a} \left(\left. \frac{\mathrm{d}p_c}{\mathrm{d}x_f} \right|_{x_f=0} \right) = \frac{p_s}{x_{f0}} \frac{4a(1-a^2)}{(1+a^2)^3} = 0$$

即

$$a = \frac{C_{df}A_{f0}}{C_{d0}A_0} = \frac{C_{df}\pi D_N x_{f0}}{C_{d0}A_0} = 1 \tag{9-56}$$

此时，由式(9-53)可得零位时的控制压力为

$$p_{c0} = \frac{1}{2}p_s \tag{9-57}$$

在这一点，不但零位压力灵敏度最高，而且控制压力 p_c 能充分的调节，在 $|x_f| \leqslant x_{f0}$ 时，$0.2p_s \leqslant p_c \leqslant p_s$。因此，通常取 $p_{c0} = \dfrac{1}{2}p_s$ 作为设计准则。根据这个准则，要求与单喷嘴挡板阀一起工作的差动液压缸活塞两边的面积比为 2∶1。

2) 压力-流量特性

将式(9-56)代入式(9-52)并简化，可得压力流量方程为

$$\frac{q_L}{C_{d0}A_0\sqrt{\dfrac{2}{\rho}p_s}} = \sqrt{1 - \frac{p_c}{p_s}} - \left(1 - \frac{x_f}{x_{f0}} \right)\sqrt{\frac{p_c}{p_s}} \tag{9-58}$$

阀在零位（$x_{\rm f} = q_{\rm L} = 0$，$p_{\rm c0} = \dfrac{1}{2}p_{\rm s}$）时的三个系数为

$$K_{\rm q0} = \left.\frac{\partial q_{\rm L}}{\partial x_{\rm f}}\right|_0 = C_{\rm df}\pi D_{\rm N}\sqrt{\frac{1}{\rho}p_{\rm s}} \tag{9-59}$$

$$K_{\rm p0} = \left.\frac{\partial p_{\rm c}}{\partial x_{\rm f}}\right|_0 = \frac{p_{\rm s}}{2x_{\rm f0}} \tag{9-60}$$

$$K_{\rm c0} = -\left.\frac{\partial q_{\rm L}}{\partial p_{\rm c}}\right|_0 = \frac{2C_{\rm df}\pi D_{\rm N}x_{\rm f0}}{\sqrt{\rho p_{\rm s}}} \tag{9-61}$$

阀在零位时泄漏流量为

$$q_{\rm c} = C_{\rm df}D_{\rm N}x_{\rm f0}\sqrt{\frac{p_{\rm s}}{\rho}} \tag{9-62}$$

这一流量决定了阀在零位时的功率损失。

2. 双喷嘴挡板阀的静态特性

1）压力-流量特性

双喷嘴挡板阀是由两个结构相同的单喷嘴挡板阀组合在一起按差动原理工作的，如图 9-15 所示为双喷嘴挡板阀的原理及等效桥路。双喷嘴挡板阀是四通阀，因此可用来控制双作用液压缸。

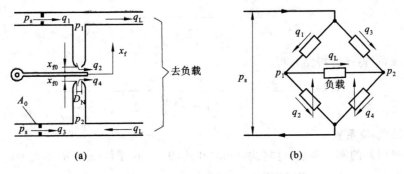

图 9-15　双喷嘴挡板阀的原理及等效桥路

（a）双喷嘴挡板阀的原理　（b）双喷嘴挡板阀的等效桥路

根据流量的连续性，有

$$q_{\rm L} = q_1 - q_2 = C_{\rm d0}A_0\sqrt{\frac{2}{\rho}(p_{\rm s} - p_1)} - C_{\rm df}\pi D_{\rm N}(x_{\rm f0} - x_{\rm f})\sqrt{\frac{2}{\rho}p_1} \tag{9-63}$$

$$q_{\rm L} = q_4 - q_3 = C_{\rm df}\pi D_{\rm N}(x_{\rm f0} + x_{\rm f})\sqrt{\frac{2}{\rho}p_2} - C_{\rm d0}A_0\sqrt{\frac{2}{\rho}(p_{\rm s} - p_2)} \tag{9-64}$$

利用式（9-56），则式（9-63）、式（9-64）可简化为

$$\frac{q_{\rm L}}{C_{\rm d0}A_0\sqrt{p_{\rm s}/\rho}} = \sqrt{2\left(1 - \frac{p_1}{p_{\rm s}}\right)} - \left(1 - \frac{x_{\rm f}}{x_{\rm f0}}\right)\sqrt{\frac{2p_1}{p_{\rm s}}} \tag{9-65}$$

$$\frac{q_L}{C_{d0} A_0 \sqrt{p_s/\rho}} = \left(1 + \frac{x_f}{x_{f0}}\right)\sqrt{\frac{2p_2}{p_s}} - \sqrt{2\left(1 - \frac{p_2}{p_s}\right)} \tag{9-66}$$

将式(9-65)、式(9-66)与关系式

$$p_L = p_1 - p_2 \tag{9-67}$$

结合起来,就完全确定了双喷嘴挡板阀的压力-流量曲线。但是,这些方程不能用简单的方法合成一个关系式。可用下述方法做出压力-流量曲线,选定一个 x_f,给出一系列 q_L 值,然后利用式(9-65)和式(9-66)分别求出对应的 p_1 和 p_2 值,再利用式(9-67)的关系,就可以画出压力-流量曲线。

与单喷嘴挡板阀的压力-流量曲线相比,双喷嘴挡板阀的压力-流量曲线的线性度好,线性范围较大,特性曲线对称性好。

2）压力特性

双喷嘴挡板阀在挡板偏离零位时,一个喷嘴腔的压力升高,另一个喷嘴腔的压力降低。在切断负载($q_L = 0$)时,每个喷嘴腔的控制压力 p_1 或 p_2 可由式(9-55)求得。当满足式(9-56)的设计准则时,可求得 p_1 和 p_2 分别为

$$\frac{p_1}{p_s} = \frac{1}{1 + \left(1 - \frac{x_f}{x_{f0}}\right)^2} \tag{9-68}$$

$$\frac{p_2}{p_s} = \frac{1}{1 + \left(1 + \frac{x_f}{x_{f0}}\right)^2} \tag{9-69}$$

将两式相减,可得压力特性方程

$$\frac{p_L}{p_s} = \frac{p_1 - p_2}{p_s} = \frac{1}{1 + \left(1 - \frac{x_f}{x_{f0}}\right)^2} - \frac{1}{1 + \left(1 + \frac{x_f}{x_{f0}}\right)^2} \tag{9-70}$$

3）阀的零位系数

为了求得阀的零位系数,可将式(9-63)和式(9-64)在零位($x_f = q_L = p_L = 0$ 和 $p_1 = p_2 = \frac{p_s}{2}$)附近线性化,即

$$\Delta q_L = C_{df} \pi D_N \sqrt{\frac{p_s}{\rho}} \Delta x_f - \frac{2C_{df} \pi D_N x_{f0}}{\sqrt{\rho p_s}} \Delta p_1 \tag{9-71}$$

$$\Delta q_L = C_{df} \pi D_N \sqrt{\frac{p_s}{\rho}} \Delta x_f + \frac{2C_{df} \pi D_N x_{f0}}{\sqrt{\rho p_s}} \Delta p_2 \tag{9-72}$$

将式(9-71)和式(9-72)相加除以 2,并与 $\Delta p_L = \Delta p_1 - \Delta p_2$ 合并,可得

$$\Delta q_L = C_{df} \pi D_N \sqrt{\frac{p_s}{\rho}} \Delta x_f - \frac{C_{df} \pi D_N x_{f0}}{\sqrt{\rho p_s}} \Delta p_L \tag{9-73}$$

这就是双喷嘴挡板阀在零位附近工作时的压力-流量方程的线性化表达式。由该方程可

直接得到阀的零位系数,即

$$K_{q0} = \frac{\Delta q_L}{\Delta x_f}\bigg|_{\Delta p_L=0} = C_{df}\pi D_N \sqrt{\frac{p_s}{\rho}} \tag{9-74}$$

$$K_{p0} = \frac{\Delta p_L}{\Delta x_f}\bigg|_{\Delta q_L=0} = \frac{p_s}{x_{f0}} \tag{9-75}$$

$$K_{c0} = \frac{\Delta q_L}{\Delta p_L}\bigg|_{\Delta x_f=0} = \frac{C_{df}\pi D_N x_{f0}}{\sqrt{\rho p_s}} \tag{9-76}$$

零位泄漏流量或中间位置流量为

$$q_c = 2C_{df}\pi D_N x_{f0} \sqrt{\frac{p_s}{\rho}} \tag{9-77}$$

将这些关系式与单喷嘴挡板阀的相应关系式相比较,可以看出,两者的流量增益是一样的,而压力灵敏度增加了一倍,但零位泄漏流量也增加了一倍。与单喷嘴挡板阀相比,双喷嘴挡板阀由于结构对称还具有以下优点:因温度和供油压力变化而产生的零点漂移小,即零位工作点变动小;挡板在零位时所受的液压力和液动力是平衡的。

9.2.5 射流管阀

1. 工作原理

图 9-16 所示为射流管阀的工作原理,主要由射流管 1 和接收器 2 组成。射流管可以绕支承中心 3 转动。接收器上有两个圆形的接收孔,两个接收孔分别与液压缸的两腔相连。来自液压能源的恒压力、恒流量的液流通过支承中心引入射流管,经射流管喷嘴向接收器喷射。压力油的液压能通过射流管的喷嘴转换为液流的动能(速度能),液流被接收孔接收后,又将动能转换为液压能。

无信号输入时,射流管由对中弹簧保持在两个接收孔的中间位置,两个接收孔所接收的射流动能相同,因此两个接收孔的恢复压力也相等,液压缸活塞不动。当有输入信号时,射流管偏离中间位置,两个接收孔所接收的射流动能不再相等,其中一个增加而另一个减小,因此两个接收孔的恢复压力不等,其压差使液压缸活塞运动。

从射流管喷出射流有淹没射流和非淹没射流两种情况。非淹没射流是指射流经空气到达接收器表面,射流在穿过空气时将冲击气体并分裂成含气的雾状射流。

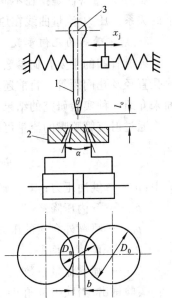

图 9-16 射流管阀的工作原理
1—射流管;2—接收器;3—支承中心

淹没射流是指射流经同密度的液体到达接收器表面，不会出现雾状分裂现象，也不会有空气进入运动的液体中去，所以淹没射流具有最佳的流动条件。因此，在射流管阀中一般都采用淹没射流。

无论是淹没射流还是非淹没射流，一般都是紊流，射流质点除有轴向运动之外还有横向运动。射流与其周围介质的接触表面有能量交换，有些介质分子会吸附进射流而随射流一起运动。这样，使射流质量增加而速度下降，介质分子掺杂进射流的现象是从射流表面开始逐渐向中心渗透的。

2. 射流管阀的静态特性

射流管阀的流动情况比较复杂，目前还难以准确地进行理论计算，性能也难以预测，其静态特性主要靠实验得到。

1）压力特性

切断负载时（即 $q_L=0$），两个接收孔的恢复压力之差（负载压力）与射流管端面位移之间的关系称为压力特性。压力特性曲线在原点的斜率即为零位压力增益 K_{p0}。

2）流量特性

在负载压力 $p_L=0$ 时，接收孔的恢复流量（负载流量）与射流管端面位移的关系称为流量特性。流量特性曲线在原点的斜率即为零位流量增益 K_{q0}。

3）压力-流量特性

压力-流量特性是指在不同的射流管端面位移的情况下，负载流量与负载压力在稳态下的关系。压力-流量曲线在原点的负斜率即为零位流量-压力系数 K_{c0}，$K_{c0}=K_{q0}/K_{p0}$。

3. 射流管阀的几何参数

射流管阀的主要几何参数有喷嘴的锥角、喷嘴孔直径、喷嘴端面至接收孔的距离、接收孔直径及孔间距等。目前还不能进行精确的理论计算，主要靠经验和试验来设计。下面来介绍一种实验研究的结果。

通过射流管喷嘴的流量可以表示为

$$q_n = C_d A_n \sqrt{\frac{2}{\rho}(p_s - p_1 - p_0)} \tag{9-78}$$

式中：p_s——供油压力；

p_1——管内压降；

p_0——喷嘴外介质的压力；

A_n——喷嘴孔面积，$A_n = \pi D_n^2/4$，D_n 为喷嘴孔直径；

C_d——喷嘴流量系数。

实验得出，当喷嘴锥角 $\theta = 0°$ 时，$C_d = 0.68 \sim 0.70$；当 $\theta = 6°18'$ 时，$C_d = 0.86 \sim 0.90$；当 $\theta = 13°24'$ 时，$C_d = 0.89 \sim 0.91$。因此射流管喷嘴的最佳锥角为 $\theta = 13°24'$。在小功率伺服系统中，喷嘴直径一般为 $D_n = 1 \sim 2.5$ mm；做伺服阀的前置级时，D_n 一般为零点几

毫米。

射流管在中间位置时,喷嘴流量全部损失掉,因此它也是射流管阀的零位泄漏量。当供油压力一定时,喷嘴流量为一定值。

在切断负载($q_L=0$)时,接收孔恢复的最大负载压力与供油压力之比称为压力恢复系数,即

$$\eta_p = \frac{p_{Lm}}{p_s}$$

当负载压力为零($p_L=0$)时,接收孔恢复的最大负载流量与喷嘴流量(供油流量)之比称为流量恢复系数,即

$$\eta_q = \frac{q_{0m}}{q_n}$$

压力恢复和流量恢复与接收孔面积与喷嘴孔面积的比值 A_0/A_n 有关,同时也与喷嘴端面和接收孔之间的距离与喷嘴孔直径的比值 $\lambda = l_c/D_n$ 有关。

4. 射流管阀的特点

射流管阀的优点如下。

① 抗污染能力强,对油液清洁度要求不高,从而提高了工作的可靠性和使用寿命。

② 压力恢复系数和流量恢复系数高,一般均在 70% 以上,有时可达 90% 以上。由于效率高,既可作前置放大元件,也可作小功率伺服系统的功率放大元件。

由于射流管阀具有以上优点,特别是第一个优点,目前普遍受到人们的重视。

射流管阀的缺点如下。

① 其特性不易预测,主要靠实验确定。射流管受射流力的作用,容易产生振动。

② 与喷嘴挡板阀的挡板相比,射流管的惯量较大,因此其动态响应特性不如喷嘴挡板阀。

③ 零位泄漏流量大。

④ 当油液粘度变化时,对特性影响较大,低温特性较差。

9.3　液压动力元件

液压动力元件是指由液压控制元件、执行机构和负载组合成的液压装置。液压控制元件可以是液压控制阀或伺服变量泵;液压执行机构为液压马达或液压缸。

按控制元件与执行机构的不同组合,可分为四种基本类型:阀控液压马达、阀控液压缸、泵控液压马达和泵控液压缸。

为使液压动力元件有良好的动态特性,控制元件与执行机构在布置上要尽可能靠近或组合为整体。动力机构的动态特性在很大程度上决定着整个液压伺服控制系统的性能。

9.3.1　四通滑阀控制液压缸

四通阀控制液压缸的工作原理如图 9-17 所示，是由零开口四边滑阀和对称液压缸组成的。它是最常用的一种液压动力元件。

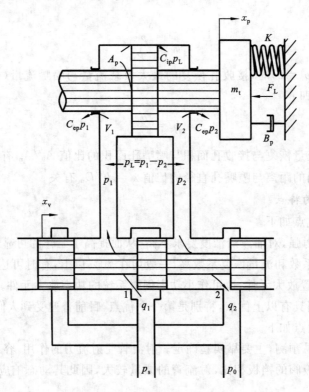

图 9-17　四通阀控制液压缸的工作原理

1. 基本方程

为了推导液压动力元件的传递函数，首先要列出基本方程，即液压控制阀的流量方程、液压缸流量连续性方程和液压缸与负载的力平衡方程。

1）滑阀的流量方程

假定：阀是零开口四边滑阀，四个节流窗口是匹配和对称的，回油压力 p_0 为零。

阀的线性化流量方程为

$$\Delta q_L = K_q \Delta x_v - K_c \Delta p_L$$

为了简单起见，仍用变量本身表示它们从初始条件下的变化量，则上式可写成

$$q_L = K_q x_v - K_c p_L \tag{9-79}$$

位置伺服系统动态分析经常是在零开口工作条件下进行的，此时增量和变量相等。

在 9.2 节分析阀的静态特性时,没有考虑泄漏和油液压缩性的影响。因此,对匹配和对称的零开口四边滑阀来说,两个控制通道的流量 q_1、q_2 均等于负载流量 q_L。在动态分析时,需要考虑泄漏和油液压缩性的影响。由于液压缸外泄漏和压缩性的影响,使流入液压缸的流量 q_1 和流出液压缸的流量 q_2 不相等,即 $q_1 \neq q_2$。为了简化分析,定义负载流量为

$$q_L = \frac{q_1 + q_2}{2} \tag{9-80}$$

2) 液压缸流量连续性方程

假定:阀与液压缸的连接管道对称且粗,管道中的压力损失和管道动态可以忽略;液压缸每个工作腔内各处压力相等,油温和体积弹性模量为常数;液压缸内、外泄漏均为层流流动。

流入液压缸进油腔的流量 q_1 为

$$q_1 = A_p \frac{dx_p}{dt} + C_{ip}(p_1 - p_2) + C_{ep}p_1 + \frac{V_1}{\beta_e}\frac{dp_1}{dt} \tag{9-81}$$

从液压缸回油腔流出的流量 q_2 为

$$q_2 = A_p \frac{dx_p}{dt} + C_{ip}(p_1 - p_2) - C_{ep}p_2 - \frac{V_2}{\beta_e}\frac{dp_2}{dt} \tag{9-82}$$

式中:A_p——液压缸活塞有效面积;

　　x_p——活塞位移;

　　C_{ip}——液压缸内泄漏系数;

　　C_{ep}——液压缸外泄漏系数;

　　β_e——有效体积弹性模量(包括油液、连接管道和缸体的机械弹性);

　　V_1——液压缸进油腔的容积(包括阀、连接管道和进油腔);

　　V_2——液压缸回油腔的容积(包括阀、连接管道和回油腔)。

在式(9-81)和式(9-82)中,等号右边第一项是推动活塞运动所需的流量,第二项是经过活塞密封的内泄漏流量,第三项是经过活塞杆密封处的外泄漏流量,第四项是油液压缩和腔体变形所需的流量。

液压缸工作腔的容积可写为

$$V_1 = V_{01} + A_p x_p \tag{9-83}$$

$$V_2 = V_{02} - A_p x_p \tag{9-84}$$

式中:V_{01}——进油腔的初始容积;

　　V_{02}——回油腔的初始容积。

由式(9-80)至式(9-84),可得流量连续性方程为

$$q_L = \frac{q_1 + q_2}{2} = A_p \frac{dx_p}{dt} + C_{ip}(p_1 - p_2) + \frac{C_{ep}}{2}(p_1 - p_2)$$

$$+ \frac{1}{2\beta_e}\left(V_{01}\frac{dp_1}{dt} - V_{02}\frac{dp_2}{dt}\right) + \frac{A_p x_p}{2\beta_e}\left(\frac{dp_1}{dt} + \frac{dp_2}{dt}\right) \tag{9-85}$$

在式(9-81)和式(9-82)中，外泄漏流量 $C_{ep}p_1$ 和 $C_{ep}p_2$ 通常很小，可以忽略不计。如果压缩流量 $\dfrac{V_1}{\beta_e}\dfrac{dp_1}{dt}$ 和 $-\dfrac{V_2}{\beta_e}\dfrac{dp_2}{dt}$ 相等，则 $q_1=q_2$。因为阀是匹配和对称的，所以通过滑阀节流口 1、2 的流量也相等（通过对角线桥臂的流量相等）。这样，在动态时 $p_s=p_1+p_2$ 仍近似适用。由于 $p_L=p_1-p_2$，所以 $p_1=\dfrac{p_s+p_L}{2}$，$p_2=\dfrac{p_s-p_L}{2}$。从而有

$$\frac{dp_1}{dt}=\frac{1}{2}\frac{dp_L}{dt}=-\frac{dp_2}{dt}$$

要使压缩流量相等，就应使液压缸两腔的初始容积 V_{01} 和 V_{02} 相等，即

$$V_{01}=V_{02}=V_0=\frac{V_t}{2}$$

式中：V_0——活塞在中间位置时每一个工作腔的容积；

　　　V_t——总压缩容积。

活塞在中间位置时，液体压缩性影响最大，动力元件固有频率最低，阻尼比最小。因此，系统稳定性最差。所以在分析时，应取活塞的中间位置作为初始位置。

由于 $A_p x_p \ll V_0$，$\dfrac{dp_1}{dt}+\dfrac{dp_2}{dt}\approx 0$，则式(9-85)可简化为

$$q_L=A_p\frac{dx_p}{dt}+C_{tp}p_L+\frac{V_t}{4\beta_e}\frac{dp_L}{dt} \tag{9-86}$$

式中：C_{tp}——液压缸总泄漏系数，$C_{tp}=C_{ip}+\dfrac{C_{ep}}{2}$。

式(9-86)是液压动力元件流量连续性方程的常用形式。式(9-86)中，等号右边第一项是推动液压缸活塞运动所需的流量，第二项是总泄漏流量，第三项是总压缩流量。

3）液压缸和负载的力平衡方程

液压动力元件的动态特性受负载特性的影响。负载力一般包括惯性力、粘性阻尼力、弹性力和任意外负载力。

液压缸的输出力与负载力的平衡方程为

$$A_p p_L=m_t\frac{d^2 x_p}{dt^2}+B_p\frac{dx_p}{dt}+K x_p+F_L \tag{9-87}$$

式中：m_t——活塞及负载折算到活塞上的总质量；

　　　B_p——活塞及负载的粘性阻尼系数；

　　　K——负载弹簧刚度；

　　　F_L——作用在活塞上的任意外负载力。

此外，还存在库仑摩擦力等非线性负载，但采用线性化的方法分析系统的动态特性时，必须将这些非线性负载忽略。

式(9-79)、式(9-86)和式(9-87)中的变量都是在平衡工作点的增量，为了简单起见，将增量符号 Δ 去掉。

2. 方块图与传递函数

式(9-79)、式(9-86)和式(9-87)是阀控液压缸的三个基本方程,它们完全描述了阀控液压缸的动态特性。三式的拉普拉斯变换式为

$$Q_L = K_q X_V - K_c P_L \tag{9-88}$$

$$Q_L = A_p s X_p + C_{tp} P_L + \frac{V_t}{4\beta_e} s P_L \tag{9-89}$$

$$A_p P_L = m_t s^2 X_p + B_p s X_p + K X_p + F_L \tag{9-90}$$

由这三个基本方程可以画出阀控液压缸的方块图,如图 9-18 所示。其中,图 9-18(a)所示的是由负载流量获得液压缸位移的方块图,图 9-18(b)所示的是由负载压力获得液压缸位移的方块图,这两个方块图是等效的。在图 9-18(a)中,可由式(9-88)得相加点 1,由式(9-89)得相加点 2,由式(9-90)得相加点 3。在图 9-18(b)中,可将式(9-88)和式(9-

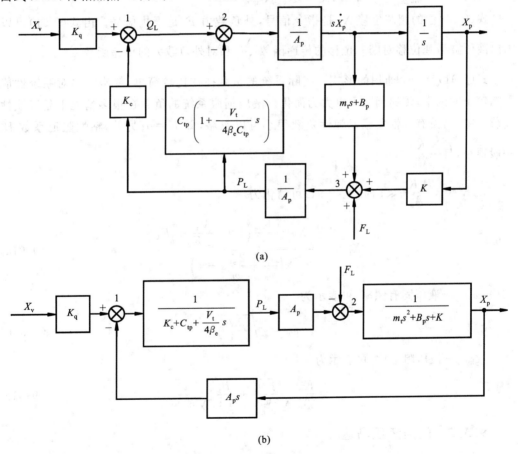

(a)

(b)

图 9-18　阀控液压缸的方块图

(a) 由负载流量获得液压缸活塞位移的方块图　(b)由负载压力获得液压缸活塞位移的方块图

89)合并得相加点 1，由式(9-90)可得相加点 2。

以上方块图可用于模拟计算。从负载流量获得的方块图适合于负载惯量较小、动态过程较快的场合。而从负载压力获得的方块图特别适合于负载惯量和泄漏系数都较大，而动态过程比较缓慢的场合。

由式(9-88)、式(9-89)和式(9-90)消去中间变量 Q_L 和 P_L，或通过方块图变换，都可以求得阀芯输入位移 x_V 和外负载力 F_L 同时作用时液压缸活塞的总输出位移为

$$X_p = \frac{\frac{K_q}{A_p}X_V - \frac{K_{ce}}{A_p^2}\left(1 + \frac{V_t}{4\beta_e K_{ce}}s\right)F_L}{\frac{m_t V_t}{4\beta_e A_p^2}s^3 + \left(\frac{m_t K_{ce}}{A_p^2} + \frac{B_p V_t}{4\beta_e A_p^2}\right)s^2 + \left(1 + \frac{B_p K_{ce}}{A_p^2} + \frac{K V_t}{4\beta_e A_p^2}\right)s + \frac{K K_{ce}}{A_p^2}} \quad (9\text{-}91)$$

式中：K_{ce}——总流量-压力系数，$K_{ce} = K_c + C_{tp}$。

式(9-91)中的阀芯位移 X_V 是指令信号，外负载力 F_L 是干扰信号。由式(9-91)可以求出液压缸活塞位移对阀芯位移的传递函数 $\dfrac{X_p}{X_V}$ 和对外负载力的传递函数 $\dfrac{X_p}{F_L}$。

式(9-91)是一个通用的形式。实际系统的负载往往比较简单，忽略一些对系统性能影响较小的因素，传递函数可以大为简化。液压伺服系统的负载在很多情况下是以惯性负载为主，而没有弹性负载或弹性负载很小可以忽略，即 $K=0$；另外，粘性阻尼系数 B_p 一般很小，且 $\dfrac{B_p K_{ce}}{A_p^2} \ll 1$。

在 $K=0$，$\dfrac{B_p K_{ce}}{A_p^2} \ll 1$ 时，式(9-91)可简化为

$$X_p = \frac{\frac{K_q}{A_p}X_V - \frac{K_{ce}}{A_p^2}\left(1 + \frac{V_t}{4\beta_e K_{ce}}s\right)F_L}{s\left(\frac{s^2}{\omega_h^2} + \frac{2\zeta_h}{\omega_h}s + 1\right)} \quad (9\text{-}91a)$$

式中：ω_h——液压固有频率，可表示为

$$\omega_h = \sqrt{\frac{4\beta_e A_p^2}{m_t V_t}} \quad (9\text{-}91b)$$

ζ_h——液压阻尼比，可表示为

$$\zeta_h = \frac{K_{ce}}{A_p}\sqrt{\frac{\beta_e m_t}{V_t}} + \frac{B_p}{4A_p}\sqrt{\frac{V_t}{\beta_e m_t}} \quad (9\text{-}91c)$$

9.3.2　阀控液压马达

阀控液压马达也是一种常用的液压动力元件。其分析方法与阀控液压缸的相同，下面简要予以介绍。

阀控液压马达原理如图 9-19 所示。

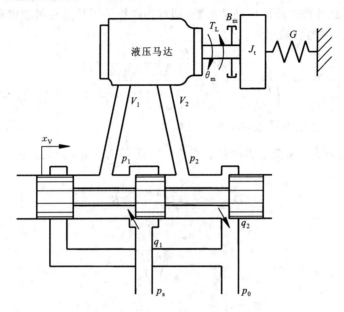

图 9-19　阀控液压马达原理

利用 9.3.1 节分析阀控液压缸的方法,可以得到阀控液压马达的三个基本方程的拉普拉斯变换式,即

$$Q_L = K_q X_V - K_c P_L \tag{9-92}$$

$$Q_L = D_m s\theta_m + C_{tm} p_L + \frac{V_t}{4\beta_e} s P_L \tag{9-93}$$

$$P_L D_m = J_t s^2 \theta_m + B_m s\theta_m + G\theta_m + T_L \tag{9-94}$$

式中:θ_m——液压马达的转角;

D_m——液压马达的排量;

C_{tm}——液压马达的总泄漏系数,$C_{tm} = C_{im} + \dfrac{1}{2}C_{em}$,$C_{im}$、$C_{em}$ 分别为内、外泄漏系数;

V_t——液压马达两腔及连接管道总容积;

J_t——液压马达和负载折算到液压马达轴上的总惯量;

B_m——液压马达和负载的粘性阻尼系数;

G——负载的扭转弹簧刚度;

T_L——作用在马达轴上的任意外负载力矩。

将式(9-92)、式(9-93)、式(9-94)与式(9-88)、式(9-89)、式(9-90)相比较,可以看出它们的形式相同。只要将阀控液压缸基本方程中的结构参数和负载参数改成液压马达的相应参数，就可以得到阀控液压马达的基本方程。由于基本方程的形式相同，所以只要将式 (9-91) 中的液压缸参数改成液压马达参数，即可得阀控液压马达在阀芯位移 X_V 和外负载力矩 T_L 同时输入时的总输出为

$$\theta_m = \frac{\dfrac{K_q}{D_m}X_V - \dfrac{K_{ce}}{D_m^2}\left(1 + \dfrac{V_t}{4\beta_e K_{ce}}s\right)T_L}{\dfrac{V_t J_t}{4\beta_e D_m^2}s^3 + \left(\dfrac{J_t K_{ce}}{D_m^2} + \dfrac{B_m V_t}{4\beta_e D_m^2}\right)s^2 + \left(1 + \dfrac{B_m K_{ce}}{D_m^2} + \dfrac{GV_t}{4\beta_e D_m^2}\right)s + \dfrac{GK_{ce}}{D_m^2}} \tag{9-95}$$

式中：K_{ce}——总流量-压力系数，$K_{ce} = K_c + C_{tm}$。

对阀控液压马达弹簧负载很少见。当 $G = 0$，且 $\dfrac{B_m K_{ce}}{D_m^2} \ll 1$ 时，式 (9-95) 可简化为

$$\theta_m = \frac{\dfrac{K_q}{D_m}X_V - \dfrac{K_{ce}}{D_m^2}\left(1 + \dfrac{V_t}{4\beta_e K_{ce}}s\right)T_L}{s\left(\dfrac{s^2}{\omega_h^2} + \dfrac{2\zeta_h}{\omega_h}s + 1\right)} \tag{9-96}$$

式中：

$$\omega_h = \sqrt{\frac{4\beta_e D_m^2}{V_t J_t}} \tag{9-97}$$

$$\zeta_h = \frac{K_{ce}}{D_m}\sqrt{\frac{\beta_e J_t}{V_t}} + \frac{B_m}{4D_m}\sqrt{\frac{V_t}{\beta_e J_t}} \tag{9-98}$$

通常负载粘性阻尼系数 B_m 很小，ζ_h 可用下式表示，即

$$\zeta_h = \frac{K_{ce}}{D_m}\sqrt{\frac{\beta_e J_t}{V_t}} \tag{9-99}$$

液压马达轴的转角对阀芯位移的传递函数为

$$\frac{\theta_m}{X_V} = \frac{\dfrac{K_q}{D_m}}{s\left(\dfrac{s^2}{\omega_h^2} + \dfrac{2\zeta_h}{\omega_h}s + 1\right)} \tag{9-100}$$

液压马达轴的转角对外负载力矩的传递函数为

$$\frac{\theta_m}{T_L} = \frac{-\dfrac{K_{ce}}{D_m^2}\left(1 + \dfrac{V_t}{4\beta_e K_{ce}}s\right)}{s\left(\dfrac{s^2}{\omega_h^2} + \dfrac{2\zeta_h}{\omega_h}s + 1\right)} \tag{9-101}$$

有关阀控液压马达的方块图、传递函数简化和动态特性分析与阀控液压缸的相似，不再重复。

9.4　机-液伺服系统

由机械反馈装置和液压动力元件组成的反馈控制系统称为机-液伺服系统。机-液伺

服系统回路中不含电子元件,它结构简单,广泛用于飞机的助力操纵系统、车辆液压转向系统和液压仿型机床中。

机-液位置伺服系统的原理如图 9-20 所示,该系统的动力元件由四边滑阀和液压缸组成,反馈是利用杠杆来实现的。这是飞机上液压助力器的典型结构。

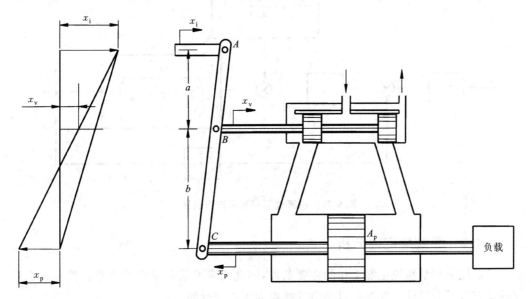

图 9-20　机-液位置伺服系统原理

9.4.1　系统方块图

输入位移 x_i 和输出位移 x_p 通过差动杆 AC 进行比较,在 B 点给出偏差信号(阀芯位移)x_v。在差动杆运动较小时,阀芯位移 x_v 可由下式给出,即

$$x_v = \frac{b}{a+b}x_i - \frac{a}{a+b}x_p = K_i x_i - K_f x_p \tag{9-102}$$

式中:K_i——输入放大系数,$K_i = \frac{b}{a+b}$；

K_f——反馈放大系数,$K_f = \frac{a}{a+b}$。

假定没有弹性负载,由式(9-91a)可知,液压缸活塞输出位移为

$$X_p = \frac{\dfrac{K_q}{A_p}X_v - \dfrac{K_{ce}}{A_p^2}\left(1 + \dfrac{V_t}{4\beta_e K_{ce}}s\right)F_L}{s\left(\dfrac{s^2}{\omega_h^2} + \dfrac{2\zeta_h}{\omega_h}s + 1\right)} \tag{9-103}$$

由式(9-102)和(9-103)画出该系统的方块图如图 9-21 所示。

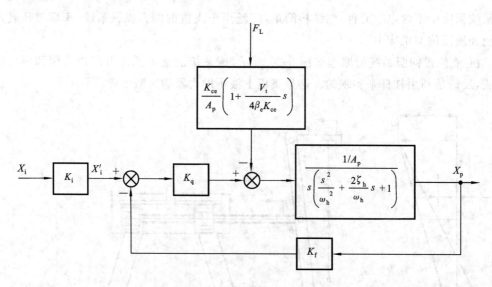

图 9-21　机液位置伺服系统方块图

9.4.2　系统稳定性分析

稳定性是控制系统正常工作的必要条件,因此它是系统最重要的特性。液压伺服系统的动态分析和设计一般都是以稳定性要求为中心进行的。

令 $G(s)$ 为前向通道的传递函数,$H(s)$ 为反馈通道的传递函数。由图 9-21 所示方块图可得系统开环传递函数为

$$G(s)H(s) = \frac{K_v}{s\left(\dfrac{s^2}{\omega_h^2} + \dfrac{2\zeta_h}{\omega_h}s + 1\right)} \tag{9-104}$$

式中:K_v——开环放大系数(也称速度放大系数),$K_v = \dfrac{K_q K_f}{A_p}$。

式(9-104)中含有一个积分环节,因此系统是 I 型伺服系统。

由式(9-104)可画出开环系统伯德图。在 $\omega < \omega_h$ 时,低频渐近线是一条斜率为 -20dB/dec 的直线。在 $\omega > \omega_h$ 时,高频渐近线是一条斜率为 -60dB/dec 的直线。两条渐近线交点处的频率为液压固有频率 ω_h,在 ω_h 处的渐近频率特性的幅值为 $20\lg\dfrac{K_v}{\omega_h}$。由于阻尼比 ζ_h 较小,在 ω_h 处出现一个谐振峰,其幅值为 $20\lg\dfrac{K_v}{2\zeta_h\omega_h}$。在 ω_h 处的相角为 $-180°$。

为了使系统稳定,必须使相位裕量 γ 和增益裕量 $K_g(\text{dB})$ 均为正值。相位裕量是增益穿越频率 ω_c 处的相角 φ_c 与 $180°$ 之和,即 $\gamma = 180° + \varphi_c$。增益裕量是相位穿越频率 ω_g 处的

增益的倒数，即 $K_g = \dfrac{1}{|G(j\omega_g)H(j\omega_g)|}$，以 dB 表示时，$K_g dB = 20\lg K_g = -20\lg$ $|G(j\omega_g)H(j\omega_g)|$。对所讨论的系统而言，因为穿越频率 ω_c 处的斜率为 $-20dB/dec$，所以相位裕量为正值，因此只要使增益裕量为正值系统就可以稳定了。由于 $\omega_g = \omega_h$，所以有

$$-20\lg |G(j\omega_g)H(j\omega_g)| = -20\lg \frac{K_v}{2\zeta_h\omega_h} > 0$$

由此得系统稳定条件为

$$\frac{K_v}{2\zeta_h\omega_h} < 1 \tag{9-105}$$

这个结果也可以由劳斯稳定判据直接得出。闭环系统的特征方程为

$$G(s)H(s) + 1 = 0$$

将式(9-104)代入，则得

$$\frac{s^3}{\omega_h^2} + \frac{2\zeta_h}{\omega_h}s^2 + s + K_v = 0$$

应用劳斯稳定判据得系统稳定条件为

$$\frac{K_v}{\omega_h} < 2\zeta_h \quad \text{或} \quad K_v < 2\zeta_h\omega_h \tag{9-106}$$

式(9-106)表明，为了使系统稳定，速度放大系数 K_v 受液压固有频率 ω_h 和阻尼比 ζ_h 的限制。阻尼比 ζ_h 通常在 $0.1 \sim 0.2$ 左右，因此速度放大系数 K_v 被限制在液压固有频率 ω_h 的 $(20 \sim 40)\%$ 的范围内，即

$$K_v < (0.2 \sim 0.4)\omega_h \tag{9-107}$$

在设计液压位置伺服系统时，可以把它作为一个经验法则。

由式(9-104)得出的伯德图可以看出，穿越频率近似等于开环放大系数，即

$$\omega_c \approx K_v \tag{9-108}$$

实际上 ω_c 稍大于 K_v，而系统的频宽又稍大于 ω_c。所以开环放大系数愈大，系统的响应速度愈快。另外，开环放大系数越大，系统的控制精度也越高。所以要提高系统的响应速度和精度，就要提高开环放大系数，但要受稳定性限制。通常液压伺服系统是欠阻尼的，由于阻尼比小限制了系统的性能。所以提高阻尼比对改善系统性能来说是十分关键的。在机-液伺服系统中，增益的调整是很困难的。因此在系统设计时，开环放大系数的确定是很重要的。开环放大系数 K_v 取决于 K_f、K_q 和 A_p。在单位反馈系统中，K_v 仅由 K_q 和 A_p 决定，而 A_p 主要是由负载的要求确定的。因此，K_v 主要取决于 K_q，需要选择一个流量增益 K_q 合适的阀来满足系统稳定性的要求。

9.5　电-液伺服系统

电-液伺服系统综合了电气和液压两方面的特长，具有控制精度高、响应速度快、输出

功率大、信号处理灵活、易于实现各种参量的反馈等优点，应用极为广泛。

9.5.1 电-液伺服阀

电-液伺服阀既是电-液转换元件，又是功率放大元件，它将小功率的电信号输入转换为大功率的液压能（流量与压力）输出。在电-液伺服系统中，将电气部分与液压部分连接起来，实现电-液信号的转换与放大。电-液伺服阀是关键部件，它的性能直接影响甚至决定了整个系统的性能。

1. 电-液伺服阀的组成和类型

电-液伺服阀一般由力矩电动机、液压放大器、反馈机构组成。力矩电动机将输入的小功率的电信号变换为力矩和转角。液压放大器是指液压控制阀部分，它可以是单级、两级或多级控制阀。反馈机构把功率级阀的滑阀位置、负载压力或负载流量信号反馈至先导级阀，构成伺服阀中的级间负反馈，提高伺服阀的性能。

力矩电动机的输出力矩很小，在流量较大的情况下，由于功率级阀上的各种阻力如液动力、摩擦力、惯性力等较大，无法用它直接驱动功率级，因此都要在功率级前设置一级甚至两级的先导级，构成多级电-液伺服阀。

与普通的电磁阀或电-液比例阀不同，电-液伺服阀的输入信号功率很小，一般只有几十毫瓦，能够对输出流量和压力进行连续的双向控制，具有极快的响应速度和很高的控制精度，所以可以用它来构成快速、高精度的闭环控制系统。

两级（多级）伺服阀具有液压前置放大器（第一级），它将力矩电动机的输出力放大到足以克服相当大的液流力、粘附力及由加速度或振动引起的力，两级伺服阀克服了单级阀流量有限和不稳定的缺点，因此获得广泛的应用。喷嘴挡板阀、射流管阀和滑阀都可作为第一级阀，而第二级基本都是滑阀。

两级伺服阀可按其所用的反馈形式分为滑阀位置反馈、负载压力反馈和负载流量反馈三种。每种反馈形式都有不同的静态压力-流量特性。滑阀位置反馈伺服阀用得最多，滑阀位置反馈又可分为五种：位置力反馈、直接位置反馈、机械位置反馈、位置电反馈和弹簧对中式反馈。

负载压力反馈又可分为：负载静压反馈和负载动压反馈。

力矩电动机的形式可分为：动铁式和动圈式，或干式和湿式。

2. 典型电-液伺服阀结构及工作原理

1) 喷嘴挡板式力反馈型二级伺服阀

图 9-22 所示为喷嘴挡板式力反馈型二级伺服阀的工作原理，它由力矩电动机、双喷嘴挡板阀、滑阀、反馈弹簧等构成，其中衔铁、挡板、反馈弹簧为一个整体组件。

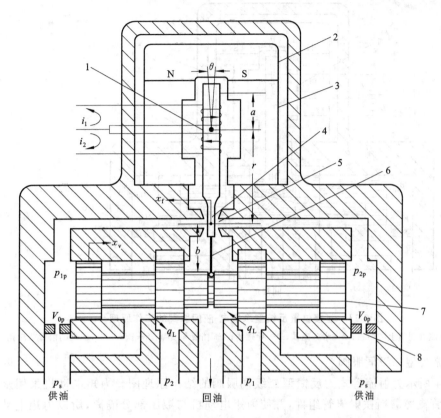

图 9-22 力反馈型两级电-液伺服阀的工作原理

1—安装在刚性扭簧上的衔铁；2—永久磁铁；3—导磁体；4—挡板；

5—喷嘴；6—反馈弹簧；7—阀芯；8—固定的前置节流孔

当给力矩电动机通入一定的电流时，力矩电动机产生一电磁力矩，带动挡板向左（或向右）运动，从而使得压力 p_{1p} 增高、p_{2p} 降低，于是阀芯向右运动，直到反馈弹簧作用在挡板上的力矩与输入电流产生的力矩相平衡为止。此时挡板大致是处于两个喷嘴的中间，而阀芯则处于一个新的与输入电流成比例的位置。

2）直接位置反馈型二级伺服阀

图 9-23 所示为喷嘴挡板式直接位置反馈型二级伺服阀的工作原理，前置级为喷嘴挡板阀，功率级为滑阀。当给力矩电动机通入一定的电流时，挡板偏向左边（或右边），控制压力 p_{1p} 增高、p_{2p} 减小，从而使得阀芯向左运动。当挡板再次处于两个喷嘴的中间位置时，阀芯就停止运动。由于喷嘴就设置在主滑阀的阀芯上，因此主滑阀将直接跟随前置挡板阀。

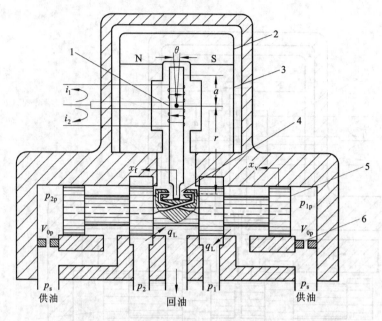

图 9-23　直接位置反馈型二级电-液伺服阀的工作原理

1—安装在刚性扭簧上的衔铁；2—永久磁铁；3—导磁体；4—挡板和喷嘴；5—阀芯；6—固定的前置节流孔

3）射流管型二级伺服阀

图 9-24 所示为射流管式力反馈型二级伺服阀的结构原理图。力矩电动机采用永磁结构，弹簧管支撑着衔铁射流管组件，并使力矩电动机与液压部分隔离，所以力矩电动机是干式的。前置级为射流放大器，它由射流管与接收器组成。当力矩电动机线圈输入控制电流时，在衔铁上生成的控制磁通与永磁磁通相互作用，于是衔铁上产生一个力矩，促使衔铁、弹簧管、喷嘴组件偏转一个正比于力矩的小角度。经过喷嘴的高速射流的偏转，使得接收器一腔压力升高，另一腔压力降低，连接这两腔的阀芯两端形成压差，阀芯运动直到反馈组件产生的力矩与电磁力矩相平衡，使喷嘴又回到两接收器的中间位置为止。这样阀芯的位移与控制电流的大小成正比。

射流管式二级伺服阀的工作原理与喷嘴挡板式基本相同，但还有不同的特点。它们先导级的实际尺寸如图 9-25 所示，喷嘴与挡板间的尺寸为 0.03～0.05 mm，射流管阀中的最小通流尺寸比喷嘴挡板阀约高一个数量级，其抗油液污染的能力优越。另外，由于射流管式在喷嘴的下游进行力的控制，当喷嘴被杂物完全堵死时，因两个接受孔均无能量输入，滑阀阀芯的两端面也没有油压的作用，反馈弹簧的弯曲变形力会使阀芯回到零位上，伺服阀可避免过大的流量输出，具有"失效对中"能力，并不会发生所谓的"满舵"现象。但射流管式液压放大器及整个阀的性能不易理论计算和预计，力矩电动机的结构及工艺复

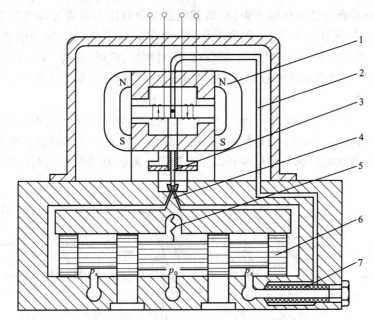

图 9-24　射流管式力反馈电-液流量伺服阀的工作原理

1—力矩电动机；2—柔性管道；3—射流管；4—射流接收器；5—反馈弹簧；6—阀芯；7—滤油器

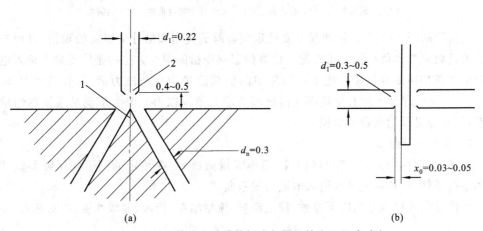

图 9-25　射流管式和喷嘴挡板式伺服阀的实际尺寸对比

（a）射流管式的实际尺寸　（b）喷嘴挡板式的实际尺寸

1—接收器；2—喷嘴

杂，加工难度大。

3. 电-液伺服阀的主要性能及其参数

电-液伺服阀是非常复杂又精密的伺服控制元件，性能要求非常严格，其精确特性和性能参数只能通过试验获得，有关电-液伺服阀的术语和技术要求，可参阅相关国家标准。

电-液伺服阀的静态特性是指输入电流、负载流量和负载压力三者之间的关系,它包括负载流量特性、空载流量特性、压力特性及泄漏特性等。描述电-液伺服阀的静态特性参数有:额定电流、额定流量、流量增益、非线性度、不对称度、滞环、零偏、分辨率、零漂、压力增益及内泄漏量。描述其动态特性参数有:幅频宽、相频宽、传递函数或频率特性。

1) 负载流量特性

负载流量特性是指在稳定状态下,输入电流、负载流量和负载压力之间的关系。如图 9-26(a)所示,由于流量控制伺服阀功率级滑阀的位移与输入电流近似成比例关系,所以其压力-流量特性曲线的形状与理想零开口四边滑阀的流量-压力特性曲线近似。

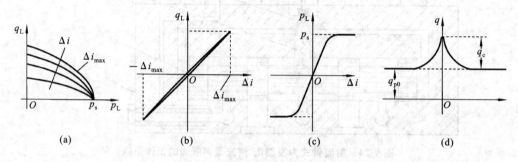

图 9-26 电-液伺服阀静态特性曲线

(a) 压力-流量曲线 (b) 空载流量曲线 (c) 压力特性曲线 (d) 泄漏曲线

伺服阀的压力-流量特性曲线主要确定伺服阀的类型和估计伺服阀的规格,以便与所要求的负载流量和负载压力相匹配。估算伺服阀规格的主要方法就是使得最大输入电流对应的那条特性曲线包住系统工作循环中的负载流量和负载压力诸点,并且确保 $p_L \leqslant (2/3)p_s$。这就保证了所有负载都在伺服阀的能力范围以内。但为了满足系统总的精度要求,伺服阀必须用到最大电流。

2) 空载流量曲线

如图 9-26(b)所示,空载流量曲线(简称流量曲线)是在给定的伺服阀压降和负载压力为零的条件下,负载流量与输入电流的关系曲线。

由流量曲线可以得出以下参数:额定流量、流量增益、滞环、非线性度、不对称度、零偏等。

3) 压力特性曲线

压力特性曲线是输出流量为零(负载油口封闭)时,输入电流变化引起负载压力的变化曲线,如图 9-26(c)所示。曲线的斜率即为压力增益,阀的零位压力增益是阀灵敏度的重要标志之一。

4) 泄漏曲线

如图 9-26(d)所示,泄漏流量是输出流量为零时,由回油口流出的内部泄漏流量。泄漏流量随输入电流而变化,当阀处于零位时为最大值。对于常用的两级伺服阀来说,泄漏量由前置级或第一级的泄漏量 q_{p0} 和输出级的泄漏量 q_c 组成。q_c 与系统压力 p_s 的比值可用来作为滑阀的流量-压力系数。

5)动态特性

电-液伺服阀的动态特性可用频率响应或瞬态响应表示。

电-液伺服阀的频率响应是指输入电流在某一频率范围内作等幅变频正弦变化时,空载流量与输入电流的复数比。由频率特性曲线可找出阀的幅频宽和相频宽,通常以幅值比为 -3 dB(即输出流量为基频时输出流量的 70.7%)时的频率区间为幅频宽,以相位滞后 $90°$ 时的频率区间为相频宽。频带宽度是阀的重要动态特性指标,它说明阀能够准确复现输入信号的频率范围。

9.5.2 电-液位置控制系统分析

电-液控制系统综合了电子和液压两方面的特点,具有控制精度高、响应快、信号处理灵活、输出功率大、结构紧凑和自重轻等优点,因此获得广泛应用。电-液位置控制系统、电-液速度控制系统和电-液力或压力控制系统比较常用,其中位置控制的系统是最常见的。其中电-液位置伺服系统由于能充分发挥电子与液压两方面的优点,既能控制很大的惯量和产生很大的力或力矩,又具有高精度和快速响应能力,并有很好的灵活性和适应能力,因此得到广泛的应用。诸如飞机与船舶舵机控制系统、雷达与火炮控制系统、机床工作台的位置控制、轧机板厚控制和带材跑偏控制,以及飞行模拟转台、振动试验台等。位置控制系统不仅直接用于位置控制,而且在控制其他物理量的系统中,如压力、流量、金属液面、温度等控制系统中,也常用位置控制小回路作为大回路中的一个环节。

全面了解这类系统的性能,掌握分析和校正的方法也是设计其他类型系统的基础。

1. 典型电-液位置系统的组成

典型的电-液位置伺服系统如图 9-27 所示。在图 9-27(a)中,两个电位器接成桥式电路。用以测量输入(指令电位器)与输出(工作台位置)之间的位置偏差(用电压表示)。当反馈电位器滑臂与指令电位器滑臂电位不同时,偏差电压通过伺服放大器放大,经电-液伺服阀转换并输出液压能,推动液压缸,驱动工作台向消除偏差方向运动。当反馈电位器滑臂与指令电位器滑臂处于等电位位置时,工作台停止运动,从而使工作台位置总是按照指令电位器给定的规律变化。

在图 9-27(b)中,用一对自整角机(或旋转变压器)来测量输入轴和输出轴之间的位置偏差。测角装置的输出是载波调制信息,经相敏放大器解调、放大并送入功率放大器中。功率放大器提供电流信号去控制伺服阀阀芯位置。如果系统采用串联校正,则校正装置接在相敏级和功率放大器之间。

在图 9-27(c)中,采用伺服变量泵控制液压马达作为系统的动力机构。阀控液压缸是

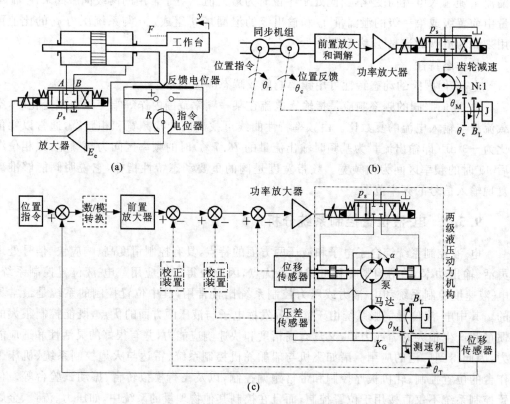

图 9-27　典型电-液伺服系统的原理

（a）双电位器位置伺服系统　（b）自整角机位置伺服系统　（c）泵控位置伺服系统

系统的前置级，用以控制液压泵的变量机构。图中液压泵变量机构的位置反馈回路画成虚线，表示这个内部控制回路可以闭合也可以不闭合。当内部回路闭合时，由于消除了液压泵变量机构液压缸的积分作用，使前置级不再带有积分环节，整个系统成为 Ⅰ 型位置伺服系统。内部控制回路不闭合时，该系统是 Ⅱ 型位置伺服系统。图中测速机和压差传感器作为可能采用的反馈校正，用以改善系统的动态品质，图中用点画线表示。图 9-27（c）中所示的位移传感器和位置指令可以是电位器、旋转变量差动变压器（RVDT）或是自整角机（见图 9-27（b）），也可以采用数字式传感器（数字式轴位置编码器）。如果系统中反馈信号和指令信号都是数字形式，经数字加法器输出数字误差信号，此数字误差信号经数模转换后再送入伺服放大器中。数模转换器在图中用虚线画出，而系统的动力部分不变，仍是模拟元件。实际上该系统是一个典型的数字模拟混合式伺服系统。由于数字式传感器有很高的分辨能力，可以使系统具有较高的绝对精度。所以当要求较高的绝对精度而不是重复精度时，常采用数字式系统。模拟式传感器虽然能有很好的重复精度，但可能满足不了系统对绝对精度的要求。图 9-27(c)所示系统属于容积式电-液伺服系统(泵控系统),它通常用于大功率场合。图 9-27(a)、图 9-27(b)所示属于节流式电-液伺服系统(阀控系统)。

2. 位置伺服系统方框图及传递函数

根据前述各章的分析结果,可绘制图 9-27 中各原理图所对应的方块图。下面以双电位器位置伺服系统(见图 9-27(a))为例,绘制方块图。

反馈电位器用比例环节 K_f 表示。伺服阀电流 i 与系统偏差电压 e_e 之间的关系取决于伺服放大器的设计,按放大器所采用的电路形式不同,在一定的频率范围内,可近似为惯性环节、振荡环节,微分环节或二阶微分环节。这里假定采用电压负反馈放大器,对线圈电感不加超前补偿,则伺服放大器和力矩电动机线圈的传递函数可近似看成惯性环节,即

$$\frac{I}{E_e} = \frac{K_a}{\dfrac{s}{\omega_a} + 1} \tag{9-109}$$

式中:K_a——放大器与线圈电路增益;

　　ω_a——线圈转折频率(rad/s)。

线圈转折频率为

$$\omega_a = \frac{R}{L} \tag{9-110}$$

式中:R——力矩电动机的电阻(Ω);

　　L——力矩电动机的电感(H)。

力矩电动机的电阻 R 和电感 L 都与伺服阀两个线圈的接法有关。控制线圈的接法有差动、串联、并联单线圈等接法。R 与 L 的数值由伺服阀制造厂家给出,可参阅有关伺服阀样本。因力矩电动机线圈是非线性电感元件,其电感值与伺服阀供油压力、输入电流的幅值和频率有关,应按伺服阀试验标准由实验确定。当线圈串联时,要考虑线圈之间的互感,所以总电感通常为单个线圈自感的 3~4 倍。

电-液伺服阀的传递函数通常用振荡环节来近似,即

$$W_v(s) = \frac{Q}{I} = \frac{K_v}{\dfrac{s^2}{\omega_v^2} + \dfrac{2\zeta_v}{\omega_v}s + 1} \tag{9-111}$$

当动力机构固有频率低于 50 Hz 时,电-液伺服阀的传递函数可表示为

$$W_v(s) = \frac{K_v}{T_v s + 1} \tag{9-112}$$

式中:K_v——电-液伺服阀流量增益;

ω_v——伺服阀的固有频率(rad/s)；

ζ_v——伺服阀的阻尼比；

T_v——伺服阀的时间常数(s)。

当选用的伺服阀固有频率较高，而系统频率较窄时，伺服阀也可近似看成比例环节，即

$$W_v(s) = K_v \tag{9-113}$$

当没有弹性负载时，动力机构的传递函数由式(9-91a)给出。

由上述元件的传递函数可绘出系统的方块图，如图 9-28 所示。

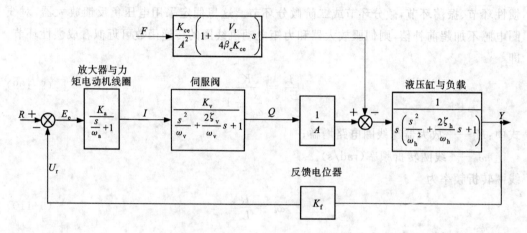

图 9-28　双电位器电-液伺服系统方块图

由图 9-28 可写出系统的开环传递函数为

$$W(s) = \frac{K_v}{s\left(\dfrac{s}{\omega_a}+1\right)\left(\dfrac{s^2}{\omega_v^2}+\dfrac{2\zeta_v}{\omega_v}s+1\right)\left(\dfrac{s^2}{\omega_h^2}+\dfrac{2\zeta_h}{\omega_h}s+1\right)} \tag{9-114}$$

式中：K_v——开环增益(也称速度放大系数)。

式(9-114)有一个积分环节，因此系统是 Ⅰ 型控制系统。

通常伺服阀的响应较快，动力机构的液压固有频率往往是控制回路中最低的，它对系统动态性能有决定性的影响，因此回路传递函数可近似地表示为

$$W(s) = \frac{K_v}{s\left(\dfrac{s^2}{\omega_h^2}+\dfrac{2\zeta_h}{\omega_h}s+1\right)} \tag{9-115}$$

这个近似式一般都是适用的。因此，图 9-28 可简化成图 9-29，图 9-29 所示为已简化为典型单位反馈系统的方块图。

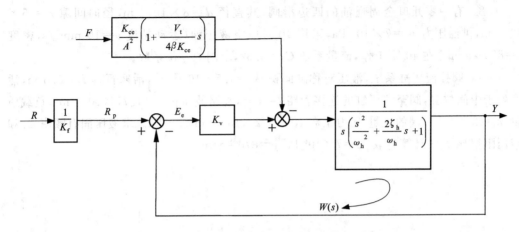

图 9-29　位置伺服系统简化方块图

　　根据系统的具体参数,利用本章各节确定传递函数中各系数的取值,这样系统的开环传递函数就完全确定了,然后可以采用 MATLAB 等仿真软件进行伯德图绘制、稳定性分析、系统闭环特性分析、阶跃响应分析等,可获得系统的频宽、稳定裕度等参数信息。

　　对于高性能的液压控制系统或性能达不到要求的系统一般都要加校正装置,提高系统的动静态性能如稳定性、频宽等。关于液压控制系统的校正可参阅其他书籍。

习　　题

　　9-1　说明液压控制系统的组成,并简述各基本元件在系统中的作用。

　　9-2　径向间隙对零开口四边滑阀有什么影响? 为什么要研究零开口四边滑阀的泄漏特性?

　　9-3　比较理想零开口四边滑阀和实际零开口四边滑阀的三个阀系数有什么异同?为什么?

　　9-4　喷嘴挡板阀的零位压力为什么取 $0.5p_s$ 左右? D_N 和 x_0 对其性能有什么影响?

　　9-5　简述射流管阀的工作原理,并说明射流管阀的优缺点。

　　9-6　描述电液伺服阀静、动态特性的参数有哪些? 可分别从伺服阀的哪些性能曲线中得出?

　　9-7　分别说明喷嘴挡板式力反馈型二级伺服阀、直接位置反馈型二级伺服阀、射流管式二级伺服阀的工作原理。

9-8　有一零开口全周通油的四边滑阀，其直径 $d = 8 \times 10^{-3}$ m，径向间隙 $r_c = 5 \times 10^{-6}$ m，供油压力 $p_s = 7 \times 10^6$ Pa，采用 10 号航空液压油（运动粘度 $\nu = 10$ mm²/s，密度 $\rho = 850$ kg/m³）在 40 ℃工作，流量系数 $C_d = 0.62$，求阀的零位系数。

9-9　阀控液压缸系统，液压对称缸面积 $A_p = 1.5 \times 10^{-2}$ m²，活塞行程 $L = 0.6$ m，活塞处于中间位置，阀至液压缸的连接管路 $l = 1$ m，管路截面积 $a = 1.77 \times 10^{-4}$ m²，负载质量 $m_t = 2\,000$ kg，阀的流量-压力系数 $K_c = 5.2 \times 10^{-12}$ m³/s·Pa。求液压固有频率 ω_h 和液压阻尼比 ζ_h。计算时取 $\beta_e = 7 \times 10^8$ Pa，$\rho = 870$ kg/m³。

第 10 章　气压传动基础知识

气压传动是以压缩空气为工作介质传递力和信息的传动方式,是流体传动与控制的一个分支。气动系统是将气源装置产生的具有一定压力能的压缩气体,经管道和控制阀类元件输送到执行元件,以实现在工程中应用。

10.1　空气的物理性质

10.1.1　空气的组成

空气是多种气体的混合物,其主要成分是氮气(N_2)、氧气(O_2)和少量的其他气体,如二氧化碳(CO_2)等。此外,在空气中常含有水蒸气(H_2O),不含有水蒸气的空气称为干空气,含有水蒸气的空气称为湿空气。在基准状态(温度 $t=0$ ℃,压力 $p=0.101\ 3$ MPa)下,干空气的成分如表 10-1 所示。

表 10-1　干空气的成分

成分	氮气(N_2)	氧气(O_2)	氩气(Ar)	二氧化碳(CO_2)	其他气体
体积分数/(%)	78.03	20.93	0.932	0.03	0.078
质量分数/(%)	75.50	23.10	1.28	0.045	0.075

10.1.2　空气的状态参数

1. 密度 ρ

空气具有一定的质量,单位体积的空气质量称为密度,用 ρ 表示,单位为 kg/m^3,表达式为

$$\rho = \frac{m}{V} \tag{10-1}$$

干空气的密度为
$$\rho = \rho_0\ \frac{273}{T} \cdot \frac{p}{0.101\ 3} \tag{10-2}$$

式中:m、V——气体的质量和体积;

ρ——t ℃温度与 p 压力状态下干空气的密度。基准状态下,干空气密度 $\rho_0 = 1.293$ kg/m^3;

p——绝对压力(MPa);

T——热力学温度（K）。

2. 压力 p

气体分子热运动在单位面积容器壁面上作用力的统计值，用 p 表示，单位为 Pa、kPa 或 MPa。

气体的压力常用绝对压力、表压力和真空度来度量。

绝对压力是以绝对真空为度量基准的压力值，用 p 下注角标"abs"，即 p_{abs} 表示。

表压力是以当地大气压力为度量基准的压力值，就是用压力表测量的压力值，一般用 p 或下注角标"e"，即 p_e 表示。

真空度是低于当地大气压力的压力值，即真空压力，用 p_v 表示。

当地大气压力用 p_a 表示。在工程计算中常用标准大气压力数值 $p_a = 0.101\ 325$ MPa。

3. 温度 T

温度 T 是表示气体分子热运动动能的统计平均值。热力学温度 T 的单位为 K，摄氏温度用 t 表示，单位为℃，它们之间的关系为

$$t = T - 273$$

10.1.3　压缩性和膨胀性

气体的体积随着压力和温度的变化而发生变化的性质分别称为气体的压缩性和膨胀性。

气体的压缩性比较大。定质量气体常温下压力从 1 个大气压增至 1.1 个大气压时，体积约缩小 0.1。

10.1.4　气体的粘性

气体的粘性是指气体在流动时产生摩擦阻力的性质，这是气体固有的物理性质。粘性只有在运动状态下才显示出来。粘性用动力粘度和运动粘度来度量。

气体的粘性主要受温度的影响，随着气体温度升高，分子热运动增强，粘度随即增大，而受压力的影响很小，通常可忽略不计。气体在 $p = 0.101\ 3$ MPa 时，粘度随温度变化的数值可见表 10-2。

表 10-2　空气在 $p = 0.101\ 3$ MPa 时的粘度

温度 t/℃	动力粘度 μ/(Pa·s)	运动粘度 ν/(m²/s)
0	1.710×10^{-5}	1.322×10^{-5}
10	1.760×10^{-5}	1.410×10^{-5}
20	1.809×10^{-5}	1.501×10^{-5}

续表

温度 $t/℃$	动力粘度 $\mu/(Pa \cdot s)$	运动粘度 $\nu/(m^2/s)$
30	1.852×10^{-5}	1.594×10^{-5}
40	1.904×10^{-5}	1.689×10^{-5}
50	1.951×10^{-5}	1.786×10^{-5}
60	1.998×10^{-5}	1.885×10^{-5}
70	2.044×10^{-5}	1.986×10^{-5}
80	2.089×10^{-5}	2.089×10^{-5}
90	2.133×10^{-5}	2.194×10^{-5}
100	2.176×10^{-5}	2.300×10^{-5}

10.1.5　湿空气

在空气中总是会含有一些水蒸气。含有水蒸气的空气称为湿空气，不含有水蒸气的空气称为干空气。湿空气中的水蒸气在一定条件会凝聚成水滴析出，在气动系统中，这种现象对元件和系统的稳定性有一定影响，因此常采用一些措施来防止或减少水蒸气的带入。

湿空气含有水蒸气的程度可用湿度和含湿量来表示。

1. 湿度

湿度又可分为绝对湿度、饱和绝对湿度和相对湿度。

（1）绝对湿度 χ　每立方米的湿空气中所含水蒸气的质量称为湿空气的绝对湿度，用 χ 表示，单位为 kg/m^3。也就是湿空气中水蒸气分压力下的水蒸气密度，用 ρ_s 表示，即

$$\chi = \rho_s \tag{10-3}$$

（2）饱和绝对湿度 χ_b　在一定温度和压力下，湿空气中水蒸气含量达到最大值的湿空气称为饱和湿空气。此时的水蒸气处于饱和状态，水蒸气的分压力 p_s 达到该温度所对应的饱和压力 p_b，绝对湿度达到最大值 χ_b 时称为饱和绝对湿度，单位为 g/m^3。也就是水蒸气饱和密度 ρ_b，即

$$\chi_b = \rho_b \tag{10-4}$$

（3）相对湿度 φ　在某一确定温度和压力下，绝对湿度与饱和绝对湿度的比称为该温度下的相对湿度，用 φ 表示，即

$$\varphi = \frac{\chi}{\chi_b} \times 100\% = \frac{\rho_s}{\rho_b} \times 100\% \tag{10-5}$$

又由理想气体状态方程，可得

$$\varphi = \frac{p_s}{p_b} \times 100\% \tag{10-6}$$

对于干空气 $\varphi=0$；饱和湿空气 $\varphi=100\%$；一般湿空气 $\varphi=0\sim100\%$。相对湿度 φ 是表示湿空气吸收水蒸气的能力。气动系统中要求空气的 φ 值不得大于 95%，且越小越好；人感到舒适时的 φ 值在 $60\%\sim70\%$ 之间。

2. 露点（温度）

未饱和湿空气在保持绝对湿度不变而降低温度达到饱和状态时，有水（露）滴析出时的温度称为露点或露点温度。

若将湿空气的温度降至露点以下时有水滴析出，这样就可以减少湿空气中水蒸气的含量，这就是降温除湿的原理。

3. 含湿量 d

在湿空气中，与每千克质量干空气混合共存的水蒸气质量称为湿空气的质量含湿量，用 d 表示，单位为 g/kg，表达式为

$$d = 622\frac{p_s}{p_g} = 622\frac{\varphi p_b}{p - \varphi p_b} \tag{10-7}$$

式中：p_s——水蒸气分压力（Pa）；

p_g——干空气分压力（Pa）；

p——湿空气全压力（Pa），$p = p_s + p_g$。

湿空气的含湿量也可以用与每立方米体积的干空气混合共存的水蒸气质量的容积含湿量 d' 来表示，单位为 g/m³，表达式为

$$d' = \rho d \tag{10-8}$$

式中：ρ——干空气密度（kg/m³）。

在绝对压力为 0.101 3 MPa 时，饱和空气中水蒸气分压力 p_b、绝对湿度 χ_b、容积含湿量 d' 与温度 t 的关系见表 10-3。

表 10-3　绝对压力为 0.101 3 MPa 时空气中水蒸气分压力、绝对湿度、容积含湿量与温度的关系

温度 $t/℃$	饱和水蒸气分压力 $p_b/(\times10^5 MPa)$	饱和绝对湿度 $\chi_b/(g/m^3)$	饱和容积含湿量 $d'/(g/m^3)$	温度 $t/℃$	饱和水蒸气分压力 $p_b/(\times10^5 MPa)$	饱和绝对湿度 $\chi_b/(g/m^3)$	饱和容积含湿量 $d'/(g/m^3)$
100	1.013	—	597.0	30	0.042	30.3	30.4
80	0.473	290.8	292.9	25	0.032	23.0	23.0
70	0.312	197.0	197.9	20	0.023	17.3	17.3
60	0.199	129.6	130.1	15	0.017	12.8	12.8

续表

温度 $t/℃$	饱和水蒸气分压力 $p_b/(\times 10^5\,\text{MPa})$	饱和绝对湿度 $\chi_b/(\text{g}/\text{m}^3)$	饱和容积含湿量 $d'/(\text{g}/\text{m}^3)$	温度 $t/℃$	饱和水蒸气分压力 $p_b/(\times 10^5\,\text{MPa})$	饱和绝对湿度 $\chi_b/(\text{g}/\text{m}^3)$	饱和容积含湿量 $d'/(\text{g}/\text{m}^3)$
50	0.123	82.9	83.2	10	0.012	9.4	9.4
40	0.074	51.0	51.2	0	0.006	4.85	4.85
35	0.056	39.5	39.6	−10	0.0026	2.25	2.20

4. 湿空气密度

$$\rho' = \rho_0 \frac{273}{273+t} \cdot \frac{p-0.378\varphi p_b}{0.101\,3} \quad (\text{kg}/\text{m}^3) \tag{10-9}$$

式中：ρ_0——干空气基准状态下的密度（kg/m^3）。

10.1.6　基准状态和自由空气状态

表示空气有两种常用状态。

(1) 基准状态是指温度为 $t=0\ ℃$，绝对压力 $p_{abs}=0.101\,3\ \text{MPa}$，相对湿度 $\varphi=0$ 时的干空气状态。此时 $\rho_0=1.293\ \text{kg}/\text{m}^3$。

(2) 自由空气状态是指没有经过压缩（一个大气压状态下）的空气称为自由空气。经过压缩后的空气称为压缩空气。

例 10-1　已知湿空气压力为 $0.1\ \text{MPa}$，温度为 $20\ ℃$，相对湿度为 75%，试求湿空气的绝对湿度和质量含湿量各为多少？

解　根据表 10-3，查取 $20\ ℃$ 时湿空气饱和绝对湿度 $\chi_b=17.3\ \text{g}/\text{m}^3$，饱和水蒸气的分压力 $p_b=0.023\times 10^5\ \text{Pa}$，由式（10-5），有

$$\chi = \varphi\chi_b = 75\% \times 17.3\ \text{g}/\text{m}^3 = 12.975\ \text{g}/\text{m}^3$$

由式（10-7），有

$$d = 622\frac{\varphi p_b}{p-\varphi p_b} = 622 \times \frac{0.75\times 0.023}{1-0.75\times 0.023}\ \text{g}/\text{kg} = 10.9\ \text{g}/\text{kg}$$

10.2　气体状态方程

气体在平衡状态下的三个基本参数，绝对压力 p、比体积 $v(v=1/\rho)$ 和热力学温度 T 之间的函数关系称为气体状态方程，可表示为 $F(p,v,T)=0$。

10.2.1　理想气体状态方程

理想气体是经科学抽象的假想气体，认为气体分子是不占有容积，分子相互间没有作

用力，彼此完全自由运动的弹性质点的群体。理想气体是实际气体的理想化模型。

理想气体的状态方程可表示成

$$pv = RT \tag{10-10a}$$

或

$$p = \rho RT = \frac{m}{V}RT \tag{10-10b}$$

式中：p——绝对压力(Pa)；

$\quad v$——比体积(m^3/kg)；

$\quad \rho$——密度(kg/m^3)；

$\quad m$——质量(kg)；

$\quad V$——体积(m^3)；

$\quad T$——热力学温度(K)；

$\quad R$——气体常数，干空气 $R = 287.1 J/(kg \cdot K)$，水蒸气 $R = 462.05\ J/(kg \cdot K)$。

实际气体不严格遵循理想气体的状态方程。一般压力在 2 MPa 以下，温度在 $-20\ ℃$ 以上，两者误差很小，此时可将实际气体看做理想气体进行计算。

10.2.2 气体状态变化过程

气体在实际中的状态变化过程是复杂的，在应用中常将其简化为一些基本热力过程。

1. 等容过程

一定质量的气体在状态变化的过程中体积保持不变，这个过程称为等容过程，可表示为

$$\frac{p_1}{T_1} = \frac{p_2}{T_2} \tag{10-11}$$

如密闭气罐中气体，当外界环境温度变化时，罐内气体状态变化的过程可看作等容过程。

2. 等压过程

一定质量的气体在状态变化过程中压力保持不变，这个过程称为等压过程，可表示为

$$\frac{V_1}{T_1} = \frac{V_2}{T_2} \tag{10-12}$$

如负载不变的密闭气缸，在加热或放热时，缸内气体进行着等压变容过程。

3. 等温过程

一定质量的气体在状态变化过程中温度保持不变，这个过程称为等温过程，可表示为

$$p_1 V_1 = p_2 V_2 \tag{10-13}$$

一般将大储气罐中的气体较长时间经小孔向外放气的过程可近似为等温过程。

4. 绝热过程

一定质量的气体在状态变化过程中与外界没有热量交换，这个过程称为绝热过程。

若绝热过程中摩擦等损失可以不计时,则为可逆绝热过程,即等熵过程,可表示为

$$pV^k = \text{const} \qquad \frac{p}{\rho^k} = \text{const} \tag{10-14a}$$

或

$$p_1 V_1^k = p_2 V_2^k \qquad \frac{p_1}{\rho_1^k} = \frac{p_2}{\rho_2^k} \tag{10-14b}$$

式中:k——绝热指数或等熵指数,空气 $k=1.4$。

如喷管中的气流,由于管件长度较短,摩擦阻力小,又来不及与外界进行热交换,可近似为等熵气流,按等熵过程计算。

上述四种基本热力过程的特点是在气体状态变化过程中,某一状态参数不变或与外界无热量交换。在实际的热力过程中,不仅状态参数发生变化,而且还与外界有热量交换。研究表明,许多过程可以近似地用多变过程来描述。下面简单介绍多变过程。

5. 多变过程

一定质量的气体在没有任何限制条件下进行状态变化过程称为多变过程,可表示为

$$pV^n = \text{const} \qquad \frac{p}{\rho^n} = \text{const} \tag{10-15a}$$

或

$$p_1 V_1^n = p_2 V_2^n \tag{10-15b}$$

式中:n——多变指数,在状态变化过程中是常值,在不同的状态过程时取相应的值。

当多变指数 n 为某些特定值时,多变过程可简化为一些基本热力学过程。如 $n=0$,p 为常数,为等压过程;$n=1$,$pV=RT=$常数,为等温过程;$n=k$,$pV^k=\text{const}$,为可逆绝热过程,即等熵过程;$n=\pm\infty$,$V=$常数,为等容过程。

压气机气缸的压气过程是介于等温与绝热过程之间的多变过程,可取 $n=1.2\sim1.25$。

10.3　气体流动规律

气体是压缩性比较大的流体,在分析研究气体流动时,需要计及气体的压缩性,以得出气体流动的特征和规律。

10.3.1　气体流动的基本方程

1. 连续性方程

连续性方程是质量守恒定律在流体力学中的具体表达形式。气体在管道中作定常流动时,各截面的质量流量相等,即

$$q_m = \rho_1 v_1 A_1 = \rho_2 v_2 A_2 \tag{10-16}$$

式中:ρ——气体密度(kg/m³);

v——气体运动速度(m/s);

A——管道截面积(m^2)；

q_m——质量流量(kg/s)。

气体的质量流量有时要换算成基准状态下体积流量 q_v 来表示。

2. 伯努利方程

流体在管道内定常流动时的伯努利方程为

$$gz + \frac{v^2}{2} + \int \frac{\mathrm{d}p}{\rho} + gh_w = \mathrm{const} \tag{10-17}$$

式中：z——位置高度(m)；

h_w——阻力损失水头(m)。

（1）不可压缩流体　$\rho=$ 常数，$\int \dfrac{\mathrm{d}p}{\rho} = \dfrac{p}{\rho}$，则式(10-17)变换为

$$gz + \frac{v^2}{2} + \frac{p}{\rho} + gh_w = \mathrm{const} \tag{10-18a}$$

或

$$gz_1 + \frac{v_1^2}{2} + \frac{p_1}{\rho} = gz_2 + \frac{v_2^2}{2} + \frac{p_2}{\rho} + gh_w \tag{10-18b}$$

式中：z_1、v_1、p_1 和 z_2、v_2、p_2——截面 1 和截面 2 的参数。

（2）气体绝热流动（气流速度一般很快，来不及与外界进行热交换）　此时 ρ 由等熵关系得出

$$\int \frac{\mathrm{d}p}{\rho} = \frac{k}{k-1} \frac{p}{\rho} \tag{10-19}$$

若忽略高度差的影响，则式(10-17)变换为

$$\frac{v^2}{2} + \frac{k}{k-1} \frac{p}{\rho} + gh_w = \mathrm{const} \tag{10-20a}$$

或

$$\frac{v_1^2}{2} + \frac{k}{k-1} \frac{p_1}{\rho_1} = \frac{v_2^2}{2} + \frac{k}{k-1} \frac{p_2}{\rho_2} + gh_w \tag{10-20b}$$

若再略去阻力损失，式(10-20b)又可写为

$$\frac{v_1^2}{2} + \frac{k}{k-1} \frac{p_1}{\rho_1} = \frac{v_2^2}{2} + \frac{k}{k-1} \frac{p_2}{\rho_2} \tag{10-21}$$

（3）有机械能（功）的绝热气流　在忽略阻力损失和高度差影响时的伯努利方程为

$$\frac{v_1^2}{2} + \frac{k}{k-1} \frac{p_1}{\rho_1} + W = \frac{v_2^2}{2} + \frac{k}{k-1} \frac{p_2}{\rho_2} \tag{10-22}$$

式(10-22)又可变为下面形式，即

$$W = \frac{k}{k-1} \frac{p_1}{\rho_1} \left[\left(\frac{p_2}{p_1} \right)^{\frac{k-1}{k}} - 1 \right] + \frac{v_2^2 - v_1^2}{2}$$

$$= \frac{k}{k-1} RT_1 \left[\left(\frac{p_2}{p_1} \right)^{\frac{k-1}{k}} - 1 \right] + \frac{v_2^2 - v_1^2}{2} \tag{10-23}$$

式中:W——截面 1 与截面 2 之间流体机械(如压气机等)对单位质量气体做功(J/kg)。

(4) 阻力损失的计算　　在气体流动中,通常用压力损失表示流动阻力损失,即

$$\Delta p_f = \rho g h_w = \Delta p_l + \Delta p_m \tag{10-24}$$

式中:Δp_f——总压力损失(Pa);

$\quad\quad \Delta p_l$——沿程压力损失(Pa);

$\quad\quad \Delta p_m$——局部压力损失(Pa)。

其中沿程压力损失可由下式计算,即

$$\Delta p_l = \lambda \frac{l}{d} \frac{\rho v^2}{2} \tag{10-25}$$

式中:λ——沿程阻力系数;层流时 $\lambda = \dfrac{64}{Re}$,$Re = \dfrac{vd}{\nu}$;紊流时 λ 与 Re 有关,可查阅有关手册确定;

$\quad\quad l$——管长(m);

$\quad\quad d$——管径(m)。

局部压力损失可由下式计算,即

$$\Delta p_m = \zeta \frac{\rho v^2}{2} \tag{10-26}$$

式中:ζ——局部阻力系数,不同的局部阻力部件的局部阻力系数可查阅有关手册获取。

实际系统一般是由若干个管段和局部阻力部件串联组成,则总压力损失可由下式估算,即

$$\Delta p_f = \sum_{i=1}^{n} \lambda_i \frac{l_i}{d_i} \rho v_i^2 + \sum_{j=1}^{m} \zeta_j \frac{\rho v_j^2}{2} \tag{10-27}$$

10.3.2　声速与马赫数

1. 声速

声速是小扰动波(声波)在空气中的传播速度,用 c 表示。声波(小扰动波)传播速度很快,来不及与外界进行热交换,可以认为是绝热过程。理想气体声速为

$$c = \sqrt{k \frac{p}{\rho}} = \sqrt{kRT} \tag{10-28}$$

式(10-28)说明声速 c 与当地气体热力学温度 T 有关,又称当地声速。

对于空气 $k = 1.4$,$R = 287.1$ J/(kg·K),则

$$c = 20\sqrt{T} \text{ m/s} \tag{10-29}$$

当 $t = 15$ ℃时,空气中声速约为 340 m/s。

2. 马赫数

气流速度与声速的比称为马赫数,以 Ma 表示,即

$$Ma = \frac{v}{c} \qquad\qquad (10\text{-}30)$$

马赫数是量纲为1的重要参数，反映了气流的压缩性对流动的影响。因为声速是当地声速，所以马赫数也是当地马赫数。

当 $v<c$ 时，$Ma<1$ 为亚声速流动；

$v=c$ 时，$Ma=1$ 为声速流动，又称临界状态流动；

$v>c$ 时，$Ma>1$ 为超声速流动。

当 $Ma=0.3$ 时，按不可压缩流体计算动压，带来的误差小于3％，密度误差小于5％。一般情况下，气流马赫数在0.3以下时可以忽略气流压缩性的影响，按不可压缩流体计算，带来的误差在工程中是允许的。

由上述分析可见，气体在管道中作亚声速流动（$v<c$）时，管道出口外的扰动将会以声速向管内传播，影响管内气体的流动；如果气体在管道出口为声速（$v=c$）或管道中作超声速（$v>c$）流动时，管道出口外的扰动不会向管内传播，不影响管内气体的流动。

10.3.3　气流在变截面管道中的流动特性

气体流动的变截面管道通常是指沿流程管截面积缩小的渐缩管道和沿流程管截面积扩大的渐扩管道。

气体以亚声速在渐缩管道中流动时，随着沿程管截面积的缩小，速度增大，压力、密度和温度则降低，管道出口处最大速度有可能达到声速。

气体以亚声速在渐扩管道中流动时，随着沿程管截面积的扩大，速度减小，压力、密度和温度则增加。

气体以超声速在渐缩管道中流动时，随着沿程管截面积的缩小，速度减小，压力、密度和温度则增大，管道出口处最小速度有可能降到声速。

气体以超声速在渐扩管道中流动时，随着沿程管截面积的扩大，速度增大，压力、密度和温度则降低。

由此可见，渐缩管中亚声速气流流动特性与不可压缩流体的流动特性相类似，渐扩管中超声速气流流动特性与不可压缩流体的流动特性相反。这是因为气流压缩性的影响程度在马赫数 $Ma>1$ 与 $Ma<1$ 时是不同的。

同时可见，亚声速气流在渐缩管中被加速，若进出口两端压力合适时，在出口处可达到声速，此时出口压力为临界压力，气流状态为临界状态。超声速气流在渐缩管中被减速，若进出口两端压力合适时，在出口处可降到声速。因而可得出气流的声速截面，即临界截面只能发生在最小截面处。

10.3.4　气动元件的流通能力

气动元件的流通能力是指气流通过阀、管道等元件的流量（体积流量或质量流量），它

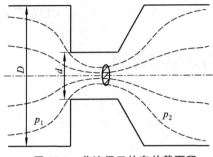

图 10-1　节流阀口的有效截面积

与元件进出口的压力差和压力比有关,是气动系统中的主要参数之一。

1. 有效截面积

气体通过节流孔(如阀口,见图10-1)时,流束收缩,收缩后的最小截面积称为有效截面积,常用 S 表示,它代表节流孔口的通流能力。有效截面积 S 与节流孔口的几何面积 A 的比值,称为收缩系数 α,显然 $\alpha < 1$。

1) 节流阀等圆形孔口的有效截面积

$$S = \alpha \frac{\pi}{4} d^2 \tag{10-31}$$

式中:收缩系数 α 的值在确定节流孔口直径 d 与节流孔上游圆形容腔直径 D 的比值 $\beta = \left(\dfrac{d}{D}\right)^2$ 后,在图 10-2 中查取。

2) 圆管的有效截面积

圆管的有效截面积可表示为

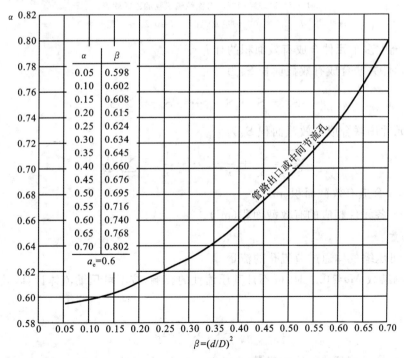

图 10-2　节流圆孔的收缩系数

$$S = \alpha' A \tag{10-32}$$

式中：α'——收缩系数，在图 10-3 中查取；

A——圆管几何截面积（m^2）；$A = \dfrac{\pi}{4}d^2$（d 为管内径，单位为 m）。

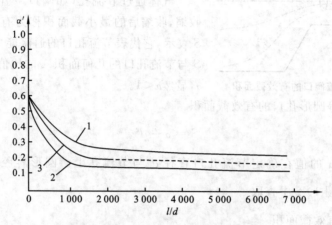

图 10-3 管长，管内径与有效截面积的关系

1—$d = 11.6 \times 10^{-3}$m 有涤纶编织物的乙烯软管；

2—$d = 2.5 \times 10^{-3}$m 尼龙管；3—$d = 0.25'' \sim 1''$瓦斯管

3）系统中多个元件合成有效面积的计算

多个元件并联合成有效截面积 S_R 为

$$S_R = S_1 + S_2 + \cdots + S_n = \sum_{i=1}^{n} S_i \tag{10-33}$$

多个元件串联合成有效截面积 S_R 为

$$\frac{1}{S_R^2} = \frac{1}{S_1^2} + \frac{1}{S_2^2} + \cdots + \frac{1}{S_n^2} = \sum_{i=1}^{n} \frac{1}{S_i^2} \tag{10-34}$$

式中：S_R——合成有效截面积（m^2）；

S_i——各元件相应的有效截面积（m^2）。

2. 流量

1）不可压缩气体通过节流孔的流量

气流马赫数 $Ma \leqslant 0.3$ 时，可不计其压缩性的影响，按不可压缩流体计算，其流量公式为

$$q_v = C_q A \sqrt{\frac{2}{\rho} \Delta p} \tag{10-35}$$

式中：q_v——通过节流孔的体积流量（m^3/s）；

C_q——流量系数，$C_q = \alpha C_v$，计及孔口出流阻力损失与流束收缩的系数；

0

α——通过节流孔口流束收缩系数,一般 $\alpha=0.62\sim0.64$;

C_v——速度系数,计及孔口出流阻力损失的系数,一般 $C_v=0.97\sim0.98$;

A——节流孔几何截面积(m^2);

ρ——气体密度(kg/m^3);

Δp——节流孔口前后压差(Pa),$\Delta p=p_1-p_2$。

2) 可压缩气体通过节流孔(管嘴)的流量

设元件进口压力 p_1 保持不变,出口压力 p_2 降低,仍大于临界压力 p_{cr} 时,则有气流通过节流孔,节流孔的气流为亚声速流动。当出口压力 p_2 降低到临界压力 p_{cr} 时,即气流速度 v 达到临界声速 c_r,此时流量为 q_{cr}。当出口压力 p_2 继续降低到小于临界压力 p_{cr} 时,出口速度仍为声速 c_r,流量仍为 q_{cr},这种现象称为壅塞现象。这是由于孔口截面为限制流量的声速截面,该截面的流量已达到最大值 q_{max},更多的流量无论如何通不过,流动出现壅塞。这也是可压缩流体流动的一个特征。

对于空气,

$$\frac{p_{cr}}{p_1}=0.528 \quad （认为进口处速度比较小） \tag{10-36}$$

当 $\frac{p_2}{p_1}\leqslant0.528$ 或 $p_1\geqslant1.893p_2$ 时,即出口截面速度达到声速,有

$$q_v=113Sp_1\sqrt{\frac{273}{T_1}} \tag{10-37}$$

当 $1>\frac{p_2}{p_1}>0.528$ 即 $p_1=(1\sim1.893)p_2$ 时,即出口截面速度为亚声速,有

$$q_v=234S\sqrt{\Delta pp_1}\sqrt{\frac{273}{T_1}} \tag{10-38}$$

式中:q_v——自由状态体积流量(L/min);

S——有效截面积(mm^2);

p_1——节流孔前的压力(MPa);

Δp——节流孔前后的压力差(MPa);

T_1——节流孔前的热力学温度(K)。

习　　题

10-1　什么是湿空气的绝对湿度,饱和绝对湿度和相对湿度? 相互间有什么联系?

10-2　什么是有效截面积?

10-3　压力 $p=0.4$ MPa（表压），温度 $t=30$ ℃空气，当相对湿度分别为 90% 和 50% 时，试计算其密度多少？

10-4　某氧气瓶置于 20 ℃室内，容积为 25 L，压力表指示瓶内压力为 0.5 MPa，设大气压力为 0.1 MPa（绝对），试求瓶内储存氧气质量为多少？（氧气 $R=256$ J/(kg·K)）

10-5　由空气压缩机往储气罐内充入压缩空气，使罐内气体压力由 $p_1=0.1$ MPa（绝对）升至 $p_2=0.265$ MPa（绝对），储气罐的温度 $T_1=288$ K 升至 T_2，充气结束后，储气罐又降至室温，此时罐内压力为 p_1'，试求 T_2 及 p_1' 值（设气源温度 $T_s=288$ K）（提示：简化为绝热充气过程与充气结束后的等容降温过程）

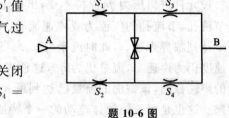

10-6　试求题 10-6 图所示管路在截止阀关闭和开启时合成有效截面积为多少？（$S_1=S_4=1$ mm²，$S_2=S_3=2$ mm²）

題 10-6 图

第 11 章　气源装置与气动元件

组成气动系统的元件和装置可以分为以下几个部分。

(1) 气源装置　压缩空气的发生装置及储存、净化等辅助装置,为气动系统提供符合要求的压缩空气。

(2) 气动执行元件　将压缩空气的压力能转换成机械能,并完成相应动作的元件,如气缸、气马达等。

(3) 气动控制元件　控制气流压力、流量和方向的元件,如各种控制阀。

(4) 气动逻辑元件　能完成一定逻辑功能的控制元件。

(5) 其他气动元件　气动系统中的辅助元件,如消声器、气动传感器及信号处理装置,以及相应的元器件。

11.1　气源装置及辅助元件

11.1.1　气源装置

气源装置为气动系统提供符合要求的压缩空气。气源装置一般由三部分组成,如图 11-1所示。

(1) 压缩空气的发生装置,如空气压缩机。

(2) 压缩空气的净化装置,如过滤器、油水分离器、干燥器等。

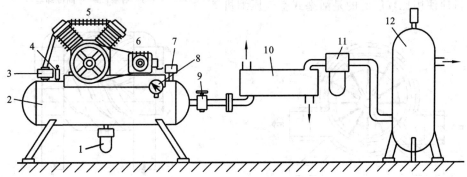

图 11-1　气源系统的组成

1—自动排水器;2—小气罐;3—单向阀;4—安全阀;5—空气压缩机;6—电动机;
7—压力开关;8—压力表;9—截止阀;10—后冷却器;11—油水分离器;12—气罐

（3）输送压缩空气的管道系统。

空气压缩机是将原动机（如电动机等）的能量转换成气体压力能的装置，为气动系统提供具有一定压力和流量的压缩空气。

1. 空气压缩机分类

空气压缩机按输出压力可分为低压压缩机（0.2～1.0 MPa）、中压压缩机（1.0～10 MPa）和高压压缩机（大于 10 MPa）。

按输出流量分为小型压缩机（小于 10 m^3/min）、中型压缩机（10～100 m^3/min）和大型压缩机（大于 100 m^3/min）。

按工作原理分为容积式压缩机和速度式压缩机。容积式压缩机的功能是压缩空气的体积，以提高空气的压力；速度式压缩机的功能是提高空气的运动速度，并使空气动能转化为压力能，从而提高空气的压力。容积式压缩机的结构可分为活塞式、叶片式和螺杆式等，速度式压缩机的结构可分为离心式和轴流式等。

按润滑方式可分为有油润滑压缩机（由润滑系统提供润滑油）和无油润滑压缩机（零件由自润滑材料制成）。

2. 容积式空气压缩机的基本工作原理

容积式空气压缩机的基本工作原理与液压泵相同，由空气压缩机组合部件构成一个密闭容积的变化及相应的配流机构进行吸气和排气完成工作过程。活塞式、叶片式和螺杆式空气压缩机的结构如图 11-2、图 11-3 和图 11-4所示。

目前使用比较广泛的是活塞式空气压缩机。

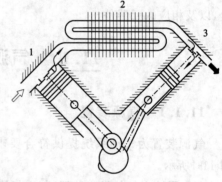

图 11-2　活塞式空气压缩机的结构

1、3—活塞；2—中间冷却器

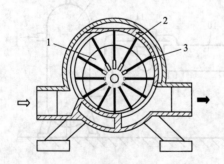

图 11-3　叶片式空气压缩机的结构

1—转子；2—定子；3—叶片

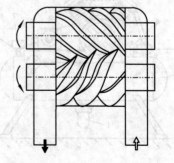

图 11-4　螺杆式空气压缩机的结构

3. 空气压缩机的选择

空气压缩机的选择根据气动系统所需压力和流量两个参数,一般气动系统工作压力为 0.5～0.6 MPa,可选用额定排气压力为 0.7～0.8 MPa 的空气压缩机。

空气压缩机的供气量可按系统中各台设备平均耗气量的总和换算成自由状态空气量,再扩大 1.3～1.5 倍来确定。

11.1.2　压缩空气的净化装置

空气压缩机排出的压缩空气的温度为 140～170 ℃,含有水汽、油气及固体颗粒等杂质。这样的压缩空气直接输送给气动装置使用,将会影响气动元件和系统的正常工作及设备的寿命。因此必须设置净化装置对压缩空气进行冷却、干燥和过滤,以提高压缩空气干燥度和清洁度,满足气动元件和系统对压缩空气的质量要求。以下对常用的净化装置进行简单叙述。

1. 后冷却器

后冷却器是安装在空气压缩机出口,将空气压缩机产生的压缩空气温度由 140～170 ℃降到 40～50 ℃,使压缩空气中的大部分水蒸气和油雾达到饱和状态,凝结成水滴和油滴,以便分离、清除。后冷却器主要有风冷式和水冷式。

风冷式后冷却器如图 11-5 所示,其原理是用风扇产生的冷空气强迫吹向带有散热片的热气管道来降温冷却,使出口温度在 40 ℃以下。

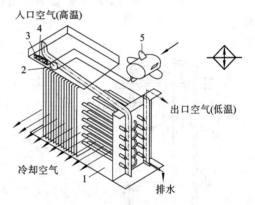

图 11-5　风冷式后冷却器的结构及图形符号
1—冷却器;2—出口温度计;3—指示灯;
4—按钮开关;5—风扇

水冷式后冷却器如图 11-6 所示,其原理是冷却水与热空气在不同管道中逆向流动,通过管壁的热交换使热空气降温冷却。一般出口处气温约比水温高 10 ℃。

2. 油水分离器

油水分离器安装在后冷却器的管道上,起到分离和清除压缩空气中凝结的水分和油分等杂质的作用,使压缩空气得到初步净化。油水分离器的结构形式有环形回转式、离心旋转式、水浴式及以上形式的组合等。油水分离器主要是利用回转产生的离心撞击、水洗等方法使水滴、油滴及其他杂质颗粒从压缩空气中分离出来,其结构示意图如图 11-7、图 11-8所示。

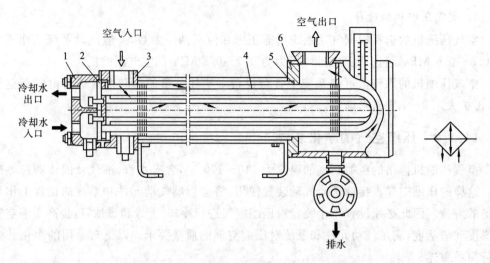

图 11-6　水冷式后冷却器的结构及图形符号

1—水室盖；2、5—垫圈；3—外筒；4—带散热片管束；6—气室盖

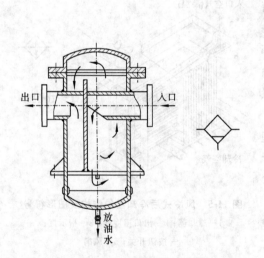

图 11-7　油水分离器的结构及
图形符号

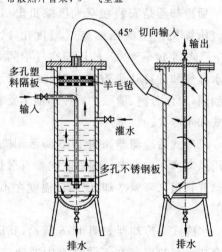

图 11-8　水浴和离心式油水分离器

3．储气罐

储气罐的主要作用是储存一定量的压缩空气，减少气源输出气流的脉动，增加气流的连续性，并利用气体膨胀和自然冷却使压缩空气降温，进一步分离压缩空气中的水分。图 11-9 所示为储气罐的结构及其图形符号。

储气罐一般是立式，进气口在下，出气口在上。进、出气口间要有一定的距离，上部设安全阀，下部设排水阀。

　　储气罐如作备用与应急气源,应按实际需要来设计。储气罐是压力容器,设计时需遵守压力容器的有关规定。

　　4. 干燥器

　　干燥器起到进一步除去压缩空气中的水分、油分和颗粒杂质,使压缩空气干燥的作用,为气动装置等提供高质量的压缩空气。

　　干燥器有冷冻式、吸附式等不同类型。冷冻式干燥器是用制冷剂使压缩空气降到露点温度以下,将过饱和水蒸气凝结成水滴析出,以降低含湿量,增加压缩空气的干燥度。

　　吸附式干燥器如图 11-10 所示,其工作原理是使压缩空气通过栅板、干燥吸附剂(如焦炭、硅胶、铝胶、分子筛等)、滤网等,使之达到干燥和过滤的目的。为避免吸附剂被油污染而影响吸湿能力,在进气管道上应安装除油器。

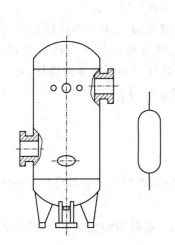

图 11-9　立式储气罐及其图形符号

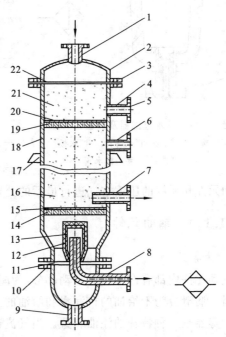

图 11-10　吸附式干燥器及干燥器的图形符号

1—空气进气管;2—顶盖;3、5、10—法兰;
4、6—再生空气排气管;7—再生空气进气管;
8—干燥空气输出管;9—排水管;11、22—密封圈;
12、15、20—铜丝过滤网;13—毛毡;
14—下栅板;16、21—吸附剂层;17—支承板;
18—筒体;19—上栅板

　　5. 分水过滤器

　　分水过滤器的作用是滤去压缩空气中的固体颗粒、水分等杂质。

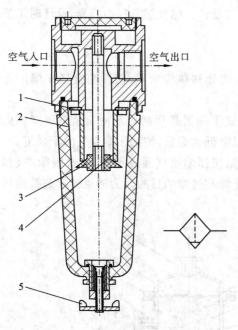

图 11-11　分水过滤器及其图形符号
1—旋风叶子；2—存水杯；3—挡水板；
4—滤芯；5—手动排水阀

分水过滤器有手动排水和自动排水两种类型。常见的普通手动排水分水过滤器如图 11-11 所示，其基本工作原理是间隙过滤和离心分离。压缩空气从空气入口进入后被引进旋风叶子 1，旋风叶子上冲制了许多小切口，迫使气体沿切线方向产生强烈旋转，水滴、油滴及固体杂质受到离心力作用，与水杯 2 内壁碰撞分离，沉落于杯底，再通过中间滤芯 4 进一步除去微小的固体颗粒与雾状水汽，洁净的压缩空气经空气出口输出。挡板 3 用来防止水杯底部液态水被卷回气流中。

分水过滤器的选用主要依据气动系统所需的过滤精度和所用空气流量。

分水过滤器必须直立安装，排水阀朝下并注意气流方向与进气口一致。

分水过滤器与减压阀及油雾器依次由进气方向顺序无管道连接的组件称为三联件。三联件是气源装置中必不可少的设备，它对进入气动元件和系统的压缩空气进行最后的处理，是空气质量的最后保证。

11.1.3　辅助元件

1. 油雾器

气动元件内部有许多相对滑动部分，为减少摩擦和磨损，在相对运动部件间需要良好的润滑。润滑分为不给油的自润滑和给油的油雾润滑。

油雾器是一种特殊的注油装置。当气流通过油雾器时，将润滑油喷射雾化，然后随压缩空气一起流入需要润滑的部件，达到润滑目的。

普通油雾器的结构如图 11-12 所示。压缩空气由进口输入后通过喷嘴组件 8 的引射作用，经组件前的小孔进入阀座内腔 12。阀座 12 与钢球 10、弹簧 11 组成一个有泄漏的特殊单向阀，由于单向阀密封不严，压缩空气会漏入存油杯 13 中，使其内部压力升高，钢球 10 因上、下压差减小，在弹簧 11 的作用下使钢球处于中间位置。这样压缩空气通过阀座 12 上的小孔进入存油杯 13 的上腔，油面受压，润滑油经吸油管 1 将钢球 2 顶起。油便不断地经节流阀 9 进入滴油管滴入喷嘴组件 8 中，被主通道中气流喷射雾化后由出口输出。

滴油管上部有透明油窗，可观察节流阀 9 调节的滴油量。这种油雾器还可以在不停

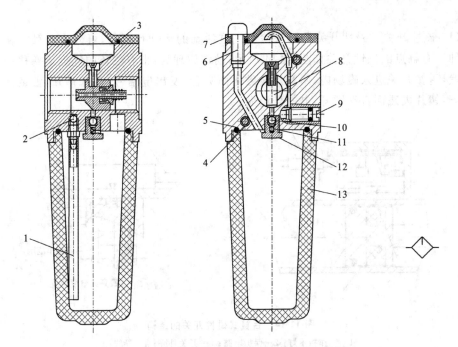

图 11-12　普通油雾器的结构及油雾器的图形符号

1—吸油管；2—钢球；3—透明油窗；4—螺母、螺栓；5—密封圈；6—油塞；7—密封垫；
8—喷嘴组件；9—节流阀；10—钢球；11—弹簧；12—阀座；13—存油杯

气状态下加油。油雾器应根据通过油雾器的流量和油雾粒径来选择。

2. 消声器

气动系统中的压缩空气在工作后直接排入大气。在有余压时,排气速度较高,空气的急剧膨胀将产生强烈噪声。为降低噪声,通常要在排气口安装消声器。消声器是通过对气流阻尼或增大排气面积等措施来降低排气速度和功率,达到降低噪声的目的。

气动系统中常用的消声器一般有吸收型消声器、膨胀干涉型消声器和膨胀干涉吸收型消声器三种。图11-13所示为吸收型消声器的结构,其应用较广泛。

3. 转换器

气动控制系统与其他的控制系统一样,都有控制和执行部分,控制部分的工作介质是气体,而信号传感部分和执行部分不一定全用气体,可能用电或液传输。这就需要转换器。常见的转换器有磁性开关、气-电转换器(如压力开关或压力继电器)、电-气转换器、气-液转换

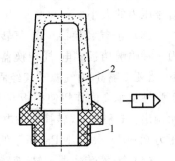

图 11-13　吸收型消声器及消声器的图形符号

1—连接螺栓；2—消声器

器等。

（1）磁性开关　磁性开关是用来检测气缸活塞的运动行程的,可分为有触点和无触点两种。有触点的磁性开关如图 11-14 所示,动作原理为:带有磁环的气缸活塞移动到一定位置,舌簧开关进入磁场内,两簧片被磁化而吸合,发出电信号;活塞移开,舌簧开关脱离磁场,簧片失磁而自动脱开,电信号消失。

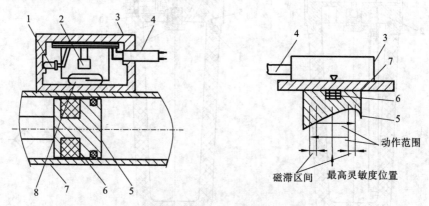

图 11-14　舌簧式磁性开关的结构

1—动作指示灯；2—保护电路；3—开关外壳；4—导线；

5—活塞；6—磁环（永久磁铁）；7—缸筒；8—舌簧开关

（2）气-电转换器　气-电转换器是利用气压信号的变化引起可动部件（如膜片、顶杆等）的位移来接通或断开电路,从而将气信号转换为电信号的元件。

图 11-15 所示为低压可调有触点式气-电转换器。硬芯 3 和限位螺栓 11 是两个触点,无气压信号时处于断开状态。有一定压力的气压信号（小于 0.01 MPa）输入后,膜片 2 向上弯曲带动硬芯 3 和限位螺栓 11 接触,从而与焊片 1 导通而发出电信号。气压信号消失,膜片带动硬芯复位,触点断开,电信号消失。调节限位螺栓 11 的位置,便可调整触发信号压力的大小。

（3）电-气转换器　电-气转换器是将电信号转换成气压信号的元件。图 11-16 所示为一种喷嘴挡板式电-气转换器。图示为线圈通电状态,线圈 3 产生的磁场将挡板 5 吸下,堵死喷嘴 6,由气源来气经固定节流孔 7 至出口输出。当线圈 3 失电而无磁力时,由于弹性支承 2 的作用使挡板 5 上移,喷嘴 6 通大气,气源来气经固定节流孔 7 排空,出口无输出。这种电-气转换器的电源一般为直流,电压 6～12 V,电流0.1～0.14 A,气信号压力 0.001～0.01 MPa,属于低压电-气转换器。

（4）气-液转换器　气-液转换器是将气压力转换成液压力的元件。常用的是筒式气-液转换器,工作原理是:在筒式容器内,压缩空气直接或通过活塞或隔膜作用于液面上,推压液体以同样压力输出。

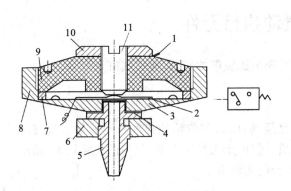

图 11-15　低压气-电转换器结构及图形符号

1—焊片；2—膜片；3—硬芯；4—密封垫；

5—接头；6—螺母；7—压圈；8—外壳；

9—盖；10—螺母；11—限位螺栓

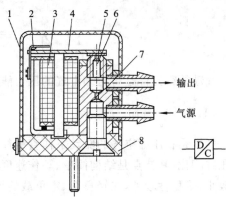

图 11-16　喷嘴挡板式电-气转换器
的结构及图形符号

1—罩壳；2—弹性支承；3—线圈；4—杠杆；

5—挡板；6—喷嘴；7—固定节流孔；8—底座

4. 管件及管路系统

管件包括管道和各种管接头，用来连接各气动元件，以组成气动系统。管道分硬管与软管两种。如总气管道和支气管道等一些固定的、不需要经常拆装的管路使用硬管，硬管有铁管、钢管、铜管和硬塑料管等。若用于连接运动部件，希望拆装方便的管路则使用软管，软管有塑料管、尼龙管、聚氨酯管等。常用的是铜管和尼龙管。

管接头的结构及工作原理与液压管接头基本相似，分为卡套式、扩口螺纹式、焊接式、插入快换式等。

气动系统的管路系统应根据系统压力、流量、空气干燥程度和供气可靠性的要求来布置。管道进入用气车间前，应设置"压缩空气入口装置"，如图 11-17 所示。车间内管道布置如图 11-18 所示。

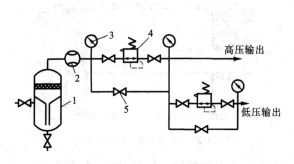

图 11-17　压缩空气入口装置

1—入口油水分离器；2—流量计；

3—压力表；4—减压阀；5—截止阀

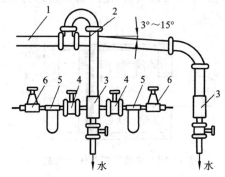

图 11-18　车间内管道布置

1—干管；2—支管；3—集水罐；

4—截止阀；5—过滤器；6—减压阀

11.2　气动执行元件

气动执行元件是将压缩空气的压力能转换为机械能的装置，包括气缸和气马达。

11.2.1　气缸

气缸是在压缩空气的驱动下作直线往复运动，以力和位移输出的执行元件。气缸与液压缸相比，其特点是结构简单、动作速度快。但由于工作压力低、气体的压缩性大、输出力较小、平稳性较差，在轻负载、定负载的场合使用较多。

气缸分类如下。

（1）按压缩空气驱动活塞运动方向，可分为驱动活塞向一个方向运动的单作用气缸和驱动活塞向两个方向运动的双作用气缸。

（2）按结构可分为活塞式、柱塞式、薄膜式气缸和气压阻尼缸等。

（3）按安装方式可分为耳座式、法兰式、轴销式和嵌入式气缸。

（4）按功能可分为普通气缸和特殊气缸。普通气缸是指在无特殊要求场合工作的一般单、双作用气缸。特殊气缸是指用于特定工作场合的气缸。

1. 普通气缸

1）单活塞杆单作用气缸

单活塞杆单作用气缸如图 11-19 所示，由缸体、活塞、活塞杆、弹簧等部件组成。弹簧是起背压和复位作用的。

2）单活塞杆双作用气缸

单活塞杆双作用气缸如图 11-20 所示，由缸体、缸盖、活塞、活塞杆等部件组成。此类气缸带有缓冲装置，使活塞在到达行程终点前起缓冲作用，以避免活塞撞击缸盖。

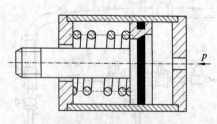

图 11-19　单活塞杆单作用气缸

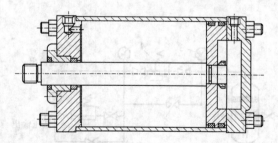

图 11-20　单活塞杆双作用气缸

单活塞杆双作用缓冲气缸如图 11-21 所示。此缸两侧设有缓冲柱塞，在活塞到达行程终点前缓冲柱塞将柱塞孔堵死，活塞继续向前运动时，封在气缸前腔内的剩余气体被压缩，从节流阀缓慢排出，使被压缩气体的背压升高，从而起到缓冲作用。缓冲作用的大小

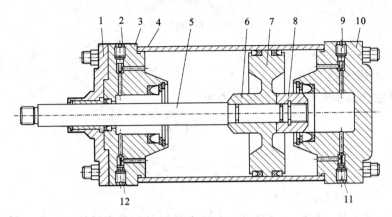

图 11-21　单活塞杆双作用缓冲气缸

1—压盖；2、9—节流阀；3—前缸盖；4—缸体；5—活塞杆；

6、8—缓冲柱塞；7—活塞；10—后缸盖；11、12—单向阀

可通过调节节流阀开度来改变。单向阀是为改善反向运动启动力不足而设置的。

3）气缸工作特性

（1）气缸理论输出力　气缸理论输出力与气缸结构有关。

单活塞杆单作用弹簧压回型气缸（见图 11-19）的输出力为

$$F_0 = \frac{\pi}{4}D^2 p - F_s \qquad (11\text{-}1)$$

式中：F_0——理论输出推力（N）；

$\quad F_s$——弹簧反作用力（N）；

$\quad D$——活塞直径，即气缸内径（m）；

$\quad p$——气缸工作压力（Pa）。

单活塞杆双作用气缸（见图 11-20）的输出力为

$$F_0 = \frac{\pi}{4}D^2 p \qquad (11\text{-}2)$$

$$F_{10} = \frac{\pi}{4}(D^2 - d^2) p \qquad (11\text{-}3)$$

式中：F_{10}——理论返回力（N）；

$\quad D$——活塞直径（m）。

（2）实际输出力　为计算气缸实际输出力，需综合考虑气缸工作阻力和负载运动状态，引进负载效率 η 的概念。负载效率 $\eta =$（气缸的实际输出力/气缸的理论输出力）$\times 100\%$。一般静载荷 $\eta \leqslant 70\%$；动载荷运动速度较高时 $\eta \leqslant 30\%$，速度较低时 $\eta \leqslant 50\%$。

对单活塞杆单作用弹簧压回型气缸来说，实际输出力为

$$F = \frac{\pi}{4}D^2 p\eta - F_s \qquad\qquad (11\text{-}4)$$

式中：F——实际输出力（N）；

η——负载效率。

对单活塞杆双作用气缸，实际输出力为

$$F = \frac{\pi}{4}D^2 p\eta \qquad\qquad (11\text{-}5)$$

$$F_1 = \frac{\pi}{4}(D^2 - d^2)p\eta \qquad\qquad (11\text{-}6)$$

式中：F_1——实际返回力（N）。

（3）气缸耗气量　气缸耗气量可分为最大耗气量和平均耗气量。最大耗气量是指气缸以最大速度运动时所需理论空气流量，一般用自由空气量表示。气缸最大耗气量为

$$q_{\max} = 0.046\ 2D^2 v_{\max}(p + 0.102) \qquad\qquad (11\text{-}7)$$

式中：D——缸径（cm）；

$v_{\max}$——气缸最大速度（mm/s）；

p——使用压力（MPa）。

平均耗气量是指气缸在系统的一个工作循环周期内所消耗的理论空气流量，用自由空气量表示。气缸平均耗气量为

$$q_{CP} = 0.015\ 7(D^2 L + d^2 L_a)N(p + 0.012) \qquad\qquad (11\text{-}8)$$

式中：N——每分钟气缸往复次数（一个往复为一次）；

L——气缸行程（cm）；

d——换向阀至气缸间配管内径（cm）；

L_a——换向阀至气缸配管长度（cm）。

最大耗气量可用来确定空气净化元件、控制阀及配管尺寸；平均耗气量可用来确定空气压缩机。两者之差用于确定储气罐的容积。

2. 常见的特殊气缸

（1）无活塞杆气缸　无活塞杆气缸如图 11-22 所示，由缸筒 2、防尘密封件 7、抗压密封件 4、无杆活塞 3、缸盖 1、缸盖 2、传动舌头 5、导架 6 等组成。铝质气缸筒沿轴向开槽，槽由内压密封件 4 和外部防尘件 7 密封，互相夹持固定，以防止缸内压缩空气泄漏和外部杂质侵入。无杆活塞 3 两端带有唇形密封圈，可以在缸内作往复运动。该运动通过缸筒槽的传动舌头 5 传递到导架 6 上，以驱动负载。此时，传动舌头将密封件 4 和 7 挤开，但它们在缸筒两端仍然是互相夹持，因此传动舌头和导架组件在气缸上运动时，压缩空气不会泄漏。

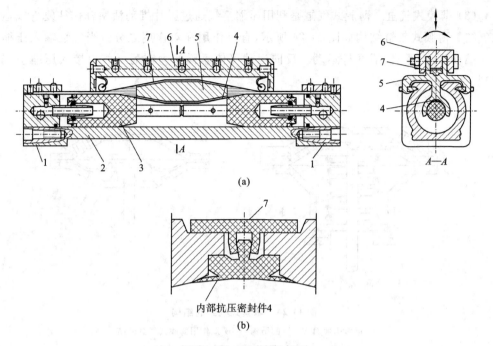

(a)

内部抗压密封件4

(b)

图 11-22　无活塞杆气缸

(a) 无活塞杆气缸结构　(b)缸筒槽密封件安装

1—左、右缸盖；2—缸筒；3—无杆活塞；4—抗压密封件；

5—传动舌头；6—导架；7—防尘密封件

　　无活塞杆气缸没有普通气缸的刚性活塞杆,可以节省安装空间,特别适用于小缸径长行程的场合,最大行程可达 10 m。

　　(2) 气-液阻尼缸　气-液阻尼缸利用液体的不可压缩性和控制液体的排量来获得活塞的平稳运动和调节活塞的运动速度。图 11-23 所示为串联型气-液阻尼缸的工作原理。气缸和液压缸串联为一个整体,两个活塞固定在同一根活塞杆上。当气缸右腔供气、左腔排气、活塞杆伸出时,液压缸活塞左移,此时液压缸左腔排油,单向阀关闭,油液经节流阀缓慢进入液压缸右腔,对活塞运动起阻尼作用。调节节流阀阀口开度就能调节活塞运动速度。反向运动时单向阀开启,活塞快速返回,液压缸无阻尼。

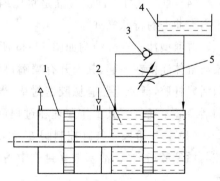

图 11-23　串联型气-液阻尼缸的工作原理

1—气缸；2—液压缸；3—单向阀；

4—油箱；5—节流阀

（3）薄膜式气缸 薄膜式气缸是利用压缩空气通过膜片推动活塞杆作往复直线运动的气缸。薄膜式气缸结构如图 11-24 所示，有单作用和双作用之分。当气缸输入压缩空气时推动膜片、膜盘、活塞杆运动。反向运动可依靠弹簧力或另一气口接入压缩空气来实现。

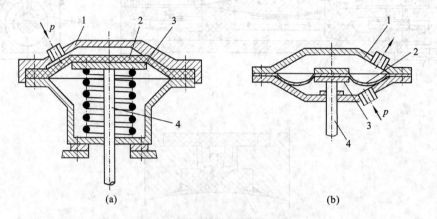

图 11-24 薄膜式气缸的结构

（a）单作用薄膜式气缸的结构   （b）双作用薄膜式气缸的结构

1—缸体；2—膜片；3—膜盘；4—活塞杆

薄膜式气缸结构简单紧凑、制造容易、维修方便、寿命长，但因膜片的变形量有限，气缸行程较短。薄膜式气缸输出推力随行程的增大而减小，膜片有盘形膜片和平膜片，材料为夹织橡胶、薄钢片和磷青铜片，可根据活塞杆行程选择不同的膜片结构。平膜片气缸最大行程为缸径的 15％，盘形膜片气缸最大行程约为缸径的 25％。

（4）冲击气缸 冲击气缸是将压缩空气的压力能转换为活塞高速运动的动能，产生相当大冲击的特殊气缸。

普通型冲击气缸结构如图 11-25 所示。由缸体、中盖、活塞、活塞杆等部件组成。中盖与缸体连接在一起，其上开有喷嘴口和泄气口。中盖与活塞把缸体分成蓄能腔、活塞腔和活塞杆腔，活塞上装有橡胶密封垫，当活塞退回到顶点时密封垫封住喷嘴口，使蓄能腔和活塞腔不通气。其工作原理和过程可分为以下三个阶段。

（1）第一阶段 气缸控制阀处于原始位置，压缩空气由进气口 1 进入有杆腔 2，蓄能腔与活塞腔通大气，活塞上移封住中盖口上的喷嘴口，活塞腔经低压排气口 4 仍与大气相通。

（2）第二阶段 控制阀切换，蓄能腔进气，压力逐渐上升，其压力只能通过喷嘴口的较小面积作用在活塞上，还不能克服活塞杆腔的排气压力所产生的向上推力及活塞与缸体之间的摩擦阻力，喷嘴口处于关闭状态。与此同时，有杆腔 2 排气，压力逐渐下降，作用在活塞上的力逐渐减小。

（3）第三阶段　随着压缩空气不断进入蓄能腔，蓄能腔压力逐渐升高。当作用在喷嘴口面积上的总推力足以克服活塞受到的阻力时，活塞开始向下运动，喷嘴口打开。此时蓄能腔的压力很高，活塞腔为大气压力。所以蓄能腔内气体以很高的速度流向活塞腔，进而作用于活塞全面积上。高速气流进入活塞腔的压力可达气源压力的几倍至几十倍，而此时活塞杆腔的压力很低，在大压差作用下，活塞急剧加速，在很短时间（约 0.25～1.25 s）内，以极高的速度（平均速度可达 8 m/s）冲击下运动，从而获得巨大动能。

经过上述三个阶段后，冲击气缸完成了一个工作循环，控制阀复位，开始下一个工作循环。冲击气缸的用途广泛，可用于锻造、冲压、下料、破碎等作业。

3. 气缸的选择

气缸的选择应根据负载状态确定气缸的推力和拉力，从有无特殊要求及安装位置、气缸行程、活塞速度等综合考虑，选用标准气缸或自行设计。

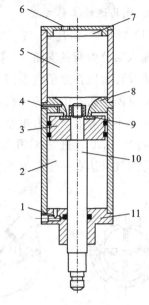

图 11-25　普通型冲击缸的结构
1、6—进（排）气口；2—有杆腔；3—活塞；
4—低压排气口；5—蓄能腔；7—后盖；
8—中盖；9—密封垫片；10—活塞杆；
11—前盖

11.2.2　气马达

气马达是在压缩空气的驱动下作旋转运动，以力矩和转速输出的执行元件。

1. 容积式气马达的分类和特点

（1）分类　容积式气马达按结构形式可分为叶片式、活塞式、齿轮式等。

（2）特点　容积式气马达与液压马达相比有以下特点。

① 可长时间满载工作而温升小，有过载自保护功能，过载时转速降低或停车，过载消除后能立即恢复正常工作。

② 有较高的启动力矩，可直接带负载启动，功率及转速范围大。

③ 具有软特性。当工作压力不变时，转速、转矩及功率均随外负载的变化而变化。但工作压力的变化也将引起转速、转矩和输出功率的变化，因而气马达很难获得稳定不变的转速。

④ 结构简单、操纵方便、换向迅速、升速快、冲击小、便于维修、工作安全，适宜在恶劣环境、易燃易爆场合使用。

⑤ 耗气量大、效率低，对润滑要求严格。

2. 气马达的工作原理

(1) 叶片式(滑片式)气马达　叶片式气马达的结构如图 11-26(a)所示。压缩空气由 A 孔输入后分为两条支路,一条支路经定子两端密封盖上的槽进入叶片底部(图中未示出),将叶片紧压在定子内表面;另一条支路进入由定子,转子,叶片及两端密封盖构成的月牙形密闭空间。由于转子在定子内是偏心安放的,相邻叶片伸出的长度不同,使气压力作用面积不相等而产生力矩差,通过叶片带动转子逆时针旋转。做功后的空气经 C 孔和 B 孔排出。若 B 孔进气,C 孔与 A 孔排气,则气马达反转,即顺时针转动。图 11-27 所示为叶片式气马达在一定压力下的特性曲线,明显可见具有软特性。

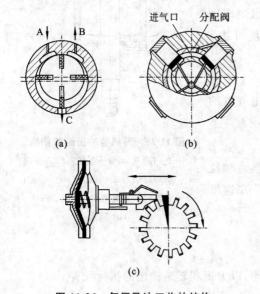

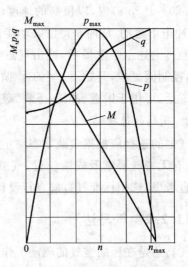

图 11-26　气压马达工作的结构
(a) 叶片式　(b) 径向活塞式　(c) 薄膜式

图 11-27　叶片式气马达特性曲线
(工作压力为定值)

(2) 径向活塞式气马达　径向活塞式气马达的结构如图 11-26(b)所示。压缩空气由进气口通过分配阀(配气阀)进入气缸,经曲柄连杆机构将活塞的往复运动变为曲轴转动输出。曲轴转动的同时带动固定在轴上的分配阀同步转动,使压缩空气随着分配阀转动位置的变化而进入不同的气缸内配气,依次推动各个活塞运动。经曲柄连杆使曲轴连续回转,与进气缸相对应位置的气缸同时排气。与叶片式气马达一样,径向活塞式气马达也同样具有软特性的特点(见图 11-28)。

(3) 薄膜式气马达　薄膜式气马达的结构如图 11-26(c)所示。薄膜式气缸的往复运动经推杆端部的棘爪使棘轮作间歇单向转动。由于气体的可压缩性,仍具有软特性,即在一定工作压力时,随着间歇转动速度的增加而输出扭矩下降。

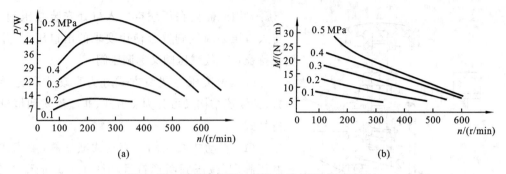

图 11-28　活塞式气马达特性曲线（变工作压力时）

（a）功率-转速曲线　　（b）转矩-转速曲线

3．气马达的选择和使用

（1）气马达的选择　　选择气马达主要从负载状态出发。在变载场合使用时，主要考虑因素是速度范围和满足工作机构所需转矩；在均衡负载下使用时，工作速度则是重要因素。

（2）气马达的使用　　气马达工作适应性强，可适用于无级调速、频繁启动、经常换向、高温潮湿、易燃易爆、带载启动、不便人工操纵、有过载可能和对运动精度要求不高的场合，如矿山机械、机械制造、油田、化工、冶炼、航空、船舶、医疗、气动工具等。

（3）气马达的润滑　　良好的润滑是气马达正常工作的保证，要十分注意气马达使用中的润滑情况。

11.3　气动控制元件

在气动系统中，气动控制元件是控制和调节压缩空气的压力、流量和方向的元件，其作用是保证气动执行元件（如气缸、气马达等）按预定要求正常工作。

气动控制元件按其作用和功能可分为压力控制阀、流量控制阀和方向控制阀三类。

11.3.1　压力控制阀

压力控制阀是在系统中控制压缩空气压力或与压缩空气压力有关参数的一类阀。

压力控制阀是利用作用在阀芯或膜片上的气压力与调节控制力（包括弹簧力、电磁力、先导气压力等）相平衡的原理来进行工作的。

按阀的作用可分为：在输入压力变化时，能使输出压力稳定不变的减压阀；根据气路中不同的压力进行顺序控制的顺序阀；用来保持一定输入压力的溢流阀。

1．减压阀

气动系统中的气源压力一般都高于气动设备所需的工作压力，且多台设备共用一个

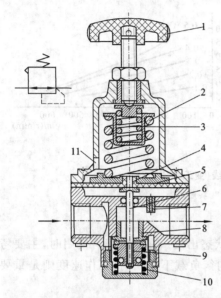

图 11-29　直动式减压阀的结构及减压阀的图形符号

1—手柄；2、3—调压弹簧；4—溢流口；5—膜片；
6—阀杆；7—阻尼孔；8—阀座；9—阀芯；
10—复位弹簧；11—排气孔

气源。因此需要在压缩空气入口处安装减压阀，将入口压力降低到符合使用要求的出口压力，并保持稳定。故减压阀又称调压阀。

减压阀按压力调节方式分为直动式和先导式；按溢流结构又可分为溢流式、非溢流式和恒量排气式。

（1）直动式减压阀　直动式减压阀（溢流式减压阀）及减压阀图形符号如图 11-29 所示。当旋转手柄 1 顺时针旋转时，压缩调压弹簧 2、3 推动膜片 5 及阀杆 6 下移，阀芯 9 与阀座间通道开启，进口气流经节流降压输出。同时，输出气流经阻尼孔 7 在膜片 5 上产生向上的负反馈力。当负反馈力与调压弹簧力平衡时，出口压力便稳定在弹簧调定值上。

若进口压力波动，如瞬时升高，则出口压力也随着升高，作用在膜片上的反馈力也增大，原平衡破坏，膜片上移，压缩弹簧 2、3，中间溢流孔 4 开启，经排气孔 11 瞬时溢流排气，此时，阀芯 9 在复位弹簧 10 作用下上移，减少阀口开度，增强节流作用，使出口压力下降，直至达到新的平衡状态为止，出口压力又恢复至原调定值；反之，若出口压力下降则膜片下移，阀芯也随着下移，阀口开大，节流作用减弱，仍可使出口压力基本保持在原调定值。

若进口压力不变，如出口流量变化引起出口压力变化时，依靠溢流孔的溢流作用和膜片的位移，仍能起到稳压作用。阻尼孔 7 的主要作用是将输出压力反馈到膜片 5 的下部与调定压力相比较，并在输出压力波动时起阻尼作用，避免产生振荡，所以又称反馈管。

总之，溢流式减压阀靠进气阀口的节流减压；靠膜片上的力平衡和溢流孔的溢流稳压；靠手轮调节改变弹簧力来调节输出压力。

（2）先导式减压阀　由于直动式减压阀在输出压力较高或通径较大时，用调节弹簧直接调压，则弹簧刚度必然过大，在这种情况下，当流量变化时，输出压力波动较大，阀的结构尺寸也将增大。先导式减压阀可克服上述缺点。

先导式减压阀的基本工作原理与直动式相同，只不过是用小型直动式减压阀调节压缩空气的作用力替代调压弹簧力进行调节。

小型直动式减压阀与主阀组成一体，这种结构的减压阀称为内部先导式减压阀，如

图 11-30 所示。它比直动式减压阀增加了由喷嘴、膜片上的挡板、固定节流孔和中气室组成的喷嘴挡板阀。当喷嘴与挡板之间的距离发生微小变化时,中气室中压力变化明显,引起膜片 10 的较大位移,控制阀芯 6 的上下移动,从而改变进气阀口 8 的开度,起到节流减压作用,提高了对阀芯控制的灵敏度和稳压精度。

　　小型直动式减压阀与主阀分离的减压阀称为外部先导式减压阀。这种阀便于远距离控制。

　　(3)减压阀的选择与使用　应根据调压精度和系统控制的要求来选择不同形式的减压阀。使用时要注意安装顺序,按气流方向先装分水过滤器,其次是减压阀,最后是油雾器。

　　2. 单向顺序阀

　　单向顺序阀由顺序阀和单向阀组成,依靠气路中压力的作用来控制执行元件的单向顺序动作,反向时单向阀打开,顺序阀不起作用。其工作原理及图形符号如图 11-31 所示。

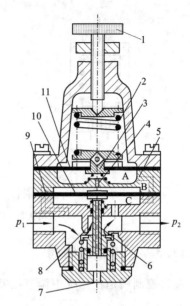

图 11-30　内部先导式减压阀的结构

1—旋钮;2—调压弹簧;3—挡板;4—喷嘴;
5—孔道;6—阀芯;7—排气口;
8—进气阀口;9—固定节流口;10、11—膜片;
A—上气室;B—中气室;C—下气室

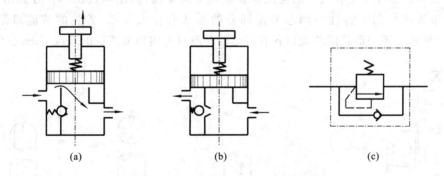

(a)　　　　　　　(b)　　　　　　　(c)

图 11-31　单向顺序阀工作原理及图形符号

(a)开启状态　(b)关闭状态　(c)单向顺序阀的图形符号

　　3. 安全阀(溢流阀)

　　当储气罐或回路中压力超过设定值时,为保证系统的安全,需安装安全阀;当回路中仅靠减压阀的溢流孔排气难以保持执行机构的工作压力时,也可并联安全阀作溢流阀用。安全阀的工作原理及图形符号如图 11-32 所示。

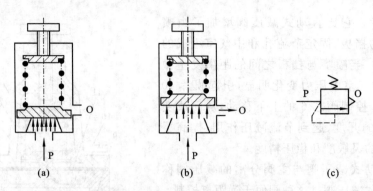

图 11-32　安全阀工作原理及图形符号
（a）关闭状态　（b）开启状态　（c）安全阀的图形符号

11.3.2　流量控制阀

流量控制阀是在系统中调节压缩空气流量的一类阀，实现对执行元件运动速度的控制。

流量控制阀通过改变节流口的通流面积来进行调节控制。

流量控制阀包括节流阀、单向节流阀和排气节流阀等。

1. 节流阀

节流阀是通过改变节流口的通流面积来调节流量的，其结构及图形符号如图 11-33 所示。节流阀的调节特性与阀芯节流部分的形状有很大关系，常见的节流口形状如图 11-34 所示。不同形状的节流口各有特点。一般对针阀型节流口的节流阀来说，小开度

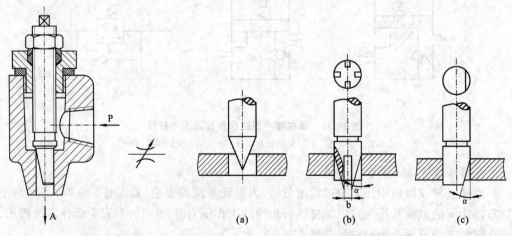

图 11-33　节流阀的结构及图形符号

图 11-34　常用节流口形状
（a）针阀型　（b）三角沟槽型　（c）圆柱斜切型

时调节灵敏,线性度较好,大开度时灵敏度差一些。对三角沟槽型节流口的节流阀来说,通流面积与阀芯位移量的线性关系好,在小开度时,调节较困难。对圆柱斜切型节流口的节流阀来说,通流面积与阀芯位移量成指数关系,能实现小流量的精密调节,但全行程的线性度较差。

2. 单向节流阀

单向节流阀是节流阀与单向阀组合而成的起调节作用的单向阀。气流沿一个方向流动时,单向阀关闭,经节流阀节流;反向流动时,单向阀打开,不经节流阀。单向节流阀常用来控制气缸的运动速度,所以又称速度控制阀。

3. 排气消声节流阀

排气消声节流阀是节流阀与消声器的组合,通常装在执行元件或换向阀的排气口。它不仅能调节排气流量以改变执行元件的运动速度,而且带有的消声器件可以降低排气的噪声。其结构及图形符号如图 11-35 所示。

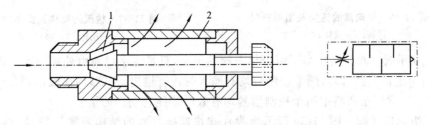

图 11-35　排气消声节流阀的结构及其图形符号
1—节流口；2—消声器套(由消声材料制成)

在使用流量控制阀时,应注意气体有较大的压缩性,尤其是在负载变化较大时对速度调控较困难,因此要尽可能使流量阀接近气缸,以减少外界因素(如润滑、泄漏及气缸加工精度)的影响。

11.3.3　方向控制阀

方向控制阀是在系统中控制压缩空气流动方向和气路通断的一类阀,实现对执行元件动作的控制。

方向控制阀的分类如下。

(1) 按阀内气流的流动方向可分为单向型和换向型控制阀。

(2) 按阀芯的结构形式可分为截止式和滑阀式换向阀。

(3) 按控制方式可分为电磁控制、气压控制、机械控制和人力控制换向阀。

1. 单向型控制阀

(1) 单向阀　单向阀是使气流只能沿一个方向流动而不能反方向流动的二位二通阀。图 11-36 所示为常见的截止式软质密封单向阀的结构及图形符号。当 A 腔压力高于 P 腔时,在气压力和弹簧力作用下阀芯 3 压靠在阀体上,端面的软质密封切断 A→P 通路；当 P 腔压力高于 A 腔时，气压力克服弹簧力，阀芯 3 左移打开 P→A 通路，气流由 P 腔流向 A 腔。由于采用软质密封，其泄漏可为零。截止式阀芯只要有管道直径的四分之一的开启量便可使阀门全开。

（2）梭阀　梭阀相当于共用一个阀芯而无弹簧的两个单向阀的组合，作用相当于逻辑"或"。其结构和图形符号如图 11-37 所示。常用于两个信号控制同一个动作的组合。

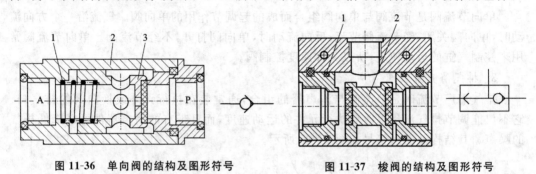

图 11-36　单向阀的结构及图形符号　　　　　图 11-37　梭阀的结构及图形符号
1—弹簧；2—阀体；3—阀芯　　　　　　　　　　　1—阀体；2—阀芯

（3）双压阀　双压阀相当于两个单向阀的组合，只是将密封面由外端面改为内端面，作用相当于逻辑"与"，即当两个控制口均有输入时才有输出；否则，均无输出，其结构如图 11-38 所示。常用于回路中两个控制信号均有效时才能有动作的组合。

（4）快速排气阀　图 11-39 所示为膜片式快速排气阀的结构及图形符号，当 P 口接入有压力空气后，膜片 1 向下变形，封闭 O 口，有压力的空气经膜片圆周小孔进入 A 腔；当 P 口无压力空气时，在 A 腔气压力和模片的弹性恢复力作用下，膜片上移封闭 P 口，A 口气体经 O 口排出。此阀常装在气缸与换向阀之间，可使气缸的排气不经换向阀而快速排出。

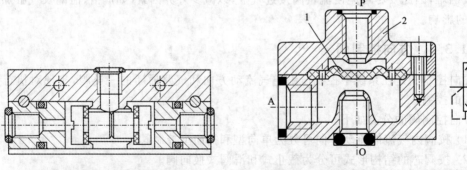

图 11-38　双压阀的结构　　　　　图 11-39　快速排气阀的结构及图形符号
　　　　　　　　　　　　　　　　　　　　1—膜片；2—阀体

2. 换向型控制阀

换向型控制阀的种类很多，其基本原理都是使阀芯在外力作用下移动，以切换气流方向或流道的通断。

1）电磁换向控制阀

电磁换向控制阀是指利用电磁力来推动阀芯移动,从而实现气流的切换或流道的通断,从而控制气流方向的控制阀。根据电磁力的作用方式,换向控制阀可以分为直动式和先导式两类,单电控和双电控两种方式。

（1）直动式单电控电磁换向阀　其结构如图11-40所示。通电时,电磁铁推动阀芯下移封闭O口,P口与A口接通。断电时,阀芯在弹簧力作用下上移复位封闭P口,A口与O口接通排气。因无信号时P口与A口不通,故为常断式阀。如P口与O口互换则为常通式阀。

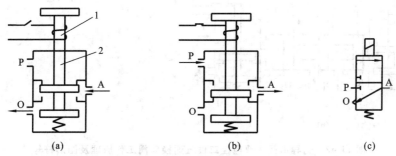

图 11-40　直动式单电控电磁换向阀工作原理及图形符号

（a）断电状态　（b）通电状态　(c)图形符号

1—电磁铁；2—阀芯

图11-41所示为二位三通螺管式微型截止式直动电磁阀结构,工作原理如前所述。

（2）先导滑阀式双电控换向阀　图11-42所示为二位五通换向阀的工作原理及图形符号。电磁先导阀1通电、2断电,主阀的 K_1 腔进气, K_2 腔排气。主阀芯3右移,P与A口,B与 O_2 口接通;反之,先导阀2通电、1断电, K_2 腔进气, K_1 腔排气,主阀芯3左移,P与B口,A与 O_1 口通气。先导式双控阀具有记忆功能,即通电时换向,断电时不复位,直到另一侧通电为止,相当于"双稳"逻辑元件。应注意的是,两电磁先导阀不能同时通电。

图11-43所示为先导式双电控二位五通滑阀结构,导阀是两个螺管式微型电磁阀,主阀为滑阀式软质密封结构。

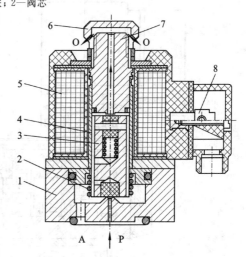

图 11-41　螺管式微型截止式直动电磁阀的结构

1—阀体；2—弹簧；3—动铁芯；4—隔磁套管；
5—线圈组件；6—防尘螺母；7—静铁芯；8—接线压板

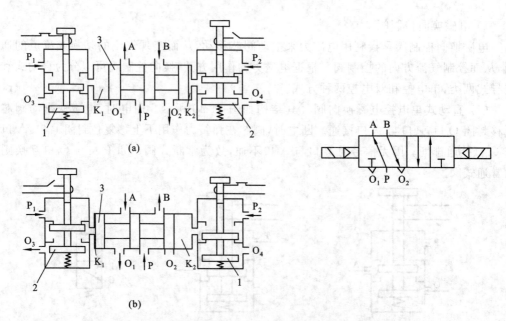

图 11-42　先导滑阀式双电控二位五通换向阀工作原理及图形符号

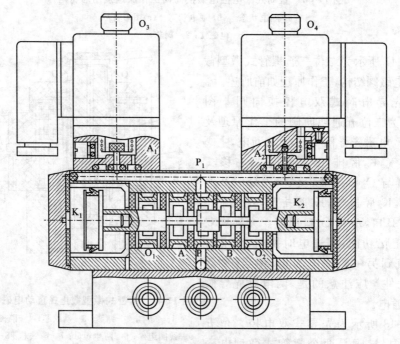

图 11-43　先导式双电控二位五通滑阀的结构

2）气压控制换向阀

气压控制换向阀是指由外部供给气压来推动阀芯移动,从而实现气流的切换或流道的通断,从而控制气流方向的控制阀。按照气压控制作用原理,换向阀可分为加压控制、差压控制和泄压控制三类,单气控和双气控两种方式。

（1）单气控加压式换向阀　加压控制是指作用在阀芯上的控制信号的压力逐渐升高,达到一定值时阀便换向。

图 11-44 所示为二位三通单气控截止式换向阀的结构。当 K 口无信号时,A 口与 O 口相通,阀处于排气状态;当 K 口有信号输入后,压缩空气进入活塞 12 右端,使阀芯 4 左移,P 口与 A 口接通,阀有输出。图中所示的阀为常断阀,若 P 口与 O 口互换则成为常通阀。

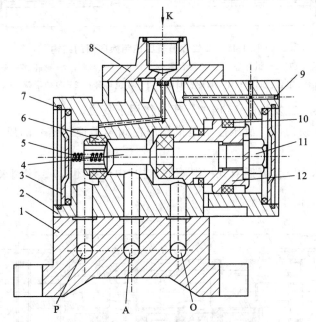

图 11-44　二位三通单气控截止式换向阀

1—阀板；2—阀体；3—端盖；4—阀芯；5—弹簧；6—密封圈；7—挡圈；
8—气控接头；9—钢球；10—Y 形密封圈；11—螺母；12—活塞

（2）差压控制换向阀　差压控制是指利用控制气压在阀芯两端不等面积上所产生的压力差使阀换向。

图 11-45 所示为二位五通差压控制换向阀的结构。此阀采用气源进气差动式结构,即 P 腔与复位腔 13 相通。在没有控制信号 K 时,复位活塞 12 上气压力推动阀芯 6 左移,P 与 A 口接通,有气输出,B 与 O_2 接通排气;当有控制信号 K 时,作用在控制活塞 3 上的作用力将克服复位活塞 12 上的作用力和摩擦力（控制活塞 3 的面积比复位活塞的面积大的多）,推动阀芯右移,P 与 B 相通,有气输出,A 与 O_1 接通排气,完成切换。一旦控制

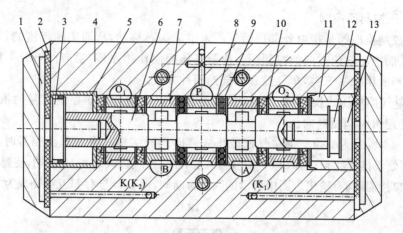

图 11-45 二位五通差压控制换向阀的结构

1—进气腔；2—组件垫；3—控制活塞；4—阀体；5—衬套；6—阀芯；7—隔套；
8—垫圈；9—组合密封圈；10—E 形密封圈；11—复位衬套；12—复位活塞；13—复位腔

信号 K 消失，阀芯 6 在复位腔 13 内的气压力作用下复位。

（3）泄压控制换向阀 泄压控制是指作用在阀芯上控制信号的压力逐渐减小，达到一定值时阀便换向。

图 11-46 所示为三位五通双气控滑阀的结构（中位封闭式）。该阀采用气压对中泄压

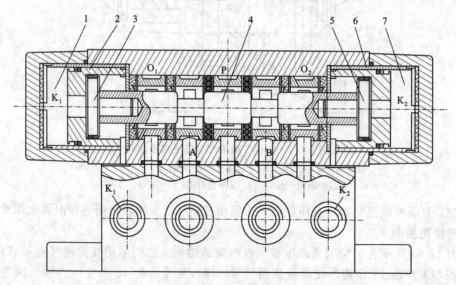

图 11-46 三位五通双气控滑阀的结构（中位封闭式）

1—左控制腔；2—左对中活塞；3—左换向活塞；

4—阀芯；5—右换向活塞；6—右对中活塞；7—右控制腔

控制方式。换向活塞3和5只在对中活塞2和6内部运动,而对中活塞2和6在控制腔1和7中运动,阀芯4在换向活塞推动下可以左右移动。当泄压信号 K_1 和 K_2 都为零时,由于两腔压力相等,且装有对中活塞,使阀芯处于中间位置。当左控制腔有泄压信号 K_1 时,左腔泄压,右换向活塞5上的气压将推动阀芯,连同左换向活塞3和左对中活塞2一起向左移动,P与B相通,B腔输出;A与 O_1 相通,A腔排气。当泄压信号 K_1 消失后,左腔气压力恢复到与右腔相等,由于对中活塞面积大于换向活塞面积,使对中活塞2连同左换向活塞3一起推动阀芯右移,直到右换向活塞5碰到右对中活塞6后,阀芯受力平衡,停止运动,复位至中间位置。当右控制腔7有泄压信号 K_2 时,阀芯右移,P与A相通,A腔输出;B与 O_2 相通,B腔排气。

改变阀芯台阶尺寸,则有三种不同状态的中位机能。图11-47(a)所示为中位封闭式,即在中位时,各通口互不相通。中位封闭式换向阀可使气缸停留在行程中任意位置。图11-47(b)所示为中位泄压式,即在中位时,A和B腔分别与 O_1 和 O_2 腔相通,气缸两腔都排气,活塞可以在外力作用下自由移动。图11-47(c)所示为中位加压式,即在中位时,P腔与A和B腔相通。因气缸两腔的活塞面积相等,在两腔同时受压,且压力相等时,活塞能停留在任意位置。

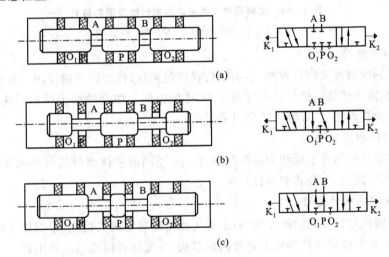

图 11-47　三位五通换向阀中位机能及图形符号

(a) 中位封闭式　(b) 中位泄压式　(c) 中位加压式

　3) 时间控制换向阀

时间控制换向阀是指气流通过气阻、气容等环节延迟一定时间后再使阀芯移动,从而实现切换的换向阀。主要有延时阀和脉冲阀。

常断延时二位三通阀的结构及图形符号如图11-48所示。当K口无信号气流时,P口截止,A口与O口相通排气。当K口通入信号气流时,气流经节流阀1的节流口进入

C腔,当C腔内的气压力升至一定值时,主阀芯4左移换向,P口通A口,O口截止,此时A口有输出。调节节流阀阀口开度,可获得从几秒到几分钟的不同延时时间。当K口气流信号消失后,C腔经单向阀3快速排气,阀芯在左端恢复弹簧作用下复位。若P口与O口交换则为常通延时断阀。

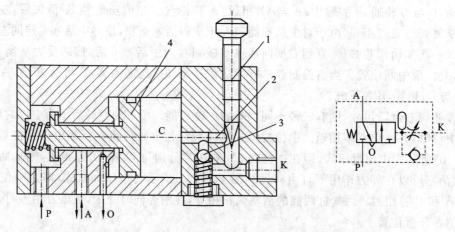

图 11-48　常断延时二位三通阀的结构及图形符号

1—节流阀；2—恒节流孔；3—单向阀；4—主阀芯

4）机械控制换向阀

机械控制换向阀又称行程阀,多用于行程控制系统,作为信号阀使用。机械控制换向阀常靠凸轮、撞块或其他机械外力推动阀芯,使阀换向。按阀的触头结构形式,机械控制换向阀可分为直动式、杠杆滚轮式和可通过式。

5）人力控制换向阀

人力控制换向阀有手动和脚踏两种形式。手动阀的主体部分与气控阀相似,其操作方式有按钮式、旋钮式、锁式和推拉式等。

3．方向控制阀的选用

根据所需流量选择阀的通流能力;根据工作情况确定阀的机能;根据使用场合选择阀的技术条件;根据使用条件和要求选择阀的结构;尽量选择标准阀和通用阀。

11.3.4　其他类型气动控制阀

前面叙述的是定值开关式气动控制阀,可用于一般的气动系统。对于控制要求高的气动系统,可选用气动比例控制阀和气动伺服控制阀,以提高气动系统的静态和动态性能。近年来出现了新一代气-电一体化的控制元件——阀岛,集成了信号输入/输出及信号的控制,具有多阀集成和多路控制的功能,已投入使用。

11.4　气动逻辑元件

11.4.1　气动逻辑元件概述

1. 概述

气动逻辑是指控制信号的有与无,气路的通与断,气流的输出(入)与截止的逻辑概念。

"逻辑与"是指两个以上信号同时输入时才有输出的逻辑功能。

"逻辑或"是指两个以上信号中有任何一个信号输入时即有输出的逻辑功能。

"逻辑非"是指有信号输入时无信号输出,而无信号输入时有信号输出的逻辑功能。

以上的基本逻辑功能对应着最基本的逻辑单元(又称"逻辑门"),逻辑单元实质上是按一定规律动作的开关元件。基本逻辑单元的逻辑符号和逻辑函数如表11-1所示。

表 11-1　基本逻辑单元的逻辑符号和逻辑函数

逻 辑 单 元	逻 辑 符 号	逻 辑 函 数
逻辑与	a,b —⊙— S	$S=a \cdot b$
逻辑或	a,b —⊕— S	$S=a+b$
逻辑非	a —▷— S	$S=\bar{a}$

气动逻辑元件是指一种采用压缩空气为工作介质,通过内部可动部件(如膜片等)的动作,改变气流流动方向,从而实现一定逻辑功能的气动控制元件,又称开关元件。

在气压传动与控制中,常用真值"1"和"0"分别表示有和无、通和断的两种基本状态。因而气动逻辑元件中输入信号a、b与输出信号S之间的逻辑关系可用逻辑函数和真值表来表示。

2. 气动逻辑元件的分类

气动逻辑元件有以下分类。

按工作压力分为:高压元件(0.2～0.8 MPa)、低压元件(0.02～0.2 MPa)、微压元件(0.02 MPa以下)。

按逻辑功能分为:"是门"元件、"与门"元件、"或门"元件、"非门"元件、"双稳"元件等。

按结构形式分为:截止式元件、滑阀式元件、膜片式元件。

3. 气动逻辑元件的特点

气动逻辑元件优点是:流道孔径大,抗污染能力强;带载能力强,无功耗气量低;元件之间连接方便，匹配简单，调试容易；适应能力强，能在某些恶劣条件下工作。气动逻辑元件的缺点是：响应时间较长，响应速度较慢；不宜组成运算复杂的控制系统；在强烈冲击振动的工作环境中有可能产生误动作。

11.4.2 高压截止式逻辑元件

高压截止式逻辑元件依靠气压信号或通过膜片变形推动阀芯运动，改变气流通路，实现一定的逻辑功能。

1. "是"门和"与"门元件

图 11-49 所示为"是"门和"与"门元件的结构，图中 a 为信号输入孔，S 为信号输出孔，中间孔接气源时为"是"门元件。a 孔无输入信号时，在弹簧及气压力作用下，阀片 6 位于上位，封住 P 与 S 间的阀口，S 口气流通过阀芯 4 径向间隙与排气孔相通，S 口无输出；a 有输入信号后，膜片 3 在输入信号压力作用下推动阀芯下移，封住 S 口与排气孔间的通道。P 口与 S 口相通，S 口有输出。也就是说，S 口无信号时无输出，有信号时有输出。显示活塞 2 用来显示 S 口有无输出。手动按钮 1 用于调试时手动控制。若将中间孔不接气源而换接另一输入信号 b 时，则成"与"门元件，也就是说，a 有输入信号 b 无输入信号或 a 无输入信号 b 有输入信号时，S 口均无输出。只有当 a 与 b 同时有输入信号时 S 口才有输出。

2. "或"门元件

图 11-50 所示为"或"门元件的结构。图中 a、b 为信号输入孔，S 为信号输出孔。当 a 有输入信号时，阀芯 3 因输入信号作用，下移封住信号孔 b，气流经 S 输出；当 b 有输入信号时，阀芯 3 在 b 信号作用下上移，封住信号孔 a，b 信号经 S 输出；当 a 与 b 均有输入信

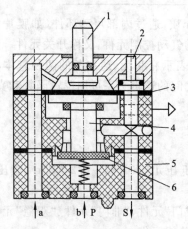

图 11-49 "是"门和"与"门元件的结构

1—手动按钮；2—显示活塞；3—膜片；
4—阀芯；5—阀体；6—阀片

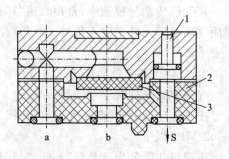

图 11-50 "或"门元件的结构

1—显示活塞；2—阀体；3—阀芯

号时，阀芯 3 在 a 与 b 两信号作用下或上移或下移，或保持中位，但无论处于何处，S 均有输出。也就是说，在 a 或 b 两个输入端中，只要一个有信号或同时有信号，输出端 S 均会有信号。显示活塞 1 显示有无输出。

3. "非"门和"禁"门元件

图 11-51 所示为"非"门和"禁"门元件的结构。图中 a 为信号输入孔，S 为信号输出孔，中间孔接气源 P 时为"非"门元件。当 a 孔无信号输入时，阀片 1 在气源 P 口的压力作用下上移，封住输出孔 S 与排气孔的通道，S 有输出；当 a 孔有输入信号时，膜片 6 在 a 孔

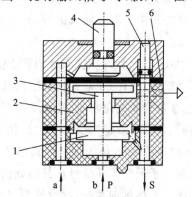

输入信号压力作用下，推动阀杆 3 下移（因阀杆 3 的作用面积比下端大的多），阀片 1 下移封住气源孔 P，S 经中间径向间隙与排气孔相通，没有输出。也就是说，S 口有输入信号时无输出，无输入信号时有输出。显示活塞 5 显示有无输出，手动按钮 4 用于调试。

若将中间孔不做气源孔 P 用，改作另一输出信号孔 b 时，则为"禁"门元件。当 a 与 b 孔均有输入信号时，阀杆 3 下移，阀片 1 封住 b 孔，S 口无输出；当 a 孔无输入信号，b 孔有输入信号时，阀片 1 上移，S 口有输出。也就是说，a 孔的输入信号对 b 孔的输入信号起到禁止作用。

图 11-51　"非"门和"禁"门元件的结构

1—阀片；2—阀体；3—阀杆；
4—手动按钮；5—显示活塞；6—膜片

4. "或非"元件

"或非"元件是一种多功能的逻辑元件，用这种元件可以组成"或"门、"与"门、"双稳"等逻辑单元，如表 11-2 所示。

表 11-2　由"或非"元件组成的多种基本逻辑单元

a —▷— a　　a —+├─ ─┤+─ S=a 是门	a —▷— a̅　　─┤+─ S=a̅ 非门
a b —+─ a+b　　a b —+─ ─┤+─ S=a+b 或门	a b —+─ a̅+̅b̅　　a b —+─ ─┤+─ S=a̅+̅b̅ 或非
a b —·— ab 与门	a —1→ S₁　　双稳

图 11-52 所示为三输入"或非"元件的结构。这种"或非"元件是在"非"门元件基础上增加了两个输入信号端（b 与 c），即 a、b、c 为三个信号输入端，P 为气源端，S 为输出端。三个信号膜片可以各自独立运动，阀柱 1 与 2 将相应的上下膜片分开。当 a、b、c 都无输入信号时，在 P 口压力作用下，阀柱 3 位于上位，P 与 S 相通，S 端有输出。若三个输入端 a、b 或 c 的任意一个或任意两个或三个同时有输入信号时，相应膜片在输入信号压力的作用下，通过阀柱依次将力传递到阀芯 3 的上端。由于阀芯 3 上下端的面积差，使阀芯下移，切断 P 与 S 的通道，S 端与排气相通而无输出。也就是说，三个输入端的作用是等同的，只要其中一端有输入信号，就能切断输出端的输出信号。

5．"双稳"和"单记忆"元件

"双稳"和"单记忆"元件均属记忆元件，具有记忆功能。

"双稳"元件是"双记忆"元件，其结构如图 11-53 所示。当 a 口有信号 b 口无信号时，阀芯被信号 a 推向右端，气源 P 来气经滑块 4 外圆通 S_1 端输出，S_2 端经滑块 4 内圆通 O 口排气，此时"双稳"元件处于"1"状态。a 信号的持续时间只要满足阀芯 2 换向即可。此后 a 信号消失（b 仍无信号），阀芯 2 受力平衡仍保持右端位置，S_1 端仍有输出，S_2 端无输出，相当于记忆了 a 信号让其所处的"1"状态，并保持此状态；当 b 信号有输入（a 无信号）时，阀芯 2 被推向左端，此时气源 P 经滑块 4 外圆至 S_2 端输出，S_1 端经 O 口排气无输出，此时双稳元件处于"0"状态。b 信号消失后（a 仍无信号）阀芯仍在左端，S_2 端仍有输出，S_1 端无输出，相当于"记忆"了 b 信号让其所处的"0"状态，并保持"0"状态输出。

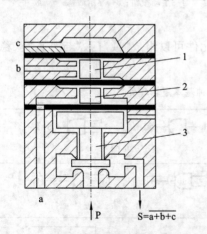

图 11-52　"或非"元件的结构及逻辑关系

1、2—阀柱；3—阀芯

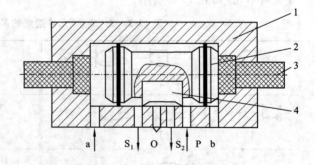

图 11-53　"双稳"元件的结构

1—阀体；2—阀芯；3—手动按钮；4—滑块

"双稳"元件的逻辑关系如表 11-3 所示。

图 11-54 所示为"单记忆"元件的结构。a 为置"0"信号输入端，b 为置"1"信号输入

表 11-3　"双稳"元件逻辑关系

逻 辑 函 数	真 值 表			
$S_1=K\dfrac{b\cdot\bar{a}}{a\cdot\bar{b}}$　$S_2=K\dfrac{b\cdot\bar{a}}{a\cdot\bar{b}}$	a	b	S_1	S_2
	1	0	1	0
	0	0	1	0
逻辑符号	0	1	0	1
	0	0	0	1

a —|1|→ S_1
b —|0|→ S_2

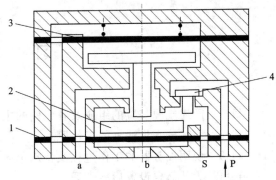

图 11-54　"单记忆"元件的结构

1、3—膜片；2—活塞；4—小活塞

端,S 为输出端,P 为气源孔。当 b 有信号输入(a 无信号)时,膜片 1 变形使活塞 2 上移,将小活塞 4 顶起,打开气源通道,并关闭排气通道,S 端有输出,处于 b 置"1"状态。如果 b 信号消失,膜片 1 复原,活塞 2 在输出端压力作用下保持在上位(因活塞 2 下端气压力作用有效面积大于上部),S 端仍有输出,相当于对 b 置"1"信号有记忆作用。当 a 有信号输入(b 无信号)时,膜片 3 变形使活塞 2 下移,复位紧贴膜片 1 上,小活塞 4 在 P 口压力作用下下移切断进气通道,打开排气通道,S 端排气而无输出。

"单记忆"元件逻辑关系如表 11-4 所示。

表 11-4　"单记忆"元件逻辑关系

逻 辑 函 数	真 值 表		
$S=K\dfrac{b\cdot\bar{a}}{a\cdot\bar{b}}$*	a	b	S
	0	0	0
	0	1	1
逻辑符号	0	0	1
	1	0	0

b —|1|→ S
a —|0|→

*注:$S=K\dfrac{b\cdot\bar{a}}{a\cdot\bar{b}}$表示真值表中变量 a、b 的逻辑关系表达式(逻辑函数式)

11.4.3　气动逻辑元件的应用

气动逻辑元件应用广泛,不同的逻辑元件用途不同。"是"门元件在回路中作波形的整形、隔离、放大,是有源元件,必须接气源。"与"门元件常用于两个或多个信号间的互锁,是无源元件,工作时不需要单独气源。"或"门元件常用于两个或多个信号相加,是无源元件。"非"门元件在回路中做反相元件,在不便于安装机械行程换向阀的场合可用"非"门元件发信。"禁"门元件经常用于禁止某个信号的通过,以提高回路的可靠性。"或非"元件可组成多种基本逻辑单元。"双稳"和"单记忆"元件在逻辑回路中均有重要作用。

习　题

11-1　简述气源装置的组成及各元件的主要作用。

11-2　简述分水过滤器的工作原理。

11-3　说明油雾器的工作过程及特殊单向阀的作用。

11-4　为什么要设置后冷却器？

11-5　为什么要设置干燥器？

11-6　简述常见气缸的类型,特点和用途。

11-7　简述气马达的软特性。

11-8　单作用气缸内径 $D=80$ mm,复位弹簧最大反作用力 $F_s=200$ N,工作压力 $p=0.4$ MPa,气缸负载效率 $\eta=0.5$,试求此气缸的有效推力。

11-9　单杆双作用气缸内径 $D=125$ mm,活塞杆直径 $d=32$ mm,工作压力 $p=0.45$ MPa,气缸负载功率 $\eta=0.5$,试求此气缸的推力和拉力。

11-10　说明直动式与先导式减压阀的工作原理。

11-11　写出下列阀的职能符号：

(1)二位五通差压气控换向阀;(2)双电控二位五通电磁先导换向阀;(3)中位封闭式三位五通气控换向阀;(4)梭阀;(5)快速排气阀;(6)常断延时通型换向阀。

11-12　为什么说电气双控二位五通换向阀相当于"双稳"元件？

(提示:由其工作原理可知。通电时换向,断电后,并不复位,直至另一侧来电为止,具有记忆功能,相当于一个"双稳"元件)

11-13　什么是气动逻辑元件？

11-14　用逻辑函数、逻辑符号、真值表说明"与""或""或非""双稳"元件的工作原理。

第12章　气动基本回路和气动系统

气动系统是由一些简单、通用的基本回路组成的,它用来进行力的传递和控制,以实现预期的功能。

12.1　气动基本回路

气动基本回路是气动系统的基本组成部分,基本回路按其功能分为:压力控制回路、换向控制回路、速度控制回路、位置控制回路和基本逻辑回路。

12.1.1　压力控制回路

压力控制回路是指为调节和控制气动系统中的空气压力,并将其保持和稳定在一定范围内的回路。

1. 一次压力控制回路

一次压力控制回路的作用是控制储气罐的压力不超过规定的压力值。常用外控制卸荷阀或电接点式压力表来控制空气压缩机的转与停,使储气罐内的压力保持在规定的范围内。如图 12-1 所示的回路采用了外控卸荷阀,结构简单,工作可靠,但气量浪费大。采用电接点式压力表则对电动机及控制的要求较高,常用于小型空气压缩机的控制。

2. 二次压力控制回路

二次压力控制回路的作用是对系统的气源压力进行控制,用溢流式减压阀进行减压来得到系统所需要的稳定工作压力。图 12-2 所示为常用的由分水过滤器、溢流减压阀和油雾器(气动三联件)组成的二次压力控制回路。

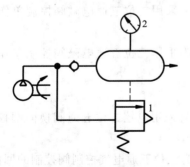

图 12-1　一次压力控制回路

1— 外控卸荷阀;2—电接点式压力表

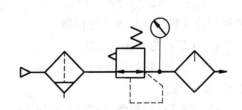

图 12-2　二次压力控制回路

3. 高、低压切换回路

高、低压切换回路是用两个溢流减压阀和一个换向阀实现高、低两种压力的切换输出，如图 12-3 所示。

4. 过载保护

过载保护回路如图 12-4 所示。正常工作时，电磁换向阀 1 通电，使换向阀 2 换向，气缸活塞杆外伸。如果在活塞杆受压的方向发生过载，则顺序阀动作，换向阀 3 切换，换向阀 2 的控制气体排出，在弹簧力作用下切换至图示位置，使活塞杆缩回。

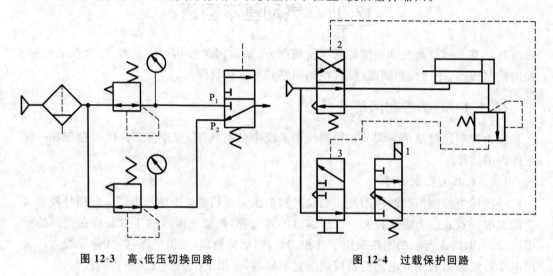

图 12-3　高、低压切换回路　　　　　　　图 12-4　过载保护回路

12.1.2　换向控制回路

换向控制回路是指通过换向阀来控制执行元件运动方向的回路。

1. 单作用气缸换向回路

（1）二位运动控制换向回路　图 12-5(a)所示为采用二位三通电磁阀控制单作用弹簧气缸的伸缩回路。

（2）三位运动控制换向回路　图 12-5(b)所示为采用三位五通电磁阀控制单作用弹簧气缸伸、缩、任意位置停止回路。

2. 双作用气缸换向回路

（1）二位运动控制换向回路　图 12-6(a)所示为采用电控二位五通阀换向阀控制气缸伸、缩回路。

（2）三位运动控制换向回路　图 12-6(b)所示为三位五通电气控制阀控制的回路，除控制双作用缸伸、缩外，还可以实现任意位置的停止。

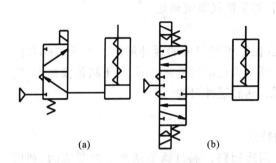

图 12-5 单作用气缸换向回路

（a）二位运动控制 （b）三位运动控制

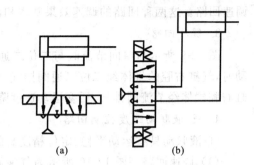

图 12-6 双作用气缸换向回路

（a）二位运动控制 （b）三位运动控制

12.1.3 速度控制回路

气动系统的使用功率不大,速度调节主要采用节流调速的方式。在供气(进口)节流调速会出现气缸的"爬行"和"跑空"现象,而在排气(出口)节流调速可以减少"爬行"发生的可能性,不易产生"跑空"现象。由于气缸或气马达启动时加速度较大,所以常用排气节流调速。

1. 单作用气缸节流调速回路

图 12-7(a)所示为由两个相对安装的单向节流阀来分别控制活塞杆的伸出和缩回速度。图 12-7(b)所示为活塞杆伸出时速度可调节,活塞杆返回时,缸内气体经快速排气阀排气,活塞杆快速返回的调速回路。

2. 双作用气缸双向调速回路

图 12-8(a)所示为采用单向节流阀的调速回路,图 12-8(b)所示为采用排气节流阀的

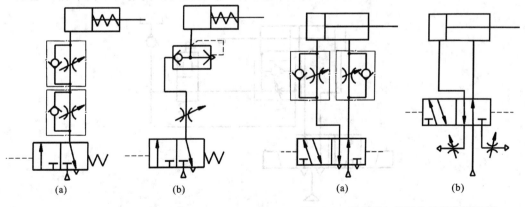

图 12-7 单作用缸的调速回路

（a）双向调速 （b）单向调速

图 12-8 双作用缸的双向节流调速回路

（a）单向阀节流调速 （b）排气阀节流调速

调速回路。这两种回路的调速效果基本相同，都是排气节流调速。

3. 缓冲回路

图 12-9 所示为单向节流阀与二位二通机控行程阀组成的缓冲回路。当活塞向右运动时，气缸右腔的气体经二位二通阀排气，直到活塞运动接近终点时，压下机控换向阀，气缸右腔气体经节流阀排气，活塞运动速度降低，达到缓冲目的。

4. 气-液联动速度控制回路

气-液联动具有运动平稳、定位精度高的特点。

（1）调速回路　图 12-10 所示为气液缸调速回路。通过调节两个单向节流阀，利用油液不可压缩的特点，实现两个方向的无级调速。油杯 3 为补充漏油而设。

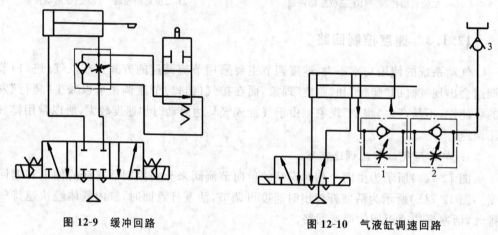

图 12-9　缓冲回路　　　　　　　　　　图 12-10　气液缸调速回路

（2）变速回路　图 12-11 所示为用二位二通机控行程阀的气液缸变速回路。当活塞杆右行到撞块 A 碰到机控换向阀后开始慢速运动。液压阻尼缸流量由单向节流阀控制，

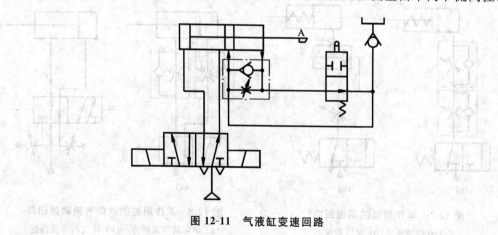

图 12-11　气液缸变速回路

改变撞块安装位置可以改变变速点的位置。

（3）任意位置停止的变速回路　如图 12-12 所示的回路中的液压阻尼缸与气缸的活塞杆固连在一起,构成并联形式。螺母 6 用于调节变速位置,单向节流阀 2 调节单向的速度,弹簧蓄能器 1 用来调节油缸中油量的变化。梭阀 4 可使三位五通阀切换到任何一侧时,都能使液压阻尼缸起调速作用。当三位五通阀 5 处于中位时,液压阻尼缸的油路被二位二通阀 3 切断,活塞在此位置停止,实现了在任意位置停止的功能。

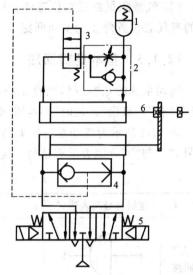

图 12-12　任意位置停止的变速回路
1—弹簧蓄能器；2—单向节流阀；
3—二位二通阀；4—梭阀；
5—三位五通阀；6—调节螺母

12.1.4　位置控制回路

1. 采用串联气缸的位置控制回路

如图 12-13 所示,气缸由多个不同行程的气缸串联而成。当换向阀 1 通电时,左侧的气缸推动中间及右侧的活塞右行到达左气缸的行程终点。当换向阀 2 通电时,左气缸保持不动,中间及右侧气缸继续向右运动。当换向阀 3 通电时,右气缸再继续向前运动。换向阀 1、2、3 同时断电,靠右侧气缸内的气压力回到原位。这个回路中,依靠三个不同行程的气缸可得到四个定位位置。

2. 任意位置停止回路

（1）气控阀任意位置停止回路　当气缸负载较小时,可选择图 12-14(a)所示的回路;当气缸负载较大时,选用图 12-14(b)所示回路。

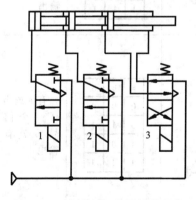

图 12-13　串联气缸位置控制回路

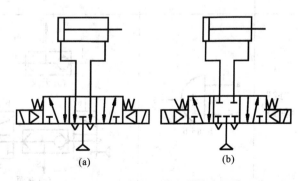

(a)　　　　　　　　(b)

图 12-14　气控阀任意位置停止回路

（2）气液阻尼缸任意位置停止回路　当停止位置要求较准确时，可选用图 12-12 所示的有任意位置停止的变速回路。

12.1.5　基本逻辑回路

气动系统的基本逻辑回路是指按基本逻辑关系组合成的回路。通常有"是"、"与"、"或"、"非"、"双稳"、"延时"等逻辑回路。这些逻辑回路可以完成各种逻辑功能。

表 12-1 所示为气动系统常见的基本逻辑回路，其中 a、b 为输入信号，S、S_1、S_2 为输出信号，"1"与"0"分别表示有信号和无信号。

表 12-1　气动系统常见的基本逻辑回路

名　称	逻辑符号及表达式	气动元件回路	真值表	说　明
"是"回路	S=a		a: 0→S 0; a: 1→S 1	有信号 a 则 S 有输出；无 a 则 S 无输出
"非"回路	S=a		a: 0→S 1; a: 1→S 0	有 a 则 S 无输出；无 a 则 S 有输出
"与"回路	S=a·b	(a)无源　(b)有源	a b S: 0 0 0; 1 0 0; 0 1 0; 1 1 1	只有当信号 a 和 b 同时存在时 S 才有输出
"或"回路	S=a+b	(a)无源　(b)有源	a b S: 0 0 0; 0 1 1; 1 0 1; 1 1 1	有 a 或 b 任一个信号 S 就有输出

续表

名　称	逻辑符号及表达式	气动元件回路	真 值 表	说　明
"双稳"（记忆）回路	S₁ S₂ S₁ 1 0 1 0 a b a b	(a) 双稳 (b) 单记忆	a b S₁ S₂ / 1 0 1 0 / 0 0 1 0 / 0 1 0 1 / 0 0 0 1	有信号 a 时，S_1 有输出；a 消失，S_1 仍有输出，直到有 b 信号时，S_1 才无输出（图（b）为单记忆）。要求 a、b 不能同时加信号
延时回路	a —[t]— S	R C S		当有信号 a 时，需延时 t 时间后 S 才有输出。调节气阻 R、气容 C，可调节 t。回路要求 a 信号持续时间大于 t

12.2　气动常用回路

常用回路是指气动系统中经常用到的一些典型回路，主要有安全保护回路、同步动作回路、往复动作回路、计数回路等。

12.2.1　安全保护回路

1. 双手操作回路

双手操作回路如图 12-15 所示。只有同时按下两个启动用的手动换向阀，气缸才会动作，起到安全保护作用。这类回路常在冲床、锻压机床上使用。

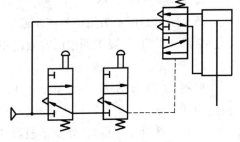

图 12-15　双手操作回路

2. 互锁回路

互锁回路可防止各缸的活塞同时动作，而只允许一个活塞动作。如图 12-16 所示的回路主要利用梭阀 1、2、3 及换向阀 4、5、6 进行互锁。如果换向阀 7 被切换，则换向阀 4 也换向，使 A 缸活塞杆伸出。与此同时 A 缸的进气管道的气体使梭阀 1、2 动作，把换向阀 5、6 锁住。此时即使换向阀 8、9 有信号，B、C 缸也不会动作。如果要改变缸的动作，必须把前面已动作过的气控阀与气动缸复位才行。

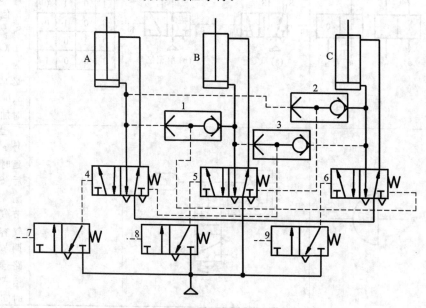

图 12-16　互锁回路

1、2、3—梭阀；4、5、6、7、8、9—换向阀

12.2.2　同步动作回路

1. 简单的同步回路

图 12-17(a)所示为简单的同步回路。为使两缸同步，可采用刚性零件把两缸的活塞杆连接起来即可，但要求两缸的有效面积相同。

2. 气-液组合缸同步回路

如图 12-17(b)所示，在两缸负载 F_1、F_2 不相等时，也能使工作台上下运动同步动作。回路中两缸都是气缸与液压缸活塞杆固接，两气缸并联，两液压缸上下油腔交叉相连。当三位五通阀 3 处于中位时，弹簧蓄能器自动为液压缸补充漏油。当该阀换至其余两个位置时，弹簧蓄能器的补给油路被切断，此时靠两油缸交叉连接油管输油，保证了两缸同步动作。回路中 1、2 处接放气装置，用以放掉混入油中的空气。

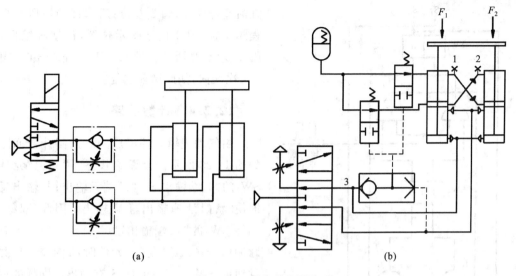

图 12-17　同步动作回路

（a）简单的同步回路　（b）气-液组合缸的同步动作回路

12.2.3　往复动作回路

1. 单往复动作回路

图 12-18 所示为单往复动作回路,由机动换向阀和手动换向阀组成。按下手动阀,二位五通阀换向阀处于左位,气缸外伸;当活塞杆挡块压下机动阀后,二位五通阀换至图示位置,气缸缩回,完成一次往复运动。

2. 连续往复动作回路

图 12-19 所示为连续往复动作回路。手动阀 1 换向,高压气体经阀 3 使阀 2 换向,气

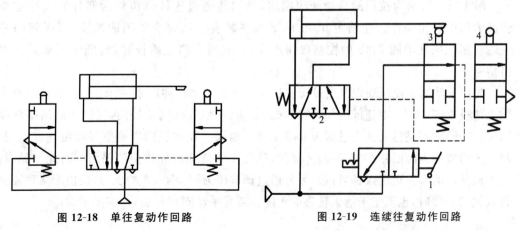

图 12-18　单往复动作回路　　图 12-19　连续往复动作回路

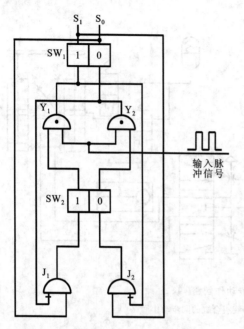

图 12-20　气动逻辑元件组成的计数回路

缸活塞杆外伸，阀 3 复位；活塞杆挡块压下行程阀 4 时，阀 2 换至图示位置，活塞杆缩回，阀 4 复位；当活塞杆缩回压下行程阀 3 时，阀 2 再次换向，如此循环往复。

12.2.4　计数回路

由气动逻辑元件组成的二进制计数回路如图 12-20 所示。设原始状态下"双稳"元件 SW_1 的"0"端输出 S_0，"1"端无输出；其输出反馈使"禁门"J_1 有输出，J_2 无输出。因此"双稳"元件 SW_2 的"1"端输出，"0"端无输出。当有脉冲信号输入给"与门"元件时，Y_1 有输出，并且切换 SW_1 至"1"端，使 S_1 有输出。同样的道理，当下一个脉动信号输入时，又使"双稳"元件 SW_1 呈现 S_0 输出状态。就这样，脉冲信号由"与门"Y_1、Y_2 元件相继输入，使"双稳"元件 SW_1 交替输出，起到分频计数的作用。

12.3　气动回路实例

12.3.1　拉门的自动开闭回路

图 12-21 所示为拉门的自动开闭回路，该回路通过连杆机构将活塞杆的直线运动转换为门的开闭动作。在踏板 6、11 的下方各装有一端完全封闭的橡胶管，而管的另一端与超低压气动阀 7、12 的控制口相连接，因此当人踏上踏板时，超低压气动阀就发出信号。

先用手动阀 1 使压缩空气通过阀 2 让气缸 4 的活塞杆伸出来（关闭门）。若此时有人踏上踏板 6 或 11 上，则超低压气动阀 7 或 12 动作，使气动阀 2 换向，气缸 4 的活塞杆收回（门打开）。若是行人已走过踏板 6 或 11 时，则阀 2 控制腔的压缩空气经由气容 10 和阀 9、8 组成的延时回路排气，使阀 2 复位，气缸 4 的活塞杆外伸使门关闭。由此可见，行人不论从门的哪一边出入都可以。另外通过调节压力调节器 13 的压力，使由于某种原因行人被门夹住时，也不至于达到伤害的程度。若将手动阀 1 复位，则变成手动门。

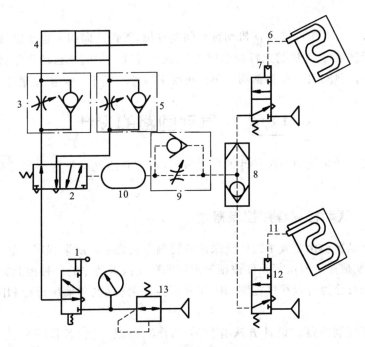

图 12-21　拉门的自动开闭回路

12.3.2　气动夹紧回路

图 12-22 所示为机床夹具的气动夹紧回路。动作过程是:垂直夹紧缸活塞杆首先下降将工件压紧,然后两侧的气缸活塞杆同时前进,对工件进行两侧夹紧;工件加工完后各夹紧缸退回,将工件松开。

开始时,用脚踏下阀 1,压缩空气进入 A 缸上腔,使夹紧头下降压紧工件,同时,行程阀 2 被压下,压缩空气经单向节流阀 6 进入二位三通换向阀 4(调节节流阀开口可以控制阀 4 的延时接通时间),因此压缩空气通过主阀 3 进入工件两侧的气缸 B 和 C 的无杆腔,使活塞杆前进而夹紧工件。然后加工钻头钻孔,同时流过主阀 3 的一部分压缩空气作为控制信号经过单向节流阀 5 进入主阀 3,经过延时时间(加工时间)后,主阀 3 右位接通,两侧气缸 B 和 C 退到原来位置。同时一部分压缩空气作为信号进入脚踏阀 1 右端,使阀 1 右位接通,压缩空气进入缸 A 下腔,使夹紧

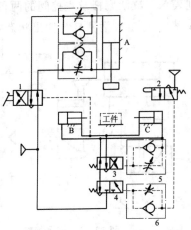

图 12-22　气动夹紧回路

头退回原位。

在夹紧头上升复位的同时使机动行程阀 2 复位，气控换向阀 4 也复位（此时主阀 3 右位接通），由于气缸 B 和 C 的无杆腔通过阀 3、阀 4 排气。主阀 3 自动复位到左位，完成一个工作循环。该回路只有在脚踏阀 1 再次被踩下时才开始下一个工作循环。

12.4　气动回路的设计

气动回路设计是气动系统设计的主要内容，本节介绍气动行程程序控制回路的设计方法。

12.4.1　气动行程程序控制概述

程序控制是自动化领域中被广泛采用的控制方法之一。所谓程序控制是指根据生产过程的要求，使被控制的执行元件按预先规定的顺序执行动作的一种控制方法。

程序控制可分为行程程序控制和时间程序控制两种，也有采用行程和时间混合程序控制。

行程程序控制回路的设计方法有信号-动作状态线图法（X-D 线图法）和卡诺图图解法。

本节以多缸单往复行程程序控制的 X-D 线图法为例，说明气动回路设计的方法和步骤。多缸单往复行程控制是指在一个循环程序中，所有气缸只作一次往复运动。

信号-动作状态线图法的符号说明如下。

(1) 用大写字母 A、B、C、D 等表示气缸及控制气缸换向的主控阀，用下标"1"和"0"分别表示气缸活塞杆及主控阀的两种状态。"1"表示活塞杆伸出；"0"表示活塞杆退回。如 A_1 表示气缸 A 活塞杆为伸出状态，A_0 表示气缸 A 活塞杆为退回状态。

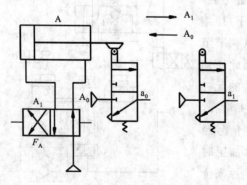

图 12-23　符号规定

(2) 用带下标小写字母 a_1、a_0、b_1、b_0 等分别表示与动作 A_1、A_0、B_1、B_0 等相应的行程阀及其输出信号。如 a_1 表示 A 缸活塞杆伸出后压下行程阀 a_1 时发出的信号，a_0 表示 A 缸活塞杆退回时压下行程阀 a_0 时发出的信号，如图 12-23 所示。

(3) 经逻辑处理排除障碍后的信号于右上角标注"*"，这类信号称为执行信号，如 a_1^*、b_0^* 等；不带"*"号的信号称为原始信号，如 a_1、b_0 等。

12.4.2　障碍信号

大部分多缸行程控制回路的信号之间存在一定程度的干扰,如一个信号妨碍另一个信号的输出。也就是说,这些信号之间形成障碍,使程序动作不能正常进行,构成了有障碍回路。如图 12-24 所示的两缸单往复动作回路,要求能实现"A 缸伸出→B 缸伸出→B 缸缩回→A 缸缩回($A_1 B_1 B_0 A_0$)"程序动作。由于没有考虑障碍信号的存在,所以这个回路不能工作。可作如下分析。

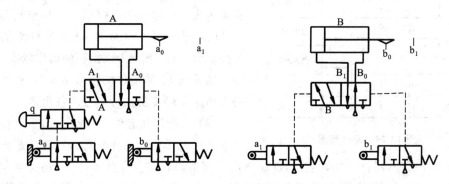

图 12-24　$A_1 B_1 B_0 A_0$ 气动回路(有障碍信号)

在回路供气后,由于行程阀 b_0 被缸 B 挡块压下,换向阀 A 右侧有气压,这样即使按下启动阀 q 向阀 A 左侧供气,阀 A 也不换向,缸 A 不能动作。所以信号 b_0 对信号 a_0 是障碍信号;同样分析,信号 a_1 妨碍了信号 b_1 的输入,a_1 也是障碍信号。

可见此回路中,信号 b_0、a_1 妨碍了其他信号的输入,形成了障碍。这种在多缸单往复动作回路中产生的障碍称为 I 型障碍,而在多缸多往复动作回路中由于多次信号产生的障碍称为 II 型障碍。

12.4.3　X-D 线图法

以两气缸组成攻螺纹机为例(见图 12-24),说明采用 X-D 线图法设计的步骤。

1. 根据工艺要求,列出工作程序

攻螺纹机的工作程序为

启动──→送料缸进──→攻螺纹缸进──→攻螺纹缸退──→送料缸退──→

用符号表示为

$$\xrightarrow{\;qa_0\;} A_1 \xrightarrow{\;a_1\;} B_1 \xrightarrow{\;b_1\;} B_0 \xrightarrow{\;b_0\;} A_0 \xrightarrow{\;a_0\;}$$

2. 绘制 X-D 线图

X-D 线图如图 12-25 所示,可以清楚地表示出各个信号的存在状态和执行元件的动作状态,并可分析障碍的存在状态及消除信号障碍的可能性。

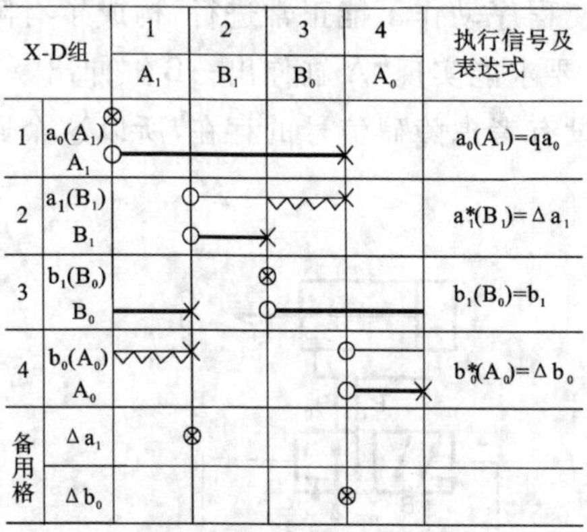

图 12-25　X-D 线图

绘制 X-D 线图的步骤如下。

（1）画方格图　如图 12-25 所示的方格图,顶行填写程序号 1、2、3、4,序号下面填写相应的动作状态 A_1、B_1、B_0、A_0;右边一列是"执行信号及表达式";左边一列是控制信号与控制动作组（X-D 组）的序号 1、2、3、4,每个 X-D 组的上行为控制信号行,下行为该控制的动作状态,如 a_0（A_1）表示控制 A_1 动作的信号是 a_0 等;最下一行是为消除障碍找出执行信号的备用格。

（2）画动作状态线（D 线）　用横向粗实线表示各执行元件的动作状态线。D 线起点在该动作程序开始处,用符号"○"表示,D 线终点是该动作状态变化的开始处,用符号"×"表示。如缸 A 伸出,即状态 A_1 的起点在程序的开始处,终点是缸 A 缩回,即状态 A_0 的开始处,即为 A_1 状态的终点处。

（3）画信号线（X 线）　用横向细实线表示各处行程信号线。X 线起点与同组的 D 线的起点相同,也用符号"○"画出。终点与上一组中产生该信号的 D 线的终点相同,也用符号"×"画出。如果信号线起点与终点重合时用"⊗"符号表示,表示该信号为脉冲信号,脉冲宽度相当于行程阀发出信号、主控阀换向、气缸启动和信号传递时间的总和。

3. 列出执行信号

1）确定障碍信号

（1）在 X-D 线图中,若某信号线比所控制的动作线长,则该信号为障碍信号,长出的那部分线段为障碍段,用锯齿线"／\／\／\"表示。存在这种情况,说明信号与动作不一致,即动作状态要改变,而控制信号是不允许改变,如图 12-25 中的 a_1、b_0 就是障碍信号。

（2）用区间直观法快速判别 I 型障碍。这种方法是直接从给定程序中判别。如图 12-24 中所示的 $A_1B_1B_0A_0$ 回路中,在发令缸 A 的一次往复动作（$A_1 \rightarrow A_0$）中出现了受令缸 B 的往复动作（$B_1 \rightarrow B_0$）,则发令动作 A_1 发出的信号 a_1 为 I 型障碍信号;同理,b_0 也是 I 型障碍信号。I 型障碍信号用符号［　］标记,即

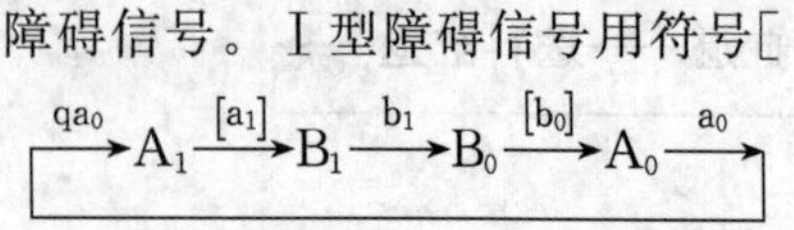

$$\xrightarrow{qa_0} A_1 \xrightarrow{[a_1]} B_1 \xrightarrow{b_1} B_0 \xrightarrow{[b_0]} A_0 \xrightarrow{a_0}$$

2）障碍信号的排除

在 X-D 线图中,排除障碍是指缩短有障碍存在的时间,将长信号变为短信号(信号线

最长等于所控制的动作线），这种无障碍的信号就是执行信号。

障碍信号的排除方法如下。

（1）脉冲信号法排障 此方法是将有障碍的原始信号变为脉冲信号，使其在命令主控阀完全换向后立即消失，这就消除了障碍信号。如图 12-25 所示，将有障碍信号 a_1、b_0 变为脉冲信号，即 a_1 变为 Δa_1，b_0 变为 Δb_0，成为无障碍信号，执行信号 a_1^*（B_1）＝ Δa_1，b_0^*（A_0）＝ Δb_0。

将有障碍信号变为脉冲信号可以采用机械法和脉冲回路法。

机械法就是采用机械活络挡铁或可通过式行程阀发生脉冲信号。排障原理是：当活塞杆伸出时，挡铁压下行程阀发出信号，挡铁通过行程阀后和活塞杆缩回时，行程阀均不发出信号，如图 12-26 所示。

脉冲回路法是采用脉冲阀或脉冲回路将有障碍信号变为脉冲信号。如图 12-27 所示。

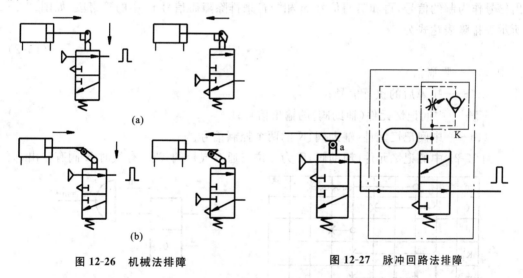

图 12-26　机械法排障　　　　　图 12-27　脉冲回路法排障

（2）逻辑回路法排障 这种方法是用"与门"逻辑元件或回路将长信号变成短信号，图 12-28 所示为排除障碍信号 m 中的障碍段，引入制约信号 x，把 m 和 x 相"与"得到排障后的执行信号 m^*，即

$$m^* = m \cdot x \tag{12-1}$$

制约信号 x 的起点应位于障碍信号 m 形成开始前及 m 障碍段之后的范围中（见图 12-28 中 3 区域），制约信号 x 的终点应选在障碍信号 m 为无障碍段中。制约信号 x 应尽量选用回路中的原始信号和主控制阀的输出信号。

（3）中间记忆元件（辅助阀）排障 如果在 X-D 线图中找不到可直接用来作为制约信号的信号时，可采用增加辅助阀，即为增加中间记忆元件来排障。利用中间记忆元件的输

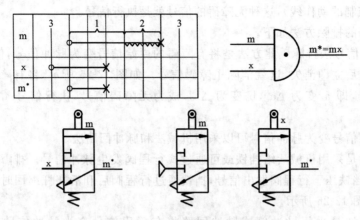

图 12-28　"与门"逻辑回路排障

出信号作为制约信号，再和障碍信号 m 相"与"来排除障碍信号 m 中的障碍段，如图12-29所示。排障表达式为

$$m^* = m \cdot K_d^t \qquad\qquad (12\text{-}2)$$

式中：m——障碍信号；

　　m^*——排障后的执行信号；

　　K_d^t——中间记忆元件（辅助阀）的输出信号；

　　t、d——中间记忆元件（辅助阀）K 的两个控制信号。

图 12-29 中的记忆元件（辅助阀）K 为二位三通双气控阀，当 t 有气时 K 阀有输出，而

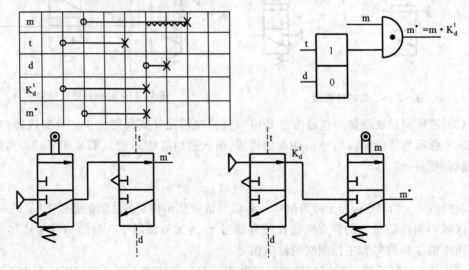

图 12-29　中间记忆元件（辅助阀）排障

当 d 有气时 K 阀无输出。t 和 d 不能重叠,即 t·d＝0。

控制信号 t、d 的选择原则是:"通"信号 t 起点位于障碍信号 m 之前或同时,终点位于 m 的无障碍段中;"断"信号 d 的起点位于障碍信号 m 的无障碍段中,终点应在 t 的起点前。如图 12-29 所示。

如图 12-30 所示为利用中间记忆元件(辅助阀)排障后的 X-D 线图。

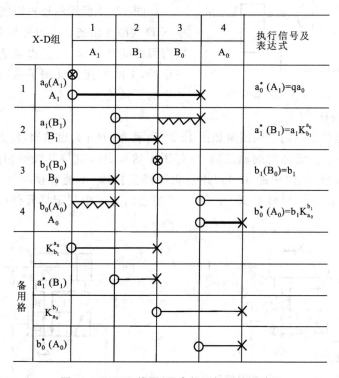

图 12-30　X-D 线图(用中间记忆元件排障)

4. 绘制逻辑原理图和气动回路图

1)气动逻辑原理图

由 X-D 线图的执行信号表达方式,并考虑手动、启动、复位等要求画出逻辑框图。依据逻辑框图就可以较快地画出气动回路原理图。因此,它是由 X-D 线图转换为气动回路原理图的桥梁。

逻辑原理图的基本组成及符号如下。

(1)在逻辑原理图中,主要用"是""与""或""非"和"双稳"等逻辑符号表示。这些符号可理解为逻辑运算符号,不一定代表某一具体元件。因为逻辑图上的某逻辑符号在气动回路原理图上可以用多种方案表示。

(2)执行元件的两种输出状态,如伸出／缩回、正转／反转由主控阀及其输出表示,

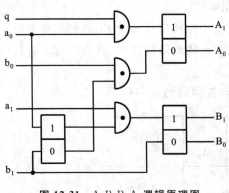

图 12-31 $A_1 B_1 B_0 A_0$ **逻辑原理图**

而主控阀常用双控阀,具有记忆功能,可用记忆逻辑符号表示。

（3）行程发信装置主要是行程阀、也包括有外部信号输入的装置,如启动阀、复位阀等。这些发信装置的信号用符号表示。

如图 12-31 所示的逻辑原理图是根据12-30中 X-D 线图绘出的。右边是与主控阀相对应的执行元件的动作状态,左边是信号装置相对应的信号,中间的连接反映了执行信号逻辑表达式中的逻辑关系。

2）气动回路图

由逻辑原理图绘出的气动回路如图 12-32 所示,图中 q 为启动阀,K 为排障用的中间记忆元件(辅助阀)。无障碍的原始信号(如图中的 a_0、b_1)直接与气源相接(有源元件)。有障碍的原始信号(如图中的 a_1、b_0)用逻辑回路法排障,不能直接与气源相接(无源元件)。若用中间记忆元件(辅助阀)排障,只需使它们通过中间记忆元件(辅助阀)与气源串接。

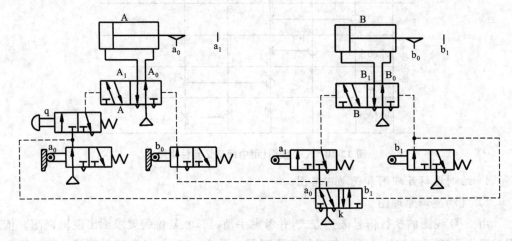

图 12-32 $A_1 B_1 B_0 A_0$ **气动回路图**

上述的程序控制回路的设计方法是以全气动控制回路(主控换向阀、行程阀等均为气控阀)为例来说明的。如果用电气控制方式,即为主控换向阀改为双电磁换向阀,行程阀改为行程开关,相应的控制气路由电气回路所取代,排除障碍信号也是根据逻辑原理图在电气回路的设计中进行,那么也能达到同样的目的。两种控制方式具有相同的功能,只是各自的应用场合有所不同。

气动回路图仅仅是为执行元件完成所需动作所设计的,只是整个气动控制系统中的一部分。一个完整的气动系统还应包括气源装置、辅件等部分。

12.5　气动系统设计的主要内容及设计程序

1. 明确工作要求

设计气动系统前,一定要弄清运动和操作力的要求、控制的要求及工作环境条件等。

(1) 运动和操作力的要求　包括主机的动作顺序、动作时间、运动速度及可调范围、运动的平稳性、定位精度、操作力及自动化程度等。

(2) 工作环境条件　如温度、防尘、防爆、防腐蚀要求及工作场所等情况必须调查清楚。

(3) 机、电、液控制相配合的情况及对气动系统的要求。

2. 设计气动回路

(1) 列出气动执行元件的工作程序图。

(2) 画信号-动作状态线图或卡诺图,也可直接写出逻辑函数表达式。

(3) 画逻辑原理图。

(4) 画回路原理图。

(5) 根据逻辑原理图做出几种方案,进行合理比较,选择最佳的气动回路。

3. 选择执行元件

选择执行元件包括确定气缸或气马达类型,气缸的安装形式及具体尺寸和行程长度、密封形式、耗气量等。应优先选用标准缸的参数。

4. 选择控制元件

(1) 确定控制元件类型。

(2) 确定控制元件的通径,一般控制阀的通径可按阀的工作压力与最大流量确定。

5. 选择气动辅件

(1) 分水过滤器　其类型主要根据过滤精度要求而定。

(2) 油雾器　根据油雾颗粒大小和流量来选取。

减压阀、分水过滤器和油雾器串联使用时,三件的通径要一致。

(3) 消声器　根据工作场所选用不同形式的消声器,其通径大小按通过流量而定。

(4) 储气罐　按理论容积及安装场合选择具体结构及尺寸。

6. 压力损失的验算

(1) 各管段直径可根据该段的流量,并考虑与前后连接元件通径一致的原则初步选定,在验算压力损失后最终确定通径。

(2) 压力损失的验算　总压力损失为沿流程压力损失和局部压力损失之和,在车间内可取总压力损失小于或等于 0.01～0.1 MPa。

7. 选择空气压缩机

（1）确定空压机的供气量　根据各设备的平均用气量的和，再计及各种影响和状态，乘以适当倍数即为空压机的供气量（以自由状态空气量表示）。

（2）确定空压机的供气压力　根据用气设备的额定压力（表压）与气动系统总压力损失之和来确定。

习　题

12-1　要求双作用气缸能实现左、右换向，可在其行程内任意位置停止，并使其左、右运动速度不等。试绘出其气动回路图。（提示：气控任意位置停止回路与调速回路的组合）

12-2　设计一种可实现"慢进—快退"单往复运动的气动回路。

部分习题参考答案

第 2 章

2-1　2.39,0.013 Pa·s ,14.83 mm²/s

2-2　8.54 N

2-3　$4(F+mg)/\pi d^2\rho g-h$

2-4　4.9×10^3 Pa

2-5　1.46×10^{-3} m³/s

2-6　运用总能量的大小进行比较,从点 1 流向点 2,1.23 L/min

2-7　考虑控制体进出口两截面的表面力,$F=(F_x{}^2+\ F_y{}^2)^{0.5}$,$F_x=-(\rho qv\cos\theta-\rho qv+p_2A\cos\theta-p_1A)$,$F_y=-(\rho qv\sin\theta+p_2A\sin\theta)$,$\tan\alpha=F_x/F_y$

2-8　41.8°,497.5 N

2-9　2.65×10^{-5} m²

2-10　126.5 L/min

2-11　353.4 s

2-12　0.23 m/s,3.48 m

第 7 章

7-16　液压缸向右运动 $v_1=0.033\,7$ m/s,液压缸向左运动 $v_2=0.026\,7$ m/s,往返速度不可能相等。

7-17　①$F_L=1\,200$ N 时,运动中:$p_c=p_b=p_a=8\times10^5$ Pa,终点时:$p_c=20\times10^5$ Pa;$p_b=35\times10^5$ Pa;$p_a=45\times10^5$ Pa;②$F_L=4\,200$ N 时,$p_c=20\times10^5$ Pa;$p_b=35\times10^5$ Pa;$p_a=45\times10^5$ Pa

7-18　①$F_L=10\,000$ N 时,$v=0.739\times10^{-2}$ m/s 或 0.44 m/min,$k_v=543.1$ kN(m/s);②$F_L=5\,500$ N 时,$v=0.0133$ m/s 或 0.8 m/min,$k_v=977.4$ kN(m/s);③$F_L=0$ 时,$v=0.018$ m/s 或 1.09 m/min,$k_v=1\,333.3$ kN(m/s)

第 8 章

8-1　$\alpha=\arctan\left(\dfrac{4\sin\theta+2}{4\cos\theta-1}\right)$;$F=\dfrac{5\cos\theta}{2\sin(\alpha-\theta)}G$;$F=1.49\times10^5$ N;$D=100$ mm;$d=70$ mm;$L=2.2$ m

8-4　溢流阀调定压力不低于 3.9 MPa,顺序阀调定压力不低于 3.7 MPa。

附录　常用液压元件与气动元件的图形符号

（摘自 GB/T 786.1—2009）

附表1　基本符号、管路及其连接

名　称	符　号	名　称	符　号
工作管路		管端连接于油箱	
控制管路		密闭式油箱	
连接管路		直接排气	
交叉管路		带连接措施的排气口	
柔性管路		带单向阀的快换接头	
组合元件线		不带单向阀的快换接头	
管口在液面以上的油箱		单通路旋转接头	
管口在液面以下的油箱		三通路旋转接头	

附表2　控制机构和控制方法

名　称	符　号	名　称	符　号
按钮式人力控制		踏板式人力控制	
手柄式人力控制		顶杆式机械控制	

续表

名　　称	符　　号	名　　称	符　　号
滚轮式机械控制	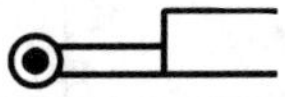	弹簧控制	
单作用电磁铁	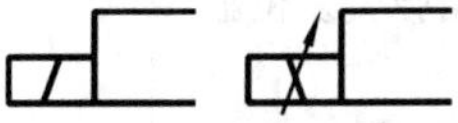	气-液先导控制	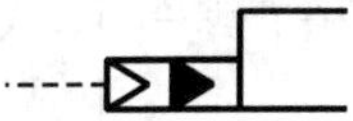
双作用电磁铁		液压先导控制	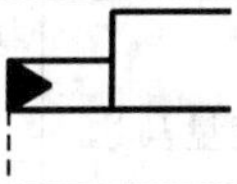
内部压力控制	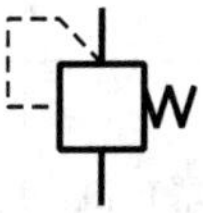	电-液先导控制	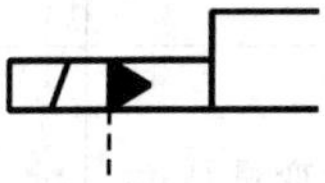
加压或泄压控制	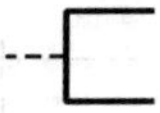	电-气先导控制	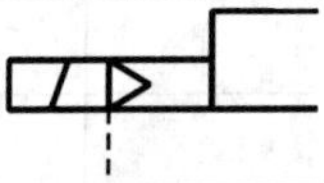
外部压力控制	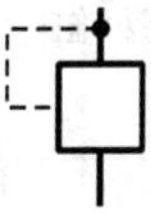	液压二级先导控制	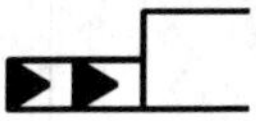
气压先导控制	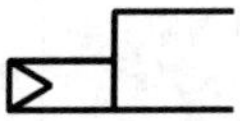	电动机旋转控制	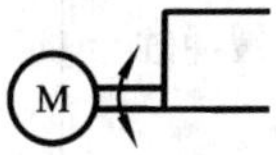

附表 3　泵、马达和缸

名　　称	符　　号	名　　称	符　　号
单向定量液压泵	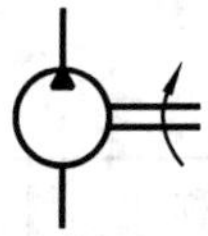	定量液压泵-马达	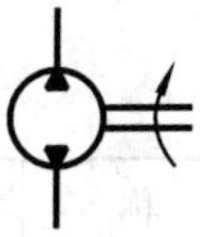
双向定量液压泵	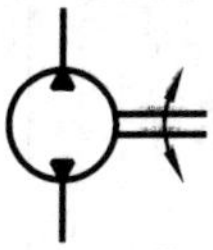	变量液压泵-马达	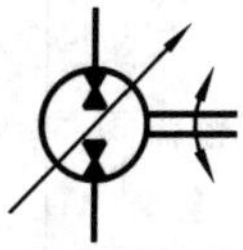
单向变量液压泵	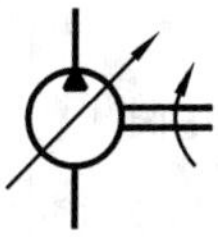	液压整体式传动装置	
双向变量液压泵	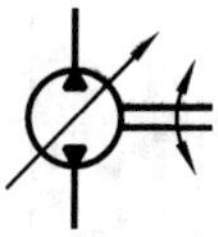	摆动马达	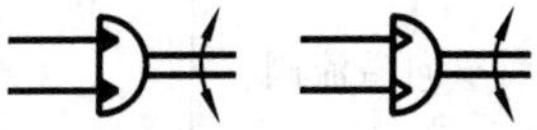

名　　称	符　　号	名　　称	符　　号
单向定量马达		单作用弹簧复位缸	
双向定量马达		单作用伸缩缸	
单向变量马达		双作用单活塞杆缸	
双向变量马达		双作用双活塞杆缸	
单向缓冲缸		双作用伸缩缸	
双向缓冲缸		增压器	

附表 4　控制元件

名　　称	符　　号	名　　称	符　　号
直动式溢流阀		溢流减压阀	
先导式溢流阀		直动式减压阀	
双向溢流阀		定差减压阀	

续表

名　称	符　号	名　称	符　号
不可调节流阀		先导比例溢流阀	
可调节流阀		先导式减压阀	
调速阀		直动式顺序阀	
温度补偿调速阀		先导式顺序阀	
带消声器的节流阀		平衡阀	
卸荷阀		二位四通换向阀	
集流阀		二位五通换向阀	
分流集流阀		三位四通换向阀	
单向阀		电液比例方向阀	
液控单向阀		四通电液伺服阀	
液压锁		快速排气阀	

续表

名　称	符　号	名　称	符　号
二位二通换向阀	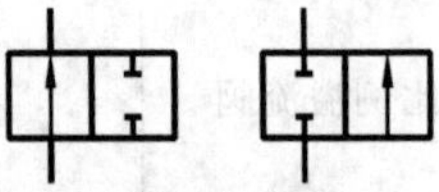	或门型梭阀	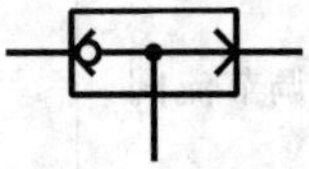
二位三通换向阀	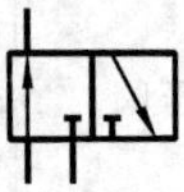	与门型梭阀	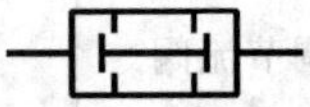

附表 5　辅助元件

名　称	符　号	名　称	符　号
过滤器	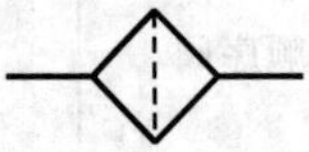	空气过滤器	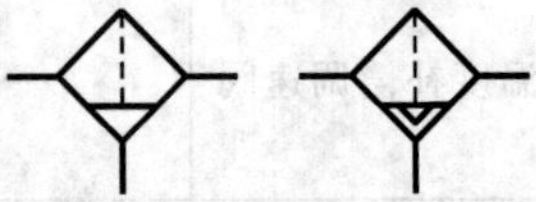
磁芯过滤器		除油器	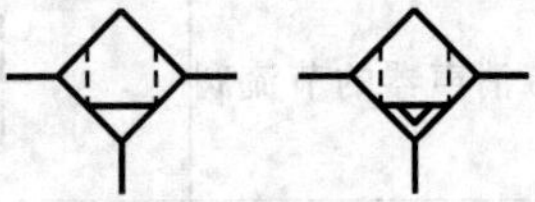
污染指示过滤器	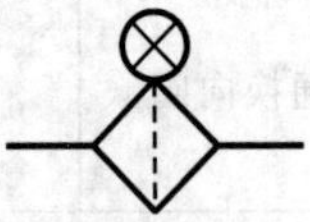	空气干燥器	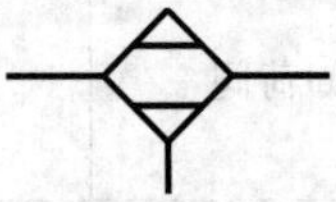
分水排水器	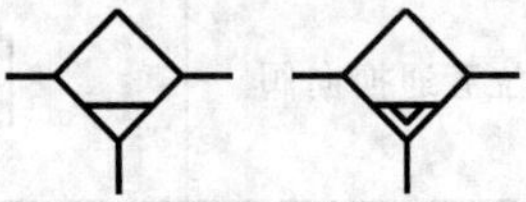	油雾器	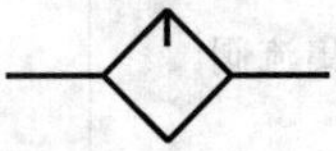
气源调节装置		流量计	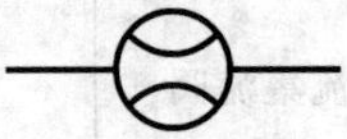
冷却器	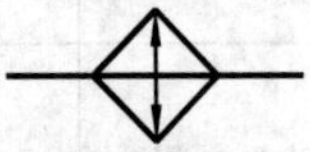	压力继电器	
加热器		消声器	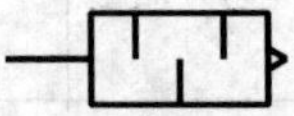
蓄能器		液压源	
气罐		气压源	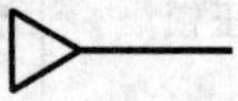

续表

名　　称	符　　号	名　　称	符　　号
压力计		电动机	
液位计		原动机	
温度计		气-液转换器	
行程开关		转矩仪	
压力指示器		转速仪	

参 考 文 献

[1] 苏尔皇.液压流体力学[M].北京:国防工业出版社,1979.

[2] 王松龄.流体力学[M].北京:中国电力出版社,2004.

[3] 李仁年,陆初觉,闵为.液压流体动力学[M].北京:机械工业出版社,2005.

[4] 王积伟,章宏甲,黄谊.液压与气压传动[M].北京:机械工业出版社,2007.

[5] 王守城.液压与气压传动[M].北京:北京大学出版社,2008.

[6] 盛敬超.液压流体力学[M].北京:机械工业出版社,1980.

[7] 那成烈.轴向柱塞泵可压缩流体配流原理[M].北京:兵器工业出版社,2003.

[8] 曾祥荣.液压噪声控制[M].哈尔滨:哈尔滨工业大学出版社,1988.

[9] 雷天觉.液压工程手册[M].北京:机械工业出版社,1990.

[10] 何存兴.液压元件[M].北京:机械工业出版社,1982.

[11] 市川常雄.液压技术基本理论[M].鸡西煤矿机械厂,译.北京:煤炭工业出版社,
      1974.

[12] 李壮云.液压元件与系统[M].北京:机械工业出版社,2005.

[13] 范存德.液压技术手册[M].沈阳:辽宁科学技术出版社,2004.

[14] 许福玲,陈尧明.液压与气压传动 [M].第 3 版.北京:机械工业出版社,2007.

[15] 张利平.液压站设计与使用[M].北京:海洋出版社,2004.

[16] 张利平.现代液压技术应用 220 例[M].北京:化学工业出版社,2004.

[17] 官忠范.液压传动系统[M].北京:机械工业出版社,1997.

[18] 沈兴全,吴秀玲.液压传动与控制[M].北京:国防工业出版社,2005.

[19] 袁子荣.液气压传动与控制[M].重庆:重庆大学出版社,2000.

[20] 贾铭新.液压传动与控制[M].北京:国防工业出版社,2001.

[21] 章宏甲.液压传动[M].北京:机械工业出版社,2003.

[22] 张利平.液压传动与控制[M].西安:西北工业大学出版社,2004.

[23] 王春行.液压伺服控制系统[M].第二版.北京:机械工业出版社,1989.

[24] H E 梅里特.液压控制系统[M].陈燕庆,译.北京:科学出版社,1976.

[25] 竹中利夫,浦田暎三.液压流体力学[M].温之中,贺正辉,译.北京:科学出版社,1980.

[26] 市川常雄,日比昭.液压工程学[M].周兴业,译.北京:国防工业出版社,1984.

[27] 明仁雄,万会雄.液压与气压传动[M].北京:国防工业出版社,2003.

[28] 李鄂民.液压与气压传动[M].北京:机械工业出版社,2001.

[29] SMC(中国)有限公司.现代实用气动技术 [M].第二版.北京:机械工业出版社,2008.

[30] 林建亚,何存兴.液压元件[M].北京:机械工业出版社,1988.

[31] 张海平.螺纹插装阀技术[J].流体传动与控制,2004(1):16-22.

[32] 张学学,李桂馥.热工基础[M].北京:高等教育出版社,2000.